Biographical Dictionary of
Civil Engineers in Modern Japan

近代日本
土木人物事典

国土を築いた人々

高橋 裕＋藤井肇男【共著】

鹿島出版会

まえがき

　本書の前著である藤井肇男著『土木人物事典』が出版されたのは2004年であり、2004年度の土木学会出版文化賞の栄に浴した。藤井さんは土木学会附属土木図書館に1971年から30年間、司書として勤める間、土木界を支えてきた人物についての資料および写真をコツコツと丹念に収集し、それらを前述の著書にまとめた。

　ご本人が「あとがき」に述懐しているように、土木界では個人名を社会に積極的に出すのを遠慮する雰囲気があり、そのため人物名が土木史に系統的には刻み込まれていない（"土木事業は独りではできない。集団で心を一にして仕上げる"との意向が強いからとも言われている）。一方、土木とは最も近い存在の建築の社会では、建築史が明治以来、確固たる学問的地位を占めており、人物史に関する業績関連書も数多く出版されている。このような状況下、藤井さんの労作によって、土木界においても漸く前著が出版され、土木技術者個人が広く紹介された意義は極めて大きい。

　にもかかわらず、残念ながら前著の出版元であったアテネ書房が2006年に廃業したため、前著は絶版となってしまった。しかし、土木出版界において唯一貴重な著書の重要性に鑑み、鹿島出版会がその復刊を引き受けて下さった。その復刊に際し、新たな人物資料の追加はもとより、土木分野別に生誕年順で掲載する編集方針とし、詳細に整理された「人物別参考文献」はCD-ROMに収録することとした。なお、本書の前半に高橋が「明治以降、日本の国土を築いた人々」のテーマで、約60頁の人物史を加えた。明治以降に輩出した気概に満ちた諸先輩の生きざまを、年代を追ってエピソードなどを含め随想風に紹介している。その人選は高橋の主観により、その内容も高橋の個人的接触の思い出などを含めて記述している。というのは、後半の人物事典の部に、分野ごとに各群像の履歴と業績が記録されているからである。したがって、高橋の担当部分は、正確な記録というよりは、各個人の人柄を描き出そうとしたことをご理解・ご了承いただきたい。

高橋　裕

目　次

まえがき

明治以降、日本の国土を築いた人々

● 1868 年（明治元年） ……………………………………………… 3

井上 勝 —— 鉄道の父 ……………………………………………… 3
古市公威 —— インフラ行政と工学の基礎を築く ………………… 5
　　Scientific engineering ………………………………………… 6
　　土木学会初代会長講演 ………………………………………… 7
沖野忠雄 —— 河川の技術と行政の近代化を確立 ………………… 10
岡崎文吉 —— 自然主義 …………………………………………… 12
渡辺嘉一 —— フォース橋建設工事に参画 ………………………… 14
菅原恒覧 —— 戦前の建設業界のリーダー ………………………… 15
近藤仙太郎 —— 利根川治水の基礎を築く ………………………… 16
お雇い外国人 —— わが国への西洋技術の導入 …………………… 17
Henry Dyer —— 工部大学校の創設 ……………………………… 18
　　工部大学校卒業生の活躍 ……………………………………… 19
田辺朔郎 —— 世界に冠たる琵琶湖疏水 …………………………… 19
Dyer・晩年の苦闘 …………………………………………………… 20
札幌農学校 —— 理想の教育を目指して …………………………… 21
廣井 勇 —— 技術者の人生観の啓示 ……………………………… 22
　　内村鑑三の弔辞 ………………………………………………… 23
青山 士 —— 人類のために生きた土木技術者 …………………… 24
東大理学部工学科 …………………………………………………… 26
近代水道の発展：長与専斎、中島鋭治 …………………………… 26
真田秀吉 —— 治水技術の継承 …………………………………… 28
鹿島精一 —— 土木業の地位向上と近代化に貢献 ………………… 28

直木倫太郎 ── 技術者の在り方を終生問い続ける ……………………………… 29

● 1908年（明治41年）……………………………………………………… 30

橋梁デザイン思想の開拓 ………………………………………………………… 31
　・樺島正義 ……………………………………………………………………… 31
　・太田圓三 ……………………………………………………………………… 32
　・田中 豊 ……………………………………………………………………… 33
台湾で尊敬されている浜野弥四郎と八田與一 ………………………………… 34
小野基樹 ── 小河内ダムの恩人 ……………………………………………… 35
德善義光 ── 敬虔な人生 ……………………………………………………… 36
数学の天才たち …………………………………………………………………… 37
　・林 桂一 ……………………………………………………………………… 37
　・物部長穂 ……………………………………………………………………… 37
　・山口 昇 ……………………………………………………………………… 38
　・鷹部屋福平 …………………………………………………………………… 38
高西敬義 ── 神戸港の基礎を築く …………………………………………… 38
吉田徳次郎 ── コンクリート学を確立、物部長穂の1年後輩 ……………… 39

● 1934年（昭和9年）……………………………………………………… 39

鈴木雅次 ── 港湾工学から臨海工業地帯育成で文化勲章 ………………… 40
久保田 豊 ── 海外協力の先頭に立つ ……………………………………… 40
釘宮 磐 ── 関門海底トンネルの推進 ……………………………………… 41
宮本武之輔 ── 技術者の地位向上を主張し続けた熱血漢 ………………… 42
近藤泰夫 ── 心温かいコンクリートの権威者 ……………………………… 44

● 1945年（昭和20年）…………………………………………………… 44

● 1956年（昭和31年）…………………………………………………… 44

石川栄耀 ── 社会に対する愛情 ……………………………………………… 45
原口忠次郎 ── 神戸に夢を …………………………………………………… 46
田淵寿郎 ── 名古屋を再建 …………………………………………………… 47
永田 年 ── 佐久間ダムへの情熱 …………………………………………… 47

● 1989年（昭和64年・平成元年）……………………………………… 48

福田武雄 ── 工部大学校教育を目指した橋梁の大家 ……………………… 49

兼岩伝一 ── 民主的国土建設	50
髙野興作 ── 旧満州の鉄道建設の夢	51
福田次吉、鷲尾蟄龍 ── 河川現場に生きる	52
安藝皎一 ── 河相論・河川哲学の確立	53
橋本規明 ── 急流河川に独特の水制、河川工法を発展	54
藤井松太郎 ── 剛毅木訥の国鉄総裁	55
石原藤次郎 ── 防災と水工学を革新	56
堂垣内尚弘 ── 北海道知事として活躍	56
八十島義之助 ── 土木界の代表として多方面で活躍	56

● 2011年（平成23年） …………………………………… 57

土木人物事典

| 凡　例 | 62 |
| 西暦和暦対応表 | 64 |

河　川 …………………………………………………………… 65

広瀬誠一郎／沖野忠雄／佐伯敦崇／小林八郎／石黒五十二／青木元五郎／清水　済／田辺義三郎／小柴保人／中原貞三郎／近藤仙太郎／高田雪太郎／岡　胤信／日下部弁二郎／船曳　甲／穎川春平／岡崎芳樹／早田喜成／三池貞一郎／原田貞介／渡辺六郎／南斉孝吉／市瀬恭次郎／青木良三郎／安達辰次郎／比composed孝一／名井九介／関屋忠正／宮川　清／中川吉造／池田圓男／田賀奈良吉／島　重治／岡崎文吉／野村　年／真田秀吉／前川貫一／坂本助太郎／金森鍬太郎／奥山亀蔵／岡本　弦／青山　士／荒井釣吉／村　幸長／森田源次郎／金古久次／辰馬鎌蔵／保原元二／大岡大三／山内喜之助／斉藤静脩／筧　斌治／谷口三郎／久永勇吉／来島良亮／小川徳三／福田次吉／栗原良輔／伊藤百世／山田陽清／武井群嗣／原口忠次郎／大塩政治郎／坂田昌亮／三輪周蔵／砂治国良／宮本武之輔／水谷　鑠／鋤柄小一／塩脇六郎／岡部三郎／金森誠之／西尾辰吉／岡田文秀／高橋嘉一郎／富永正義／阿部一郎／坂上丈三郎／鷲尾蟄龍／山下輝夫／安田正鷹／後藤憲一／小林源次／目黒清雄／橋本規明／安藝皎一／橘内徳自／小川譲二／米田正文／佐分利三雄／武田良一／伊藤　剛／境　隆雄／山本三郎／川村満雄／小林　泰／上田　稔

港湾 102

千田貞暁／稲葉三右衛門／西村捨三／藤井能三／藤倉見達／石橋絢彦／沖野忠雄／石黒五十二／遠邑容吉／岡 胤信／植木平之允／黒田豊太郎／吉本亀三郎／山崎鋐次郎／廣井 勇／原田貞介／南部常次郎／西尾虎太郎／市瀬恭次郎／丹羽鋤彦／十川嘉太郎／高橋辰次郎／関屋忠正／小林泰蔵／島 重治／安藝杏一／山形要助／奥田助七郎／川上浩二郎／森垣亀一郎／金森鍬太郎／伊藤長右衛門／田川正二郎／坂出鳴海／奥山亀蔵／直木倫太郎／井上 範／田村與吉／中村廉次／木津正治／荒木文四郎／石川源二／高西敬義／横井増治／鈴木雅次／原口忠次郎／坂田昌亮／山田三郎／林 千秋／岡部三郎／大島太郎／是枝 実／松尾守治／坂上丈三郎／鮫島 茂／内林達一／嶋野貞三／蔵重長男／後藤憲一／湯山熊雄／松尾春雄／落合林吉／黒田静夫／天埜良吉／太田尾廣治／前田一三／倉島一夫／河村 繁／東 寿／石井靖丸

鉄道 125

谷 暘卿／小野友五郎／佐藤政養／井上 勝／飯田俊徳／武者満歌／松本荘一郎／村井正利／鶫尾謹親／藤倉見達／原口 要／小山保政／木寺則好／増田禮作／本間英一郎／長谷川謹介／南 清／平井晴二郎／仙石 貢／笠井愛次郎／屋代 傳／白石直治／河野天瑞／古川阪次郎／野村龍太郎／吉川三次郎／大屋権平／山口準之助／野辺地久記／田辺朔郎／西 大助／武笠清太郎／廣井 勇／岡村初之助／石丸重美／佐分利一嗣／広川広四郎／国沢新兵衛／渡辺信四郎／長尾半平／村上享一／木下立安／菅村弓三／金井彦三郎／岡田竹五郎／富田保一郎／石川石代／服部鹿次郎／那波光雄／坂岡末太郎／粟野定次郎／新元鹿之助／玉村勇助／杉浦宗三郎／梅野 實／大村卓一／青木 勇／木下淑夫／松島寛三郎／松永 工／岡野 昇／竹内季一／大河戸宗治／瀧山 與／生野団六／八田嘉明／小野諒兌／丹治経三／橋本敬之／太田圓三／久保田敬一／加賀山学／中川正左／佐藤應次郎／中村謙一／池田嘉六／黒河内四郎／大蔵公望／杉広三郎／池辺稲生／十河信二／堀越清六／平井喜久松／田辺利男／池原英治／佐土原勲／山崎匡輔／釘宮 磐／黒田武定／平山復二郎／井上隆根／磯崎傳作／沼田政矩／三浦義男／門屋盛一／岡田信次／髙野與作／藤井松太郎／立花次郎／桑原弥寿雄／八十島義之助

上下水道 164

長与専斎／永井久一郎／千種 基／倉田吉嗣／原 龍太／三田善太郎／平井晴二郎／遠山椿吉／中島鋭治／福島甲子三／吉村長策／野尻武助／植木平之允／田辺朔郎／佐野藤次郎／浜野弥四郎／小林泰蔵／和田忠治／井上秀二／小川織三／島崎孝彦／西田 精／大井清一／米元晋一／沢井準一／倉塚良夫／西大條覚／原 全路／茂庭忠次郎／草間 偉／鶴見一之／高橋甚也

／堀江勝己／小野基樹／河口協介／岩崎富久／森慶三郎／広中一之／池田篤三郎／德善義光／岩崎瑩吉／佐藤志郎／井深 功／松見三郎

橋　梁 180

本木昌造／山城祐之／原口 要／原 龍太／二見鏡三郎／髙田雪太郎／廣井 勇／小川勝五郎／古川晴一／金井彦三郎／田島穧造／吉町太郎一／田淵源次郎／関場茂樹／樺島正義／田村與吉／太田圓三／増田 淳／花房周太郎／田中 豊／三浦七郎／山本卯太郎／谷井陽之助／曽川正之／青木楠男／小池啓吉／成瀬勝武／德善義光／福田武雄／富樫凱一／深田 清／武田良一／平井 敦／猪瀬寧雄／磯野隆吉

道　路 192

宮之原誠蔵／中島精一／大久保諶之亟／牧 彦七／堀田 貢／岡本 弦／高桑藤代吉／佐上信一／牧野雅楽之丞／堀 信一／田中 好／藤井真透／岩崎雄治／三浦七郎／金子源一郎／山本 亨／松田勘次郎／大槻源八／浅香小兵衛／近藤謙三郎／江守保平／菊池 明／岸 道三／金子 柾／富樫凱一／高野 務

都　市 201

松田道之／原口 要／加藤與之吉／島 重治／関 一／阪田貞明／坂出鳴海／直木倫太郎／福留並喜／山田博愛／金古久次／池田 宏／笠原敏郎／阿南常一／来島良亮／花井又太郎／長崎敏音／佐藤利恭／田淵寿郎／赤司貫一／榧木寛之／春藤真三／武居高四郎／石川栄耀／田沼 実／新居善太郎／近藤謙三郎／野坂相如／兼岩伝一／町田 保／五十嵐醇三／小川博三

トンネル 212

南一郎平／国沢能長／橋爪誠義／村田 鶴／星野茂樹／斉藤真平／加藤伴平／有馬 宏／中尾光信／加納倹二

地下鉄道 217

遠武勇熊／清水 凞／橋本敬之／早川德次／安倍邦衛／水谷当起

ダ　ム 220

石井頴一郎／永田 年／照井隆三郎／伊藤令二／宮崎孝介

コンクリート・セメント 222

宇都宮三郎／廣井 勇／笠井真三／小川敬次郎／阿部美樹志／吉田德次郎／宮本武之輔／近藤泰夫／内村三郎／國分正胤／猪股俊司

電　力 227
　　石黒五十二／田辺朔郎／早田喜成／彭城嘉津馬／奥山亀蔵／堀見末子／新井栄吉／国友末蔵／鶴田勝三／神原信一郎／森 忠藏／菊池英彦／山田 胖／石川栄次郎／山田陽清／大西英一／萩原俊一／高橋三郎／内海清温／赤松三郎／野口 誠

砂防・治水・治山 234
　　市川義方／金原明善／宇野圓三郎／山田省三郎／井上清太郎／大橋房太郎／西 師意／諸戸北郎／赤木正雄／蒲 孚／遠藤守一／伊吹正紀／柿 德市／谷 勲

農業土木 241
　　印南丈作／織田完之／矢板 武／友成 仲／上野英三郎／河北一郎／可知貫一／八田與一／溝口三郎

測　量 245
　　荒井郁之助／島田道生／林 猛雄

地　震 246
　　関谷清景／大森房吉／今村明恒／石本巳四雄／妹沢克惟

土木工学 249
　　古市公威／清水 済／小川梅三郎／中山秀三郎／大藤高彦／川口虎雄／日比忠彦／柴田畦作／君島八郎／林 桂一／小野鑑正／三瀬幸三郎／物部長穂／山口 昇／鷹部屋福平／大坪喜久太郎／渡辺 貫／広瀬孝六郎／当山道三／林 猛雄／本間 仁／水野高明／石原藤次郎／岡本舜三／最上武雄／米谷栄二／小西一郎／小川博三／八十島義之助

建設行政 259
　　大久保利通／奈良原繁／三島通庸／北垣国道／黒田清隆／石井省一郎／早川智寛／古市公威／後藤新平／近藤虎五郎／清野長太郎／小橋一太／近新三郎／八田嘉明／村山喜一郎／原口忠次郎／岩沢忠恭／宮本武之輔／稲浦鹿蔵／遠藤貞一／池本泰兒／庄司陸太郎／佐々木銑／小沢久太郎／小川譲二／佐分利三雄／近藤鍵武／堂垣内尚弘

建設産業 274
　　南一郎平／早川智寛／太田六郎／菅原恒覧／岡 胤信／本多静六／梅野 實／鹿島精一／榊谷仙次郎／白石多士良／正子重三／門屋盛一／飯吉精一／飯田房太郎

実業家 ··· 280
　　金原明善／雨宮敬次郎／浅野総一郎／山田寅吉／原田虎三／桑原 政／渡辺嘉一／小田川全之／久米民之助／門野重九郎／福沢桃介／野口 遵／平山復二郎／久保田豊／野田誠三／岸 道三

工業人 ··· 287
　　大鳥圭介／山尾庸三／杉山輯吉／野沢房敬／倉橋藤治郎

出版・情報 ·· 290
　　高津儀一／熱海貞爾／木下立安／坂田時和／鶴田勝三／長江了一／金森誠之／飯吉精一

人物別参考文献 ··· CD-ROM（巻末に添付）

資料・索引

戦前土木名著 100 書 ·· 293
土木人物誌関係図書および主要雑誌 ··· 298
参考雑誌・新聞一覧 ·· 300
人名索引（50 音順）·· 303
出身県別人名索引 ··· 313

人物情報調査にご協力をいただいた機関・個人 ························· 318
あとがき ·· 319

明治以降、日本の国土を築いた人々

- 1868 年（明治元年）
- 1908 年（明治 41 年）
- 1934 年（昭和 9 年）
- 1945 年（昭和 20 年）
- 1956 年（昭和 31 年）
- 1989 年（昭和 64 年・平成元年）
- 2011 年（平成 23 年）

1868年（明治元年）

　明治維新——それは日本の"国のかたち"を根本的に変える契機となった。1853年の黒船来航が日本を鎖国の夢から醒まし、世界への窓を開いた。いわゆる近代化への道である。それを成し遂げたのは、幕末の狂瀾怒濤の時代に身を置き、希望と活力の横溢した人生を果敢に生きた若きエリートたちであった。

　彼らは感受性に富む少年時代に、日本の歴史を覆すような事件に接し、日本の未来を憂慮し、自らの生き方を日本の近代化への礎石たらんと心に定めた。彼らは黒船に圧倒されなかった。しかし1864（元治元）年の英仏米蘭4国海軍による下関砲撃を目の当たりにし、欧米の強大な軍事力を認め、欧米列強に追い付くための近代化が緊急の課題と深く自覚し、そのために生を捧げることこそ、自分たちの使命であると決意したのである。

＊

井上 勝 —— 鉄道の父

　鉄道の父と言われた井上勝（1843～1910）が16歳の1859年に安政の大獄が、17歳の1860年に桜田門外の変が起きた。開国を巡る国内の対立が、政情を極度に不安定にしていた。日本はどうなるのか、どうしなければならないのか？　しかし、ともかく欧米列強との較差は軍事力、国際外交において決定的であった。井上勝だけではない。当時の多くの青年が、欧米に自ら赴いて学び、その差を埋める努力をすることこそ、自らの生きる道であると覚悟した。

　井上勝と同じく、長州藩の吉田松陰もまた、国難を救う道は世界を知ることと認識し、下田に碇泊中のペリー提督の軍艦へ、金子重輔と共に小船を操って漕ぎ着け、アメリカまでの乗船を嘆願した。1854（安政元）年3月27日の夜であった。それは許されず、2人は涙を呑んで引き返し、直ちに自首した。当時国を出ることは国禁を犯すことであり、決死の行動であった。2人は獄に繋がれ、金子は獄中で病死、吉田松陰は、1859（安政6）年10月27日、江戸伝馬町の刑場の露と消えた。

　井上はこの事実を知って、いよいよ強く海外渡航への意欲に燃えた。誰かが一刻も早く欧米へ渡り、先進国の知識を学び、それを日本に植え付けねばならない。同じく海外への密航を企てている志道聞多（後の井上馨）、山尾庸三と図り、長州藩主に要人を介して相談した。藩主も、幕府が海外渡航を厳しく禁止している手前、公然とそれを許せない。彼ら3名を外国への逃亡者として、イギリスへの渡航のため、金200両と5年間の暇を賜った。さらに伊藤俊輔（後の伊藤博文）と遠藤謹助も同志に加わった。

　井上は横浜に出入りしている外国人から英語を学び、渡航の機会を窺ってい

た。イギリス公使館員のガールは彼ら5人に同情し、何とかその希望を叶えようとしたが、旅費滞在費1人当たり千両の大金の取得に悩むこととなった。種々苦労を重ねた結果、藩士村田蔵六（後の大村益次郎）が保証人となり、藩邸の準備金を抵当として、横浜の貿易商の大黒屋六兵衛から借金しどうやら大金を得て、5人はイギリスへ密航した。

井上勝はイギリスの鉄道の発達に目を見張り、イギリスのような鉄道建設こそ日本のインフラ基盤との確信を持った。彼の鉄道に関する猛勉強振りは徹底していた。文献調査は当然であり、至る所の鉄道現場へ行き、シャベルを取り火夫として労働しながら学ぶ熱意に満ち満ちていた。

5人がロンドン生活を始めてから半年も経たぬ1864（元治元）年、生麦事件、4国連合艦隊の下関総攻撃計画などの記事をロンドン・タイムズで知った。日本の危険な状況に際して5人で相談し、伊藤博文と井上馨の2人は急遽帰国しイギリスとの折衝などに努めた。井上勝はその後も、鉄道や鉱山の勉学を続け、5年半のロンドン生活後、横浜に帰国したのは1868（明治元）年、明治維新を経た新しい時代の夜明けであった。

帰国後、まだ藩制度が残っていた長州藩に鉱業管理という職名で復帰した。西洋の新知識を体得した唯一の人物であった井上の才覚は、藩では大歓迎であった。しかし、長州藩出身で明治維新政府で活躍していた木戸孝允（桂小五郎）は、井上を政府に呼び、鉄道建設の中心に据え、1871（明治4）年工部省に鉄道寮が設置されるや、鉱山頭兼鉄道頭に任命、井上は28歳であった。

まず、新橋・横浜間の鉄道計画を指揮し、その開業式には初代鉄道頭として参列、以後、鉄道庁長官として1893（明治26）年に退官するまで、東海道線開通をはじめ、明治近代化のインフラ最重要施設の鉄道網建設の中心的存在となった。

特に1880（明治13）年開通の京都・大津間建設は、日本人のみによる完成であり、鉄道技術自立への大いなる一歩であった。彼は自伝で"吾生涯は鉄道を以て始まり、鉄道を以て老いたり、鉄道を以て死すべきのみ"と記した。井上の墓は"鉄道記念物"に指定されている。

江戸末期のイギリスへの密航に始まる彼の一生を貫いたのは、遅れていた文明の基盤を築き、日本

鉄道記念物になっている井上勝の墓
［写真：『土木建築工事画報』より］

の近代化へ向けての礎石たらんとの強固な意志とひた向きな熱情であった。

古市公威 ―― インフラ行政と工学の基礎を築く

　古市公威（1854～1934）は、わが国の土木行政と技術のみならず、工学の基盤を築いた。土木の諸事百般にわたって、八面六臂の活躍は贅言を要しない。本稿では、彼の人生観、生きざまを中心にその軌跡を追う。

　古市が井上勝より11年後に誕生した1854年は、ペリーが再度来航し、下田、函館の開港などを定めた日米和親条約が結ばれた年である。彼の幼少時代は、政情混沌、慌しい日の連続であった。ロンドンに世界初の地下鉄が開通したのは、彼が9歳を迎えた1863年であった。地上を走る鉄道に加えて、地下鉄の出現によって都市交通インフラは画期的に進歩し、文明のかたちが一挙に発展し始めた新しい時代に、日本は明治維新を迎えたのであった。

　1869（明治2）年、開成所開校と同時に入学した古市は、語学にフランス語を選ぶ。翌年、姫路藩の貢進生として大学南校へ、新橋・横浜間に鉄道が開通した1872年から3年後、フランス留学を命ぜられた。

　1875（明治8）年、古市はパリに到着、エコール・モンジュに入学。ここで1年、19世紀フランス土木界の進歩的思想に触れ、翌1876年、名門校エコール・サントラル（Ecole Centrale）に合格、218人中6番の好成績で入学し、パリの話題となる。そのころ大部分のフランス人は、極東の島国に過ぎない日本の存在すら知らなかった。知識人の中には、日本を中国の属国くらいにしか認識していない者が多かった。

　古市のフランス留学の目的には、技術者人生の目的を知る上で極めて重要な"諸芸学の概念"があった。すでに開成学校においても諸芸学科に進学しており、古市の技術観はこの諸芸学を、開成学校とエコール・モンジュでその基礎を学び、エコール・サントラルで深め、その技術思想が、彼の生涯を通しての考え方の基盤であった。

　諸芸学とは、開成学校の文書には、エコール"ポリテクニック"と説明されている。開成学校では、フランス語専攻の学生にのみ諸芸学が用意されていた。直訳すれば、ポリテクニックは"多岐にわたる技術"と理解されており、土木機械からガラスや磁器などの製造業に至る工学の広い分野にわたる。換言すれば、それらを統合的に捉える思想ともいえる。

　1879（明治12）年、古市はエコール・サントラルを7番の成績（土木では2番）で卒業後、翌年パリ大学理学部を卒業し帰国した。サントラル卒業に際し、古市には民間、エコール・ポリテクニック進学など幾多の可能性があったが、パリ大学理学部は、サントラルやポリテクニックが工兵または技術を養成することを目

的としていたのとは異なり、理学系の教員、研究者を養成しており、古市が留学の成果を教育、研究界に還元することを考えていたと推測される。さらには、古市は数学理論や技術の学習にとどまらず、Scientific engineering（理論工学）の重要性を確認しその学習は、フランス留学5年間の成果でもある。

科学・技術か科学技術か、今日に至るまで事あるごとに議論になる。西欧技術を日本にいかに築き上げるかは、単に技術を効率良く導入すればよいのではない。古市は技術の方法、技術を支える思想を重視し、そのひとつにScientific engineeringを据えていたのである。

Scientific engineering

第二次大戦後の日本の高度成長は、技術の発展に依存することが大きかった。しかし、高度成長の陰りが環境破壊として現れた1960年代後半から70年代にかけて、技術の見直しとさらなる発展の手法として、engineering scienceが提案された。工学系の向坊隆を中心に渡辺茂、岡村總吾、理学系から高橋秀俊（UCLA：カリフォルニア大学ロスアンジェルス校）を核として"基礎工学"なる名称で、従来の学問の分け方にとらわれず、新しい見方から工学全体に共通な学問の体系化が討議された。その成果は、岩波講座基礎工学全19巻（1967～74）に提示されている。工学を新しく創出しようとする場合、あるいは社会の変革に際して工学の在り方を建て直そうとする場合、工学は新たな方向を定めるために、技術の方法を再検討し、その有力な一方法として、engineering scienceが提案された。

古市が執着したScientific engineering（理論工学）と向坊らが提案したengineering science（基礎工学）は、時代と社会状況は異なるとはいえ、技術と工学の在り方を問う点では軌を一にすると考えられる。そこに共通するのは、個々の技術の練磨よりはむしろ、それらを総合することこそ、技術を社会に貢献させる鍵であるとの確固たる認識である。

ところで、古市がエコール・サントラルに入学した1876（明治9）年、日本から沖野忠雄、建築の山口半六もサントラルに入学している。1873（明治6）年には山田寅吉（1853～1927）が同校に入学していた。これら日本人の成績はいずれも極めて優秀であり、特に口頭試験では優れていたが、古市は筆記試験では他の3人を大きく離して抜群の成績であった。しかし、特筆すべきは彼らの学修態度であり、その勤勉ぶりは、厳格な規律の下、生活に若干ゆとりのなくなった山田以外の3人は3年間で欠席は2～4日に過ぎない。山田は1868（明治元）年15歳で官費留学生としてイギリスに渡り、70年フランスに渡りエコール・サントラルを卒業。1879（明治12）年帰国、福島県の安積疏水の設計主任など各方面で活躍

した。

　古市の真面目な猛勉強とその成果は、いくつかの文献で客観的に評価されている。多くの逸話の中のひとつは、古市が高熱を出してもなおエコール・サントラルへ行こうとするので、下宿のマダムが止めたという。"あまり無理をして重い病気になったら大変だ。今日はぜひ休みなさい"。古市は答えた。"私が一日休めば日本の近代化は一日遅れる"。この逸話を私が司馬遼太郎に話したところ、彼は、"まことに明治初期の若きエリートらしい"と納得した。"坂の上の雲"の松山の3人（秋山好古と真之兄弟、正岡子規）に限らず、明治の若者の人生観、使命感はまことに清々しくも透徹していた。

　古市がパリに第一歩を踏んだ時、想像していたとはいえ、日本が西欧文明に遥かに遅れていることを実感し、西洋と日本との隔たりを縮め、日本を西欧先進国に匹敵する文明の基盤としての社会資本を、技術力によってどのように築くかが、古市のフランス留学の使命であり、その成果を帰国後、行政、教育、技術の各方面に展開したのである。

　1914（大正3）年、古市は沖野忠雄と共に還暦を迎えた。すでに赫赫たる業績を挙げていた両先輩を祝して、土木界の錚々たる弟子たちが醵金したが両者とも受け取らない。中山秀三郎（1864〜1936）ら古市の直弟子たちの提案は、この資金での土木学会設立であった。土木技術者は、主として1879（明治12）年に誕生した日本工学会に属していた。しかし個々の技術部門がそれぞれの学会を次々と創設したため、日本工学会はそれらの親学会として残り、土木技術者による土木学会設立の気運は徐々に高まっていた。この提案に古市、沖野も同意し、1914（大正3）年両先輩還暦の年に土木学会は誕生した。ほぼ必然的に初代会長に古市公威、二代会長は沖野忠雄が満場一致で選出された。

土木学会初代会長講演
　その設立を祝う会長講演で、古市は土木学会の在るべき方向を示す力強い方針を明示した。そこには、古市がエコール・サントラルなどフランス留学で確信をもって会得した思想が示されている。
　"余は極端なる専門分業に反対するものなり。専門分業の文字に束縛せられ萎縮する如きは大いに戒むべきことなり。殊に本会の方針に就て余は此の説を主張するものなり。
　本会の会員は技師なり技手にあらず。将校なり兵卒にあらず。すなわち指揮者なり。故に第一に指揮者たるの素質なかるべからず。而して工学所属の各学科を比較しまた各学科の相互の関係を考うるに、指揮者を指揮する人、すなわちいわ

万国工業会議に参列した日米土木学会員(1929年11月5日、東京・帝国ホテル)
[写真：『土木建築工事画報』より]

ゆる将に将たる人を要する場合は、土木において最も多しとす。土木は概して他の学科を利用す。故に土木の技師は他の専門の技師を使用する能力を有せざるべからず。……（中略）……ここにおいてか「工学は一なり。工業家たる者はその全般について知識を有せざるべからず」の宣言も全く無意味にあらずというを得べし。而してまたかく論じ来れば工学全体を網羅し、しかも土木専門の者が全員の半数を占めたる工学会を以てあたかも土木の専攻機関なるが如くみなし荏苒歳月を送り来りたるも幾分か恕すべきところあるべし。

　ここに本会の研究事項はこれを土木に限らず、工学全般に拡むるを要す。ただ本会の工学会と異なるところは、工学会の研究は各学科間において軽重なきも、本会の研究はすべて土木に帰着せざるべからず。すなわち換言すれば本会の研究は土木を中心として八方に発展することを要す。これ余が本会のために主張するところの専門分業の方法および程度なるものなり。……"

　古市が抱いていた土木の総合性、諸工学における土木の役割および社会における意義を、土木学会発足を機に吐露したのである。特に工学会との関係を少々心配していた真情も窺われる。この学会創立時の会員は、すでに指導的立場に立っている会員が多かったであろう。時代は日露戦争勝利で全国民が沸き上がってから10年、軍国主義が台頭する情勢下、インフラ整備の緊急性も大方の理解を得られ、その中核としての土木の誇りも高かった。気負った調子ではあるが、その時代背景を考慮して、この講演における古市の意図を理解すべきであろう。このように論じ来たって、古市は力説する。他の学会はその専門以外の者は一般に入会できないが、土木学会は他の専門の者の入会は積極的に歓迎すると強調している。

古市公威銅像（東京大学構内）[写真：『土木建築工事画報』より]

　この気概に満ちた講演に、技術を牽引した明治エンジニアの面影が偲ばれる。土木技術を史的に考察する際、土木は産業の基礎を支え、諸技術の根であり、国づくりを支えているという矜持が、古市講演に啓示されている。
　様々な分野に礎を築いた古市の晩年の功績は、1928(昭和3)年に東京で開かれた万国工業会議会長を務め、以後、動力会議、国際ダム会議などの国内委員長、日仏会館理事長など国際関係での要職を務めた点である。国際技術会議を日本で開くのは稀であったころ、古市こそ前記諸団体の長に最もふさわしかった。
　明治以降の日本の近代化に、特にインフラ整備をその哲学とともに切り開いた巨人であった古市は、能にも造詣が深く、その世界でも敬愛されていた。古市に限らず、明治に日本の近代化の扉を開いた大先輩は、ほとんどが例外なく、能、日本画、和歌、俳句などの趣味に長け、その生き方は極めて豊潤であった。
　古市を語る場合、山縣有朋（1838〜1922）の信頼を一身に受けていた状況は無視できない。山縣の1890年のヨーロッパ巡行に主席随行員として同行した古市は、フランスはじめ巡行先の各国での対応で絶大の信用を得た。古市は帰国後、山縣内閣で内務省土木局長に就任、以後しばしば山縣と行動を共にしている。1919（大正8）年に男爵位を授与されたのも山縣の絶大なる支持による。山縣との長年にわたる深い関係についての評価は分かれるが、それだけ山縣から深く信用されていたといえよう。山縣は、民間人では古市を最も敬慕していたからである。
　明治以降の日本の近代化の成功は世界史の奇蹟とも言われる。その成功の社会

基盤づくりに至大な貢献を果たした古市公威は1934(昭和9)年、79歳で永眠した。その年、難行した丹那トンネルが開通し、日本のお家芸と言われたトンネル技術の輝かしい第一歩であった。しかし、政情は日に日に混沌を深め、やがて日本は軍国主義の跳梁の下、1945(昭和20)年の敗戦の悲劇を迎える。昭和10年代の日本の悲劇への道程を見ずして古市は去って行った。

沖野忠雄 ── 河川の技術と行政の近代化を確立

　古市と共にエコール・サントラルに学び、その勤勉振りが謳われた沖野忠雄はフランスからの帰国後、古市とは異なる道を歩んだ。沖野は、近代化の最も重要なインフラといえる治水事業に生涯を懸けて生き抜いた。沖野は数学を得意としていたが、それをさらに理論的に深めたのは、当時世界の先端を走っていたフランスの数学的理論であり、その技術への適用を重視していたエコール・サントラルの教育であったと思われる。ここで数学の論理を会得した沖野は、それを河川計画と河川技術にどこまで適用できるかが、沖野の目標となった。後に数学の鬼と呼ばれた沖野の論理の芽は、1876(明治9)年入学のエコール・サントラルで植え付けられた。

　古市と同じく、1854(安政元)年に生まれた沖野は、幕末の激動期にその少年期を過ごした。豊岡藩費遊学生として大学南校に1870(明治4)年入学し、その学生時代に、オランダからのお雇い外人としてファン・ドールン、リンドウ、デ・レイケらが日本政府に招かれた。以後沖野は、日本の河川改修計画とその技術に、初めて西欧の数学的論理とオランダでの経験を導入し、河川計画全般を指導した。

　沖野のエコール・サントラルでの規則正しい勤勉振りは古市に引けをとらなかった。古市が教育、工学、行政を近代化の波に乗せ、各部門で華々しく結果を出したのに対し、1881(明治14)年に帰国した沖野は1883(明治16)年内務省に入り、その直轄河川事業の礎を築き、河川技術者の道を脇目も振らずに着実に歩み通した。

　沖野は明治における河川改修を全国的に指導したが、その基本には常に心血を注いだ淀川治水があった。1896(明治29)年、中央においては当時内務省土木局長であった古市の努力で河川法が制定され、これが河川改修を全国的に展開する根拠となった。それに先立つ1894(明治27)年、沖野が内務大臣に提出した"淀川高水防御工事計画意見書"、それを若干修正し翌1895(明治28)年に淀川改修計画が完成し、河川法制定を待つばかりの状況であった。河川法制定後、1907(明治40)年度まで沖野は大阪土木監督署長、大阪土木出張所長、1897(明治30)年から土木監督署技監となり、淀川ほか9河川における内務省直轄河川の改修計画を指導した。1905(明治38)年から土木局工務課長兼務となり、全国の直轄改修の

実質的な推進者であり責任者となっている。

　1910(明治43)年には明治最大の水害に直面し、臨時治水調査会が組織され、技術陣の代表として沖野が参画し、治水事業費を飛躍的に増加させている。1911(明治44)年には内務技監に任命され、1918(大正7)年退官まで8年を勤め上げた。技監在職中は、予算権、人事権を握り、特に治水事業に関しては歴代大臣は沖野一任であった。法科系官僚の法律を金科玉条とする議論には、しばしば耳を貸さず事業を推進した。このころ沖野は内務省のローマ法皇とまで渾名されていた。彼は淀川改修以来、全国の主要河川の計画を次々と作成し、その事業によって日本の重要河川の形態を一変させた。それを果たしたのも、絶大な権力を持って治水の近代化を果たした自負ゆえであろう。

　明治改修の父、あるいは直轄河川事業の父と言われた沖野によって、全国主要河川の今日の形態がほぼ確定したといってよい。その背景は、沖野の人柄と力量であった。金銭の出し入れには特に厳格であった。沖野が内務省のトップに居る限り、会計検査は必要ないとまで言われていた。技監で全国内務省エンジニアの総指揮者であったころ、本省に居る若き大卒の技術者を定期的に集め、重要な洋書を1冊ずつ渡し、1週間以内に読了しその内容を報告せよと命じたという。公務悾惚の間に在りても常に学問への志を閉ざさず、生涯読書家である一方、河川現場を常に監視すべきことを若き技術者に強く伝えていた。

1910年9月の秋田県大水害内務大臣視察
(下段左から6番目：沖野忠雄、7番目：近藤仙太郎、上段右から3番目：牧彦七)　[写真提供：土木学会]

岡崎文吉 ── 自然主義

1917(大正6)年6月、沖野は石狩川治水計画を定めるため北海道へ出張、自然主義を唱え、過度のショートカットに反対していた岡崎文吉の計画には賛成できなかった。岡崎は明治前半に河床形態に関する名論文が多数発表されていた国際航路会議報告集を熟読玩味、それらを高く評価していた。1902(明治35)年には1年かけて、ミシシッピ川、ライン川など欧米主要河川を視察、前記文献の対象河川を検証している。

1891(明治24)年、札幌農学校工学科を卒業、札幌農学校に奉職した岡崎は、佐藤昌介そして廣井勇の影響を強く受け、それが彼の人生観、河川観を育んだといえる。岡崎の河川観は、次の文面に明確に表現されている。

"近世水理学ハ極端ノ学理及ビ理想ニ走リタル結果、原始的河川ヲ過度ニ矯正シ、又ハ之ヲ全ク改造セント企テ、河川ノ平衡状態ヲ破壊シ、却ッテ失敗ニ終ルガ如キ弊害ニ陥レルヲ以テ、斯ル愚策ヲ避ケ成ル可ク天然ノ現状ヲ維持シ、自然ヲ模範トシ、自然ノ妙用ヲ尊重セザル可ラザルヲ論ゼリ"

"極端主義者（ドイツ派）ノ理想トスル所ハ、原則的ニ根本ヨリ天然河川ヲ矯正シテ、寧ロ単純ナル学理上ノ要件ニ一致セシムルヲ図ルニアリ。即チ、多クハ或ル程度ニ河身ヲ狭窄シ、凹岸ニ接近セル濡筋ヲ、平行堤突堤ノ如キ縦横堤ノ作用ニ依リ対岸ニ退却セシメ、河川ヲシテ理想的ニ人工ヲ以テ造レル運河ノ如キ状態ニ近似セシムルヲ企ツルモノナリ。換言スレバ、従来河川改修ノ方針トシテ水理学者及ビ実際家ノ多クガ主唱シ来リタル唯一ノ主義ハ、河川ヲシテ理想的ニ成ル可ク一定ノ断面ヲ有シ、且ツ、直流スル運河ノ如キ状態ヲ呈セシムルニアリタリ"

岡崎は原始状態にあった石狩川と何十年と付き合い、幾多の工事による川の反応を観察し、上述の河川観に到達した。そして自然としての川の本性を重んずることこそ河川工学の真髄であるとの哲学を披瀝し、その集大成が1915(大正4)年刊行の"治水"（丸善）であった。

岡崎文吉の名著"治水"を貫く治水観を要約すれば下記の通りである。

近世水理学を極端主義と自然主義に二分し、根本義はそれぞれ異なる。"治水"は、極端主義の弊害を指摘し自然主義が"最モ経済ニシテ最モ合理的"である根拠を論じている。"治水"の緒言では、"近世水理学ハ極端ノ学理及ビ理想ニ走リタル結果、原始的河川ヲ過度ニ矯正シ、又ハ之ヲ全ク改造セント企テ、河川ノ平衡状態ヲ破壊シ、却ッテ失敗ニ終ルガ如キ弊害ニ陥レルヲ以テ、斯カル愚策ヲ避ケ成ル可ク天然ノ現状ヲ維持シ、自然ヲ模範トシ、自然ノ妙用ヲ尊重セザル可カラザルヲ論ゼリ"

"近世ノ水理学ハ余リ極端ニ走リ、天然ノ河川ヲ成ル可ク直流セシメテ、之ニ

一定ノ横断面ヲ与ヘ、恰モ、人工ヲ以テ造レル運河ノ形状ニ改造スルヲ以テ、其根本主義トナスニ至リタルモノ"

岡崎は、土木施工力の進歩に任せて河川が極度に人工化しつつあることを戒め、河川の自然を重視すべきことを力説し、河川の平衡状態を保存すべきであると主張した。

沖野は若いころから数学の大家であり、近代治水は数学の応用と、施工力の革新によって達成したとの確信を持っていた。河川改修の近代化は、高等数学の駆使と新型土木機械の偉力によって完成すると信じ、河川の物理的現象はすべて数学によって解析できるとの自信を持ち、それによって淀川はじめ全国の河川改修計画を立案してきた。"河川現象ハ微分方程式デ全テ解ケルノデハナイ"とする岡崎とは河川哲学を異にしていた。

大著"治水"を世に問うたばかりの岡崎は、沖野の数学万能主義に基づく石狩川への複数のショートカット案とは相容れなかった。沖野はそのとき63歳、岡崎46歳、かつ沖野は赫々たる河川改修の成果を全国的に展開し、内務省の技術者の頂点に立つ絶大な権力者であった。異なる経歴と河川観を持つ両者が、石狩川を俎上に白熱した討論が展開されたと期待する向きもあるが、そもそも、両者が平等の立場で討論できるような状況ではあり得なかった。岡崎は多分自己の石狩川に関する見解をわずかの時間発言したであろうが、沖野にしてみれば、一種の理想論としか評価しなかったであろう。

沖野の立場に立てば、全国の河川改修の整合性、一貫性を貫徹するために、石狩川だけ例外にするわけにはいかない。かつ石狩平野の農業開発と治水計画の関係が念頭にあった。石狩平野は、泥炭地の排水に成功しなければ、石狩平野の農業開発は難しい。その排水には本川水位を下げて泥炭地の地下水位を低下せねばならない。このころ、大規模河川工事の機械化が可能となっていた。この湿地を良好な農地にするには、石狩川の自然状態をいつまでも保持するのではなく、捷水路（ショートカット）によって河川水位を、そして地下水位を下げるのは止むを得なかったであろう。

ところで、岡崎は沖野来道の翌年、東京転勤を命ぜられ、一時内務省土木局技術課に籍を置き、米国への出張、1920（大正9）年からは15年間、中国東北部遼河総工程司として遼河治水に晩年の精力を注ぎ、1934（昭和9）年帰国した。

岡崎は石狩川治水からは解任され、俗な表現を許されれば、島流しならぬ大陸流しとなったのである。しかし、岡崎の自然主義思想は、第二次大戦後、西欧あるいは日本で技術発展に起因する過大な河川事業への対応としての河川環境重視の風潮の中で、多自然河川工法によってその治水哲学が再評価されたといえよう。

下段中央：沖野忠雄、上段左から2番目：近藤仙太郎（小川一真撮影　場所・年代不詳）
［写真提供：土木学会］

岡崎の自然主義は、それを実現するには時代が早過ぎたのであろう。

沖野は石狩川治水担当者を岡崎から有泉栄一、そして名井九介に変え、1917（大正6）年中国の天津水害を視察。その翌年、内務省を退官、1921（大正10）年3月、神戸の自宅で逝去、68歳であった。1922（大正11）年、墓地に顕彰碑が建てられ、その題額は古市公威による篆書であり、その原文は古市の作成と思われる。1917（大正6）年10月1日、沖野が若いころから手塩にかけた淀川堤防が切れて大水害が発生した。沖野がそれを深刻に悩んだことが、極めて健康だった沖野の死を早めたのではないかとも言われている。

渡辺嘉一 ── フォース橋建設工事に参画

明治初期、海外での土木工事に最も実績を挙げたのは、渡辺嘉一（1858〜1932）であろう。1883（明治16）年、工部大学校卒業。琵琶湖疏水の田辺朔郎と同級生である。卒業後、工部省鉄道局に勤務。1884年に英国に留学。1886年に英国グラスゴー大学卒業。Civil Engineer と Bachelor of Science の学位を取得。その資格をもってフォース橋建設工事監督技師となり、2年間この世紀の工事に唯一の日本人として参加したのは特筆に値する。1888年にフォース橋の建設工事後、米国で各種土木工事を視察、研究。フォース橋の建設計画に当たって、強風に耐える東洋的なアイディアの cantilever を採用、王立科学研究所で演じたフォース橋の人間模擬実験の写真を自宅の応接間に飾って毎日眺めていたという。彼の青春の輝かしい思い出であり誇りであったに違いない。

架橋途中のフォース橋　[写真提供：George Washington Wilson Library, Aberdeen University]

　1888(明治21)年、米国にてニューヨーク市の上下水道などを視察し、同年4月に帰国後、日本土木株式会社技術部長を皮切りに、参宮鉄道株式会社社長など、主として鉄道関係各社の責任者となる一方、帝国鉄道協会会長、株式会社石川島造船所、関西ガス、東洋電機、伊那電機鉄道などの社長となり、1932(昭和7)年、74歳で永眠するまで全国的に鉄道の発展に貢献した。

　渡辺は一冊の本も出版しなかったが、英語による貴重な文献を蔵書として一部を日本交通協会に残した。義太夫を好んだ渡辺は、晩年もしばしば観劇し感涙にむせんでいたという。なお、オーケストラ指揮者であった朝比奈隆は、渡辺の実子である。

菅原恒覧 —— 戦前の建設業界のリーダー

　菅原恒覧(1859〜1940)は、岩手県に出生。1880年工部大学校入学、土木学科を選ぶ。1886(明治19)年に学制が変わり、帝国大学工科大学を同年卒業後、鉄道局に採用され、1888(明治21)年に古市公威の斡旋で、当時まだ評価されていなかった土木請負業界の佐賀市振業社に飛び込む。さらに甲武鉄道会社、武相中央鉄道など転々とする間、念願の欧米視察に1年間出かける。

　1899(明治32)年、建設コンサルタントのさきがけともいえる菅原工業事務所を開設し、多くの鉄道と水力発電の事業に着手。甲州財閥の雨宮敬次郎に認められ、当時としては勇敢な先駆者であった。1902(明治35)年、菅原工務所と改名し土木請負業を始める。

　この時代の請負業は世間に冷たく見られており、困難を重ねるなか、中野組の創始者中野喜三郎の援助を受け、鉄道工業合資会社を創設。やがて清国鉄道工事

 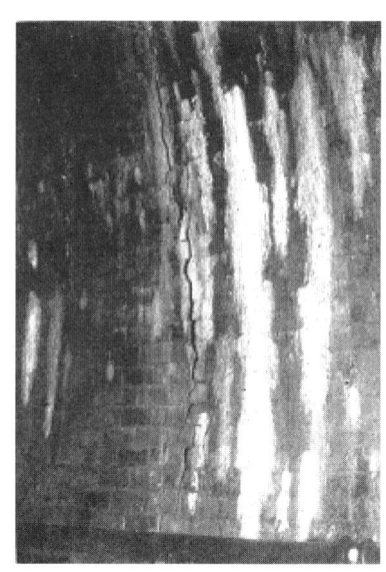

工事途中の丹那トンネル（左：西口坑の湧水、右：東口坑の南側側面の亀裂）

に進出したが不調に終わる。北浜銀行の岩下清周の賛同を得て、古川久吉、星野鏡三郎、さらに同志8名を加えて鉄道工業合資会社を設立し、同社は1933（昭和8）年、鉄道工業株式会社となる。

当時、難工事として世界に有名になった丹那トンネルを鹿島組と折半して請け負い、幾多の困難を克服し、土木業界団結の道を拓いた菅原は、1925（大正14）年に土木工業協会理事長、1937（昭和12）年に社団法人土木工業協会理事長となり、土木業界のリーダーとして土木請負業の発展に生涯を賭けて奮闘、現在の日本建設業連合会の礎を築く。

近藤仙太郎 ── 利根川治水の基礎を築く

近藤仙太郎（1859～1931）は、1883（明治16）年、東京大学理学部卒、淀川の沖野と並び"利根川改修の父"と呼ばれた。大学卒業後、内務省御用掛となり、最上川改修に勤めた後、利根川の関宿（利根本川と江戸川への分岐点、江戸時代は、箱根とともに関東の宿場町として栄えた）にて河川法以前の利根川低水工事を担当。1913（大正2）年利根川改修を手掛け、利根川の近代治水の基礎を築いた。"利根川改修沿革考、明治年間"（1928）はその経緯の集大成であり、利根川治水を紐解くに当たって必須の文献である。

近藤は、帝大工科大学にて河川と港湾工学、同農科大学にて農業水利を担当した。

利根川改修工事 ［写真：『土木建築工事画報』より］

お雇い外国人 —— わが国への西洋技術の導入

　鎖国によって西欧近代文明から遠ざかっていたため、明治政府は、優秀な留学生を欧米に派遣するとともに、欧米から多くの専門家を招いた。いわゆる"お雇い外国人"である。政府のみならず、地方庁、民間財閥からも雇われ、高給にて手厚く遇された。その国籍、職種も様々であり、建築史家、村松貞次郎の調査（1976）によれば、下記の通りである。1868(明治元)～1890(明治22)年までに雇用された外国人総数2,299名、うちイギリス928、アメリカ合衆国374、フランス259、中国253、ドイツ175、オランダ87などである。うち、土木関係146名で、この土木関係での国籍別および雇い上げ官公庁別、職業別は**表1、2、3**の通りであり、イギリスおよび鉄道関係が特に多い。

　お雇い外人の中でも著名であったのは、鉄道を指導したエドモンド・モレル（イギリス）、灯台建設のヘンリー・ブラントン（イギリス）、河川のファン・ドールン、デ・レイケ、G.A.エッシャー（いずれもオランダ）らであった。特にデ・レイケは1903(明治36)年まで滞日し、日本の治山治水に大きく貢献した。

表1　国籍別

イギリス	108
オランダ	13
アメリカ合衆国	12
フランス	11
ドイツ	1
フィンランド	1
計	146

表2　雇い上げ官庁等別

鉄道寮	56
内務省土木寮	15
測量司	15
鉱山寮	15
電信寮	15
開拓使	13
工部省（工作、営繕、灯台等）	11
工部大学校、開成学校等	11

表3　職種別

鉄道	59
測量	31
電信敷設	14
鉱山土木	14
治水・水理・港湾	11
土木一般	9
陸海軍土木	8
土木工学教師	8
道路	4
建築師	4
灯台	3
水道	2

教育部門では、工部大学校を設立し、優れた技術者を誕生させたヘンリー・ダイアー（1848〜1918）の貢献が大きい。

Henry Dyer —— 工部大学校の創設

19世紀半ば、フランス、ドイツ、スイス、イギリスにおいて、技術者を計画的に教育して、インフラ整備に当てるため、工業教育制度が確立された。インフラのための技術の向上を目指す国家間の争いが激化した。そのための教育施設の設立は、かつて長州からイギリスへ渡航した山尾庸三（1837〜1917）が提唱し、工部省に大学校を設けることとし、その教師としてイギリス土木界の重鎮グラスゴー大学教授ランキンの推薦でダイアーが都検（日本の呼称では教頭）として指名され、1873(明治6)年に部下9人と共に来日し、工部省工学校（工部大学校の前身）のカリキュラムなどを作成した。1877(明治10)年工部大学校の名称となり、翌1878(明治11)年開校式を行った。その組織は、土木、機械、電信、造家（後の建築）、実地化学、鎔鋳（後の冶金）、鉱山の6学科に分かれ、予備教育2年、専門教育2年、さらに専門実地教育2年、計6年間で終業とした。教育スタッフ、教育計画その他、極めて積極的であり、かつ当時のヨーロッパの一流の技術教育レベルと比較しても、何ら遜色のない高度な技術者教育組織であり、それらは主としてダイアーの熱意と発想によるものであった。彼は1882(明治15)年帰国後、日本の工部大学校の教訓を生かして、母校グラスゴー大学の教育改善を1889(明治22)年同大学で講演している。さらに1905(明治38)年、グラスゴー技術カレッジで講演し、日本の工業教育を賞賛し、工部大学校の専門学の編成と、学理と実地を見事に組み合わせた点その他を具体的に紹介している。

ダイアーは工部大学校での成功の要因として次のように記している。
① 当時の日本は技術者教育に関して白紙の状態にあり、従来の慣習や実績、伝統などを考慮する必要がほとんどなかった。
② 明治国家が積極的に支援したこと。
③ 大学校の指導陣が理想に燃え、適切な計画を持っていたこと。
④ 教師の熱意
⑤ 学生の勤勉と知性

1902(明治35)年、日英同盟が結ばれ、日露戦争におけるイギリスの支援をはじめ、日英間の交友関係は続いた。日英間の交流のひとつとして、ダイアーが工部大学校を設立し、理想と情熱に燃えて日本の近代化を支えた優秀なエンジニアを育てた意義は大きい。

工部大学校卒業生の活躍

　教育機関の価値は、その卒業生がいかに教育の成果を糧として、社会にどのように貢献したかによって定まる。工部大学校土木の卒業生は、1879(明治12)年3名から1885(明治18)年5名まで計45名に達する。これら45名が、明治前半を中心に日本の近代化を支えたインフラ建設に重要な役割を果たした。

　1879(明治12)年卒業の石橋絢彦（1852～1932）は特に灯台と港湾建設に貢献、工手学校長（現工学院大学）なども歴任、日清戦争では対馬、五島の灯台建設、日露戦争では韓国の灯台建設などをはじめ、台湾灯台など、灯台が明治前半では重要な施設であったころの灯台の第一人者であった。同級の南清（1856～1904）は、碓氷峠の開拓など鉄道の推進者。1887(明治16)年卒には琵琶湖疏水の田辺朔郎、グラスゴー大学を卒業した渡辺嘉一（1858～1932）はイギリスの名橋・フォース橋建設に参加した唯一の日本人エンジニアで、多くの鉄道会社の社長もしくは重役を務め実業家としても一家をなした。1888(明治17)年卒の古川阪次郎（1858～1941）、1889(明治18)年卒の吉村長策（1860～1928）は長崎市にわが国初の水道専用ダム"本河内高部貯水池"を完成させるなど、長崎、神戸（布引・五本松ダム）、大阪などの水道建設に貢献した。

田辺朔郎 ── 世界に冠たる琵琶湖疏水

　田辺朔郎（1861～1944）の琵琶湖疏水計画は日本の土木技術独立を証明する偉業であった。東京遷都ですっかり衰退していた京都を救ったのも、この事業であった。すなわち、琵琶湖の水を京都に導き水運、灌漑、水道とともに、蹴上（けあげ）では、公共用では本邦最初の水力発電を開発し、明治前半では日本最大規模の総合開発プロジェクトであった。

　1890(明治23)年に竣工したこの工事は、田辺が企画から施工に至るまで指揮し、外国人に依存しなかった。竣工時28歳であった田辺に、1892(明治25)年、英国土木学会から最も優れた土木事業に与えられるテルフォード賞が授与された。テルフォードは英国初代の土木学会長であり、それを記念した賞である。

　田辺は、この琵琶湖疏水プロジェクトを工部大学校の卒論テーマに選んだ。それを伝え聞いた京都府知事北垣国道は、まだ東海道本線の鉄道も完成しなかったが、京都からわざわざ工部大学校学生の田辺を訪ね、卒論への激励とともに、卒業後京都府に就職し、その仕事を実際に完成するよう依頼した。田辺への絶対的信頼は、田辺の近代化へ向けての自覚と情熱を感じ取ったからに他ならない。

　琵琶湖の水は、大津から山科盆地の間、長等（ながら）山トンネル（2,436mは当時日本最長）を抜け、トンネルの各ゲートには伊藤博文、井上馨、山縣有朋、松方正義、西郷従道、三条実美らの揮毫が掲げられ、この事業が国家的画期的事

琵琶湖疏水インクライン　[写真：『土木建築工事画報』より]

業であることを裏書し、疏水に風格を漂わせている。この工事遂行に際しては、湧水その他幾多の技術的困難が横たわっていた。一方、お雇い外国人でも重鎮となっていたデ・レイケの反対、南禅寺に水路閣建設は寺の雰囲気を乱すとの福沢諭吉の反対などもあった。京都まで来た舟ごと坂を登るインクライン（傾斜鉄道）は"舟、山へのぼる"ともてはやされた。田村喜子は、この工事記録における青年田辺朔郎の心意気をルポ文学"京都インクライン物語"と題して世に問うた（土木学会第1回著作賞受賞）。

　田辺は1894（明治27）年、帝大教授の職をなげうって、北海道鉄道敷設のために調査に赴き、困難な踏査を経て北海道の幹線ルートを定めた。狩勝峠の命名も、この峠に立った田辺による。この記録も田村喜子が"北海道浪漫鉄道"として出版している。1900（明治33）年、京都帝大教授から工科大学長となり、同大学工学教育の基礎を築いた。

Dyer・晩年の苦闘

　多くの優れたエンジニアを育てたダイアーは、1882（明治15）年グラスゴーへ帰国後、必ずしも恵まれた地位に就けなかったが、エンジニアは"社会進化のダイナミックスの主人公"、"社会発展の原動力であり、旧来の専門職（profession）である牧師、医師、法律家に並び得る新しい専門職である"との思想の普及に努めた。1896（明治29）年、"工業進化論（The Evolution of the Industry）"を発刊したが、急進的として忌避された。日本ではこれを社会主義的と判断し、同訳書を発禁処分にした。そのため、日本ではダイアーのエンジニア教育についての功績

も評価されなくなった。

　ダイアーは1904(明治37)年、日露戦争の始まった年、"大日本—東洋のイギリス"（Dai Nippon — The Britain of the East）を出版した。"東洋の小国が、開国後わずか30年で近代科学技術の習得と社会近代化を達成した原動力とは何か"を主題として、日本の近代化の歴史と社会を幅広く紹介している。彼は帰国後、常に日本の動向に好意的眼差しを向け、工部大学校の教え子たちからの日本情報などに基づいた本書では、日本の急速な成長を評価する一方、日本の将来を憂慮し、カントの"恒久平和論"を例示しながら日本の国際分野での先導的役割に期待している。

　明治におけるインフラ整備、特に鉄道と治水事業による国土開発は、ダイアーによる工部大学校の思想と理想によるところが極めて大きい。"わが国近代科学技術教育の父"の教育理念が、日本のインフラ技術者へ与えたもの、それが日本の近代化にもたらした影響をあらためて再評価すべきである。

札幌農学校 —— 理想の教育を目指して

　工部大学校とともに注目に値するのは、明治における札幌農学校の教育である。北海道大学の前身である同校は、優れた指導者、日本で唯一の伸び伸びした大陸性風土、開発ムードの漂う向上の気運に乗って、若人に生き甲斐を与える場であった札幌で、清潔な教育的雰囲気が醸し出された。

　1876(明治9)年、ウィリアム・スミス・クラーク（マサチューセッツ州立農科大学学長）は、同農大1期生で優秀な成績を残し、高等数学と土木工学を教授できるウィリアム・ホイーラー、ディビッド・P・ペンハロー、ウィリアム・P・ブルックス（翌年2月着任）の若手3人と共に日本の招きに応じて札幌農学校に着任した。クラークは同校の初代教頭を務め、正味8カ月の短期間であったが同校教育の基盤を造り、1877(明治10)年4月、札幌を去る際に、"Boys, be ambitious!"（少年よ、大志を抱け）と叫び、馬上遥か雪を蹴って去ったことで名高い。

　クラークを次いで第2代教頭となったホイーラーは、4年にわたって同校の教育を開花させ、クラークと同等もしくはそれ以上に札幌農学校への貢献は著しい。ホイーラーの郷里マサチューセッツ州コンコードは、イギリスからの開拓民の歴史の町であり、キリスト教の町、文化人の町である。詩人ラルフ・ウォルド・エマソン、思想家ヘンリー・ディビッド・ソロー、若草物語で有名な児童文学作家ルイザ・メイ・オルコット女史と共にホイーラー夫妻の墓がある。ホイーラー25歳での来日に際して、エマソンの推薦状が添えられていた。

　札幌農学校の教育の目標は、まずクラークの最初の年次報告に明らかである。"国に人材なくんば人その人に非ず。人に心志（mind）なくんば国その国に非ず。しかして人の心田もこれを耕さざれば有れども無きが如し。故に一国人民の最も

重要なる産物とは、蓋し最も善く耕されたる心田の謂えにほかならず。……（中略）……もし一度び学事にして軽視せられんか、これやがて国民衰亡の確微たるべきである。従って為政の要道は一にかかりてその教育制度の如何にあり、青年の教育にして宜きを得んか、これによりて以て科学も、芸術もはたまた富国強兵等、おおよそ人の目して以て栄誉とする所のもの、皆悉く隆昌たるべきである"。青年への高等教育の重要性を、このように強く訴えたのである。

札幌農学校二期生（前列中央:内村鑑三、左端:新渡戸稲造、後列左端:廣井勇）[写真提供:北海道大学付属図書館]

　札幌農学校の卒業生は、明治日本の精神の柱ともいうべき多くの偉才を世に送り出した。それらの人々は、決して知識の塊ではなく、キリスト教に裏打ちされた倫理、柔らかな自由の精神、あくまで世のために奉仕する姿勢が背骨となっている。第 1 回卒業生 11 名には、後に北大総長となる佐藤昌介が居り、第 2 回卒業生には、内村鑑三、廣井勇、新渡戸稲造、宮部金吾、南鷹次郎、佐久間信恭ら、明治日本のこころを築いた知名度の高い大家が顔を連ねている。

　その中から、土木技術者として大学教授として充実した一生を送った廣井勇の生き様について述べる。

廣井 勇 ── 技術者の人生観の啓示

　廣井勇（1862 〜 1928）は、日本近代化の礎となった国土基盤形成の功労者であるのみならず、現代に生きる土木技術者のあるべき人生観を自ら啓示した先駆者である。人はその生涯において何をすべきか、いかなる"こころ"を持して生きるべきかを、自らの生涯を通して示した。工学者としての在り方を次のように語っている。

　"若し工学が唯に人生を繁雑にするのみならば何の意味もない。是によって数日を要する所を数時間の距離に短縮し、一日の労役を一時間に止め、人をして静かに人生を思惟せしめ、反省せしめ、神に帰るの余裕も与へないものであるならば、我等の工学には全く意味を見出すことが出来ない"（工学博士 広井勇伝、故広井工学博士記念事業会刊、1930 年）

　16 歳で札幌農学校に入学した廣井勇は、"Be a gentleman"の校風を体して、ホイーラーの指導の下、英語の文章力を鍛え、製図を最も得意とし、読書、狩猟を趣味としていた。廣井の技術者としての最大の功績は小樽港北防波堤の完成で

ある。1897(明治30)年4月、廣井は小樽築港事務所長に命ぜられた。困難な工事が予想されていたが、北海道の開発、経済発展のためには早期着工が切望されていた。それまで日本各地の港で防波堤は建設されていたが、いずれも波静かな内湾での防波堤であった。日本海の外海の大波を受ける港の防波堤、しかもコンクリート堤防はアジアでは初めての工事であった。日本海の冬の荒波によって漁船の遭難が繰り返されていた。工事中は最初、毎冬の激浪で、積み上げた塊が散乱した。しかも1904(明治37)年には日露戦争が始まり、予算の大幅削減により工事進捗に支障を来した。

廣井は年間を通して心の休まる間はなく、冬の荒天に際しては、夜懐中電灯を携えて現場を訪ねることもしばしばであった。コンクリートブロックの積み上げは1907(明治40)年に終わり、翌1908年5月防波堤工事は竣工した。

本邦で初めて使用したコンクリートの耐久度を誰も知らず、廣井は建設着手の前年から百年先までの強度試験用のコンクリートピースを製作し、以後毎年このテストピースの強度試験が実施された。自らの工事に自分の死後も責任を持つ姿勢である。ある夜、暴風のため堤上に置かれた起重機が危うくなった。廣井は押し寄せる激浪をものともせず、部下を督励して大型クレーンを危機一髪で救うことができた。その時廣井所長の手にはピストルが握られていた。多額の国家予算を投じたクレーンを失うことは、国家に対して許されないとの責任感の発露であった。廣井は工事中、一切の出張を断り、週末にしか自宅へ帰らなかった。

1899(明治32)年9月、廣井は東京帝大教授に就任した。東京帝大卒でない最年少38歳の教授であった。橋梁工学講座担当となったが、東京帝大内で工部大学校卒と旧制東大理学部工学科卒の確執が続いており、廣井がそのどちらにも属していないことも廣井が招かれた裏の理由と言われる。廣井は1919(大正8)年6月、新たに定められた60歳の定年より2年早く辞表を出すまで、20年間東大教授として優れた論文や英文教科書など研究成果を挙げる一方、個性豊かにして広い視野を持ち、国際的感覚鋭く、倫理意識の高い多くの弟子を育てたことこそ、工学界のみならず社会への比類なき貢献である。

人間は死ぬまで、世のため人のために働くべきであるとの強い人生観を持っていた廣井は、東大で定めようとしていた定年制に反対であった。しかし衆寡敵せず定年制は決定した。反対した者が残っていては、後の定年制のみならず工学部運営に支障となるとの判断で辞表を出したといわれている。

内村鑑三の弔辞

1928(昭和3)年10月、廣井は逝去。以下、告別式における級友内村鑑三の追悼文の一節である。

"廣井君在りて明治・大正の日本は清きエンジニアーを持ちました。日本の工学会に廣井勇君ありと聞いて、私共はその将来に就き大いなる希望を懐いて可なりと信じます。君の工学は君自身を益せずして、国家と社会と民衆とを永久に益したのであります。……（中略）……廣井君の事業よりも廣井君自身が偉かったのであります"

ハリス師の墓前での記念写真（1928年6月、左から内村鑑三、廣井勇、新渡戸稲造、右の二人は札幌農学校一期生）［写真提供：北海道大学付属図書館］

青山 士 —— 人類のために生きた土木技術者

　廣井が東大教授となった翌年の1900（明治33）年、敬虔なクリスチャン青山士が第一高等学校から東大土木工学科に入学し廣井の薫陶を受けることとなった。一高時代の1899（明治32）年、内村鑑三の神田教育会館での演説 "日本の今日" を聞き、内村の門を叩いた。青山はおそらく内村の "後世への最大遺物"（明治27年夏期学校の講演）を読んでおり、内村の土木事業への意義と理解を知っていたに違いない。しかも東大土木の教授であった廣井勇は、内村とは札幌農学校の同級生であった。こうして青山は一挙に心と技術の2人の師を得たことになる。

　迷わず、東大土木を選んだ青山ではあったが、大学生になって悩んだのは、卒業後どこでどのような土木事業を自分はすべきかであった。社会のため、人類のため、現在最もふさわしい土木事業に自分は参画しなければならない。彼は卒業後行くべきはパナマ運河工事であるとの結論に達した。廣井教授と相談し、アメリカ土木界の有力者でパナマ運河委員会委員でもあるバー（Burr）教授への紹介状を頂き、大学卒業後直ちに横浜港から旅順丸に乗船して旅立った。アメリカでしばらく鉄道会社などで働いた後、1904（明治37）年6月、パナマ運河工事に着任、7年半日本人として唯一人、この世紀の大工事に参加した。熱帯で不衛生な土地での仕事は困難を極め、労務者の1割が命を失う恐るべき現場であったが、最もやり甲斐のある工事に従事していることに青山は誇りと喜びを感じていた。彼がパナマに到着した年、日露戦争が始まっていた。

　1912（明治45）年1月帰国した青山は、荒川放水路工事、さらに信濃川大河津分水工事を内務省新潟土木出張所長（現在、北陸地整局長職）として指揮した。

　反戦主義の内村鑑三の弟子であることに加えて、国際平和論者であった青山は、敗北を迎えた1945（昭和20）年まで思想警察に追われていた。1961（昭和36）年、私は晩年の青山先輩を二度、静岡県磐田に訪ねた際、満面の笑みを浮かべて

迎えてくださった先輩は、何回か思想警察の訪問を受けた経験談、パナマ運河工事、大河津分水工事の思い出を懐かしさを込めて話してくださった。背後には内村鑑三全集、シュバイツァー全集が、まさに所を得たという顔で並んでいた。
　第二次大戦後、毎年のように大水害が日本各地で発生していた。大型台風の中心が南関東に近付くというニュースを聞いた青山は夜行列車で上京、夜明けの荒川放水路の堤防の上を雨合羽で点検していたという。退職後も自らが築いた放水路の安否を気遣っていたのである。
　青山士は廣井勇の技術者の在り方を、生涯を通して最も良く具現した弟子のひとりであった。1963（昭和38）年4月21日、学士会で行われた青山の追悼式において、同じく内村鑑三門下の元東大総長南原繁は、弔辞で次のようにその生涯を偲んでいる。
　"私は青山さんを弔い、その遺蹟を偲ぶために、荒川放水路の岩淵水門を訪ねた。この水門近くに、余り大きくない楕円型の自然石に銅版をはめ込んだ記念碑が建てられている。"此ノ工事ノ完成ニアタリ多大ナル犠牲ト労トヲ払ヒタル我等ノ仲間ヲ記憶セン為ニ"と刻まれている。そして、青山技師の名はどこにも見出せない。そこに青山士という人の謙譲と、労苦を偕にした仲間に対するいたわりと愛情がにじみ出ている。……（中略）……信濃川分水の記念碑に刻まれた"萬象ニ天意ヲ覺ル者ハ幸ナリ"という文句は、神を信ずる人にして、初めて言い得るところである。その裏面には"人類ノ為メ国ノ為メ"と誌した。信濃川の工事を竣工する場合にも、それが人類の幸福と世界の平和につながるものであらんことを、青山技師は絶えず願ったのであった"
　エスペラント語と日本語で記された、格調高いこの記念碑は、おそらく日本の建設碑の白眉である。

信濃川補修工事竣功記念碑の銘文（上は表、下は裏）

内村鑑三が廣井勇に弔辞を捧げ、内村の弟子の南原繁が、廣井勇の弟子の青山士に弔辞を捧げたのも、人類愛というバックボーンがこれらの人々の共通の理想だからであろう。

東大理学部工学科

古市らが学んだ東京開成学校および東京医学校は、1877(明治10)年合併して東京大学となった。土木技術者教育は、その理学部工学科で行われた。工学科は最後の4年生で土木工学専攻と機械工学専攻に分かれていた。1885(明治18)年理学部から工学科は独立し5学科から成る工芸学部が設けられた。土木工学科もその中に含まれた。したがって、土木工学教育に関しては、工部省工部大学校と東京大学理学部（後に工芸学部）工学科の2本立てであった。

1886(明治19)年東京大学は帝国大学となり、東京大学工芸学部と工部大学校が合併して帝国大学工科大学となり、古市公威がその工科大学初代学長となる。1897(明治30)年、京都帝国大学が新設され、帝国大学は東京帝国大学と呼ばれることとなった。工部大学校は工部省に設けられ、現場での実地修業を重視し、東京大学における教育とは若干教育方針を異にしていた。帝国大学において両機関合併後、両者の教師とその教育方針の融合には困難な面があった。東京大学理学部工学科からは明治11年第1回卒業生は理学士として石黒五十二、仙石貢、三田善太郎の3名であった。以後、工部大学校との合併まで30人の土木系理学士を輩出し、工部大学校卒業生と同じく、明治初期の土木事業と土木工学の発展に大きな功績を挙げた。理学部工学科卒業生の中に中島鋭治、近藤仙太郎らが居る。

近代水道の発展：長与専斎、中島鋭治

日本の水道は、江戸時代にすでに世界に冠たる施設を整えていた。江戸の玉川上水、福井水道、赤穂水道、福山水道、仙台水道など全国約30の都市に水道が整備されていた。

当時はポンプや浄水装置はなかったので、明治以後、西欧の近代水道は、長与専斎（1838～1902）と1883(明治16)年東京大学理学部卒の中島鋭治（1858～1925）が草創期の未経験の時代を切り開いた功労者であった。長与は16歳で緒方洪庵（1810～1863）の適塾で蘭学を学び、福沢諭吉の後を次いで20歳で塾頭に推され、長崎で蘭医ポンペ、ボードウィンから医学を学んだ。明治維新を迎えるや、日本最初の病院となる精得館を長崎に開いた。後の長崎大学医学部である。

長与は1871(明治4)年、岩倉具視に随行しての欧米視察から帰国後、文部省初

代医務局長、内務省衛生局長を経て欧米諸国の進んだ文明に刺激を受け、予防医学としての上下水道整備の必要性を痛感、当時脅威であったコレラ流行の対策として近代水道建設に努力する。明治10年、15年、19年、コレラによる死者は約16万人にも達した。1902(明治35)年64歳で死去するまで、水道普及の先頭に立って、技術、行政両面にわたって奮闘、英人 W. K. バルトンを招き、東京大学教授、内務省衛生局での指導に当てた。日本の水道の礎を築いた長与は"近代水道の元勲"と言われるゆえんである。

日本最初の近代水道は、1887(明治20)年横浜水道が最初であり、その設計と工事の指揮者は英国陸軍工兵中佐ヘンリー・スペンサー・パーマーであった。彼はさらに、大阪、神戸、東京水道を設計したが、1893(明治26)年東京で死去、青山墓地に眠っている。

東京大学教授として、衛生工学を日本に育てたバルトンは、1896(明治29)年、日本の植民地となった台湾に派遣され、台北市水道計画を指導中、マラリヤにて客死、44歳の生涯を閉じた。

東京大学にてバルトンを継いで教授となり、初めて日本語での講義をはじめ、全国各都市の水道施設に貢献したのが中島鋭治であった。"日本水道の開祖"といわれる中島は、東大にて多くの衛生工学技術者と多くの学者を育て、その門下生は京大、九大、北大にて衛生工学講座を育成した。

中島の東大での後継者は草間偉であり、その門下の大井清は京都大学、西田精は九州大学、倉塚良夫は北海道大学で、河川工学とともに上下水道工学を開設、大井が育成した京都学派は、上下水道界に次々と優秀な人材を送り出し、1956(昭和31)年、衛生工学科を独立させた。一方、北大は1954(昭和29)年日本最初の衛生工学科を設立し林猛夫教授に引き継がれた。

中島は大学での教育・研究の成果はもとより、東京市技師長として東京の上下水道建設に貢献し、内務省の上下水道を担当し、全国各都市の水道計画を指導監督し、さらに多くの都市の上下水道顧問となるなど、多面的に活躍し、明治から大正にかけ上下水道で中島に関与しなかった都市はないほど、その影響は全国に及んだ。

親分肌であった中島は、仕事が趣味だと力説し、病に倒れ静養を勧められても、"死すとも仕事は止めない"と頑張った。1925(大正14)年、67歳にて生涯を閉じたが、古在由直東大総長は、功績を讃える異例の弔辞を捧げている。仕事一本槍、もっぱら仕事の成就に人生を賭け、それが国のため、人々のためと一途に考えた明治のエンジニアの典型であった。多くのエンジニアのリーダーとしての人生観が、明治の日本のインフラを短年月で整備できた要因であった。

幕末に生まれ、少年時代に国家存亡の諸事件に遭遇した人々の中から、すでに

中利根取手付近の鉄筋材合掌枠水制 ［写真：『土木建築工事画報』より］

　紹介した技術者たちの情熱と強い意志が、日本土木技術の独立によって、多くのインフラ整備を果たし、近代化の基盤を築いた。
　明治に生を受けて、上述の先輩たちの遺志を継いで土木技術の独立を確固たるものにし、さらに技術者の倫理の確立に自己の人生を通して示したのが青山士であった。さらに土木思想の発展を願い、あるいは西欧化の限界をも知り悩んだのが、直木倫太郎（1876～1943）であり、太田圓三（1881～1926）であった。

真田秀吉 ── 治水技術の継承

　内務省高級官僚として淀川、利根川改修などに貢献する一方、日本の治水の歴史的業績をその治水施設とともに攻究した真田秀吉（1873～1960）は名著"日本水制工論"を著し、漢詩を良くし、頼山陽を尊敬した文人であった。私が若年のころ、真田邸を訪ねた際、和室に案内されたが、終始正座を全く崩さず端然とした姿勢、格調高い語り口に圧倒された。

鹿島精一 ── 土木業の地位向上と近代化に貢献

　鹿島精一（1875～1947）は、菅原恒覧と同じく岩手県生まれ、16歳年下であり、菅原の遺志を継いで、建設業の近代化に尽力した。1899(明治32)年に東京帝国大学土木工学科を卒業、直木倫太郎と同級で、青山士の4年先輩となる。卒業後は鉄道作業局に勤め、8カ月で辞し、鹿島組副組長として入社。当時、大学を卒業して建設業界入りする人物はきわめて稀で、菅原恒覧と日本土木会社の技師などわずかであった。大学卒の大部分は、官公庁に職を得て高級官僚への道がほぼ

約束されていた。

　鹿島精一は、鹿島組で多角経営を排し、組員の増加を抑えるなど、営業面に能力を発揮した。鹿島組の技術力が高く評価されたのは、世紀の大事業と世界的にも名を馳せた丹那トンネル工事であった。それまで現在の御殿場線を通っていた東海道本線は、丹那トンネルの完成によって、熱海から沼津へ抜けることで一挙に短縮された。この丹那トンネルは難工事で、1917(大正6)年の着工から1933(昭和8)年の完成まで16年を要した。この工事を、鹿島組はトンネル西口、菅原恒覧率いる鉄道工業合資会社は東口と、ともに特命受注した。

　1930(昭和5)年、鹿島精一は鹿島組を株式会社組織として初代社長に就任した。その後1938(昭和13)年には会長となり、建設業界の社会的活動に貢献。1940(昭和15)年に土木工業協会理事長をはじめ、企業の枠を越えて多数の団体活動に参加した。その団体歴は、50歳から1947(昭和22)年に亡くなる73歳までの23年間に及び、とかく世間から正当には理解されないことの多かった建設業界の地位向上に大きく貢献した。戦後、建設業界から初めて土木学会会長に選ばれている。

　鹿島精一の養子である葛西勝弥(血縁では従兄弟)によれば、精一は腰の低い謙譲そのものの性格で、相手の人格を常に重んじる紳士であり、交際のきわめて広い人であり、他人の意志を尊重する民主的な人であったという。このような性格が、その生涯を通じて多くの人々の信用を得、建設業の地位向上と近代化に力を尽くし得たゆえんであろう。

直木倫太郎 ── 技術者の在り方を終生問い続ける

　直木倫太郎(1876〜1943)は1899(明治32)年、東大土木卒、1914〜17年、東大にて上下水道学を講義。関東大震災後、後藤新平復興院総裁に招かれ、帝都復興院技監として震災復興事業に奮闘、大林組取締役兼技師長を勤め、1933(昭和8)年満州国建国国務院国道局長、満州国水力電気建設局長交通部技監、科学の殿堂と言われた大陸科学院長(初代、三代。二代は鈴木梅太郎)として治水、道路政策の立案、満州の国土計画、インフラ整備に大活躍した。しかし大東港視察中に倒れ、安東満鉄病院にて亡くなる。

　直木は終生、技術者の在り方を自問自答し、名著"技術生活より"(1918年)など文才にも恵まれ、"人あっての技術"、"人格あっての事業"と唱え続け、技術哲学を深めていた。正岡子規の門人であり、夏目漱石、高浜虚子とも交友を深め、短歌、俳句(燕洋を名乗る)、謡曲、絵画にも一流の腕を持つ文化人であった。

　弔辞は数十人から成る大部の書となって刊行された。虚子の弔句には"客死せしこと春寒しとはいへど"。鈴木梅太郎は特に直木が満州の科学振興に尽くした並々ならぬ熱意と努力を讃え、科学技術者の地位向上への熱情にも心打たれ、博

士を失って秋風落莫の感が深い、と結んでいる。

　遺稿は"現代は科学本位なり"と題して、故後藤新平が"日本の科学の弱体性を憂い、科学研究に思い切って巨額を用意せよ"と、科学研究に対する当局の無関心と不用意を痛罵していることを引用し、科学技術の進行発展の道に驀進することこそ国家百年の計である、と強調している。多彩な趣味と科学哲学を追い続けた直木は、技術手段が先行しても技術者の人格向上なくして、技術の真の成果は社会に根付かないと喝破し続けていた。日本工人倶楽部でも活躍したかけがえのない技術官僚であった。万年情熱を傾けた満州へのソ連軍の進行を見ずして世を去ったのは、せめてもの幸であったか？

＊

1908年（明治41年）

　1904〜05年（明治37〜38年）、日露戦争の勝利は日本人に自信と誇りを与えた。それは単に軍事力の勝利によるもののみではなかった。近代化の道をまっしぐらに進んだ国力に支えられ、その社会基盤を築いた土木事業の成果もあずかって力があった。

　すなわち、この40年間に国土に加えられたインフラ整備は、目を見張る勢いで質、量ともに充実した。1872（明治5）年に新橋・横浜間（29km、運転時間53分、1日9往復）で初めて営業開始した鉄道は、1889（明治22）年には新橋・神戸間の東海道線（605.7km、20時間、1日1往復）開通をはじめとして、1908（明治41）年には全国の主要幹線を開通させ、鉄道王国日本の素地が築かれた。河川工事は当初、オランダからのお雇い外国人による低水工事の普及に始まり、1896（明治29）年河川法公布以後、国による主要河川の治水工事が進捗し、全国の主要河川にモンスーン・アジアでは初めて乾坤一擲の大治水事業が展開された。大洪水流量を河道に集め一挙に海まで一刻も早く流出させようとする、極めて野心的な意図であった。それによって河川の中下流部の洪水に対する安全度は向上し、明治中期から昭和初期にかけての国土開発を可能にした。

　近代的上下水道は1887（明治20）年横浜に始まり、1900（明治33）年には神戸市の水道のために生田川に水道用の布引五本松ダム（堤高33.3m、堤長110.3m）が築かれた。これは佐野藤次郎（1869〜1929）の設計による日本最初のコンクリート重力ダムである。佐野は韓国政府に招かれ、韓国の主要都市の水道建設に貢献、神戸市技師長、大同電力にて大井ダム建設にも腕を奮った。

　土木の各分野にわたって、欧米の水準に追い付け、追い抜けの掛け声のもと、日本のインフラは着実かつ急速に整備された。特に田辺朔郎による琵琶湖疏水は、日本土木技術の独立を誇示した総合開発であり、その計画力、個々の技術など当

時世界に誇り得る金字塔といえる。1908(明治41)年に完成した小樽築港の北防波堤は、日本港湾技術の飛躍を証明する偉大な成果であり、これを指揮した廣井勇の責任感の発露であり、技術とその倫理観の勝利であった。

　こうして明治の40年間の土木技術の進歩は、近代化の基盤を築くことに成功した。特にそれに身命をなげうった土木技術者の高い倫理観に支えられた心意気こそ、われわれ後輩の心の支柱といえる。

　しかし一方、日本の社会は、日露戦争の勝利で一流国になったと錯覚し、驕り気分も芽生えていた。

　「……いくら日露戦争に勝って、一等国になっても駄目ですね。尤も建物を見ても、庭園を見ても、いずれも顔相応の所だが、……と髭の男……（中略）……"しかしこれからは日本も段々発展するでしょう"と三四郎は弁護した。すると、かの男は、すましたもので"滅びるね"と言った。熊本でこんなことを口に出せば、すぐなぐられる。わるくすると国賊取扱いにされる……」

　夏目漱石"三四郎"にて、熊本から上京する車中での三四郎と同席した髭の男との問答の一節である。"三四郎"は、1908(明治41)年9月1日から12月29日に朝日新聞に連載された。思い上がった日本は、やがて軍国主義の跳梁を許し、アジア諸国には横暴となり、これから37年後、敗戦の悲劇を迎え軍国日本は滅びた。

　土木技術者はこの間にあって技術発展に努力し、社会資本整備に邁進した。しかし、倫理観を強く自覚した、直木倫太郎、青山士、太田圓三らは、それぞれの人生観に根ざした生き方と、当時の社会思潮との距離に悩むこととなる。

橋梁デザイン思想の開拓
・樺島正義

　樺島正義（1878～1941）は、現在の日本橋の設計者であり、1901(明治34)年東大土木を卒業。中島鋭治の紹介でアメリカのカンザス市のワデル・ヘドリック工務所で4年半、橋梁設計を修行して帰国、東京市橋梁課長として新大橋、鍛冶橋、一石橋など数多くの名橋を設計。東京市退職後、わが国最初の橋梁コンサルタントの樺島事務所を開設し、静岡、愛知、三重県の顧問として東海道河川の橋梁、さらに大阪の名橋、四つ橋、水郷大橋など、それぞれ独特のディテールを施している。

千葉県佐原の水郷大橋（設計：樺島正義）［写真：『土木建築工事画報』より］

・太田圓三

　西欧文明と日本固有文明との接触に関する課題を重視して考察し、悩んだのが太田圓三（1881〜1926）である。太田は1904（明治37）年東大土木卒、関東大震災後、内務省外局の復興局（長官は直木倫太郎）土木部長として土地区画整理事業に熱意を注ぎ、隅田川五大橋の設計に没頭、景観の調和に新たな視点を入れるなど新鮮な審美観を取り入れた。審査員には芥川龍之介、木村荘八らと共に実弟の木下杢太郎も含まれていた。木下は医者であるとともに詩人であり、戯曲、小説、など多面的に活躍し美術研究家でもある。

　橋梁のみならず、土木構造物や土木施設に景観の重要性を感じ取っていた太田は、交通計画、地方計画、都市計画を検討すればするほど、行政のセクショナリズム、縄張り意識の打破なくして交通政策も都市政策も袋小路に入り込むことを実感するに至った。橋梁計画から交通政策、景観計画に思いを巡らした太田は、明治以来、技術者や行政マンが遮二無二輸入した西欧文明を、そのまま日本の国土へ据えるべきではないとの自覚を強く抱くようになる。すなわち、西欧文明を受け入れつつある日本の生活基盤の質の向上、各行政、各学問間の協調の必要性、重要性、その実現の困難であることを指摘している。太田は、西欧文明の刺激による近代化が抱える悩みを、思想的にどう位置づけるかを考究していた。

　中井祐（東大教授）は、太田圓三の思想を、樺島正義、田中豊との3人の流れの中に、橋梁デザインを例に優れた著書"近代日本の橋梁デザイン思想"（東京大学出版会、2005）にまとめ、太田の晩年の思想を以下のように記している。
「①　太田の見た当時の日本は、西洋近代文明のもたらす物質面の普及は進んでいるものの、生活を支えるべき都市基盤の整備は極めて貧弱であった。太田はこの状態を「表面的（皮相的）物質文明」であると見なし、明治維新以来の西洋近代文明のあまりに急速な輸入に起因するものと考えていた。
　②　太田は、日本の物質文明が表層的なのは、いまだ西洋近代文明の学習期間

③　太田は、西洋近代の文明文化は強大な資本を背景としていることに気がついており、欧米列強のような植民地を持たない日本が大資本を生み出すためには、工業技術によるしかないと判断し、そのために土木技術の近代化と、それを担う専門技術者の養成が急務であると考えていた。その意味において、太田は土木事業を「文化の基礎事業」と呼んだ。
④　太田は交通計画と都市計画・地方計画を一体で行うことを可能にする手法として交通省の設立を考えていたが、その背後に、近代的交通設備と文化生活を基盤とし、将来は地方分権を進めて特色のある地方・都市を生み出すべきとする国土計画的意識が顕著である。」

　太田の晩年の土木思想には、明治以降の急速な文明開化に曝されている状況に、近代土木技術者として、あるいは知識人としてどのように対処すべきか悩んでいた心境を察することができる。太田は、明治以降初めて橋梁の景観要素に取り組んだ。それは橋梁設計に欠かせぬ要素であり、欧米近代技術の模倣ではなく、日本の伝統美に即した独自の手法を生まなくてはならない。このように太田は積極的に橋梁に関する西欧技術を日本人の文化生活にどう融合させるかに挑み、そのために新手法を編み出すのに苦心し、それだけ悩みも多かったといえる。近代化の過程では、様々な場で従来の国土に加えられてきた文化と、庶民の生活の蓄積との不協和音が奏でられるのは歴史の必然である。太田は、その音を聴き分ける鋭い感覚を持っていた。

　圓三は中学生の時から大変な読書家で文学少年であった。太田家は祖父母の時代からインテリ一門であり、医者が多く、父も読書家であり、"学問のすすめ"、"西洋事情"などの書籍を呉服などに加え販売し、母も教養深く、蔵には絵や書籍が大量に積まれていた。圓三の4人の姉は然るべき家に嫁し、兄は伊東市長、弟はすでに述べたように医者、作家、芸術家である。このような家族に育った圓三が、土木技術者の中でも深く思索する人となったのも頷ける。

　太田は、土木の既往の技術的見地に芸術的感覚を加味しようとして苦悶し、近代文明の本質の在り方に挑んだ土木思想家であった。太田は、復興事業の完成を見ず、1930(昭和5)年自ら命を絶ったのは痛恨の極みである。

・田中 豊

　土木学会で橋梁に功績のある研究者、もしくは名橋に田中賞が授けられるのは、橋梁の大家田中豊（1888〜1964）の功績に由来している。1913(大正2)年東大卒、関東大震災で被災した隅田川橋梁の復旧に、帝都復興局橋梁課長として、

新永代橋の築橋工事 ［写真：『土木建築工事画報』より］

太田圓三と共に独自の発想で、すべて形式の異なる名橋を設計し、新しい基礎工法を永代橋、清洲橋に適用し、隅田川橋梁群として世界に誇る見事な成果を挙げた。1925 (大正 14) 年から東大教授、戦後は多くの重要な橋梁計画に助言を与えている。

台湾で尊敬されている浜野弥四郎と八田與一

　1894 (明治 27) ～ 1895 (明治 28) 年、日清戦争の結果、台湾を日本が領有することとなった。清時代までインフラ整備は進んでいなかったが、明治政府は台北のみならず、全島にわたって水道、農業用水開発を中心に公共投資に力を入れ、台湾へ渡った土木技術者が目覚しい活躍を遂げた。その中から、ここでは浜野弥四郎 (1869 ～ 1932) と八田與一 (1886 ～ 1942) を取り上げる。

　浜野は、1896 (明治 29) 年帝大土木卒、直ちにバルトンと共に台湾に渡り台湾総督府に勤め、1919 (大正 8) 年まで 23 年間、台湾の水道を全島主要都市に普及させ、台湾水道の開祖とあがめられている。

　八田は、1910 (明治 43) 年東京帝大土木卒、直ちに台湾へ渡り、台湾の農業水利事業に一生を捧げた。特に嘉南平原で洪水、干害、塩害の三重苦に悩む農民に接し、それを救うために幾多の案をめぐらした結果、烏山頭ダムという当時アジア最大の農業用水開発のアースダム (高さ 53m、堤長 1,300m、総貯水量 1.6 億 m^3、灌漑水路の総延長約 6,800km) という大規模プロジェクトを策定した。

　1920 (大正 9) 年着工、1930 (昭和 5) 年竣工。この農業用水開発により、台湾最大の嘉南平原は不毛の地から穀倉地帯へと生まれ変わり、地元の人々は、八田を"嘉南大圳の父"と慕い、心から尊敬している。

台湾嘉南平原の大土堰堤　[写真:『土木建築工事画報』より]

　1942(昭和17)年、太平洋戦争勃発の翌年5月8日、八田はじめ多くの技術者を乗せ、宇品港から占領直後のフィリッピンのインフラ整備に向かった大洋丸が、長崎県五島列島沖に差し掛かった時、アメリカ潜水艦の魚雷攻撃を受け沈没、八田は船と運命を共にした。嘉南平原の農民のみならず、多くの台湾の人々は深く悲しみ、終戦後、夫の建設した水路に身を投げた外代樹夫人と共に、ご夫妻の墓を八田與一の銅像の傍らに設け、毎年5月8日の命日には現在もなお慰霊祭を催している。八田の郷里の金沢からも、この日には毎年約100人が参加し、地元の人々と合わせ200〜300人が参加し、最近は馬大統領も引き続きお参りし、その周辺に八田公園を設けている。八田の死後すでに70年、毎年感謝の集いが行われている例は世界にも稀である。八田がいかに深く尊敬されているかの証左であるとともに、台湾の方々の恩人に対する限りない礼節に敬意を表したい。

小野基樹 ── 小河内ダムの恩人

　小野基樹(1886〜1976)は、1910(明治43)年、京都帝大卒業以来、一生を水道事業、1936(昭和11)年以後は、東京都水道局による小河内ダム建設に献身的努力を重ねた。1957(昭和32)年のダム完成は彼の熱意と技術力によるところが大きい。

　小河内ダムは1957年、前年の電源開発株式会社による佐久間ダムに次ぎ、日本で初めて堤高100mを超え、昭和30年代から40年にかけてのダム・ブームの先駆けとなった金字塔である。しかも小河内ダムは水道専用としては世界にも稀

小河内貯水池の池底となる多摩渓谷 [写真：『土木建築工事画報』より]

な大ダムであった。このダムによる貯水池は奥多摩湖であり、東京都の観光スポットでもある。この計画の生みの親が小野基樹である。

　昭和初期に水道用巨大ダムの計画は、優れた先見の明である。このダム計画による水没者の移転に伴う村民の苦悩は、石川達三による"日陰の村"に如実に描かれ、小野は大野基寿で登場している。工事着工が遅れた主な理由は、江戸時代初期建設の農業用水取水堰である二ヶ領用水の水利権との調整に数年を要したからである。計画放流量に関する論争、当時としてはあまりに巨大なハイ・ダムへの技術的批判など難問を次々と解決して 1938（昭和 13）年着工したが、第二次大戦に突入、戦争末期には資材と労力不足のため 1943（昭和 18）年工事中断、終戦直後は戦災復興が優先されたが、水道関係者の懸命の説得により 1948（昭和 23）年に工事再開、1959（昭和 32）年にようやく竣工に漕ぎつけた。

　この間、小野は終始、この事業の重要性を主張した。1943（昭和 18）年東京都水道局長を最後に東京市を去ったが、その後も都技術顧問として小河内プロジェクトに参画した。彼の後継者佐藤志郎（大正 13 年仙台高等工業卒）は小河内のダム男と呼ばれ、ダム竣工まで責任者として奮闘した。

　東京都水道局勤務に先立つ 1919（大正 8）年、小野は函館市水道拡張事務所長として、工事節約のためバットレス中空重力式の鉄筋コンクリートダムの笹流（ささながれ）ダムを完成した。戦後になってその景観美が高く評価されている。自伝と言える著作"水到渠成"（昭和 48 年、新公論社）がある。

徳善義光 ── 敬虔な人生

　関東大震災の 1923（大正 12）年に京大を卒業した徳善義光（1897～1985）は、

可動橋を開いた東京の勝鬨橋 ［写真：『土木建築工事画報』より］

水道局長で東京都を辞すまで、初期には震災復興事業における橋梁建設、特にわが国初の二葉跳開橋の勝鬨橋の完成に努力、1940年以後、東京都の水道行政に献身的に努力、1940(昭和15)年の大渇水、戦時中の空襲対策、小河内ダム工事の推進と一時中止、戦後の戦災復興にかけ、次々の難局打破に取り組んだ。40歳を越えての水道局入局のハンディを克服した指導力は高く評価されている。

1985(昭和60)年、日本福音ルーテル東京教会にて葬儀が行われ、徳善の敬虔な人生を彷彿させるものであった。

数学の天才たち
・林 桂一

　土木界には時に天才的な数学者が現れ、それを構造力学や水理学などに適用し、設計手法などに著しい進歩をもたらした例が少なくない。林桂一（1879～1957）は1903(明治36)年京都帝大卒。住友別子鉱業所勤務中、"弾性地盤上の桁の理論"をまとめ、同書はドイツでも高く評価され、1917(大正6)年に九州帝大教授となり、退官後日本大学教授を勤めた。"Theorie des Trägers auf Elastischer Unterlage und ihre Anwendung auf den Tiefbau." (1921) を発表、特に"高等関数表"（1941）はドイツのみならず、欧米の数学界で極めて高く評価された。相対性理論のアインシュタインは林の双曲線関数表を利用し、その成果を賞賛したという。

・物部長穂

　物部長穂（1888～1941）は、明治中期、秋田県で稀に見る秀才と激賞された。1911(明治44)年東京帝大土木卒、その数学の才能を見込んだ沖野忠雄は、物部に数学の才を磨くことを強く期待していた。物部は大著"水理学"（1933）、同じ年"土木耐震学"と歴史に遺る文献を発表した。水理学は、古今東西の水理およ

び水工学の文献を渉猟し、それに自らの多くの研究成果を加えた。当時としては世界にも稀な水理学の総覧であり、出版後十年余、土木界のバイブルと言われていた。

・山口 昇

　山口昇（1891〜1961）は、1914（大正3）年東京帝大土木卒、内務省にて大河津分水や荒川の河川改修に従事した後、1918（大正7）年東京帝大教授に招かれ、応用力学、土質工学の体系化に努めた。応用力学ハンドブック（1930）、土性力学（1932）、土の力学（1936）はそれぞれこの分野で最初の創造的力作であり、簡潔明瞭な解説により名著の名を欲しいままにした。山口は数学と外国語学の天才と噂され、青山が大河津分水に記した名言のエスペラント語は山口による訳であった。

・鷹部屋福平

　鷹部屋福平（1893〜1975）は、1919（大正8）年九州帝大土木卒、欧米留学後、1925（大正14）年北海道帝大教授、1947（昭和22）年九州大教授などを歴任、橋梁工学、土性力学を研究、多数の論文、著書を英、仏、独、スペイン語で発表。特にベルリンのSpringerから出版された"Rahmen-tafeln"（1930）は西欧諸国で極めて高く評価された。鷹部屋はテニスの名手、水墨画は一流、随想的著作もある超一流マルチ天才であった。

高西敬義 ── 神戸港の基礎を築く

　築港技術を中心に、生涯各方面に活躍し豊かな人生を送った高西敬義（1883〜1976）は、1907（明治40）年京都帝大土木卒、日露戦争直後、横浜と並ぶ神戸築港を西の貿易港とする国家的大事業として着工した。神戸築港にコンクリートブロックの防波堤、岸壁建設には世界最先端工法のコンクリートケーソンを採用。この工法は、沖野忠雄の命を受けて神戸港建設の責任者となった森垣亀一郎（1874〜1934、1898（明治31）年東京帝大土木卒）が、1907（明治40）年ロッテルダム港におけるコンクリートケーソンに関する資料を持ち帰り、神戸岸壁工法に適用した。

　高西は1919（大正8）年以後、内務技師となり神戸港の骨格を形成、神戸および大阪土木出張所長として管内の多くの港の修築などに専念、1934（昭和9）年の室戸台風の災害復旧はじめ近畿地域開発の基礎を建設。京都大学で教鞭をとった後、中国白河河口の塘沽新港建設など築港に生涯を送った。粋な英国風紳士である一方、書と墨絵、謡曲は一流の豊潤な人生を送った。

吉田徳次郎── コンクリート学を確立、物部長穂の1年後輩

　物部長穂とほぼ同世代の吉田徳次郎（1888～1960）は、1912（明治45）年東京帝大卒、九大教授を経て東京帝大教授となり、わが国コンクリート技術を理論および実験両分野にわたって研鑽を深め、コンクリートの設計、施工技術を確立した。戦後の主要なダムの現場に、愛用の金槌でコンクリートを必ず叩いて診断し指導していた。小河内ダムのコンクリート施工では、当時占領下のため細かい施工上の方法をいちいちGHQのチェックを必要とする悲哀に、敗戦とはこういうものかと慨嘆していたという。

＊

1934年（昭和9年）

　この年、近代土木を日本の国土に植え付けた巨人、古市公威は79歳でこの世を去った。その前年、日本は国際連盟を脱退し、国際社会において孤立化の道へ舵を切り敗戦へ向かう歴史の分かれ道に立っていた。

　明治末期から昭和初期に至る間の日本の大きな試練は、関東大震災（1923）であった。M7.9、死者14万人、全壊家屋64万戸に及ぶ大災害であった。日本の中枢であった東京、横浜を壊滅状態にし、日本の社会と経済に与えた打撃は深刻であった。帝都復興事業は、後藤新平（1857～1929）が内務大臣兼帝都復興院総裁として敏腕を振るい、徹底した土地区画整理を断行した。東京再建の一環として、日本最初の地下鉄が1927（昭和2）年、浅草・上野間に開通、東京市土木部長太田圓三の雄大な構想のもと、隅田川にそれぞれ技術的景観的に秀でた6大橋を建設し、隅田川橋梁群として高く評価されている。

　大正時代に急成長したのは水力発電の技術と事業である。日本河川上流部の急勾配と豊富な低水流量を利用した流れ込み式水力発電が、大正末期から昭和初期にかけてはダム建設による水力発電が進展した。木曽川に1924（大正13）年に建設された大井ダム（堤高53m、堤長296m、総貯水容量2,940万m^3、最大出力4.8万kW）は、堤高50mを超えた最初のダムであり、日本の大ダム時代の始まりである。建設中に関東大震災による資金不足、大ダムに反対する住民への説得などの苦難を乗り越えたのは、企業家としての福沢桃介（1868～1938）の行動力によるところが大きい。作家杉本苑子"冥府回廊"（1984、日本放送出版協会）は、桃介をめぐる大井ダムをはじめとする人間劇を、小説として克明に描いている。明治時代には土木技術者エリートは内務省、鉄道省に集中したが、大正時代にはこれに加えて、発電関係の公務員や会社に就職している。

　明治中期から営々と実施されていた重要河川の大改修が昭和初期にほぼ終り、1930（昭和5）年に利根川、荒川、淀川において竣工、翌1931年には信濃川補

修工事の大河津分水が完成、主要河川の改修は一段落を迎えた。

　この時期のハイライトは、世界屈指の難工事と言われた東海道線の丹那トンネルが、16年を要して完成、日本の鉄道トンネル陣に限りない自信をもたらした。この年には満鉄に特急あじあ号が運転開始、台湾電力により、濁水渓に日月潭水力発電所（最大出力10万kW）が完成、台湾では1930（昭和5）年に烏山頭ダムが完成、嘉南平原を沃土と変えた。

　発電専用ダムは1929（昭和4）年、庄川に小牧ダム（堤高80m）、朝鮮半島北部では、鴨緑江水系に1930（昭和5）年赴戦江ダム（堤高72.8m、最大出力12.96万kW）、1943（昭和18）年に世界的にも大規模な水豊ダム（堤高107m、最大出力70万kW）が完成した。

鈴木雅次 —— 港湾工学から臨海工業地帯育成で文化勲章

　土木界で唯一の文化勲章受賞者である鈴木雅次（1889〜1987）は、田中豊の1年先輩に当たる。1914（大正3）年九州大学卒、主として港湾計画を専攻し、文化勲章は日本大学教授時代、戦後の高度成長を支えた臨海工業地帯計画の効果を産業連関表分析など計量経済学の手法を日本に適用できるようにし、ひいては土木事業の投資効果の計量化研究を推進したことが評価された。

　私はしばしばお目にかかり幸運にも歓談の機会を持つことができた。気さくな鈴木先生とは、世事百般、料理、スポーツを語り合えた。先生は名古屋の八高出身であるためか、熱烈な中日ドラゴンズ・ファンであり野球通であった。若いころから野球雑誌をアメリカから取り寄せ、日本で最初にコーチとしてスクイズのサインを出して成功させたとご自慢であった。私のテレビ出演はしばしば見てくださり、その都度電話で好意的感想を寄せてくださった。

久保田 豊 —— 海外協力の先頭に立つ

　田中豊の1年後輩、世界を股にかけて活躍したのは久保田豊（1890〜1986）である。1914（大正3）年東大卒、日本窒素肥料会社の野口遵と知り合い、朝鮮における化学工業の電力開発部門を担当。1926（昭和元）年、朝鮮水電会社に入社、朝鮮北部の赴戦江の水力開発、さらに長津江、鴨緑江本流における水力開発を手がける。1944（昭和19）年にほぼ完成した水豊ダムは、当時世界最大級の発電量を誇った。

　戦後は中国、ベトナム、インドネシア、マレーシアなど東アジアを中心に戦後賠償工事を含め、水力開発、鉱山開発など資源開発に活躍した。1946（昭和21）年、日本工営（国際コンサルタント）を設立、社長としてベトナムのダニム・ダム、ビルマのバルーチャンやメコン川開発などに偉大な成果を挙げた。"海外技術協

朝鮮北部の赴戦江の水力発電工事　[写真：『土木建築工事画報』より]

力の父"と呼ばれた久保田はいつまでも若々しく、96歳の長寿を保った。

　私は1963(昭和38)年夏、8人の大学生と共にメコン川をラオスからベトナムまでの調査旅行中、ビエンチャンで久保田豊の朝食会に吉松昭夫の案内で招かれた。久保田は、たびたびメコン川を旅し、当時73歳であったが、迫力ある話術、容姿ともに若々しく、流域住民の生活振りなどとともに、メコン川開発の経綸を伺うことができた。かつて、ガーナのエンクルマ大統領が久保田の若さに感嘆して、"いつも何を召し上がっていますか？"との問いに、"いやあ、いつも人を食っていますから"と答えた。

　古市・沖野世代は、近代化へ向かう目標は明確で、その技術手段も迷うことはなかった。特に治水などの国土保全に類する計画は、日本特有の自然条件に左右される度合いが大きいので、近代技術を丸ごと輸入したのではない。機械力を含む施工などには欧米近代技術が適用されるが、日本の治水技術は長い歴史を経験した伝統技術を誇っている。一方、橋梁などの土木構造物は江戸時代にも多くの名橋を建設してきたが、明治以降は力学や材料工学など近代工学にもっぱら依存し、西洋近代文明による物質文明の日本への融合にも成功した。

釘宮 磐 —— 関門海底トンネルの推進

　1942(昭和17)年11月15日、関門海底トンネル開通列車が、下関から門司駅に到着した。その日、下関の関釜桟橋大待合室での開通式には、国鉄はもとより官民の代表者多数が参加、世界初の海底トンネル貫通の壮挙を祝った。

　戦局に陰りが見え始めたころではあったが、まだ本土空襲もなく、大部分の国民は戦局の将来に深刻な危機感を受け止めてはいなかった。そんな社会的雰囲気のもと、この快挙は手放しに日本技術陣の大勝利として祝福された。その祝賀会参列者の中でも、特に感慨を込めて穏やかな表情に笑みを浮かべている壮年技術

者が居た。釘宮磐（1888～1961）である。1936(昭和11)年7月、鉄道省下関改良事務所長に任命され、この海底トンネル計画を任された。このトンネルの起工式で、彼は"海峡の人柱となっても、必ず成功せねばならない"とその抱負を力強く宣言した。断層破砕帯との壮絶な闘い、大量の湧水に遭遇するなど、いくたの困難と闘いながらも何とか貫通を成し遂げた快心の笑みを、釘宮はじめここに集った技術者たちは浮かべていた。

このプロジェクトの発想から約30年、すでに1934(昭和9)年、世界屈指の難工事と言われた丹那トンネルを16年の苦闘を経て貫いた日本トンネル技術陣は自信を深めていた。最初の発想は1907(明治40)年、初代鉄道院総裁の後藤新平であった。以来、国鉄のみならず、日本土木界の夢であった関門トンネルは、門司と下関を結ぶのみならず、九州と本州を地続きとする雄大な計画として、両地方の住民にとって待ち焦がれた夢でもあった。

その功労者である釘宮は、下り線開通後国鉄を退職し、その年設立された東大第二工学部教授となり、土木施工法とコンクリート施工を担当した。私の学生時代、その講義に接する幸運を得た。印象に残るのは、講義から少々逸脱した際、思い出の経験談を語る際の豪快な笑いであった。それは国鉄時代の懐かしさの発露であったであろう。講義の端々に国鉄時代の経験が、感覚的に吐露されているのを感じた。トンネル下り線開通の1941(昭和16)年7月に、"長門なる赤間の関としらぬひの　筑紫小森江あいむかふ　大瀬戸の海に矢をば射る"に始まる長い詩を詠んでいる。

1961(昭和36)年7月9日、74年の敬虔なクリスチャンとしての生涯を閉じた。私はその葬儀で初めて駿河台のニコライ堂に入った。釘宮の父はニコライ堂の牧師であった。釘宮磐は謹厳で賭事は一切行わず、ひとと争うことを好まぬ人柄を慕われて"君子"がそれにふさわしい渾名であった。府立一中、一高、明治45年東大工学部卒の秀才コースを経て、鉄道一筋の一生であった。

宮本武之輔 —— 技術者の地位向上を主張し続けた熱血漢

廣井勇門下で、青山士に後れること14年、1917(大正6)年東京帝大卒の宮本武之輔（1892～1941）は、稀に見る視野の広い、情熱的な行動派であった。青山と同じく内務省に奉職して治水の道をまっしぐらに突進した。荒川改修関連では東京の小名木川閘門の設計、施工を手がけ、1927(昭和2)年6月24日、工事中の信濃川放水路入口の自在堰陥没事故に際しては、急遽内務本省から現場の補修を命ぜられ、上司の新潟土木出張所長（現在の北陸地方整備局長）青山士のもとで1931(昭和6)年の大河津分水工事終了まで、現場での獅子奮迅の活躍は名高い。青山とはかなり異なる人生観を貫く忙しい一生であったが、青山は彼の生き

方を正当に理解していた。鉄筋コンクリートで博士論文をまとめ、その名著もあるが、彼の生涯をかけた業績は、技術者の地位向上運動である。

若いころ小説家を志望していた宮本は文才に恵まれ、中学時代から亡くなるまで克明な日記を書き続け、それ自体貴重な文献となっている（菊池寛は宮本の文章を激賞）。1923(大正12)年欧米出張の折には、土木関連の現場や研究機関のみならず、ロンドンでは社会主義団体のフェビアン協会と労働党を訪ね、日本工人倶楽部の件をダルトン書記長に紹介し、今後の技術者と建設労務者の在り方について議論している。

信濃川大河津分水路補修工事現場にて（1929年、左：青山所長、右：宮本主任）［写真：『写真集 青山士』より］

多くの土木技術者や技術官僚とは異なる多面的な才能に恵まれた宮本は、識見も理想も高く、思考の次元も広くかつ雄大であった。交際範囲は広く、政治家、他官庁の幹部、文化人（芥川龍之介、菊池寛、久米正雄らとは一高時代の友人関係を生涯続けていた）と親しく付き合い、様々な階級の人々と話すコトバを持っていた。大河津の現場に居たころは、毎晩のように地元の顔役、部下、労務者と酒を酌み交わし、友好関係を深めていた。地元の各種会合にもよく顔を出し、夜の料亭にも繁く通う粋な面もあった。群を抜いた知性は、文学、哲学などの驚くべき読書量に支えられていた。"民と共に憂ひ民と共に悦ぶ" と、しばしば日記に記していたように、弱き者の味方との姿勢は生涯崩さなかった。PRO BONO PUBLICO（民衆を益するために―ラテン語）を信条として情熱を漲らせ、雄々しく生きた宮本ではあったが、米英と戦闘を開いた1941(昭和16)年12月、肺炎でわずか1週間病床に伏しただけで、忽然として世を去った。享年49歳、痛恨の急逝であった。

松山市興居島の生まれ故郷の役場玄関前には、1954(昭和29)年に全日本建設技術協会によって建立された記念碑がある。その表面には"偉大な技術者 宮本武之輔博士 この島に生る"、背面には"宮本武之輔君は正義の士にして信念に厚し、貞抜せる工学の才能と豊かな情操と秀でたる文才とを兼ね具え、終生科学技術立国を主張す。知る者其の徳を慕ふ" と刻まれている。

そして、宮本武之輔を偲び顕彰する会（会長：鈴木幸一）によって宮本の銅像建設が進められ、2012(平成24)年11月18日、その完成式典が松山市において

行われ、その銅像は興居島に宮本の誕生日の 2013 年 1 月 5 日に建立された。

近藤泰夫 ── 心温かいコンクリートの権威者
　コンクリート界では東の吉田、西の近藤と並び称された権威である近藤泰夫 (1895 ～ 1984) は、1918(大正 7)年京都帝大卒。原爆ドーム保存運動に努力した社会貢献の一方、苦学生には自宅の敷地を提供するなど、心暖かい教育者であった。

＊

1945 年（昭和 20 年）
　昭和 10 年代は、日本は引き返せぬ敗戦へと歩んだ悪夢の道であった。とはいえ、多くの日本人は、それぞれの職場で精一杯働いていた。土木事業も着実に進められてはいたが、戦争による材料と労力不足は、1940 年代が深まるにつれ深刻になった。東京都水道局による小河内ダムも、1943(昭和 18)年には鉄筋コンクリートが使えなくなり労力不足も加わり工事中止となった。そのころから敗戦直後にかけて、鉄筋の代わりに竹筋コンクリートの研究も盛んになっている。
　この時期のハイライトは、世界初の海底トンネルである関門トンネル下り線の 1942(昭和 17)年の開通、朝鮮北部の水豊ダムなど、大規模水力開発であった。

＊

1956 年（昭和 31 年）
　"もはや戦後ではない"と経済白書が表明したのは 1956(昭和 31)年であった。敗戦からの 6 年間、再起不能とさえいわれた荒廃した国土を素早く回復させたこの時期のインフラ再建は、やがて来る高度経済成長への足固めとなった。しかも、1945(昭和 20)年の枕崎台風から 1959(昭和 34)年の伊勢湾台風までの 15 年間は、福井地震を挟み、日本史でも初めての大水害の頻発の悲劇に苦しんだ。食糧難、住宅難、電力不足にあえぎながらも、復興から世界を驚かせた経済発展を遂げたのは、国民の努力と不屈の闘志であった。
　水害のみの死者は、この 15 年間、ほとんど毎年 1,000 人を超し、貧困は国民生活を苦しめたが、暴動も起こらず、国土は着実に復興しつつあった。敗戦直後は、災害復旧、食糧難への対応としての食糧増産、住宅復興など応急対策に追われたが、復興した国土へエネルギー開発に基づく工業再建が、国家の社会基盤建設への足がかりとなった。1950(昭和 25)年の国土総合開発法、1952(昭和 27)年の電源開発促進法などの法整備に基づく電力専用ダム、多目的ダムの建設が始まった。
　1952(昭和 27)年に設立された電源開発株式会社による天竜川の佐久間ダム

(1956年、堤高155.5m)は大ダム時代の引き金となり、インフラ整備へも大きな影響を与えた。

古市、沖野によって開かれた技術官僚の道は、直木倫太郎や宮本武之輔らの技術者の地位向上運動によって、戦後、建設省を中心に土木技術者の官僚トップとしての活躍、さらに参議院議員から大臣まで登れるのは、他の工学系にはほとんど見られない。

戦前にも八田嘉明（明治36年東大卒、青山士と同級生）は、拓務大臣、商工大臣、鉄道大臣を歴任、戦後は、岩沢忠恭（大正7年京大卒）は土木系として初めて建設事務次官への道が拓け、小沢久太郎（1900～1967、昭和2年東大卒）は郵政大臣を務め、以後数人の大臣を土木分野から輩出した。

この間の土木技術者は、国土の復興、経済発展の基盤としてのインフラ整備に、あたかも明治の技術者のように、有史以来の敗戦の屈辱を振り払い、再び社会資本の回復、再整備に向けて燃え上がった。自覚と自信が国土復活の原動力となったといえよう。

1945（昭和20）年の敗戦によって国土は荒廃していた。東京、大阪、名古屋をはじめ多くの都市は空襲によって灰燼に帰した。戦中・終戦直後は、国家財政も危機的状況にあり、打ち続く災害復旧費の調達もままならず、貧困情勢が続いた。しかし、1950年代後半には世情も落ち着き、日本は雄々しく復興に立ち上がった。アメリカを中心とする外国軍隊に占領され有史以来の苦境の下、ようやく国土復興に向け、土木技術者はその使命を果たした。まさに明治維新後、近代化へ向けてエリート集団が燃え上がったように、国土復興へ向けて土木技術者集団が、まず食糧増産の基盤建設、都市再建、災害復旧と各分野に活躍した。国土復興を達成した後の高度経済成長は世界を驚かしたが、それをもたらしたインフラ整備の貢献は大きい。

都市再建に向けては、都市計画を新たな理念で推進した石川栄耀、各都市にも気力充実した土木技術者が奮闘したが、その具体例として神戸の原口忠次郎、名古屋の田淵寿郎を挙げたい。

石川栄耀 —— 社会に対する愛情

現代日本の都市計画は石川栄耀（1893～1955）に始まるといっても過言ではあるまい。"社会に対する愛情、これを都市計画という"を信条とした石川は、全国150を超える地方自治体の都市計画に直接または助言者として携わった。東京都心、名古屋、那覇、盛岡、栃木の各市には石川構想が著しく反映されている。彼は都市における盛り場、商店街、屋外広告の重要性に着目し、それらについて幾多の斬新な提案を示している。1918（大正7）年東京帝大卒であるので、1年先

輩である宮本とは大学生時代から親友であった。

彼が東京都都市計画課長から建設局長時代、東大第二工学部土木工学科学生であった私は、石川の国土計画の講義を受ける機会を得た。私の東大生時代、最も興味深く飽きない名講義であった。学生にノートを取ることを禁止し、講義を聴くことに専念し、ノートは帰宅後、記憶を頼りに記帳せよとの講義方針であった。講義中、常に室内を歩き回って話し続け、板書は少なかった。特にイギリスの田園都市論、都の周辺道路は壮大な並木通りにすべきであるなどの提案が印象に強い。最も面白かった講義という点では、おそらく全同級生は同感であったであろう。話術を鍛えるために寄席に通ったとの噂も流れていた。講義はユーモアと機知に富み、内外の都市計画の裏話に詳しく、聞く者を飽きさせなかった。戦後食料事情が悪く、ある時、講義の冒頭"お前たちに講義するだけに、こんな交通不便な千葉くんだりまで来るもんか。さつまいもを食いたいから来るんだ"。当時私が通学していた東大第二工学部は、技術者需要増への対応として千葉市に新設、それに伴い国鉄西千葉駅が誕生、御茶ノ水駅から千葉行きは20分に1便であった。次の講義の壇上に学生は焼き芋を置いた。また講義に遅れた先生に、学生がゾロゾロ帰りかけたところへ現れた石川は、両手を掲げて"アルゾ、アルゾー"。

石川栄耀の講義 [写真提供：石川允氏]

先生は、都市計画に幾多の新手法を創出したが、新たな都市計画用語をも生み出した。都市の活力の一面を示す"妓率"は、講義でユーモラスな解説とともに拝聴した。その都市の総人口に対する芸妓数である。1951（昭和26）年から早稲田大学教授、東京都での戦災復興計画を担当、盛り場計画を強力に推進、新宿歌舞伎町は石川の命名。漱石を敬愛し、宮本同様、稀に見る達文をおびただしく遺している。2人は揃って漱石の葬儀に参加している。

原口忠次郎 ── 神戸に夢を

生涯を通して神戸に夢の都市を画いて奮闘した原口忠次郎（1889～1976）は、1916（大正5）年京都帝大土木卒、1933年満州国出向、39年帰国後、内務省神戸土木出張所長。1938（昭和13）年の神戸大水害の復興計画に携わり、これが原口が神戸と関係を深める機縁となった。1947年参議院議員、1949年から神戸市長を5期20年勤めた。

明石架橋と神戸港の近代化こそ、生涯を懸けての念願であった。そのため卓抜な行政手腕、先見性ある様々な新技術の適用、人工島ポートアイランド建設、新埠頭、埋立地の建設には、背後の山を削り、山中の土砂運搬にベルトコンベアなど、各処に新工法を創出。削った後の山地は宅地開発、ベルトコンベア使用後は下水管路とするなど、斬新にして創意に富む新工法で大神戸港を建設した。

原口は1940(昭和15)年、本四連絡橋構想を発表、しかし戦時中は軍が連絡橋を認めず、その夢は戦後に持ち越され、明石大橋の完成を見ずして他界したが、半世紀をかけてこの夢のかけ橋計画を主張していた。

田淵寿郎 ── 名古屋を再建

田淵寿郎(1890～1974)は、戦災で荒廃した名古屋を蘇らせた都市再建の功労者である。戦争直後に名古屋市技監、助役(1948～58年)として、100m道路、地下鉄整備、名古屋港の再建、平和公園への墓地移転、名古屋城再建などを有機的に計画した"田淵構想"を実現した。空襲直後の焼け野原の名古屋に立った田淵は、20万余を埋葬する墓地の惨状に接し、祖先に申し訳ない気持ちが溢れ滂沱の涙に暮れた。その涙が名古屋再建の糧となった。若かりしころ、内務省で東北、近畿の河川改修に、日中戦争時に上海、南京、漢口、北京の復興計画、黄河決壊復旧などの経験が名古屋復興に活きた。

名古屋市の100m道路
[写真:『土木建築工事画報』より]

永田 年 ── 佐久間ダムへの情熱

戦後の国土復興から高度成長を成し遂げ、国民生活向上にインフラ整備が果たした役割は大きかった。各種大型開発に、大型土木機械を駆使した機械化施工の成功が貢献した。その先鞭をつけたのが電源開発KKによる天竜川の佐久間ダムであった。その工事の陣頭指揮に当たった永田年(1897～1981)の情熱と迫力は、あたかもかつて近代化を進めた明治の巨人たちの責任感と使命感を彷彿させる。

佐久間ダムは日本で初めて堤高100mを超す155.5mの大ダムであり、その翌年竣工した東京都水道局による多摩川上流の小河内ダム(堤高149m)とともに、

日本に大ダム時代到来を告げた。佐久間ダムは最大出力35万kW、当時としては破格の規模であった。1953(昭和28)年4月から始められたこの大事業は、アメリカから輸入した大型土木機械の偉力により、わずか3年でダム本体が完成し、1956(昭和31)年4月には佐久間発電所が営業運転を開始した。当時電力不足であった日本が工業化に向け、電源開発こそ最重点施策であった。

佐久間ダム竣工が日本社会に与えた影響は至大であった。かつて暴れ天竜に巨大ダムは不可能と思われていた大事業を、想像を絶する短年月で完成したことは、日本人に勇気と自信を与えた。その工事記録を撮影した記録映画(岩波映画)に感動して土木工学科を志望した学生は数知れない。

佐久間ダム工事 [写真：『土木建築工事画報』より]

早期竣工を可能にした大型土木機械輸入を決断したのは、初代電発総裁の高崎達之輔と彼が指名した永田年の指導力であった。永田はこのダム工事に戦後復興を賭けていた。工事中には1日当たりのコンクリート打設量5,180m³の世界記録を樹立するなど、世界を驚かした日本技術陣の勝利であった。永田のこの工事に注いだ情熱は凄まじく、仕事に大変厳しく、しばしば部下に雷が落ちたが、部下は次第に永田の国土再建への激しい熱意を理解し、現場には異常な熱気が醸し出された。

佐久間ダムの機械化施工の成功が、高度成長を支えた新幹線、高速道路、大ダム、ニュータウン、地下鉄などの大事業の全国的同時施工を可能にしたのである。

＊

1989年（昭和64年・平成元年）

1950年代後半から60年代、70年代は土木各分野とも技術革新の波に乗り、ダム・ブーム、新幹線は斜陽化していた鉄道を世界の交通の表舞台へ引き出し、クルマ社会の独占を阻む交通革命に成功した。高速道路は、欧米から遅れて出発したが、大阪万博の前年、1969(昭和44)年の東名高速道路全線開通を契機として、70年代に一挙に全国の主要幹線に高速道路網がほぼ完成した。

1956(昭和31)年の佐久間ダムの機械化施工の成功は、ダム・ブームの先駆けとなった。その後の高速交通路、ニュータウン、各種の都市土木プロジェクト、港湾、空港、臨海工業地帯の建設などは、短年月で日本のインフラを急速に構築し、世界を驚かした高度経済成長の基盤整備の役割を見事に果たした。

　1964(昭和39)年、アジア最初の東京オリンピック、1970(昭和45)年の大阪万国博覧会は、インフラ整備の格好の目標となった。東海道新幹線は東京オリンピック直前に開通し、首都高速道路もその主要部分は同時期に一挙に進捗した。

　60年代から80年代にかけては、世界一流の大プロジェクトが次々と完成している。1963(昭和38)年完成の黒部ダム（堤高186m、有効貯水量1.5億 m^3、出力25.8万kW)、1969(昭和44)年完成の東京電力の梓川電源開発工事（奈川渡ダムなどによる大容量揚水発電、出力90万kW)、1988(昭和63)年、青函トンネル開業、瀬戸大橋開通により、本州、北海道、四国、九州の四島陸路連結、などなど。この時代を司馬遼太郎は、私との対談で土木技術者興奮時代と呼んだ（土木学会60周年、1975年)。

　しかし、この時期の一途な開発事業は、経済効率と土木構造物や施設の機能追究に走り、これら事業が自然および社会環境に与える重大な影響への配慮に欠けており、1980年半ば以降の生態系破壊などの環境問題を惹起し、事業に対する反対運動の展開ともなった。

福田武雄 —— 工部大学校教育を目指した橋梁の大家

　1941(昭和16)年、新設の東京大学第二工学部土木工学科の教育体制の理念、組織を任され、本郷キャンパスから教授に昇進して西千葉沙漠（第二工学部の荒涼たる雰囲気に対する呼称）に転勤したのが福田武雄（1902～1981）であった。

　日本橋川に日本最初のフィーレンディール橋である豊海橋を設計した福田に、橋梁工学を教えていただいた私は、その理路整然たる講義に心服した。会合での福田の挨拶、個人的にしばしば教育や土木技術について伺った話の節々に現れる並々ならぬ確固たる技術者教育論は、長く私の耳朶に焼き付かれている。福田の第二工学部教育方針は、工部大学校の教育理念を模範にし、それを現代風に整えることだとの信念に基づいていた。

新潟の万代橋（設計：福田武雄）
［写真：『土木建築工事画報』より］

本郷から千葉への転勤の際、福田は、土木工学科を卒業したばかりの井口昌平独りだけ引き連れ、他の教官はすべて現場で活躍中の技術者を招いた。河川工学は、私の恩師、安藝皎一であり内務省甲府工事事務所長として富士川の河川改修に独自の工法を施工し、土木試験所と兼務であった。さらに関門鉄道トンネルを所長として竣工した釘宮磐、鉄道技術研究所長の沼田政矩らであり、大学教授からの転任は全くない。

福田の技術者教育に対する姿勢は、現場重視、実務尊重、現実の課題を解決できてこそ技術者は社会的要請に応えられるという考えである。その要望に応えて招かれた各教授の講義は、自らの経験談に熱意が感じられ、学生にとっても興味深かった。その一典型が前述の石川栄耀の講義であった。

私はこの第二工学部を1950(昭和25)年に卒業、引き続き旧制大学院特別研究生として5年間研究生活を送り、1955(昭和30)年課程修了、その年11月本郷の工学部に専任講師として採用された。そこで私自身はマイペースで第二工学部的教育に徹したつもりであるが、かえりみれば若輩にもかかわらず不遜の極みであった。

私は本郷の各教授の講義に実際に接したのではないが、原則として、それぞれの学問の蘊奥に触れる内容であったであろう。卒業論文のテーマは、第二工学部ではケース・スタディーが過半であり、夢を満たすテーマが必ず含まれていた。私の同級生で石川栄耀指導のテーマは、"八丈島の風力発電"、鉄道部門では"富士山頂へのケーブルカーの設計"などであった。本郷ではこの種の非現実的、非理論的（？）テーマは皆無であった。私は率直に驚いた。同じ大学でかくも教育方針や方法が異なるものかと！

福田教授から私はしばしば、第一工学部土木工学科（本郷）教育への痛烈な批判を聞いた。あれは真の技術者教育ではない。以来、私は工部大学校に興味を持ち、その卒業生田辺朔郎の心意気に共鳴するようになった。

東大第二工学部は、1951(昭和26)年3月に閉学、戦争協力学部として法経学部有力教授の強い主張により、工学系の強い継続希望は退けられた。皮肉にも1950年代後半から高度成長期を迎え、工学部拡張ブームによって各大学工学系は拡張され、東大では第二工学部廃止を惜しむ声しきりであった。第二工学部は生産技術研究所と衣替えし、福田はその所長、千葉工大学長を歴任した。

兼岩伝一 —— 民主的国土建設

土木技術者の中でも特異な存在である兼岩伝一（1899〜1970）は、1925(大正14)年東大卒後、内務省、愛知県、三重県、埼玉県、東京府道路課長などを歴任、特に区画整理事業に深く携わり、雑誌"区画整理"発刊を推進した。

敗戦後、内務省国土局に勤め、官庁技術者の地位が不当に低いことを痛感し、1946(昭和21)年12月、全日本建設技術協会(全建)を結成、初代会長となる。その実現には政治力の必要を感じ、1947年、参議院に無所属で当選、建設院(後に建設省)が1948(昭和23)年1月設置され、技術者がその中で然るべき地位を得ることに尽力、戦前の宮本武之輔の遺志を継いだとも言える。

　1949(昭和24)年、兼岩は土木仲間の反対を押し切って50歳で日本共産党に入党。その理由を、"国会議員は政党に属さないと十分な政治活動はできない。2カ年の無所属議員生活を省みて、社会党を推していたが、同党は御用化し、左右に分かれ幹部は信頼できない。講和条約の見通しさえつかず、日本はあらゆる国々と平等の立場で提携して戦争防止に努めねばならない。これらをなし得る政党は共産党のみである"と述べている。

　保守色の強い土木界において、共産党は理屈なしに敬遠されていた。しかし、兼岩は情熱をたぎらせて、最後まで信念を曲げず、国土の開発、保全、水害、自治体闘争に立ち向かって健闘した。しかし、恐らく土木仲間や行政の友人の間で十分には理解されず苦悶したであろう。

髙野與作 ── 旧満州の鉄道建設の夢

　兼岩を深く理解していたのは、大学の同級生であった髙野與作(1899～1981)であろう。

　富山県出身の髙野與作は、中学から金沢に学び、第四高等学校に進んだ。東京帝国大学工学部土木工学科に入学したのは四高の主任教授の勧めで、「君は豪快な性格だから」というのが理由だった。大学卒業後、南満州鉄道に就職したのも、性格が豪快という教授のアドバイスが本人の心を動かしたという。そして教授の思い通りに、髙野は大陸で大きな仕事を次々に実現する。

　その代表は、旧満鉄が世界に誇った"特急あじあ号"の線路改良という難工事を短期間で成し遂げたことである。それは、安全性、経済性、乗り心地、スピードを総合した、カント(傾斜)に関する問題を研究し、自らカントの計算式をつくり線路の工事を施工した。私は小学生の時代、国語のサクラ読本で"あじあ号"を知り胸躍らせた。

　もうひとつは、旧北満の永久凍土層の鉄道敷設に成功したことである。髙野は第四高等学校時代、寺田寅彦の弟子で北大で雪の学者となった中谷宇吉郎と同級生であった。髙野は中谷の雪や霜柱に関する豊富な研究を駆使して、零下50～70度の台地に冬でも使える鉄道を建設、その鉄道は、現在の中国でも使い続けられていることに髙野は戦後も大変満足していた。まことに、土木事業は、人種、民族を越えて人類のためにこそなされることを体得していたのである。後年、髙

野は、黒龍江まで鉄道が達したときが人生で一番嬉しかったと述べているが、中国での活躍については、三女の髙野悦子（岩波ホール総支配人）著『黒龍江への旅』（岩波現代文庫）に詳しい。敗戦のとき髙野は施設局次長で、土木部門の責任者としてトップに立ち、満鉄社員を無事に日本へ引き揚げるのに尽力した。

戦後 1947（昭和 22）年には経済安定本部建設局長を 2 年、その後、建設交通局長を 3 年歴任し、困難な時代に公共事業の推進に尽くした。戦後の政情混沌の時代、大臣、同僚、部下に絶大な信頼を得て、かくも長く局長を勤めた人材は居ない。

1981（昭和 56）年 6 月 14 日、腹部大動脈瘤破裂により、死を遂げる。6 月 16 日、その人柄と人生観に感動していた私は、東京都文京区西善寺で行われた髙野の葬儀に参列した。葬儀委員長の茅誠司は挨拶で、中谷に連れられ髙野の案内で黒龍江岸の黒河まで零下 30 度の中を旅したことを懐かしく回想しておられた。小さなお寺が 1,300 人の会葬者で溢れ、本郷通りが人と車で埋まった。死んでからも人気があった。住職が付けた戒名は「黒龍院釋作城居士」である。これも髙野らしいものだ。

福田次吉、鷲尾蟄龍 ── 河川現場に生きる

内務省初代富士川改修事務所長は福田次吉（1886 〜 1972）であった。その著"河川工学"（1931 年、常磐書房）は、現場経験を集大成した労作であり、戦前における貴重な文献である。本書での構成が、わが国河川工学書の原型となった。

2 代目所長、鷲尾蟄龍（1894 〜 1978）は、東日本の急流河川にて河川と砂防、大量の流送土砂に悩む常願寺川、富士川などで、鋭い観察力により、土砂対策などに独特な河川観に根ざした急流河川工法を編み出し、"急流河川の神様"と称えられていた。

鷲尾と安藝は、砂防の鬼と呼ばれ文化勲章を授賞された赤木正雄（1887 〜 1942）の砂防工法には極めて批判的であった。その理由は、上流荒廃地の土砂コントロールに熱意を注ぐあまり、砂防事業が中下流部の河川改修に与える厄介な現象を考慮していないということであった。それは文書記録には少しも残されていないが、私は両先輩からしばしば赤木批判を聞いている。

私は赤木正雄に砂防会館で一度だけお目にかかる光栄に浴した。孫のような私には優しい眼差しで接せられ、後に親しくお便りを頂き、治山治水の学問に励むよう激励のコトバであった。

赤木はオーストリアで実地勉学に励み、帰国後はとかくオーストリアの話を口にするので、内務省の工学系からは"Herr Österreich"との渾名を頂いている。第一線を退いて自ら設立した砂防会館へ通っていた晩年にも、現場時代の生活習慣のままで、朝は一番電車で出勤し、昼食が済むと帰宅していたとのことである。

"ラッシュ・アワーは電車が混んで大変だなどとバカなことを言う。混む時に好き好んでわざわざ乗るから混むんだ。自分が乗る時は往復ともガラガラだ"。赤木らしい言い分である。砂防会館前にある現場姿の赤木の銅像は、今も近付く人々を凝と注視している。

鷲尾蟄龍には富士川、常願寺川など幾多の急流河川にご案内いただき、河川を見る極意(?)をそれぞれの現場に即して教えていただいた。その内容は文面には止め難い名人芸ならぬ達人の眼である。要は各河川の動的個性を、幾多の経験に即して脳裡に刻み込まれた眼識である。

これら先輩に共通するのは、河川への限りない愛情であり、河川を凝と眺めていれば楽しいという感覚である。河川という自然と人間による様々な技術との合奏の妙なる調べに、恍惚となる心情の持ち主である。

安藝皎一 —— 河相論・河川哲学の確立

"河川を1個の有機体として見なければならない。しかも河川は極めて複雑な環境条件の下に不断に変化してやまないのである。不動と考えるのは、その瞬間の形相であり、変化するということがその本質である。……（中略）……常に変化しつつある状態をその本質と考えると、その本質を把握するのに微分方程式によることは至難である。なんとなれば、微分方程式はその変化しつつあるものをその瞬間の状態において示すものであり、結局、物の影像をとらえるにしかすぎないのである。かく考えると、直観によりてのみ、その本質を把握し得るであろう。直観による把握は経験の集積によるものであり、われわれは直接経験することによって、物の本質を知ることができるのである"

安藝皎一（1902～1985）は東京帝大1926（大正15）年卒、その博士論文"河相論"の一節である。3代目の内務省富士川改修事務所長として、富士川における仔細な観測に基づき、独自の新型水制を中心に据えた、合流点処理などに独自の工法を適用し河川改修を指揮した安藝は、上述にその一節を紹介したように、河相論と自ら名付けた河川哲学を提起し、自然を相手とする河川事業は、自然との共生を基盤とする"治水"を

富士川改修工事 ［写真：『土木建築工事画報』より］

実施すべきと主張したと考えられる。

　安藝は、河川は常に平衡を求めて運動していると捉え、河川観察を重視し、すべての河川事業は河川の"自然力"を尊重すべきと主張している。

　岡崎文吉も安藝も、綿密な河川観察と工事経験を経て、それぞれ河川の自然性を理解し、歴史的かつ総合的に把握すべきとする河川思想を展開した。河川の極度の人工化は、第二次大戦後の高度成長期に目立ち、それが河川環境悪化をもたらした基本的要因である。河川と人間の関係の基本的姿勢を提示した岡崎、河川の個性と歴史的思想を強調した河相論思想を提示した安藝によって、日本の河川論に味わいと深みを与えた。しかし、河川のように直接自然を相手とする技術のみならず、すべての土木事業の技術哲学は、必ずしも文書に表明されなくとも、確固たる自然観に基づくべきである。安藝は第二次大戦後、資源調査会（初期は経済安定本部、後に科学技術庁）の初代事務局長、副会長を務め、戦後復興の軸に新たな資源論を構築した。

橋本規明 ── 急流河川に独特の水制、河川工法を発展

　橋本規明（1902～1969）は、鳥取県岩美町に出生。1927（昭和2）年、京都帝国大学土木工学科卒業後、内務省土木局勤務、河川・港湾を担当。1946（昭和21）年、建設省中部地方建設局富山工事事務所長として、荒廃急流河川の典型である常願寺川に卓抜にして極めて個性の強い河川改修を指揮。ピストル型水制、十字型ブロック根固工などは橋本の創作による発明であり、特にピストル型水制は北陸の他の急流河川、台湾などにも普及し、橋本の名をほしいままにした。

　筆者は学生時代、橋本所長に常願寺川をご案内いただき、所長の河川改修に対する自信と迫力に圧倒された。その実績を博士論文としてまとめた「新河川工法」は、常願寺川の水制などについて詳細に記述された独特な文献である。この河川工法の発明に対して中部日本文化賞が与えられ、土木技術向上への貢献によって紫綬褒章を受章。1953（昭和28）年、名古屋工業大学教授となり、河川工学を担当した。

　橋本は、富士川治水に独特の工法を編み出した安藝皎一と同年生まれで、橋本と安藝は、急流河川工法、特に独特の水制を発明した双璧と言える。ともに、難治の急流河川において河川を丹念に観察した結果の偉大な成果であった。

巨大ピストル型水制［写真提供：国土交通省］

名古屋工大教授時代、三重県尾鷲の水害調査で筆者は久しぶりにお目にかかった。橋本は河口に近く砂利採取の大きな塔を見るや、「これは、やり過ぎが水害の原因だ」と断言した。直感的に水害の原因について自信をもって断言する勇気に敬服した。多くの大学教授は慎重に構え、なかなか水害の原因を直ちには発表しない。

安藝教授もまた、1953年6月末の筑後川水害直後、被災箇所に同行したが、上流の破堤原因を直感的に被災者に話していた。とかく、急流河川で鍛えられた河川技術者には、自信に満ちた個性豊かな名人芸的技術者が多い。

橋本は学生時代からテニスの達人であった。名古屋工大付属図書館館長室には、ご子息の橋本博英画伯による神通川河畔から上流へ向けての河川風景図が飾られている。

藤井松太郎 —— 剛毅木訥の国鉄総裁

第7代国鉄総裁藤井松太郎（1903〜1988）は、1929(昭和4)年東大卒業とともに国鉄に入り、以後50年間、真に国鉄とともに生きた悔いなき人生であった。津軽海峡海底の青函トンネルを掘れの大号令を下し、新幹線生みの親でもあった。

1973(昭和48)年9月、田中角栄総理の切なる要望で国鉄総裁に任ぜられた時、藤井は68歳。難問は、累積赤字1兆1,400億円、債務3兆7,000億円、労使関係は荒廃の極、国鉄労組は国鉄職員というより総評の組合の感が強かった。

田中首相は、藤井が国鉄信濃川工事事務所長時代、首都圏の山手線、中央線、総武線などの電力を賄う信濃川水力発電所の第4期工事に関する力量を高く評価していたからであり、加えて藤井の飾らない人間味豊かな人柄に親近感を抱いていたからであろう。

総裁に就任した藤井は、財政再建、労使関係、事故防止の3つの難問に取り組むこととなった。総裁とはいえ、その権限は限定的であり、藤井は苦闘する。運賃は国会に支配され、政治家および労働組合との付き合いは容易ではなかった。労組はスト権を勝ち取るためのスト、いわゆるスト権ストを打った。衆院予算委員会、自民党交通部会は総裁を呼び出し詰問した。私がお目にかかった際、組合員の立場への理解に敬服した。誰からも慕われる包容力のある藤井は、豪放磊落、分け隔てなく人と接する人であったことは、彼を知る誰もが口を揃えて讃えている。組合員に自分の気持ちが通じないはずはないと藤井は信じていたが、スト権ストでは彼らから罵声を浴び、政治家からも叱責されたためか、健康を損じ、任期を1年3カ月残して総裁を辞した。藤井ほど国鉄を愛し、国鉄技術者であることを生涯誇りとした国鉄マンも少ない。

作家田村喜子は"剛毅木訥"、副題"鉄道技師・藤井松太郎の生涯"を国鉄最

後の土木屋一代記として世に問うた（1990年、毎日新聞社）。

石原藤次郎 —— 防災と水工学を革新

　高度成長期の技術者需要に応じて、いち早く工学系組織を質、量ともにレベルを高めたのは京都大学であり、それはもっぱら石原藤次郎（1908〜1978）の努力による。1930（昭和5）年京都帝大を卒業した石原は、河床洗掘と土砂水理学、水文統計学の河川計画への導入などの研究業績を挙げたが、注目に値するのは、防災研究所設立はじめ、京大における水工学部門を充実させた業績である。1950年前後、日本は毎年のように大水害に見舞われていた。大水害の間を縫って、地震、高潮など、敗戦によって疲弊していた国土に各種災害が襲いかかった。つとに防災研究の重要性を強調していた石原の先見の明は、防災研の設立となった。土木計画学講座を全国に先駆けて設けるなど、社会の将来の要請をいち早く新しい学問の方向に結び付ける見識を持ち続けていた。

　私はしばしば新しい組織を設けるための趣意書の作成のお手伝いを仰せつかった。概ね任せてくださったが、ある提案に一点だけ注文があった。この文案に"開発"という語を一切入れないで欲しいと。高度経済成長に陰りが見え始めたころの慧眼である。"東大を追い抜け"が初期の目標であったが、やがて京大の土木系組織が整備されると、日本の水工学の将来の在り方へ向けて、幾多の提案を続けた。

堂垣内尚弘 —— 北海道知事として活躍

　堂垣内尚弘（1914〜2004）は、1938（昭和13）年北海道帝国大学工学部卒業。土木界では珍しく北海道知事として活躍（1971〜83年）。それ以前に北海道大学教授。知事を退任後は北海学園大学教授。

　知事時代には、1972年の札幌オリンピックに当たって、その誘致、実現に努力。札幌の前のグルノーブルオリンピック（1968年）にはボブスレー団長、1988年のカルガリーオリンピックでは日本選手団長、札幌大会では藻岩山スキー場建設に際して、当時としては画期的なスキーリフト、ルージュ（トボガン）コースの建設に貢献。

　知事としての功績として、全国初の環境アセスメント条例の成立、全国知事会石炭部門の会長として、当時次々と閉山する炭坑対策、僻地教育振興協議会長としても活躍。旧ソ連との漁業交渉には旧ソ連を5回も訪ね、成果をあげた。

八十島義之助 —— 土木界の代表として多方面で活躍

　八十島義之助（1919〜1998）は、専門の鉄道計画のみならず、運輸政策、そ

して国土総合開発などの政府審議会で幅広く活躍。あるいは各種座談会などの司会者としての手腕は抜群。1988（昭和63）年からの国土審議会会長の際、筆者は委員として参加。その見事な采配ぶりには多くを教えられた。NHKの教養番組でも数回、同席の栄に浴した。プロデューサーが最も安心できる出演者であった。

　土木学会に既設の各分野の学問とは異なる新しい委員会ができると、八十島はその委員長となり、その都度、筆者は幹事を仰せつかった。特に土木学会誌編集委員長としては、学会誌を一新し、通常2年任期を3年勤めた。その任期中の委員会は常に和気あいあいで、委員長を去る際には、楽しげな雰囲気を醸成して下さったことへの感謝をこめて盛大なサヨナラパーティーが開かれた。

　八十島委員長時代、九大の豊島修とともに幹事を務めた筆者は、その後を継いだ樋口芳朗、増岡康治委員長のもとでも長期にわたって幹事を務めたのも、八十島委員長、学会事務局の河村忠男の進言によるとのことであった。

　1970年代から80年代にかけての百科事典ブームに際して、その土木部門には、ほとんど例外なく八十島教授が主査となられ、その際お手伝いをしたのは主として土木学会の河村忠男と筆者であった。その他、筆者の知らない多くの分野で、八十島教授は土木の代表として活躍した。

　1968～69年の東大紛争に際しては、学内の各学部に知名度が高く、抜群の調整能力で定評のあった八十島教授は、大学改革委員会委員長に任ぜられた。

　学生時代は東大のアイスホッケー主将として活躍。教官時代は土木の野球チームの中心であった。

*

2011年（平成23年）

　1990年代に入るや、それまで順調に成長してきた日本経済に陰りが見え、やがてバブルがはじけ、経済は低成長時代を迎えた。と同時に、公共事業批判の声が大きくなり、それが1995（平成7）年を中心とする長良川河口堰反対運動となった。

　一方において土木技術の進歩は決して停滞せず、高度経済成長時代にどの土木分野も次々と成果を上げた。1994（平成6）年の関西国際空港開港は、海上に建設した施工の偉業、環境問題への周到な配慮によって、アメリカ土木学会から20世紀における偉大な土木事業のひとつとして表彰された。1998（平成10）年には、戦時中からの土木技術者はもとより、全国民の期待であった兵庫県明石と淡路島を結ぶ世界最長の吊橋、明石海峡大橋が完成。

　一方、この時代は日本の自然条件の宿命ともいえる災害が相次いだ。1991（平成3）年、雲仙普賢岳爆発に伴う火砕流による31人の死者、1993（平成5）年、

釧路沖地震、M 7.8 では奥尻島など死者・行方不明者 231 人、1995（平成 7）年、阪神・淡路大震災、M 7.2、死者 6,308 人は 1959（昭和 34）年の伊勢湾台風を凌ぐ戦後最大の犠牲者を出す悲劇となった。さらに深刻なのは 2011（平成 23）年 3 月 11 日、東日本大震災は、M 9.0、日本では史上最大といわれる津波、それが福島原子力発電所に襲いかかり、日本では最初の原発重大事故が発生。死者は 2 万人にも達する悲劇となった。また、9 月上旬には台風 12 号による大量の豪雨のため、紀伊半島を中心に、深層崩壊、氾濫などによって死者・行方不明者 100 名に達する大災害が発生した。さらには気候変動による超大型台風、激しい豪雨、海面上昇、降雪量の減少など、島国であり地震と火山の国日本は、重大な試練を迎えつつある。土木技術者は今までの技術向上に加えて、わが国土に加わる自然および社会的インパクトへの新たな対応に迫られている。明治以来、土木技術者のリーダーは時代の動向を受け止め、その使命に燃えて幾多の難局を乗り越えてきた。本稿に紹介したリーダーの後継者たちの奮起が、新たな高い壁を必ずや打ち破ることを期待する。

引用文献
- 安藝皎一『河相論』常磐書房、1944 年。岩波書店、1951 年
- 井関九郎、大日本紳士録、第 5 巻、工学博士之部、発展社出版部、1930 年
- 岡崎文吉『治水』丸善、1915 年。[同現代語版] 北海道河川防災研究センター、1996 年
- 門脇 健『近代上下水道史上の巨人たち』日本水道新聞社、1971 年
- 兼岩伝一『民主的国土建設と一技術者—兼岩伝一の歩んだ道』民衆社、1972 年
- 京大土木百周年記念誌編集委員会編『京大土木百年 人物史』1997 年
- 真田秀吉『日本水制工論』岩波書店、1932 年
- 司馬遼太郎・高橋 裕、対談・土木と文明、土木学会誌、1975 年 1 月号※
- 高崎哲郎『評伝 工人—宮本武之輔の生涯』ダイヤモンド社、1998 年
- 高崎哲郎『山に向かいて目を挙ぐ—工学博士・広井勇の生涯』鹿島出版会、2003 年
- 高崎哲郎『技師 青山士—その精神の軌跡』鹿島出版会、2008 年
- 高崎哲郎『評伝 石川栄耀』鹿島出版会、2010 年
- 高橋 裕『現代日本土木史（第二版）』彰国社、2007 年
- 田村喜子『京都インクライン物語』新潮社、1982 年。中央公論社（文庫）、1994 年。[復刻] 山海堂、2002 年。
- 田村喜子『北海道浪漫鉄道』新潮社、1986 年
- 田村喜子『剛毅木訥—鉄道技師 藤井松太郎の生涯』毎日新聞社、1990 年
- 『髙野與作さんの思い出』満鉄施設会、1982 年
- 高野悦子『黒龍江への旅』新潮社、1986 年、岩波現代文庫、2009 年
- 土木図書館委員会編『古市公威とその時代』土木学会、2004 年
- 土木図書館委員会編『沖野忠雄と明治改修』土木学会、2010 年
- 直木倫太郎『技術生活』鉄道時報局、1918 年
- 中井祐『近代日本の橋梁デザイン思想』東京大学出版会、2005 年
- 南原 繁『日本の理想』岩波書店、1964 年

- 福田次吉『河川工学』常磐書房、1931 年
- 古川勝三『台湾を愛した日本人―土木技師 八田與一の生涯―（改訂版）』創風社出版、2009 年
- ヘンリー・ダイアー著、平野勇夫訳『DAI NIPPON（大日本）―The Britain of The East―』実業之日本社、1999 年
- 三浦基弘、前田研一、フォース鉄道橋の隠された歴史、土木史研究講演集、vol.24、2004
- 三崎重雄『鉄道の父・井上勝』三省堂、1942 年
- 村松貞次郎『お雇い外国人 第 15 巻―建築・土木』鹿島出版会、1976 年
- 『大陸科学院彙報』直木前院長追悼號、満州帝国国務院大陸科学院、1943（康徳 10）年
※ 司馬遼太郎対談集、土地と日本人、中公文庫、1980 年に収録

参考文献
- 緒方英樹『人物で知る日本の国土史』オーム社、2008 年
- 岡本義喬『技術立国の 400 年』オフィス HANS、2009 年
- 合田良實『土木と文明』鹿島出版会、1996 年
- 国土政策機構編『国土を創った土木技術者たち』鹿島出版会、2000 年
- 富田 仁（責任編集）『日本の『創造力』―近代・現代を開花させた 470 人』6. 産業基盤づくり、日本放送出版協会、1992 年

土木人物事典

- 河川
- 港湾
- 鉄道
- 上下水道
- 橋梁
- 道路
- 都市
- トンネル
- 地下鉄道
- ダム
- コンクリート・セメント
- 電力
- 砂防・治水・治山
- 農業土木
- 測量
- 地震
- 土木工学
- 建設行政
- 建設産業
- 実業家
- 工業人
- 出版・情報

凡　例

1. 「土木人物事典」の構成について
   本事典は、下記の内容で構成されています。
   ・人物情報（土木分野別に生誕年順で配列）
   ・人物別参考文献（CD に収録）
   ・人名索引（50 音順索引、出身県別索引）
2. 人物の選択について
   本事典に採録した人物は、幕末期、明治時代、大正時代に生まれた日本人で、「土木」に関係した物故者 520 名を対象としています。人物の選択は執筆者によるものです。
3. 見出し語について
   ・姓名は人物により旧漢字を使用しています。
   ・人物の専門分野語は、当該人物の専門分野を土木界で常用されている用語で示すことを原則としています。人物により複数の語を、また一般用語を付与している場合もあります。
4. 生没年月日について
   ・西暦で表記し、判明できなかった場合は「不詳」と表記しています。
   ・グレゴリオ暦採用以前に誕生した人物は、誕生年のみ別表に則り西暦で記し、月日に対する換算は施してありません。
5. 誕生地について
   誕生地は現在の都道府県名で表記しています。
6. 肖像写真について
   ・人物参考文献の雑誌および図書に掲載されている写真を主に使用しました。
   ・写真が入手できない場合は、当該人物の自筆サインを入れた場合もあります。
   ・墓所写真を掲載した人物（3 名）もあります。
7. 人物別参考文献について（CD に収録）
   ・採録者 520 名全員に付けてはおりません。
   ・文献は「雑誌」と「図書」に分けてあります。採録の基準は、「雑誌」では人物に関する略歴、死亡記事、追悼記事、思い出、プロフィールなどの記事を対象とし、「技術論文」は採録していません（ただし、宮本武之輔は除きます）。
   ・「図書」では追悼誌、自伝、伝記、随筆，人物誌などを採録しています。
8. 学制変更による主な大学などの名称について
   同じ大学でも、卒業年次により大学名が異なっています。主な大学は次の通りです。
   [東京大学]
   ・東京大学理学部（土木）工学科：　明治 11 年より 18 年まで
   ・工部大学校土木科：　明治 12 年より 18 年まで
   ・帝国大学工科大学土木工学科：　明治 19 年より 29 年まで
   ・東京帝国大学工科大学土木工学科：　明治 30 年より大正 7 年まで
   ・東京帝国大学工学部土木工学科：　大正 8 年より昭和 18 年まで

[京都大学]
  ・京都帝国大学理工科大学土木工学科： 明治30年より大正2年まで
                          （大正3年に工科と理科に分離）
  ・京都帝国大学工科大学土木工学科： 大正3年より7年まで
  ・京都帝国大学工学部土木工学科： 大正8年より
[九州大学]
  ・九州帝国大学工科大学土木工学科： 大正3年より7年まで
  ・九州帝国大学工学部土木工学科： 大正8年より
[北海道大学]
  ・札幌農学校： 明治13年より27年まで
  ・札幌農学校工学科： 明治24年により30年まで
  ・札幌農学校土木工学科： 明治33年より40年まで
  ・北海道帝国大学工学部土木工学科： 昭和3年より
[攻玉社学園]
  ・攻玉社土木科： 明治21年より34年まで
  ・攻玉社工学校土木科： 明治35年より昭和14年まで
  ・攻玉社工学校研究科： 明治37年より昭和5年まで
[工学院大学]
  ・工手学校土木科： 明治22年より昭和2年まで

西暦和暦対応表

西暦	和暦 [改元月日]		西暦	和暦		西暦	和暦		西暦	和暦
1804	文化 元 [2.11]		1856	3		1909	42		1962	37
1805	2	⑧	1857	4	⑤	1910	43		1963	38
1806	3		1858	5		1911	44		1964	39
1807	4		1859	6		1912	大正 元 [7.30]		1965	40
1808	5	⑥	1860	万延 元 [3.18]	③	1913	2		1966	41
1809	6		1861	文久 元 [2.19]		1914	3		1967	42
1810	7		1862	2	⑧	1915	4		1968	43
1811	8	②	1863	3		1916	5		1969	44
1812	9		1864	元治 元 [2.20]		1917	6		1970	45
1813	10	⑪	1865	慶応 元 [4.8]	③	1918	7		1971	46
1814	11		1866	2		1919	8		1972	47
1815	12		1867	3		1920	9		1973	48
1816	13	⑧	1868	明治 元 [9.8]	④	1921	10		1974	49
1817	14		1869	2		1922	11		1975	50
1818	文政 元 [4.22]		1870	3	⑩	1923	12		1976	51
1819	2	④	1871	4		1924	13		1977	52
1820	3		1872	5		1925	14		1978	53
1821	4		1873	6		1926	昭和 元 [12.25]		1978	54
1822	5	①	1874	7		1927	2		1980	55
1823	6		1875	8		1928	3		1981	56
1824	7	⑧	1876	9		1929	4		1982	57
1825	8		1877	10		1930	5		1983	58
1826	9		1878	11		1931	6		1984	59
1827	10	⑥	1879	12		1932	7		1985	60
1828	11		1880	13		1933	8		1986	61
1829	12		1881	14		1934	9		1987	62
1830	天保 元 [4.22]	③	1882	15		1935	10		1988	63
1831	2		1883	16		1936	11		1989	平成 元 [1.7]
1832	3	⑪	1884	17		1937	12		1990	2
1833	4		1885	18		1938	13		1991	3
1834	5		1886	19		1939	14		1992	4
1835	6	⑦	1887	20		1940	15		1993	5
1836	7		1888	21		1941	16		1994	6
1837	8		1889	22		1942	17		1995	7
1838	9	④	1890	23		1943	18		1996	8
1839	10		1891	24		1944	19		1997	9
1840	11		1892	25		1945	20		1998	10
1841	12	①	1893	26		1946	21		1999	11
1842	13		1894	27		1947	22		2000	12
1843	14	⑨	1895	28		1948	23		2001	13
1844	弘化 元 [12.2]		1896	29		1949	24		2002	14
1845	2		1897	30		1950	25		2003	15
1846	3	⑤	1898	31		1951	26		2004	16
1847	4		1899	32		1952	27		2005	17
1848	嘉永 元 [2.28]		1900	33		1953	28		2006	18
1849	2	④	1901	34		1954	29		2007	19
1850	3		1902	35		1955	30		2008	20
1851	4		1903	36		1956	31		2009	21
1852	5	②	1904	37		1957	32		2010	22
1853	6		1905	38		1958	33		2011	23
1854	安政 元 [11.27]	⑦	1906	39		1959	34		2012	24
1855	2		1907	40		1960	35		2013	25
			1908	41		1961	36			

注）□内は旧暦の閏月を示す

河川

広瀬誠一郎　ひろせ・せいいちろう　運河

1838.1.15～1890.3.18。茨城県に生まれる。現在の取手市で代々名主役をつとめる家に生まれ、18歳で名主見習い(現在の村長)となり、父が在職中に病没したため跡役を命ぜられる。

明治に入り、下高井村組合取締役、戸長、勧農方頭取、つづいて戸長頭取となり、地券(明治政府が土地の持主に与えた証書)調査に従事した。1879(明治12)年、県議会設置とともに選ばれて最初の県会議員となる。

1881年、時の県令人見寧に利根運河開削を建議、翌82年、北相馬郡長を命じられる。83年、山田顕義内務卿がデ・レイケ(J.de Rijke)を伴って利根川視察の際、県令とともに利根運河開削の急務を進言。85年、デ・レイケに代わってムルデル(A.T.L.R. Mulder)が運河の実地調査にあたり、同年、ムルデルは利根運河計画書を内務省土木局に提出した。

1886年、広瀬は運河事業に専念するため北相馬郡長を辞職、87年、利根運河会社創立協議会が開かれて広瀬は理事に就任した。工事は88年に着工し、90年5月竣工した。

当時、「運河の三狂人」と称された広瀬は、その通水式を見ることなく、死去した。広瀬はまた、水平運動(差別撤廃運動)にも尽くし、さらに、関東三大堰の一つである小貝川の岡堰の改修の監督、水戸街道の改修にも力を注いだ。

沖野忠雄　おきの・ただお　河川・港湾

1854.1.21～1921.3.26。兵庫県に生まれる。豊岡藩の貢進生として1870(明治3)年、大学南校(東京大学の前身)に入学、仏語を修める。在校中の76年、物理学修業のため、第2回文部省留学生としてフランスに派遣される。79年、エコール・サントラル(中央工業大学)卒。現地で実地研究し、土木建築工師の免許を得て、81年に帰国する。

東京職工学校(東京工業大学の前身)の創立に参与し、教鞭をとる。1883年、内務省土木局技師となり、富士川、信濃川、庄川、北上川などの土木局直轄工事を監督。90年、第四区(大阪)土木監督署長、97年、土木監督署技監。1905年、大阪土木出張所長兼土木局工務課長となったが、11年3月まで、全国の主要な土木工事はほとんど沖野の裁断を仰いだ。

1911年、内務技監に就任して河川・港湾の統轄者となり、内務省の土木事業は、その秩序を古市公威によって確立され、沖野によって技術的に完成された。土木技師として最高の地位にあった沖野に、土木局長の椅子に就かないかと内々に話があった時、沖野は「自分は技術者として終生尽くしたいので、行政官になろうとは思わない」と言下にこの栄進を斥けた。

現在、技監の地位が非常に重んじられるようになった前例は、実はこの時にはじまった。人としての沖野は厳格であったが、公私の区別がいつもはっきりしていて、後進の指導にも熱心であった。人を見る目が鋭く、直情径行タイプ、人を使うのに情実や世間的な順序にとらわれず、人物次第で抜擢した。沖

野は自己を語ることはほとんどなかったが、「事業に伴う行政は技術の根底を有する者によって指導されなければならない」「おれは技師として内外を通じて恥じるところのないだけの仕事をしてきた」と技術者としての信念はきわめて強かった。

内務技監を辞める時、「老人がいつまでも出しゃばっていてはいけない」といって、長年勤めた人達を誘って一緒に退き、後進に道を開く処置を講じた。1916(大正5)年、土木学会第2代の会長となったが、前任の古市公威は、沖野忠雄を次のように紹介した。

「君が過去の経歴の偉なるは淀川改修工事、大阪港修築工事の事既に君の名を不朽ならしむるに足るを以て之れを知るべし。而かも君は将来猶為すあるの人今敢て経歴の詳細を語るの時機にあらず」

1918年、「内務省のローマ法王」「技聖」と異名された沖野は退官したが、20年、静養中に友人に送った書簡の句は沖野自身の終生変わらぬ気持ちでもあった。

「年ふとも変らぬ様は我そしる　川にいたせる君が真心」

京都大学には「沖野蔵書」として約300冊のフランス語のみの書籍が保管されている。

佐伯敦崇　さえき・あつむね　河川

後列左から3人目が佐伯。

1854.不詳～1897.3.6。愛媛県に生まれる。1871(明治4)年、17歳で松山県官給生徒として南校(東大の前身)に入り、お雇い教師ヌージョルに英学を学ぶ。1880(明治13)年、工部大学校土木科卒。工部省横浜灯台局に勤務後、82年、岩手県に勤務。86年内務省に転じ、87年、第四区(大阪)土木監督署土木巡視。92年、震災予防調査会委員。93年、同署桑名派出所長。94年10月から96年3月まで第四区(名古屋)土木監督署長、96年4月から同署監督部技師を務めた。

その間、近代的河川改修工事のはじまりで、1887年に着工した木曽三川分流工事(木曽川、長良川、揖斐川)の調査、設計に最初から関わり、殊に土地買収の難局に際しては最も力を尽くしたが、改修工事中に、44歳で死去した。佐伯はまた、91年に発生した濃尾地震の復旧工事、岐阜県下の治水工事にも功労があった。92年、沖野忠雄、江森盛孝、原口要とともに震災予防調査会委員(内閣)に選任される。

小林八郎　こばやし・はちろう　河川

1855.2.不詳～1923.12.7。東京都に生まれる。1880(明治13)年、工部大学校土木科を主席で卒業する。一時、工部省鉱山局に入り、釜石鉱山分局に勤務。その後、天竜川の治水に功績を残した金原明善と深い絆が生まれる。なお、小林と金原は親戚である。

1874(明治7)年、金原は天竜川堤防会社を設立し、翌年に治河協力社と改名して社長に就いたが、同社の付属施設として水利学校を経営し、天竜川の治水に有用なる人物の養成をはかっていた。このため明善は、工部省に大鳥圭介などを訪ね、工部大学校出身者の推薦を求めた。明善は大鳥を介して正式に、社費で小林を水利学校の留学生とすることに決した。1880年11月、小林は天竜川改修の任を帯びて欧州諸国の河川の視察に出掛け、主としてフランスの治水技術を学び、83年に

帰国する。

小林はつねに明善に同伴し、内務省のお雇い技師デ・レイケ(J.de Rijke)の天竜川視察に同行するなどしたが、治河協力社は85年に解散し、同社のために働いた期間は短かった。

明善の計らいで、1884年内務省御用掛に任ぜられ、静岡に在勤し、富士川、大井川、天竜川の治水工事に従事した。

1891年、第二区(仙台)土木監督署長に転じ、15年間にわたり北上川改修に尽くし、また、各県の土木の監督にあたり、1905年に退官する。

「明善記念館」(静岡県浜松市)には小林の工部大学校時代のノートなどが保存されている。

石黒五十二　いしぐろ・いそじ　河川・港湾・電力

1855.6.10～1922.1.14。石川県に生まれる。1878(明治11)年、東京大学理学部(土木)工学科卒。同年、神奈川県土木課に勤務し、横浜水道の改良に従事した。地方において大学卒業の技術者を採用した最初であるといわれている。

1879年、文部省より工学の先進国であるイギリスへの留学を命じられ、水道工事や灌漑工事などに従事し、実地研修を積んだ。滞英中の82年にはイギリス工学院、イギリス土木学会の会員となる。83年に帰国し内務省衛生局に入り、土木局をも兼務して各地の飲生水改良工事に従事する。

1884年、文部省兼務となり、東京大学理学部講師として衛生工学を講義した。同84年、内務省土木局勤務となり、福岡、大分、佐賀、熊本四県の土木局直轄工事を監督し、とくに筑後川改修工事に尽力した。86年には海軍技師を兼務して建築委員となり、呉、佐世保両鎮守府の土木建築工事を担当した。また、同86年には内務省第六区(久留米)土木監督署巡視長となる。90年には第一区(東京)、第二区(仙台)、第三区(新潟)の土木監督署長、97年に土木監督署技監となり、沖野忠雄技監とともに分担して業務を担当した。1898年、海軍技監に転じて海軍建築部工務監となり、99年には軍港視察のため欧米各国に出張し、1906年に退官する。翌07年に貴族院勅選議員となる。籍を幸倶楽部に置き、一人一党主義であった。退官後は宇治川電気会社技師長となり、宇治川電気第一発電所工事を担当し、当時最長の水路トンネルを完成させ、また、三池築港会社顧問として大牟田、門司、若松築港工事を指導した。石黒は近代土木の創始期にあって内務省の要職に約12年、海軍の軍港整備のために約9年、技術者、指導者として尽くした。

1918(大正7)年に、土木学会会長、また、工政会理事長、道路改良会副会長などをつとめた。

青木元五郎　あおき・もとごろう　河川

1855.9.9～1932.10.7。東京都に生まれる。1880(明治13)年、東京大学理学部(土木)工学科卒。同年、神奈川県土木課に入った後、島根県土木課を経て、91年、内務省に転属。96年、第六区(広島)土木監督署長。1905年、大阪土木出張所、07年、名古屋土木出張所長に転じて木曽川工事に、11年、仙台土木出張所長となり北上川改修に尽力する。1913(大正2)年、大阪土木出張所長となり、17年

に退官した。

清水 済　しみず・わたる　⇒ 土木工学分野参照

田辺義三郎　たなべ・ぎさぶろう　河川

1858.12.20 ～ 1889.9.22。山口県に生まれる。創設まもない内務省土木局6名の指導者の一人。1873(明治6)年、私費でドイツに留学、ハノーバー州シュターデ府高等中学に入学、次いでハノーバー府工芸大学で土木工学を修め、1881年に卒業して帰国する。

1882年、内務省土木局准判任御用掛となり、その後に准奏任御用掛、奏任官三等技師に任ぜられる。86年7月、内務省直轄工事および府県土木工事を監督する土木監督署が全国を6区に分けて設置され、同年田辺は、第五区土木監督署(徳島)の初代巡視長となり、87年第四区(大阪)、88年第一区(東京)と3つの区の巡視長を89年までつとめた。

その間、河川では椹野川、淀川、瀬田川、吉野川、利根川、琵琶湖疏水など、港湾では宇品、下関、古市公威と共に参画した横浜、砂防では木津川、田上川山系などの工事に関わった。

指導者の一人として内務省土木局にあることわずかに8年、その前途を惜しまれつつ31歳で死去した。田辺の著述「山林の用水に於ける関係」が雑誌『工談雑誌』に1895年8月から96年1月まで4回にわたり、田辺の秘書とされる澄田勘作により紹介されている。国立国会図書館憲政資料室保管の『三島通庸関係文書』には北垣国道京都府知事から三島土木局長への琵琶湖疏水監督と田辺に関する書簡(明治18年2月6日)がある。

小柴保人　こしば・やすと　河川

1859.1.2 ～ 1924.5.9。千葉県に生まれる。1880(明治13)年、東京大学理学部(土木)工学科卒。同年、内務省土木局に入り、宮城県、岩手県で北上川改修工事に従事。86年、第二区(仙台)土木監督署の巡視となり、沖野忠雄巡視長の代理を務める。

1891年、第三区(新潟)土木監督署長に、1905年の官制改正により新潟土木出張所長となる。11年、土木局調査課長となり、治水、港湾などの調査にあたり、1913(大正2)年に退官した。90年から91年まで第二高等中学校教授も兼任した。

中原貞三郎　なかはら・ていさぶろう　河川

1859.1.14 ～ 1927.12.4。山口県に生まれる。1882(明治15)年、東京大学理学部(土木)工学科卒。陸軍省陸地測量部に入り、三角測量および製図に従事し、86年、陸軍五等技師、88年、帝国大学工科大学講師を併任、翌年、陸地測量技師となって陸地測量地図の基礎を固めた。のち熊本県技師をへて内務省に入り、98年、第七区(久留米)土木監督署長となり、筑後川改修に尽くす。

1906年、朝鮮総監府技師として京城、平壌などの道路整備の監督にあたる。帰国後に

大阪市水道課長を務め、11年、内務省大阪土木出張所長となり、淀川、吉野川、高梁川改修にあたる。13（大正2）年、東京土木出張所長に転じて利根川、渡良瀬川、荒川改修工事に尽力し、24年に退官した。1923年、土木学会会長。

著書に『陸地測量部三角点利用法』（1922年）がある。

近藤仙太郎　こんどう・せんたろう　河川

1859.4.24～1931.1.22。石川県に生まれる。1883（明治16）年、東京大学理学部（土木）科卒。内務省御用掛となり、最上川改修事務所に勤務、のち関宿土木出張所に転じ、利根川低水工事に従事する。

1886年、第一区（東京）土木監督署創設時に内務技師となる。巡視長山田寅吉の代理として、さらに89年から91年まで巡視長田辺義三郎の代理として、各府県の土木の監督を兼務しながら、畢生を傾注した利根川改修計画に従事し、利根川改修の父と呼ばれた。1906年、東京土木出張所長となり、1913（大正2）年に依願退官した。また、帝国大学工科大学では河川と港湾工学を、東京帝国大学農科大学では農業水利の教鞭もとった。

内務省退官後は1917年から22年まで農商務省耕地整理設計事務所嘱託、次いで農林省嘱託として耕地整理事業を指導した。その間、1900年にはアメリカ土木学会会員に選出され、朝鮮の東津水利組合技師長も勤めた。

近藤は、わが国の治水に関して、ふるきをたずねるには他に代わる人がいないといわれ、編誌『利根川改修沿革考：明治年間』

（1928年）をまとめている。

高田雪太郎　たかだ・ゆきたろう　河川・橋梁

1859.11.10～1903.6.4。熊本県に生まれる。1881（明治14）年、工部大学校土木科卒。内務省に入った後、石川県、福岡県、北海道庁に勤務する。87年に官を辞し、大阪の藤田組に入社。87年、同社は東京の大倉喜八郎と共同でわが国最初の法人建設会社である有限責任会社日本土木会社を設立し、高田は新会社に転じた。89年、内務省に復帰し、同年、富山県に赴任、96年まで在職する。

その間、笹津橋等の橋梁設計、神通川、常願寺川等の河川改修工事をお雇い技師・デ・レイケ（J.de Rijke）の指導を受けながら実施し、1893年に内務部第二課長に就いた。その後コンサルタント業務に携わり、大阪の桑原政工務所、東京の太田六郎工業所に勤務、1901年から翌年までは熊本県知事から懇願され、水力電気調査を委嘱されたが、44歳で死去した。

岡胤信　おか・たねのぶ　河川・港湾・建設業

1859.12.27～1939.10.8。長野県に生まれる。1880（明治13）年、東京大学理学部（土木）工学科卒。内務省土木局に入る。86年、第

三区(新潟)土木監督署に勤務し、信濃川の改修工事に従事。91年に第六区(久留米)土木監督署長となる。

1896年、淀川改修用諸機械買入のため欧米へ出張し、97年に帰国し退官する。98年、大阪市技師となり、大阪築港工事に沖野工事長の下に工務課長として従事し、ほぼ竣工の1908年に退職する。翌09年に大林組に入り取締役兼技師長となり、同社の基礎を固め、1923(大正12)年に退社して顧問となる。

退職後も力を注いだのは、大林組が請け負った大阪軌道会社の生駒隧道の開削で、広軌複線でわが国最大のものであり、新式の諸機械を導入し、竣工に導いた。

日下部弁二郎　くさかべ・べんじろう　河川

1861.2.30～1934.1.22。滋賀県に生まれる。1880(明治13)年、東京大学理学部(土木)科卒。内務省土木局に入り、北上川低水工事(この間、野蒜築港工事にもあたる)、吉野川改修工事などに従事する。86年、第五区(徳島)土木監督署が創設されて巡視となる。翌87年、巡視長田辺義三郎の代理として徳島に勤務したが、吉野川の西覚円堤防が破れて工事が中止となったため、監督署は広島に移り、94年、第五区(広島)土木監督署長として、広島軍用水道計画に力を注いだ。

1896年、第六区(久留米)土木監督署長となって筑後川改修に尽力した。98年、第一区(東京)署長に転じ、利根川第一期工事に従事し、1900年には工事に要する機材購入を兼ねて欧米へ出張する。翌01年に帰国し、東京市区改正臨時委員などを勤め、06年、退官した。

同1906年、東京市技師長となり、日本橋の全体設計では4人の合議決定者のひとりであった。のちに土木局長を兼任し、1914(大正3)年に退官する。

その後は実業界に転じたが、1923年の関東大地震により工手学校の校舎が全焼した際は、建築案作成委員や管理監事に就き、同校の再興を担当し、また工学院院長(工手学校を改称)もつとめた。1925年に土木学会会長。

日下部は「童謡の小父さん」として慕われた巌谷小波の実兄で、書家・日下部鳴鶴の養子であるが、『土木学会誌』創刊号の表紙の揮毫は鳴鶴の筆による。日下部は明治期の土木界の一権威で、往時の様子を回顧した記録を残しているが、当時の土木技術上の監督者は、山田寅吉、古市公威、沖野忠雄で、いわゆる「天下を三分」していたと語っている。

国立国会図書館憲政資料室の『都筑馨六関係文書』には書翰『東京市歩道車道・下水架橋施行意見』(1919年7月23日)が残されている。

船曳 甲　ふなびき・こう　運河

不詳～1919.不詳。京都府に生まれる。1883(明治16)年、工部大学校土木科卒。大阪府に入り、天神橋、木津川橋の架設工事に従事した後、日本鉄道会社に入り、常磐線の敷設に従事した。

1888年、日本土木会社の築地埋立工事事務所長を辞し、利根運河会社技師長に招かれ、利根運河開削第2期工事を監督、同運河は90年に竣工した。

その後、大分県技師、海軍省技師を経て、1894年、大阪市の技師長となる。1903年の

第5回内国博覧会では、その建築工事一切を完成させた。

頴川春平　えがわ・しゅんぺい　河川

1863.10.10～1896.12.22。東京都に生まれる。1882(明治15)年、東京大学理学部入学、85年の学制改革により同大学工芸学部に編入、翌86年、ふたたび学制改革により帝国大学工科大学に移り、土木工学を専攻、90年卒。

内務省に入り、第六区(久留米)土木監督署で筑後川の測量に従事する。1891年、第四区(大阪)土木監督署に転じ、淀川改修の測量を担当し、同年熊本県技師に転じて道路開削の設計などに従事する。翌92年、兵庫県技師となり、神戸税関の拡張工事と湊川改修事業を担当する。同県にあっては知事を補佐し、担当事業以外に河川の修築、道路の開削なども担当し、地元住民の尊敬を受ける。

1896年の大水害は兵庫県にも甚大な被害をもたらし、その迅速を要する復旧工事の専任者として日夜の激務の中に病を発し、前途を惜しまれつつ34歳で死去した。葬儀には兵庫県知事をはじめ、県会議員が議事を中止して葬儀に参列し、その生前の職務の功を讃えた。

岡崎芳樹　おかざき・よしき　河川

1864.3.14～1925.1.4。山口県に生まれる。1889(明治22)年、帝国大学工科大学土木工学科卒。内務省に入り、第三区(新潟)土木監督署に勤務する。91年、第二高等中学校教授。92年に熊本県技師。

1897年、第五区(大阪)土木監督署技師に復帰し、主として監督部で地方土木事業を監督、また1904年まで大阪電話交換局の地下線工事に関する事務にあたった。1905年の官制改正により内務技師となり、土木局に勤務する。10年臨時治水調査会設置とともに幹事となり、治水事業の方策の樹立に力をそそいだ。

1911年名古屋土木出張所長となり、敦賀港修築工事・木曽川と九頭竜川改修工事に尽力した。1913(大正2)年、土木局調査課長兼直轄工事課長となり、17年、淀川の大洪水で決壊した大塚堤防の復旧には直接に指揮をとって短期間に完成させ、同年に大阪土木出張所長となり、淀川増補工事に尽くした。

早田喜成　はやた・よしなり　河川・電力

1864.5.8～1913.2.16。佐賀県に生まれる。1889(明治22)年、帝国大学工科大学土木工学科卒。内務省に入り、第二区(仙台)土木監督署に勤務し、北上川、阿武隈川の改修工事に従事。96年、土木局に転じ、府県土木の監督にあたる。

1908年に官を辞し、宇治川水力電気会社に入社した後、11年、東京電灯会社に転じて、桂川発電工事を完成させる。

また、多彩な運動家で、東大のボートレー

スを始めた一人で、第1回より常に工科大学の選手であった。

三池貞一郎　みいけ・さだいちろう　河川

1864.8.15～1951.12.16。福岡県に生まれる。1890(明治23)年、帝国大工科大学土木工学科卒。内務省に入り、第四区(大阪)土木監督署桑名工営所で木曽川改修工事に従事した後、第五区(大阪)土木監督署に転じ、沖野忠雄署長の下に淀川洪水防御工事の調査を担当し、94年、沖野から内務大臣に「淀川洪水防御工事計画意見書」を提出した。その後、淀川、信濃川の改修工事に従事し、1911年、大阪土木出張所に転じた。

1917(大正6)年、仙台土木出張所長となり、北上川、最上川改修に尽くし、24年に退官した。

原田貞介　はらだ・ていすけ　河川・港湾

1865.3.7～1937.9.30。山口県に生まれる。1883(明治16)年、東京大学理学部(土木)工学科に入学したが、86年、寄宿舎生一同のストライキに参加して退学し、ドイツに自費留学する。1891年、シャロッテンブルグ国立高等工芸学校で主として河海工学を修めて卒業し、同年に帰国する。

1892年、内務省第四区(大阪)土木監督署技師となり、初代内務技監沖野忠雄の下にあって淀川改修工事に従事した。98年、第四区(名古屋)土木監督署長、1905年の官制改正により名古屋土木出張所長となり、木曽、長良、揖斐の三川分流工事に尽力した。

1907年、土木局調査課長、11年、下関土木出張所長となり、関門海峡の整理事業を実行した。1918年(大正7)年、内務技監に進み、24年に退官した。

この間、港湾調査会、臨時治水調査会、明治神宮造営、朝鮮総督府土木顧問などに幅広く関与し、1921年には、土木学会会長をつとめた。

渡辺六郎　わたなべ・ろくろう　河川

1865.6.25～1939.1.27。大阪府に生まれる。1889(明治22)年、帝国大学工科大学土木工学科卒。内務省に入り、第一区(東京)、第六(久留米)各土木監督署を経て、東京土木出張所兼土木局監査課に勤務する。

1906年、大阪土木出張所に転じ、淀川改修工事に従事。11年、新潟土木出張所長となり、1924(大正13)年に退官するまでの13年間にわたり信濃川の改修工事に尽くした。とくに二大事変といわれる15年3月と19年1月の地すべりの際には膨大な土量が発生し、改修工事を中断する危険が生じたが、その善後策に意を注いで、工事を継続させた。

南斉孝吉　なんざい・こうきち　河川

1867.4.17～1917.11.14。山形県に生まれる。1894(明治27)年、帝国大学工科大学土木工学科卒。内務省第七区(久留米)土木監督

署雇い、技師を経て、1906年、内務技師となり、大阪、下関の各土木出張所に勤務する。

1906年、遠賀川改修工事開始とともに主任として工事の指揮をとり、1917(大正6)年10月に工事を概成させた。病が重くなり翌月14日に死去、同日付けで遠賀川改修の功績により正四位勲四等が裁可された。

市瀬恭次郎　いちのせ・きょうじろう　河川・港湾

1867.6.23 ～ 1928.8.15。兵庫県に生まれる。1890(明治23)年、帝国大学工科大学土木工学科卒。内務省土木監督署技師補を経て、93年に土木監督署技師となり、とくに広島土木監督署在任中には岡山県児島湾の埋築工事に尽力した。

1905年には土木局に転じ、河川、港湾の調査に従事し、この間、関門海峡における潮流に関する研究で功績を上げた。1913(大正2)年、仙台土木出張所長となり北上川改修工事を監督し、17年、本省に戻って土木局調査課長兼直轄工事課長となり、河川、港湾の調査と改修工事計画の樹立にあたった。

1919年には神戸港の拡張工事に際して神戸土木出張所長として赴任した。24年に内務省技監となり、全国の河川、港湾、その他の土木工事の全般を総覧した。かたわら1928(昭和3)年に創立された内務技師および地方技師など内務系技術官を総話する土木倶楽部の会長として、技術官の地位向上や待遇改善に尽力した。

青木良三郎　あおき・りょうさぶろう　河川

1868.2. 不詳～ 1912.9.29。栃木県に生まれる。1894(明治27)年、帝国大学工科大学土木工学科卒。内務省に入り、第四区(名古屋)土木監督署で1912年までの18年間、木曽川下流改修工事に尽くし、在職のまま死去した。

木曽三川(木曽川、長良川、揖斐川)は、今ではそれぞれ独立した河川として固定され伊勢湾に流入しているが、このような流れになったのは、1887年から1911年にかけて行われた三川分流工事によって分離されたことによる。この改修工事により、木曽川と揖斐川・長良川は船の乗り入れができなくなるため、木曽川と長良川の通行を可能にする施設として作られたのが船頭平閘門(愛知県海部郡立田村)である。

青木は、わが国最初期の複閘式閘門であるこの建設工事において、設計者として、施工の主任技師として、1899年の着工から完成した1902年まで、そのキーパーソンをつとめた。

安達辰次郎　あだち・たつじろう　河川

1868.8.28 ～ 1936.2.2。石川県に生まれる。1894(明治27)年、帝国大学工科大学土木工学科卒。内務省第三区(新潟)土木監督署に入った後、土木局に転勤する。

1900年、第一区(東京)土木監督署に転じた後、土木局製図課、調査課に勤務する。11年、東京土木出張所渡良川改修事務所主任となる。1918(大正7)年、下関土木出張所長となり、24年退官した。

比田孝一 ひだ・こういち 河川

1868.11.28～1929.1.11。東京都に生まれる。1893(明治26)年、帝国大学工科大学土木工学科卒。1年間志願兵に服務した後、内務省第六区(広島)土木監督署に入る。1905年、土木監督署官制の改正により、同年愛知県技師となる。翌06年、朝鮮総督府技師に転じ、群山で道路改良工事に従事した。

1910年、宮城県土木課長、11年に内務省に復帰し、東京土木出張所で荒川改修の主任となる。1918(大正7)年、東京第一土木出張所長兼第二同所長、19年、土木局調査課長、同年、第二技術課長となり、24年に退官した。

名井九介 みょうい・きゅうすけ 河川

1869.5.5～1944.1.23。山口県に生まれる。1892(明治25)年、帝国大学工科大学土木工学科卒。内務省土木局河川調査雇となり、第二区(仙台)土木監督署勤務の後、名古屋土木出張所に転じ、18年間にわたり勤務し、この間、木曽川、九頭竜川、敦賀港などの改修工事に尽くした。

1908年、欧米へ出張し、帰国後の11年、東京土木出張所に転じ、工務部長として利根川、渡良瀬川、荒川、多摩川の改修工事を担当した。これらの改修工事はその範囲が広く、従事する技術者、労務者の数も空前の規模で、内務省土木局の予算の大半がこの直轄工事に注ぎ込まれた。名井は人々の和を図り、所長(近藤仙太郎、中原貞三郎)を補佐して工事の推進に務めた。

1918(大正7)年、北海道庁土木部初代勅任技師として赴任した。道庁でただ一人の勅任技師として臨み、内地における技監以上の実権をもって石狩川をはじめ36河川の治水計画、その他の各種土木事業を統制することとなった。

とくに石狩川の治水工事は、利根川治水工事にも匹敵するもので、1920年、自ら石狩川治水事務所長を兼務し、施工の機械化を推進した。その間、第二期北海道拓殖事業の20年計画の実施を担当し、港湾、道路、治水、土地改良などの事業の実施に尽くした。1927(昭和2)年に退官。

1929年、東京高等工学校長(現・芝浦工業大学)に推され、名誉校長もつとめ、44年まで工学教育に携わった。32年、土木学会会長。

狂歌、俳句をたしなみ、旅行中いたるところで当意即妙の句を作って人を楽しませ、三楽道人と号し、氏のあるところ常に春風駘蕩の趣であったという。著書に『木曽川下流改修工事の昔話』(発行年不明)がある。

関屋忠正　せきや・ただまさ　河川・港湾

1869.8.22～1938.2.14。岐阜県に生まれる。1891（明治24）年、帝国大学工科大学土木工学科卒。内務省第五区（広島）土木監督署勤務。93年、島根県技師となり斐伊川治水計画調査で計画案を提出し、この案は百年以上経た現在の斐伊川、神戸川の治水計画に生かされている。95年から1904年まで主に茨城県技師を務め、煉瓦造水門の設計などを行う。1904年、北海道庁技師となり、1908年、短期間であったが第二代小樽築港事務所長（初代は廣井勇）、1909年から1913（大正2）年まで釧路築港事務所長。『釧路新聞』は43歳の若さで退官した関屋を評して「惜別の辞」を掲載した。"廣井博士は工学界の嗜宿なり。特に築港に関する学識知識は当世に於いて正に珍品と称すべし。然れども博士以外其の匹儔を求めば吾関屋氏を措いて他に一人も無しと。釧路築港工事の今日ある亦故なしとせず"。その後、1915年から24年まで東洋拓（株）技師、土木課長（土木部門の最高責任者）などを務めた。なお、東洋拓殖は日本が朝鮮の植民地事業を進めることを目的として設置された国策会社。

宮川 清　みやがわ・きよし　河川

1870.9.29～1959.12.10。熊本県に生まれる。1896（明治29）年、帝国大学工科大学土木工学科卒。内務省第五区（大阪）土木監督署に入り、淀川改修工事に従事するとともに、沖野忠雄の薫陶を受ける。

1911年、沖野が内務技監となり内務本省に転ずると、同年、同土木局に転じ、河川・港湾などの調査計画に参画し、沖野技監の下に調査編纂係となった。沖野の各種の計画に際し、その基礎資料の整備は宮川の力によるところが多く、年報や改修工事誌の編集にあたり、1918（大正7）年に退任した。

中川吉造　なかがわ・よしぞう　河川

1871.4.6～1942.8.1。奈良県に生まれる。1896（明治29）年、帝国大学工科大学土木工学科卒。内務省第一区（東京）土木監督署に入り、利根川改修の調査にあたる。

1900年、起工した利根川改修第一期工事の主任となり、次いで第二期工事の主任を務めた。1919（大正8）年、東京第二土木出張所長、23年、東京第一土木出張所長を兼務したが、同年に合併して東京土木出張所長となる。1928（昭和3）年、内務技監に進み、34年に退官した。

中川は、内務省の技師、東京土木出張所長あるいは内務技監としてわが国の治水事業に関与したが、ことに利根川のことは造詣が深く、退官するまで約40年間、始終一貫して利根川改修工事に尽力した。

任地が東京だけであったことは、中川の恩人である近藤仙太郎が31年間、利根川にのみ没頭した以外になく、近藤についで「利根川の主」と称されている。また利根川改修の

大工事は技術者の中に多くの人材を輩出したが、中川は「利根川の五博士」のひとりでもある。1930年、土木学会会長。

著書に『日本最古の閘門に就て』（1928年）。1937年2月4日にはラジオ放送「世界の大工事を語る」で、利根川改修工事を語っている。

池田圓男　いけだ・のぶお　河川

1871.8.15～1931.11.8。鳥取県に生まれる。1897（明治30）年、東京帝国大学工科大学土木工学科卒。内務省第五区（大阪）土木監督署に入り、淀川改修第一工区の新淀川改修工事に従事する。後に愛知県技師となったが、07年、内務省土木局に復帰し、監督、技術、直轄工事、調査などの課を経て、1922（大正11）年、第一技術課長となり、24年に退官する。なお、1916年から18年にかけて施工された長野県の牛伏川砂防工事では、1911（明治44）年、欧州に派遣され、フランスから池田が持ち帰った階段工と呼ばれる設計が行なわれ、通称「フランス式階段工」が完成し、現存している。

田賀奈良吉　たが・ならきち　河川

1871.12.13～1935.12.26。鳥取県に生まれる。1898（明治31）年、東京帝国大学工科大学土木工学科卒。内務省に入り、第五区（大阪）土木監督署に勤務。1900年、技師に任じられ、徳島県土木課長。

1906年、内務省大阪土木出張所に復帰し、翌年、高梁川改修事務所主任として竣工にあたる。1918（大正7）年、埼玉県土木課長、ついで台湾総督府土木課長を務め、1927（昭和2）年に官を辞した。

島　重治　しま・しげはる　⇒都市計画分野参照

岡崎文吉　おかざき・ぶんきち　河川

1872.11.15～1945.2.4。岡山県に生まれる。1891（明治24）年、札幌農学校工学（土木）科卒。研究生となり、鉄道と水利工学の研究に従事する。また鉄道工学の実験のため北海道炭鉱鉄道会社において、学術研究のかたわら工事設計と監督業務に従事する。

1893年、札幌農学校助教授となり、工学科に新設された灌漑水利学の科目を担当する。94年に北海道庁技手となり、同校助教授は兼任する。96年に北海道庁技師。

1898年9月、石狩川をはじめとする全道の各河川に大洪水が発生し、北海道庁は恒久的な治水計画策定のため、北海道治水調査会を設置した。岡崎はその委員に任ぜられ、河川技術者としての第一歩を踏み出す。

1899年、石狩川調査主任、1901年、土木部監査課長となって水害調査にあたる。翌02年、欧米へ治水調査・視察のため出張する。石狩川の水害に関わってから10年間におよぶ調査と研究とに力を注ぎ、09年には放水路構想を中心事業にすえた『石狩川治水

計画調査報文』を河島北海道庁長官に提出した。

1915(大正4)年には「岡崎河川学」の集大成ともいうべき大著で〈戦前土木名著100書〉に選ばれた『治水』を著す。岡崎の学説は「自然主義の治水」と呼ばれるものであるが、この書は、著者が学理と実際との調和に重きをおいて、治水の要訣を道破したものである。河川と森林の関係を詳述し、河川の荒廃、保護、管理および治水工事の根本に論及する。河川工事の理想および現状維持、いわゆる自然主義を力説している。

さらに、河川の氾濫、洪水量などに関する新しい調査研究をはじめ、護岸工事の理論や理想的なコンクリート単床ブロックに関する独創的な所説を論考している。

岡崎の道庁時代最後のポストは、1910年に任命された初代の石狩川治水事務所長であったが、石狩川改修工事が本格化しようとする直前の18年、内務省土木局に転じて道庁を去った。その後、20年から1929(昭和4)年まで「満州国」に置かれた国際機構「遼河工程局」の2代目技師長に転じ、遼河上流部で河川改修事業に従事した。

著書に『輓近ノ水力電気』(1920年)、『Records of the Upper Liao River Conservancy Works』(1940年)など。

明治期から昭和戦前期までの土木の歩みにその名を刻した人物のなかで、岡崎ほど本格的に調査され、論考され、再評価がなされた人はいない。岡崎の内外での業績は、わかりやすく映像化もされ、また、川の博物館(石狩川治水史資料館)には「岡崎文吉コーナー」が置かれている。岡崎の業績は、浅田英祺著『流水の科学者 岡崎文吉』(北海道大学出版会、1994年)(土木学会出版文化賞)に詳しい。

野村 年　のむら・とし　河川

1873.1.14～1923.6.5。愛知県に生まれる。1900(明治33)年、京都帝国大学理工科大学土木工学科卒。内務省に入り、第四区(名古屋)土木監督署、後に官制改正により名古屋土木出張所に勤務し、木曽川改修工事に従事。11年、仙台土木出張所に転じ、北上川改修工事に従事した。

1917(大正6)年の最上川改修事務所設置に伴い翌18年、同事務所主任となり、酒田港の改良、赤川における黒森、西山、新川の開削工事を担当。21年、酒田港修築の議が起こると、22年、河川、港湾の実際を調査・研究するため欧米各国へ出張した。

1923年6月4日、土木工事視察中、イタリアのポンペイ郊外で乗っていた自動車が転覆、重傷を負い、翌5日、ナポリの客舎で死去、享年51歳であった。8日、ナポリにて葬儀が執行され、ポンペイ市長が追悼の辞を述べた。

真田秀吉　さなだ・ひできち　河川

1873.5.5～1960.1.20。広島県に生まれる。1898(明治31)年、東京帝国大学工科大学土木工学科卒。内務省第五区(大阪)土木監督署に入り、当時わが国最大の河川工事であった淀川改修に1911年まで従事した。淀川改修工事では、主任技師として多数の輸入建設機械を駆使して大規模な機械化施工を進めた。

1911年、前年の東京地方の大洪水により東京土木出張所に転じ、1921（大正10）年まで利根川第三期改修工事の主任として工事を指揮した。この第三期は改修工事の最盛期にあたり、淀川改修で確立した機械化施工技術を応用して、パナマ運河工事をしのぐ大土工工事に尽力した。

1921年に東京土木出張所工務部長兼庶務部長となり、関東大地震では、管内の河川構造物の復旧工事にあたった。24年、大阪土木出張所長、1928（昭和3）年、東京土木出張所長に転じ、34年に退官した。1933年、土木学会会長。

真田は、土木関係の史実を自ら調査し収集することに情熱を注ぎ、歴史的事実を調査・究明した貴重な業績を残した。河流を制御する護岸水制について従来の工法を改善し、急流部、緩流部に適する工法を、実験を踏まえて体系化した『日本水制工論』（1932年）を著し、また、わが国最初の総合土木誌『明治以前日本土木史』（1936年）と『明治以後本邦土木と外人』（1942年）の編纂には、中心となって参画した。いずれも〈戦前土木名著100書〉である。

その他、『日本土木行政並に機械化施工の沿革』（1957年）、85歳の高齢にもかかわらず執念で誌した『内務省直轄土木工事略史・沖野博士伝』（1959年）などがある。

また真田は同郷の偉人・頼山陽に魅かれ、山陽の三男・三樹三郎の詠歌を私費で編集し、『頼三樹詩集』として死後に出版された（1960年）。さらに、郷里三原市の文化財保存、興隆にも情熱を注いだ。戦後、三原市へ疎開した頃から独学で漢詩を学び、死の直前まで600余首を「三山詩稿」（三山は真田の号）に記した。

前川貫一　まえかわ・かんいち　河川

1873.6.29～1955.1.13。滋賀県に生まれる。1897（明治30）年、東京帝国大学工科大学土木工学科卒。内務省土木局に入り、第五区（大阪）土木監督署勤務。98年、第三区（新潟）に転じ、信濃川改修の調査と府県の土木の監督係に従事。1909年、内務省東京土木出張所に転じ、利根川第三期改修の計画にあたる。

1911年、欧米各国へ出張して帰国後、1914（大正3）年に江戸川、19年に中川の各改修事務所主任などをつとめる。同19年、技監沖野忠雄の勧めで内務省を休職して日本水力会社に入り、建設課長として真名川水力工事にあたったが、翌20年、経済界不況により会社が解散となる。

1921年、内務省に復職し、東京第一、第二土木出張所工務部長兼庶務部長となる。23年、内務省名古屋土木出張所長となり、木曽川上流改修工事にあたる。1928（昭和3）年、内務省土木局第一技術課長。34年に退官した。

1904年11月から1906年10月まで雑誌『工談雑誌』に講演記録「治水の話」が7回にわたって掲載されている。また、「私の河川道中記」の標題で『旧交会員懐古追想録』（第1輯、1955年）に執筆している。

坂本助太郎　さかもと・すけたろう　河川

1874.10.12～1944.11.14。宮城県に生まれる。1900（明治33）年、東京帝国大学工科大

学土木工学科卒。内務省に入り、第五区(大阪)土木監督署で淀川改修工事に従事して以来、前後3回にわたって淀川の治水のためにその半生を注いだ。

1911年、東京土木出張所に転じ、利根川第三期改修工事に1915(大正4)年まで従事した。17年、中国天津水害調査のため沖野忠雄技監らと出張、同年、大阪土木出張所に転じ、吉野川改修工事、阿波砂防工事にあたる。

1919年から21年まで淀川改修増補工事、淀川下流改修工事を担当。24年、神戸土木出張所長、1928(昭和3)年から34年まで大阪土木出張所長、退官後は阪神上水道組合長を務めた。

著書に『淀川の出水及其の予報』(1931年)がある。

金森鍬太郎　かなもり・くわたろう　河川・港湾

1874.11.1～1927.1.26。愛知県に生まれる。1900(明治33)年、東京帝国大学工科大学土木工学科卒。内務省第五区(大阪)土木監督署に入り、05年の官制改正により大阪土木出張所勤務。淀川改修工事では、淀川改修第三工区の瀬田川の洗堰、浚渫などの工事を完成させる。

とくに琵琶湖の治水と、これに関係する瀬田川の改修とに尽くす。1911年、内務省土木局調査課へ転じ、土木局第一技術課を経て、1924(大正13)年、同第二技術課長。この間、臨時治水調査会、港湾調査会委員などをつとめ、治水、修港の計画にあたり、在職中に死去した。

奥山亀蔵　おくやま・かめぞう　河川・港湾・電力

1876.9.10～1941.5.17。山形県に生まれる。1907(明治40)年、東京帝国大学工科大学土木工学科卒。内務省に入り、新潟県加治川改良、西川改良各事務所長、寺泊、能生各築港事務所長を経て、新潟県土木課長。秋田県土木課長を経て、1920(大正9)年、宮城県土木課長、河川事務所長と臨時電気経営事務所長も務めた。

1923年、新潟水力電気会社常務取締役に就き、また鳥海電気、阿賀川水力電気、庄内電気鉄道など各社の役員を務めた。1928(昭和3)年、最初の普通選挙で衆議院議員。

『奥山亀蔵君とその事業』(1927年)がある。

岡本　弦　おかもと・げん　河川・道路

1877.8.2～1931.11.7。埼玉県に生まれる。1898(明治31)年、工手学校土木科卒。土木技手として岐阜県に赴任した後、99年、東京府雇となり、土木課に勤務する。

その後、府中、青梅の各土木事務所に転じ、明治40年、明治43年、大正3年の大水害で府下随一の被災地となった多摩川沿岸の護岸、堤防などの計画、工事に尽くし、北多摩郡民に敬慕される。1915(大正4)年、淀橋土木事務所に転じ、道路改修、橋梁工事な

どに従事する。18年、道路課に勤務し、都市計画事業のための交通調査、道路法実施に際しての路線認定の業務を担当するなど、東京府の土木界に功を残した。

青山 士　あおやま・あきら　河川

1878.9.23～1963.3.21。静岡県に生まれる。1903(明治36)年、東京帝国大学工科大学土木工学科卒。一高時代、私淑した内村鑑三の『求安録』から学んだ「私はこの世を私が生まれて来たときよりも、より良くして残したい」との言葉が、その生涯を通じて青山を導くことになった。大学に入って土木工学を選ばせ、主任教授の廣井勇の薫陶を受け、一生を建設事業に捧げることとなる。

人類の夢パナマ運河開削に従事することを目的に、1903年8月、旅順丸の三等船客となって、コロンビア大学のバー(W.H.Burr)教授への廣井の紹介状のみを頼りに、数人の友人に旧約聖書の言葉をもって送られ渡米する。鉄道会社に勤務した後、1904年2月、パナマ共和国とアメリカとの運河条約が批准され、バー教授の尽力で地峡運河委員会(ICC)の職員に採用される。同04年6月青山は工事従業員として契約を結び、測量部隊にポール持ちとして配属され、パナマに渡る。

天幕生活の測量からはじまり、ガトウンの堰堤、閘門の設計、施工など約7年半にわたり、ICCでただ一人の日本人技術者としてパナマ運河工事に情熱を燃やした。青山士の名はパナマ運河委員会(PCC)の永久保存の人事記録に刻まれている。

1912年1月、同工事がほぼ完成した段階で帰国、廣井勇の勧めで内務省土木局に勤務し、1936(昭和11)年、内務技監として退官するまでの24年間、内務省に在職した。

この間、東京土木出張所で荒川放水路工事を完成させた後、当時わが国の最大規模の工事であった信濃川大河津分水路補修工事を担当する。同放水路は、1927年、ほぼ完成していたが、同年6月24日に可動堰が破壊、信濃川の水は全部が分水の方に流入し、本流は干上がって灌漑もできず、新潟市内は水道が不通となる事態となったが、この補修工事の責任者として新潟土木出張所長となる。

1931年、補修工事は完成し、青山は技術の崇高な使命を成し遂げた感謝をその記念碑に「萬象ニ天意ヲ覚ル者ハ幸ナリ 人類ノ為メ国ノ為メ」と日本語とエスペラント語で刻んだ。

青山はまた、1933年にできた長野県の和田嶺トンネルの坑口にもエスペラント語の銘板を取り付けた。この二つのエスペラント語は、31年に起きた満州事変、それが原因で33年に国際連盟を脱退した当時のわが国のきな臭い状況から生まれており、国際語としてのエスペラント語に託した青山の国際的感覚が色濃く反映している。

34年、内務技監、35年、土木学会会長となって、「社会の進歩発展と文化技術」の会長講演を行う。

翌1936年には自ら土木技術者相互規約調査会委員長となり、土木技術者の使命、品位の向上、権威の保持を目的に「土木技術者の信条」と「土木技術者の実践要綱」を作成し、国情に適応しながらも、自らの理想を明文化した。

太平洋戦争中、海軍からパナマ運河破壊計画を相談されたとき、彼は静かに「私は造ることは知っているが、壊し方は知らない」(『土木ニュース』27号、1949年1月)と答えたという。

1949年新春のインタビューに答えて、「土木技術に対する認識と尊重と協力とをより広く社会に呼び掛け求めて、人類福祉の増進に

尽くされるように、また自らも尽くしたいと思います」と謙虚に語ったが、その信念を一筋の道に生き通したクリスチャンであった。

唯一の著書は私家本『ぱなま運河の話』(1939年)であるが、そこには内村鑑三、廣井勇、バーの顔写真が挿入され、書込には「詩人ゲーテの夢」が自筆で記されている。

荒井釣吉　あらい・きんきち　河川

1879.5.6～1919.12.21。埼玉県に生まれる。1903(明治36)年、東京帝国大学工科大学土木工学科卒。内務省に入り、第一区(東京)土木監督署で利根川第二期改修(佐原・取手間)に従事する。

1917(大正6)年、第二区(仙台)土木監督署に転じ、雄物川改修事務所主任。19年10月中国の遼河工程局に招請されたが、同年、南満州鉄道の汽車衝突事故で死去した。

村 幸長　むら・ゆきなが　河川

1879.6.29～1929.8.8。石川県に生まれる。1904(明治37)年、京都帝国大学理工科大学土木工学科卒。朝鮮総督府に入り、鎮南浦各国居留地会技師、清津土木出張所長として羅南港、鎮南浦港の工事に従事。1909年、職を辞し、韓国政府建築技師となったが、日韓併合により廃官となり帰国。

1911年、内務省に入り、渡良瀬川改修工事主任技師として同川の改良を完成させる。1927(昭和2)年、土木局技術第一課に転じ、府県の河川技術の指導・監督にあたり、地方の河川技術の刷新に尽くす。29年3月、下関土木出張所長となったが、在任のまま死去した。

森田源次郎　もりた・げんじろう　河川

1880.7.10～1932.11.14。千葉県に生まれる。治水をもって国策とした当時の利根川、江戸川筋に育ち、高等小学校を卒業。1895(明治28)年から千葉県下の同川筋の護岸・堤防等の治水工事に土工仲間に混じって働く。1900年、東京府小松川土木事務所の江戸川筋護岸工事直轄工場に就職、07年、認められ治水工夫、10年、工事雇に昇格。

1912年、東京府工手に採用され、府中土木事務所に勤務し、10年に発生した関東地方大水害の府下随一の被害地であった多摩川筋の復旧工事に従事した。その後、品川土木事務所勤務を経て、八王子、青梅の土木出張所に勤務し、多摩川筋、浅川筋、秋川筋等の治水工事を担当した。

その治水工事の実地者としての手腕は、土木部内で高く評価された。1926年、板橋土木出張所に転勤。1932(昭和7)年、先輩を凌いで八王子土木出張所長となり、多年の功が報われた。同年10月31日をもって千住土木出張所長への転勤が決まっていたが、病のためその決定を知ることなく死去した。

金古久次　かねこ・ひさつぐ　河川・都市計画

1881.5.24～1945.6.8。福島県に生まれる。1909（明治42）年、東京帝国大学工科大学土木工学科卒。内務省東京土木出張所に入り、利根川第二期改修工事、ついで荒川上流改修工事に従事。1926（大正15）年から2年間欧米各国へ出張。1929（昭和4）年、下関土木出張所長、34年、名古屋土木出張所長となり、38年、依願退任した。

1938年、中国上海の都市計画を実現するため設立した日中合弁の上海恒産会社技術部長に招請され、40年、同長を退任。その後、和歌山市顧問、都市計画和歌山地方委員会委員などをつとめた。

辰馬鎌蔵　たつま・かまぞう　河川

1882.2.13～1959.5.11。大阪府に生まれる。1907（明治40）年、京都帝国大学工科大学土木工学科卒。内務省大阪土木出張所に入り、瀬田川、安治川の改修工事に従事し、その後、下関土木出張所に移り、遠賀川改修工事を担当した。1916（大正5）年、東京土木出張所に転じ、利根川第三期改修工事に従事し、18年、多摩川改修主任としてこれを竣工させる。

1928（昭和3）年、名古屋土木出張所長、34年、東京土木出張所長を務め、36年、内務技監に就任し、39年に退官した。38年、土木学会会長となる。

保原元二　ほばら・もとじ　河川

1883.2.2～1966.12.23。宮城県に生まれる。1910（明治43）年、東京帝国大学工科大学土木工学科卒。北海道庁に入り、北海道庁初代勅任技師となった名井九介の下に、石狩川改修事業に従事。1927（昭和2）年、内務省より欧米の河川事業研究を命じられ、出張して翌年帰国した。

1928年、札幌第二治水事務所長、32年、札幌第一、第二治水事務所が合併し札幌治水事務所と改称、その所長となり、37年に退官するまで河川行政の第一人者として石狩川の治水事業の推進に尽くした。

資料に『豊平川調査報文と保原元二』（1984年）がある。

伊藤兼平著『小説治水』（1965年）の主人公青葉二郎は、保原がモデルである。

大岡大三　おおおか・だいぞう　河川

1883.3.23～1945.7.7。山口県に生まれる。1906（明治39）年、京都帝国大学理工科大学土木工学科卒。埼玉県技師となった後、1916

(大正5)年、内務省に転じ、東京土木出張所管内の中川、庄内古川の改修工事に従事する。

関東大地震後の1924年、内務省復興局横浜出張所に勤務、工事、整地、移転の各係長を兼務し、横浜復興事業の創設事務を担当する。同24年、同出張所長。26年から1930(昭和5)年まで復興局土木部長として東京、横浜の復興事業を推進した。31年、横浜市土木局長、34年、同助役となり41年に辞した。

山内喜之助　やまのうち・きのすけ　河川

1884.4.13～1936.9.20。福井県に生まれる。1909(明治42)年、東京帝国大学工科大学土木工学科卒。東京市区改正委員を嘱託されたが、11年、内務省土木局に転務。

1914(大正3)年、内務省大阪土木出張所に転じ、淀川下流改修工事に従事し、その後、加古川、旭川、芦田川、太田川の改修工事に主任として尽くす。1933(昭和8)年、大阪土木出張所工務部長、34年、内務省神戸出張所長となったが現職のまま死去した。

著書に『基礎工学』(1924年)、『樋門・閘門』(1927年)、また29年、欧米各国の主要港湾を視察し、主として軟弱地盤上の岸壁工事の構造を調査した報告書『内務技師山内喜之助調査復命書』(1932年)など。

斉藤静脩　さいとう・せいしゅう　河川

1884.9.17～1968.12.11。北海道に生まれる。1911(明治44)年、東京帝国大学工科大学土木工学科卒。恩師・廣井勇の勧めで北海道庁に入り、1942(昭和17)年に退官するまでの31年有余にわたって、北海道第一期拓殖計画時代の初期から第二期拓殖計画時代の後期まで、各地の治水事業に従事した。

とくに釧路川、常呂川、十勝川、網走川、湧別川、渚滑川、天塩川など、北海道の北半分の広大な流域の治水事業の遂行に心血を注いだ。その間、釧路川、常呂川、十勝川の各治水事務所長、帯広治水事務所長、37年、土木部河川課長として河水統制などを実施、39年、勅任技師(技監)として石狩工業港計画を立案した。

その後は、北海道の建設業界において活躍し、菅原組支配人、北海道建設業信用保証会社初代社長、北海道開発コンサルタント会社社長などを務めた。

筧 斌治　かけい・ひんじ　河川

1885.3.23～1962.12.19。岡山県に生まれる。1912(明治45)年、東京帝国大学工科大学土木工学科卒。内務省東京土木出張所に入り、利根川、荒川の改修工事に従事後、1928(大正13)年、中川改修事務所主任となって、平地小河川改修工事に先鞭をつける。

1927(昭和2)年、内務省土木局に転じた後、「満州国」建国に際して招請され、33年に国務院国道局技術処長となったが、健康が優れ

ず退官し、帰国。その後はふたたび内務省直轄工事につき、名古屋土木出張所工務部長を経て、36年、神戸土木出張所長となる。

1939年の退官後は、府県の河川技術や総合開発の指導にあたり、49年、長野県総合開発局長。また九州大学工学部講師をつとめ、57年の長崎県諫早大水害では、その復旧計画の策定にあたった。

谷口三郎　たにぐち・さぶろう　河川

1885.4.7 〜 1957.8.13。広島県に生まれる。1909(明治42)年、東京帝国大学工科大学土木工学科卒。北海道庁に入り、小樽、留萌の築港工事を担当する。

1915(大正4)年、内務省に転じ、18年、大阪土木出張所に勤務し、約10年間にわたり淀川の改修増補工事に尽力した。1934(昭和9)年、土木局第一技術課長、36年、東京土木出張所長を経て、39年に内務技監に進み、42年に退官した。

この間、ブラジル、エジプトで土木技術を教授、1941年、土木学会会長。42年から敗戦をはさんで48年まで中国大陸において、鴨緑江、黄河などの治水事案を指導、その間の消息を『大陸の曲線』(1950年)として著す。帰国後は建設工事の機械化施工を提唱し、50年、日本建設機械化協会初代会長となる。

一方、内務省では、技術者の地位が正当に評価されなかったため、技術者の地位向上の運動が興ったが、47年、技術者を主体とする建設行政機構の設立を目的とする全日本建設技術者協会が結成され、谷口はその第二代運営委員長に就任した。1947年に内務省が廃止され、48年1月に建設院が発足し、同年7月、建設省が設置されて、技術者の長年にわたる地位向上の運動は、ここに達成されることになった。

著書に〈戦前土木名著100書〉の『基礎工及土木施工法』(1932年)など。

久永勇吉　ひさなが・ゆうきち　河川

1885.10.8 〜 1931.11.30。鹿児島県に生まれる。1910(明治43)年、東京帝国大学工科大学土木工学科卒。内務省に入り、秋田県、茨城県などの地方技術官を経て土木局第2技術課勤務。1923(大正12)年、内務省復興局に転じ、河港係を担当し、関東大地震で被災した河港の復興、改修に従事して25年に退官。

1926年、岩井商店の顧問に招かれ、護岸、岸壁などに使用する鋼矢板の輸入と販売の責任者として実績を上げる。この商戦は次第に経済的な国産鋼矢板の生産に道を開き、工費の節減をもたらした。

その後、内燃機関用のマグネット製造を主とする国産電機会社を起こして、常務取締役をつとめた。また東京高等工学校土木科長として教育事業にもあたる。

来島良亮　くるしま・りょうすけ　河川・都市計画

1885.12.17 〜 1933.11.22。山口県に生まれる。1912(明治45)年、東京帝国大学工科大学土木工学科卒。内務省に入り、利根川、雄物川改修工事に従事し、雄物川改修工事の監督として秋田市在勤中は、秋田市会議員を2期つとめる。

1927(昭和2)年、秋田市会議員として市政

の自治の実績を評価されて東京府土木部長となる。帝都復興事業下にあって、郊外の発展は復興事業とあいまって推進する必要を痛感し、そのために道路の改良計画を中心とする事業費1億余万円を要する第2期都市計画事業を樹立、6年間にわたって、その実現に孤軍奮闘した。

1933年、意に反して内務省仙台土木出張所に転じたが、2か月後に49歳で死去した。

小川徳三　おがわ・とくぞう　河川

1886.7.28～1968.10.7。千葉県に生まれる。1905(明治38)年、攻玉社工学校土木科卒。内務省東京土木出張所に採用され、以後、1933(昭和8)年までの27年余にわたって利根川改修第一期工事(銚子－佐原間)、同第二期工事(佐原－取手間)に従事した。33年から41年まで内務省東京土木出張所河川係長、工事係長、工務部長心得を務めた。

この間、1938年に内務技師に任じられたが、私学出身の古参技手としては、内務省土木局ができてから小川が初めての就任であった。41年、利根川下流増補工事事務所長となり、44年に退官する。その後、利根川下流工事事務所で河川事務の嘱託、46年から56年までは利根川改修工事請負会社の嘱託

として、利根川の諸工事に参画し、その一生は、ほとんど利根川の改修工事に終始した。

福田次吉　ふくだ・じきち　河川

1886.9.20～1972.9.22。石川県に生まれる。1909(明治42)年、東京帝国大学工科大学土木工学科卒。内務省土木局に入った後、東京土木出張所に転じ、利根川、江戸川、荒川下流、富士川の改修工事に従事した。

1927(昭和2)年、土木局第二技術課長となり、内務省直轄重要河川の調査、改修計画にあたる。34年、仙台土木出張所長となり、36年に退官。

著書に〈戦前土木名著100書〉の『河川工学』(1931年)がある。

栗原良輔　くりはら・りょうすけ　河川

1887.9.26～1958.2.17。東京都に生まれる。1906(明治39)年、工手学校土木科卒。内務省東京土木出張所に入り、以来50余年にわたり、主として利根川の改修事業に関わり、利根川に関する造詣が深く、同川に関する多くの著述をなした。

その間、利根川第二期、荒川、荒川下流の各改修事務所に勤務後、河川係長、測量係長などを経て、1934(昭和9)年、内務技師とな

り、同年依願退職した。その後も嘱託として内務省に留まり、河水統制係長、調査係長などを命ぜられた。

著書に『利根川治水史』(1943年)など。また、土木学会編の『明治以前日本土木史』(1936年)では編纂委員をつとめ、その河川編の執筆を、さらに日本学士院編の『明治前日本土木史』(1956年)では、河川・運河・砂防・農事土木・港津を分担執筆した。

伊藤百世　いとう・ひゃくせい　河川

1888.4. 不詳～1942.3.8。島根県に生まれる。1913(大正2)年、東京帝国大学工科大学土木工学科卒。内務省東京土木出張所に入り、利根川第三期改修工事に従事する。

1916年、仙台土木出張所に転じ、塩釜港修築工事、阿武隈川改修工事、江合川・鳴瀬川改修工事、北上川改修工事などの主任技師をつとめた後、同工務部長。1934(昭和9)年、新潟土木出張所長。下関土木出張所長、京都市土木局長もつとめた。

著書に『瑞西国の渓流改修工事状況』(1927年)がある。

山田陽清　やまだ・ようせい　河川・電力

1888.10.8～1930.3.26。富山県に生まれる。1913(大正2)年、東京帝国大学工科大学土木工学科卒。同13年、九州帝国大学工科大学講師を嘱託され、15年、同助教授。20年から23年まで、土木工学研究のため欧米に留学する。

1925年、北海道帝国大学工学部の設立事務を嘱託され、同年、北海道帝国大学教授となり、水工学第二講座(河川・水力・運河)を担当した。

著書に『発電水力 第1～第3編』(1927～29年)と『河川及運河』(1929年)がある。前書は第3編で完結し、約1200ページ、学生に講義するためにまとめたもので、古今東西の文献を数多く使用し、「錦布ノ如キ普遍性ト毛織物ノ如キ堅実味ガアル心算デアル」(第1編序文より)書で、43歳の若さで死去した山田の本書は、この分野での隠れた力作であろう。

武井群嗣　たけい・ぐんじ　河川行政

1889.9.17～1965.1.26。群馬県に生まれる。1920(大正9)年、京都帝国大学法学部法律学科卒。内務省に入り、神奈川県の郡長、青森県理事官、東京府事務官をつとめる。25年、内務省土木局事務官、1931(昭和6)年、土木局道路課長、34年から36年まで河川課長。その後、山形、山口の各県知事、厚生省人口局長、厚生次官となる。

1944年の退官後、戦災援護会理事長、恩賜財団済生会理事長、参議院専門員等をつとめた。河川行政の生き字引のひとりで、著書に『水に関する学説判例実例総覧』(共編、1931年)、『土木行政』(共著、1935年)、『比較水法論』(1936年)など。

原口忠次郎　はらぐち・ちゅうじろう
河川・港湾・建設行政

1889.11.12～1976.3.22。佐賀県に生まれる。1916(大正5)年、京都帝国大学工科大学土木工学科卒。内務省に入り、荒川放水路の建設工事に1930(昭和5)年まで従事、31年、国道改良部長となる。

1933年、満州国国道局技正として国道の建設、交通部技正として遼河改修計画などに従事する。39年、帰国して内務省神戸土木出張所長となり、前年の阪神大水害で被害を受けた神戸の水害復興計画を推進、これが原口と神戸市の最初の出会いとなる。

1940年、全国土木出張所長会議で本州・四国連絡の構想を発表、鳴門海峡に連絡橋を架ける必要性を主張した。45年、中国・四国土木出張所長を最後に退官。終戦後は中井一夫神戸市長の招請に応えて神戸市戦災復興計画に参加、復興本部長、助役として復興事業を推進した。

1947年、参議院議員、49年、第12代神戸市長となり、以後69年まで5期20年にわたり、卓越した行政手腕と先見性の豊かな着想、卓抜な実行力で神戸市の発展に尽くすことになる。

生涯の悲願とした明石架橋建設のため、神戸市独自での連絡橋の調査の実施、神戸港の埠頭、突堤、運河の整備と修築、臨海工業地帯造成のための埋立計画の実施、また外国貿易施設の整備のための人工島・ポートアイランドの造成など、神戸港の近代化に力を注ぐ。

建設行政では、六甲トンネルや神戸高速鉄道建設などの交通体系の確立と整備に取り組む。教育では市立神戸外国語大学、神戸市産業技術学院、六甲工業高等専門学校の創設、1963年には市長の退職慰労金を全額拠出して財団法人原口育英会を設立するなど、地域の人材育成にも尽力した。1969年、初の神戸市名誉市民となる。

著書に、『土と杭の工学』(共著、1931年)など。

大塩政治郎　おおしお・まさじろう　河川

1890.1.8～1971.4.5。福井県に生まれる。1920(大正9)年、九州帝国大学工学部土木工学科卒。内務省に入り、新潟土木出張所、神通川改修事務所を皮切りに、1927(昭和2)年、信濃川補修工事、同維持工事事務所に勤務し、31年、両事務所の主任となり、信濃川大河津の自在堰陥没の復旧工事に尽力した。

つづいて最上川上流改修、置賜国道改良の各事務所主任を務めた。1939年、大阪土木出張所に転じ、旭川改修、宇野港修築の各事務所主任を経て、41年、岡山、玉野の各国道改良事務所長。43年、大阪土木出張所工務部長となり、44年まで旭川改修、宇野港修築の各事務所長、さらに福山、和歌山、淀川、琵琶湖利水の各工事事務所長を兼務して46年、退官した。

坂田昌亮　さかた・まさあき　河川・港湾

1890.5.17～1960.12.24。熊本県に生まれる。1913(大正2)年、東京帝国大学工科大学土木工学科卒。内務省に入り、東京、秋田、新潟、名古屋の各土木出張所に勤務する。

1931(昭和6)年に満州国が成立、34年に渡満し、満州国交通部技監、満州技術協会

副会長等をつとめた。43年に帰国し、同年、神戸市技監兼港湾局長となる。47年、八代市長、52年から荒尾市長に就任、3期目の在職中に死去した。

三輪周蔵　みわ・しゅうぞう　河川
　1890.7.10～1964.11.3。愛知県に生まれる。1915(大正4)年、京都帝国大学工科大学土木工学科卒。内務省大阪土木出張所に入り、吉野川改修工事に従事した後、大阪府技師を経て内務省土木局に勤務。1927(昭和2)年から39年までの12年間、神奈川県、兵庫県、大阪府の各土木部長を務める。
　1932年からの大阪府土木部長時代に、市内河川と神崎川の改修、境港修築、府営水道の計画などに尽くす。39年から42年まで内務省横浜土木出張所長。その後、42年から46年まで京都市土木局長を務めた。
　著書に『河川工法』(共著、1927年)がある。

砂治国良　いさじ・くによし　河川
　1891.11.26～1969.8.31。兵庫県に生まれる。1919(大正8)年、九州帝国大学工学部土木工学科卒。内務省新潟土木出張所に入り、1946(昭和21)年、関東土木出張所長を最後に退官した。
　その間、千曲川改修事務所、東京土木出張所、土木局技術第一課などに勤務し、また、荒川上流改修事務所長などをつとめた。その後、日本河川協会常任委員、資源調査会専門委員、静岡県伊東市の災害復興事業顧問などをつとめた。

宮本武之輔　みやもと・たけのすけ
　　　　　　　河川・コンクリート・科学技術行政

　1892.1.5～1941.12.24。愛媛県に生まれる。1917(大正6)年、東京帝国大学工科大学土木工学科卒。内務省東京土木出張所に勤務し、利根川下流改修工事に従事。19年、内務技師となり、23年まで荒川下流改修工事を担当した。この間、小名木川閘門の設計、施工を行い、宮本の技術的生命を賭けた処女作となる。
　1923年、欧米に出張し、労働運動、職業組合運動に強い関心を持っていたのでイギリスでフェビアン協会と労働党を訪問。25年に帰国後、土木局勤務となり、直轄河川の調査と改修計画の立案を担当した。
　1927(昭和2)年6月、当時内務省直轄工事の精華と謳われた信濃川の大河津分水自在堰が陥没し、その補修工事を命じられ、信濃川

補修事務所主任(工事長)として4年間にわたって従事した。

この補修工事は、内務省技術官の鼎の軽重を問われる工事、内務省直轄工事の面目のための雪辱戦であるとして、強い信念と意思とをもって工事を進めた。工事中には「信濃川補修工事の歌」を自ら作り、これを歌って所員一同を激励し、1931年6月に心血を注いだ分水堰補修工事は竣工した。

完成後の1931年、ふたたび土木局に戻り、38年まで河川、港湾に関する府県事業の指導にあたった。35年の関西地方の風水害では、復興策立案の主任技師をつとめた。

この間、内務省土木試験所において河川工学と鉄筋コンクリート構造の研究を積み、ドイツ滞在中に骨子を組み立て、帰国後に実験を行い、これを補遺してまとめたコンクリートおよび鉄筋コンクリートの捩力論に関する論文(ドイツ語文)で工学博士。

また数回にわたり中国大陸へ派遣され、その建設事業に参画してわが国の大陸国策に関与した。1936年、土木学会理事および東亜部長。37年、東京帝国大学教授を兼務し、河川工学講座を担当。

宮本は、大学在学中から技術の使命と技術家の在り方について思索と研究とを続けていたが、この煩悶は社会人となってもなかなか解決されず、恩師・廣井勇に「内務省に採用されたが、技師に任官したとか、官等が上がったとか、そんなことを楽しみに一生朽ちてしまうことは私には我慢ができません」と訴えたこともあった。そして、技術を社会に啓蒙し、技術家の自覚を促すために、技術論と技術家論とを次々と雑誌に発表し、論争を始めた。

その最初は、24歳の学生時代、1916(大正5)年である。雑誌『工学』に「直木博士に答へ併せて先輩諸氏に質す」というもので、「徒らに技術の細故に拘泥してわが技術家の正当なる権利と義務とを忘却するものは我々シビル、エンジニヤーの語源に対しても恥じなければならぬ」と宮本は強く主張した。

また、この主義主張を実行し実現するために、各種団体の設立に深く関わっていくことになる。1920年、技術官の待遇改善と法科万能の風潮を排撃する目的で、関係各省の青年技術家を集め、日本工人倶楽部を同士の集団として創設した。技術者の団結と社会的地位向上のための技術者運動に尽力し、機関誌『工人』でその主張を展開した。

1935年には、日本技術協会(日本工人倶楽部を改称)設立とともに理事、副会長となり、さらに37年に七省技術者協議会(内務、大蔵、農林、商工、逓信、鉄道、厚生の七省)、38年に産業技術連盟に参画するなど、科学技術立国を目指す開拓者となり、この分野では先輩の直木倫太郎とともに、技術官僚の双璧と評された。

1938年12月、大陸経営の技術責任者である興亜院技術部長、41年4月、第7代企画院次長(後の科学技術庁)となる。戦時体制下の科学技術に関する国策遂行の責を担い、太平洋戦争勃発の41年12月15日にはラジオの全国放送で「国民に告ぐ」を演説したが、12月24日、49歳で卒然と逝った。臨終の言葉は、「議論の時じゃない、実行の時である」であった。

宮本は土木界では稀にみる線の太い人物であった。秀才ではあったが、青白い秀才ではなく、豪放磊落にして、努力家、勉強家あった。多年にわたり技術者のあるべき道を求めて悩み悶えた宮本は、信濃川補修工事に従事した4年間にこの難問解決の曙光を認め、社会、国家に寄与、貢献する点において技術が他の何物にも劣らないことを確信した。技術の独立のためには、技術家は物や機械であってはならない。技術家が物でなく人であるためには、人の問題に関心を払い、責任を負わなければならない、と。

他方、宮本は「筆の人」である。自分の思想を率直に発表することは一つの事業である、と考えて実行した人である。とくに紙誌への執筆活動はめざましく、内容も多岐にわたり、宮本の著述はほぼ毎月掲載されてお

り、その生涯に約600編を発表したと思われる。

著書は専門書では、河川関係で〈戦前土木名著100書〉の『治水工学』(1936年)、『河川工学』(1936年)など。コンクリート関係で『混凝土及鉄筋混凝土(上・下)』(1926年)、『最新コンクリート』(1934年)など。その他に『鋼矢板工法』(1935年)、『災害読本』(1938年)など。「技術」に関しては『現代技術の課題』(1940年)、『技術と国策』(1940年)、『科学技術の新体制』(1941年)、『科学の動員』(1941年)、『大陸建設の課題』(1941年)など。

「技術者」に関する評論や随筆の類として『技術・社会・人生』(1934年)、『新技術者精神』(1939年)、『随筆集技術者の道』(1939年)など。なお、この「技術」と「技術者」に関する著書は、雑誌に掲載されたのを加筆などして著した書である。さらに、『宮本武之輔日記』(全22冊、稿本の複製、1971年)がある。

この『日記』は「日記18冊」と「余録4冊」とからなり、時代は1907(明治40)年4月6日から1941(昭和16)年12月11日までである。『日記』は16歳で錦城中学三年に編入学した最初の日から記しはじめ、宮本はこの『日記』ついて、「私の日記は、私の生活の記録というよりも、むしろ心の記録である」、と記している。

次の一文は、「明治40年4月6日 わが日記に序す」の冒頭である。

「若し、此の塵の世の人生の錯雑が無意味でないならば、一もし、一度逢っては永久に別れ或は一度言葉をかはしたがまゝにして別れ、或は、その名も知らず其顔も知らざる人と人との間に一個の意義が感ぜられるならば、筆を取りて、人生の行程及び吾れと他の人生との交錯の痕を紙の上に止めて見るのも、強ち無意味なことではあるまいと思ふ」

日記の最後である昭和16年12月11日は次の文である。

「第六委員会。正午上野発。茨城県内原にゆく。三時から約一時間農産報国推進隊員に野外講演。七時頃上野にかへる。『婦人公論』のため「女性徴用問題」(三〇枚)執筆中。本日、独伊両国の対米宣戦布告。日独伊三国の間に単独不媾和、英米徹底撃滅の協定成る。又日タイ攻守同盟締結さる。」

宮本の死去後、関係者によりこの膨大な『日記』を抜粋し、1943年に遺稿「宮本武之輔自伝」として、鉛版刷・A5判・約600ページで編集されたが、戦禍のため出版できず今日に至っている。

水谷 鏘　みずたに・たかし　河川

1892.1.18～1960.6.10。愛知県に生まれる。1913(大正2)年、名古屋高等工業学校土木科卒。名古屋市水道課に勤務後、17年、愛知県に入り、翌18年、内務省技手に任用され、土木局第一技術課に引き抜かれた。

水谷の専門は河水統制で、この分野においては最高水準にあるといわれたほどだったが、1922年、愛知県に戻り道路兼土木技師となる。1935(昭和10)年、佐賀県土木課長に転じた後、36年に抜擢されて内務技師となり、ふたたび土木局第一技術課に戻る。44年に新潟県土木部長、45年から46年まで新潟港務所長。

著書に『水理学』(1924年)、『尾張治水史前編(付尾張水害史)』(1931年)、『国土計画日本河川論』(1941年)がある。

鋤柄小一　すぎがら・こいち　河川

1892.3.3～1972.7.12。愛知県に生まれる。1913(大正2)年、名古屋高等工業学校土木科卒。内務省新潟土木出張所に入り、信濃川

分水工事に従事する。1918年から1937(昭和12)年まで千曲川改修事務所に勤務し、千曲川、犀川の堤防工事の竣工から完成まで携わった。その間、長野国道改良事務所を兼務し、『千曲川治水誌』、『長野国道誌』の編集にあたった。

1937年、神戸土木出張所に転じ、渡川改修事務所主任を経て、43年、渡川工事事務所長となる。46年の退官後、浜松市臨時建設部長となり、廃墟となった同市の都市計画事業に48年まで尽くした。

塩脇六郎　　しおわき・ろくろう　　河川

1892.5.2～1973.3.23。東京都に生まれる。1912(明治45)年、明治簿記学校を卒業し、内務省東京土木出張所に工費雇として勤務しながら、1913(大正2)年、早稲田工手学校土木科を卒業。同所管内の渡良瀬川改修事務所に従事し、内務工手、内務技手を経て、1943(昭和18)年、東京土木出張所工務課長。44年、内務技師となり、46年に退官した。

その後、建設会社に転じ、47年のカスリン台風時、利根、渡良瀬両川の大洪水に際しては、決壊した堤防の早期復旧工事の現場担当者として尽くした。常に現場の第一線に身を挺し、加えて足利市の青少年育成会長など公的な務めをなし、地元住民の信頼を得た。

岡部三郎　　おかべ・さぶろう　　河川・港湾

1892.6.8～1978.4.18。福島県に生まれる。1916(大正5)年、東京帝国大学工科大学土木工学科卒。内務省に入り、20年まで信濃川の分水調整のための大河津自在堰の工事に従事する。21年に横浜港の拡張工事のため、横浜土木出張所に赴任したが、工事中に起こった関東大地震で甚大な被害を受けた同港の復旧工事にあたる。

1924年から大阪市の顧問となり、堂島川、土佐堀川、道頓堀川などの枝川の水量調節用可動堰の設計と、わが国で最初の沈埋式の安治川河底トンネルをまったく独自に設計した。1927(昭和2)年に内務省を辞し東京市土木局橋梁課長となり、吾妻橋、厩橋、両国橋など多数の橋の修理と架設に従事した。

1940年から54年までは東京大学で港湾担当の講師も務めた。65年に土木学会会長。

金森誠之　　かなもり・しげゆき　　河川・土木映画

1892.7.27～1959.8.19。和歌山県に生まれる。1915(大正4)年、東京帝国大学工科大学土木工学科卒。内務省東京土木出張所に入り、利根川第二期改修工事に従事。18年、

内務技師に任ぜられ、21年多摩川改修事務所に勤務。1924年から1929(昭和4)年までと、1年間の欧米諸国出張後の30年から31年の2度にわたり所長をつとめる。

この間、1928年には川崎河港工事を完成させた。この工事は岸壁と水門の工事で、岸壁は平時の荷揚げ、洪水時には多摩川からの避難所で、水門は洪水を防ぐ工事であった。なかでも、川崎河港水門と呼ばれる水門建設は、金森の申し出を受けて、「味の素」がその建設費用を寄付金として負担したもので、現存する構造物である。その頭頂部の彫刻は、金森と畏友の建築技術者との共同作品で、川崎名産の梨や桃そして葡萄が飾られ、構造は金森が考案した鉄筋煉瓦である。

1927(昭和2)年に「煉瓦積ノ改善、特ニ其ノ補強ニ関スル研究」(『土木学会誌』)で工学博士となる。所長時代の金森は、また「川崎運河」構想を発案したが、その構想は紆余曲折を経て「幻」となった。この時の金森の悔いは、その後、1940(昭和15)年開催予定のオリンピック東京大会の漕艇場問題で「戸田村」(現在の埼玉県戸田市)を提案することとなった。同大会は中止となったが、この漕艇場計画のみが生き残り、金森の後任である岩沢忠恭により「戸田ボートコース」として完成した。

所長退任後は、国道改良第一部長、荒川上流改修及下流維持工事事務所長、東京土木出張所工務部長を経て、1938年から41年まで仙台土木出張所長となる。所長時代に、八郎潟の干拓工事計画や仙台・塩釜地域の総合開発計画を提案した。この仙台時代は地元の人々に慕われ、ことに青年層に人望が高く、市長に請われることもあった。

1941年には、名取川改修釜房堰堤工事事務所長、下関土木出張所長となり、42年に退官した。その後、金森総合土木研究所を創設して所長となる。

金森は技術官僚としては多趣多才な人で、数多い発明や特許の中でとくに知られているのは、「金森式鉄筋煉瓦」と「まさかり杭」。また、趣味の人としても知られ、社交ダンス(1931年には『力学的に見た社交ダンス入門』を著す)と映画好きは有名である。

ことに、金森の秀抜な着想の中で、土木技術者を主人公にした映画製作は特筆される。契機となったのは、彼が情熱を傾けて設計し施工した印旛水門の竣工式の光景である。祝賀会では工事関係者の苦労に言及する人はなく、地元代議士を讃える美辞麗句の類が次々と述べられ、金森はしみじみと「酬いられぬ人」であることを寂しく実感した。金森は、土木技術者の仕事が社会に認識されない現状に不満を抱き、その解決にむかって一歩を進める方策として映画という媒体に着眼し、酬いられることが少ない技術(者)に対する再評価を、映画によって訴えかけた。自ら脚本を書き、ロケ地を求めて自分の足で歩きまわり、時として、監督を押し退けて、自分でメガホンを手にすることもあった。また、配役についても一家言を持ち、女優を育てることにも熱心で、川崎弘子や筑波雪子らは金森が名付けた芸名である。金森が雑誌に連載した記事の中で、「酬いられぬ人」、「混凝土道路」、「国道八号線」が映画化された。

著書には『応用地震学』(1926年)、『大東亜建設と八郎潟』(1940年)、また、『第二放送テキスト 工業講座 土木工学』(1931年)では講師として「河川」を講じている。雑誌『河川』に14回にわたって連載した「伝記 大地に刻む」は金森の技術者としての道程を個性豊かに綴っている。

「"土木ってどんな仕事?""一口で言えば地球芸術ですね""我々土木技術家は地球の上へあらゆる文明の利器を用いて、自分を刻みつけて行くんです""自分の精神をあるもので表現した場合、そのものを芸術品と見たい"」(金森の映画シナリオ「国道八号線(二)」より)。

西尾辰吉　にしお・ときよし　河川

1892.10.30〜1973.1.31。埼玉県に生まれる。父は西尾虎太郎。1917(大正6)年、東京

帝国大学工科大学土木工学科卒。内務省東京土木出張所に入り、渡良川改修工事に従事。次いで荒川改修に移り、岩淵水門工事に従事する。

1923年、名古屋土木出張所に転じ、木曽川、九頭川の既成河川の監督、太田川、天竜川、菊川の改修、名静国道改良工事に従事。1939（昭和14）年、東京土木出張所に転勤、41年、工務部長兼利根川部長をつとめる。

1945年の退官後は法政大、国士館大の教授、攻玉社短期大学の講師などをつとめた。

岡田文秀 おかだ・ふみひで 河川行政

1892.11.25 ～ 1989.11.21。島根県に生まれる。1917（大正6）年、東京帝国大学法科大学法律学部卒。内務省に入り、東京府に配属される。一時岐阜県に転じた後、南葛飾郡長、学務課長をつとめる。23年、内務省都市計画局庶務課長。24年、土木局に転じ、翌25年に河川課長となり、河川法令を収集して河川行政の近代化を図り、中小河川の国庫補助制度の確立を導くなど、7年間にわたって河川行政のために力を注いだ。

この間、河川法改正案を練ってきたが、成案にならなかったため、将来を展望して『水法論』（1932年）を著した。32年、千葉県知事、34年、内務省衛生局長。36年、内務省土木局長となり、とくに河水統制事業の創設に尽くす。

1937年、長崎県知事。39年から40年まで厚生次官、この間、結核予防会を創設し、人口問題研究所所長をつとめる。戦後は、52年の厚生省の認可法人で、中毒性精神病などの研究、治療に当たる復光会創立発起人となり、理事長に就任し、その後に会長をつとめた。

高橋嘉一郎 たかはし・かいちろう 河川

1892.12.16 ～ 1968.10.4。宮城県に生まれる。1916（大正5）年、東京帝国大学工科大学土木工学科卒。内務省仙台土木出張所に勤務後、24年、新潟土木出張所に転じ、とくに水害激甚で知られた富山県の神通川改修工事に専念、功を残した。

1934（昭和9）年、内務省土木局第一技術課に移り、東京市の水道拡張のため計画された小河内ダム建設の準備工事に力を注いだ。39年、同第一技術課長、その間、中国大陸の豊満ダム、永定河官庁ダム建設に関与。42年、同省国土局港湾課長、同年に大阪土木出張所長（後に近畿土木出張所長と改称）となり、淀川の改修、琵琶湖の水利用、六甲山系の荒廃した諸河川の復旧などにあたった。

1945年に退官後、鹿島建設に転身し、47年のカスリン台風による利根川の大災害では、決壊した堤防の締切り工事の総監督としてこれを完成させた。

富永正義 とみなが・まさよし 河川

1893.1.16 ～ 1976.12.9。新潟県に生まれる。

1917（大正6）年、東京帝国大学工科大学土木工学科卒。内務省に入り、東京土木出張所で約11年間にわたり利根川第三期改修工事に従事し、24年、利根川改修事務所長となる。

この間、関東大地震により大被害を受けた利根川堤防の応急復旧工事の指揮をとる。1929（昭和4）年、土木局に転じ、13年間にわたり利根川、北上川、最上川など22の直轄河川を含めて60の河川改修計画と事業の監督にあたる。

明治時代から続いた計画的な利根川改修は1930年に竣工し、維持工事を行っていたが、35年の出水、38年の洪水により対策立案が検討され、その任にあたったのが富永である。応急増補にはじまり、新放水路、渡良瀬調整池などの新しい構想をふくむ利根川増補計画がまとめられ、39年に着工された。

その後、1942年、名古屋土木出張所長に転任し、45年に内務省を退官した。

著書に私家本『利根川治水計画（前・後篇）』（1937、1944年）、『河川』（1942年）がある。

阿部一郎　あべ・いちろう　河川

1893.2.15 ～ 1983.3.10。宮城県に生まれる。1918（大正7）年、京都帝国大学工科大学土木工学科卒。内務省に入り、秋田土木出張所雄物川改修事務所で新屋放水路、土崎港防波堤工事に1937（昭和12）年まで尽くした。37年、下関土木出張所に転じ、筑後川、佐賀国道、博多港修築の各事務所主任をつとめる。

戦時下の1945年、中国四国土木出張所長に転任、陸軍航空本部広島隊本部長兼西部軍管区建設隊本部長として飛行場の建設、地下工場、燃料貯蔵の防空壕工事、軍需物資輸送関係の港湾・岸壁工事などにあたった。同45年8月6日、広島市に原子爆弾が投下された際には所員の大半が犠牲となり、焦土と化したその後始末にあたった。

坂上丈三郎　さかがみ・じょうざぶろう　河川・港湾

1893.10.8 ～ 1982.8.7。福島県に生まれる。1919（大正8）年、東京帝国大学工学部土木工学科卒。内務省に入り、秋田、新潟、大阪の各土木出張所で河川、港湾、国道などの改修工事に従事した後、土木局に転じ。1940（昭和15）年、満州国交通部水路司長に転じ、さらに同国技術官のトップである交通部技監として45年の終戦まで在任した。

その間、とくに遼河の治水計画、ハルピン－大連間の高速道路、大東港の計画と建設に尽くす。1946年、横浜市復興局長、のち職制改正により建設局長となり、港湾局長も兼務して、約10年間にわたって戦争で焦土と化した横浜市の復興にあたった。

鷲尾蟄龍　わしお・ちつりゅう　河川

1894.3.7 ～ 1978.7.25。新潟県に生まれる。1919（大正8）年、東京帝国大学工学部土木工学科卒。内務省に入り、1946（昭和21）年に

退官するまで東京、新潟、中部の三土木出張所管内で主として河川および砂防の工事に従事し、流砂の大量な急流河川の土砂対策を要とする治水計画の立案とその事業に半生を捧げた。

河川における自然と人間との関係を実証的に探究し、河川はいずれもその特性に応じた独自の処理工法によるべきものであることを説き、明治以来の直轄河川現場の伝統を生かしながら、新しい工法によって急流河川の河道整備に尽くし、内務省の直轄河川事業の生んだ典型的な技術者の一人として尊敬された。

この間、富士川、黒部川、常願寺川、手取川などの急流河川工事に従事した。1927年から34年までは富士川改修事務所長、45年、名古屋土木出張所工務部長。

その後、51年から57年まで東北大学工学部教授として土木工学科の創設、整備充実に努めた。

著書に『河の荒さと護岸水制』（1955年）がある。

山下輝夫　やました・てるお　河川

1894.10.2 ～ 1946.9.3。広島県に生まれる。1918（大正7）年、東京帝国大学工科大学土木工学科卒。内務省に入り大阪土木出張所勤務、高梁川改修工区東西用水工場主任、淀川工区伏見工場主任を経て土木局に転任。

1939（昭和14）年、東京土木出張所に転じ、利根川放水路事務所長、41年、千葉工業港事務所長、同年、江戸川河水統制水門建設事務所長兼江戸川河水統制付帯工事事務所長。42年、東京土木出張所長、同年、東京土木出張所の改称により関東土木出張所長となり、45年に内務技監。

安田正鷹　やすだ・まさたか　河川行政

1897.5.1 ～ 1981.11.14。岐阜県に生まれる。村役場の書記、岐阜県工手、養老郡書記等を経て、1920（大正9）年、岐阜県地方課に勤務。26年、内務省に転じ、土木局河川課に1939（昭和14）年まで勤務した。

その間、昭和初期における新河川法立案に関わるとともに、河川法や水行政の研究の成果を、雑誌『水利と土木』に130編余を発表した。また著書として『水に関する学説判例実例総覧』（共編、1932年）、『河川法論』（1935年）、『水利権』（1940年）、『水の経済学』（1942年）等を著し、当時の河川行政の「生き字引」の一人といわれた。

なお、安田が蔵書していた水行政関係の文献は、地元に『水法文庫』として保存されている。

その後、日本発送電会社土木建設部事務課長、岐阜県議会議員をつとめた。

後藤憲一　ごとう・けんいち　河川・港湾

1898.10.20 ～ 1973.1.5。静岡県に生まれる。1923（大正12）年、東京帝国大学工学部土木

工学科卒。内務省に入り、神戸、新潟の各土木出張所、信濃川補修事務所勤務を経て、1931（昭和6）年、長野国道改良事務所長。

1933年、満州国国務院技師に転じ、国道局治水科長としてハルピン市などの防水工事を指導、水力電気建設局土木科長として豊満ダムの立案と工事を直接指導、また鏡泊湖および渾江の水力電気建設所長をつとめた。

1941年9月、内務省国土局港湾課に復帰、43年、運輸通信省が新設され、呉兼広島港工事事務所長、第三港湾建設部長を経て、45年、港湾局長となり、50年、退官した。

この間、戦災による混乱期の港湾復興を指導するとともに、長年の懸案であった港湾法の制定に導いた。局長就任以来この一事に全力を挙げ、在任5年の歳月を尽くして1950年5月、現行の港湾法が制定され、これを機に退任した。

訳書に『締切工論』（1943年）がある。

小林源次　こばやし・げんじ　河川

1901.3.2～1996.12.10。宮城県に生まれる。1925（大正14）年、仙台高等工業学校土木工学科卒。1938（昭和13）年まで神奈川県に勤務し小田原道路改良事務所長などを務める。この間、陸軍工兵少尉となる。39年、内務省内務技師となり土木局河川課に勤務。39年、日本とアフガニスタンの技術協力協定に基づき、内務省より第三陣のアフガニスタン国政府招請による顧問技師として派遣され、ボグラ運河開削事務局長兼パダオ運河改修事務所長。42年、アフガニスタン国土木省水利局技術主席となり43年帰国。44年、陸軍技師。46年、内務省国土局道路課に勤務し同年退官する。66年、推されて、（社）日本アフガニスタン協会理事、70年理事長、83年最高顧問となり、両国の国際交流に尽くした。なお、第四陣として250名が派遣の予定であったが、太平洋戦争が激烈となり中止となる。

目黒清雄　めぐろ・きよお　河川

1901.4.28～1968.9.13。福島県に生まれる。1925（大正14）年、東京帝国大学工学部土木工学科卒。内務省復興局に入り、関東大地震後の帝都復興事業で隅田川の駒形橋建設に従事。その後、兵庫県土木部道路課に転じ、1933（昭和8）年から40年まで宮城県、神奈川県、東京府の各土木部道路課長を務める。次いで栃木県経済部土木課長を経て、45年、山口県、46年、福岡県の各土木部長となる。

1948年1月に建設院が設置され水政局長、同年7月に建設省が設置され初代河川局長となり、とくに利根川、北上川などの主要な直轄河川の改修計画の立案にあたり、さらに河川の総合開発に力を注ぎ、五十里ダムなどの多目的ダムの建設事業を推進した。

また、只見川などの電源開発の計画、決定にあたっては、アメリカのミシシッピー河、コロラド河などの河川改修ならびに河川総合

開発の調査研究の方法をわが国に取り入れることに努めた。1952年に退任後、電源開発土木調査部長として、熊野川、吉野川などの大規模電源開発の調査に力を注いだ。

著書に『貧配合コンクリート舗装』（共著、1943年）がある。

橋本規明　はしもと・のりあき　河川

1902.1.30 ～ 1969.2.19。鳥取県に生まれる。1927（昭和2）年、京都帝国大学工学部土木工学科卒。内務省に入り、天竜川、木曽川改修工事、参宮国道改良工事などに従事。戦後は46年、富山工事事務所長として常願寺川、黒部川、庄川など北陸地方の急流河川の治水対策にあたる。

とくに急流河川工法としては画期的な耐久性に優れたコンクリートブロックによる急流荒廃河川の護岸水利工法を研究、開発し、この新しい工法は、その後、急流河川工事のみならず広く全国の河川改修工事に採用され、工事の促進と治水対策に大きく寄与することになった。

1953年から65年まで名古屋工業大学教授。31年に河川施工に関する工学上の理論的展開と実施応用への貢献により、中日文化賞受賞。

著書に『新河川工法』（1956年）がある。

安藝皎一　あき・こういち　河川

1902.4.9 ～ 1985.4.27。新潟県に生まれる。父は安藝杏一。1926（大正15）年、東京帝国大学工学部土木工学科卒。内務省東京土木出張所に入り、鬼怒川、富士川改修工事に13年間従事した後、1937（昭和12）年から土木試験所兼務となる。この間における鬼怒川、富士川改修計画事業に携わってきた経験と、土木試験所での実験、理論を加え、水と土で形成される川を有機体としてとらえ、生成の過程によって個性的な姿が形成されることを明らかにし、あるがままの姿として川を観る新鮮な河川哲学を〈戦前土木名著100書〉の『河相論』（1944年）として体系化した。

1946年、内務省土木試験所長、48年、経済安定本部資源委員会（後の資源調査会）の生みの親として初代事務局長、51年、同副会長、60年から63年まで日本人初の局長としてエカフェ（ECAFE＝国際連合アジア極東経済委員会）の初代治水利水開発局長に就任。資源委員会では、16年余にわたって戦後の産業・経済の復興を図り、科学技術の手法を採り入れた資源の総合的利用方法の具体化に尽力した。

エカフェでは、東南アジアから中近東地域の治水および水資源問題の解決につとめ、域内の発展途上国における河川流域の開発計画とその実施に関わり、とくにメコン河開発ではその事業の礎石を築いた。晩年には水資源開発審議会会長をつとめた。

教育では、東京大学、関東学院大学、日本大学、拓殖大学の各教授を歴任し、河川工学はもとより、水文学、水資源論、アジア開発論などを担当し、広い視野から現場と理論をむすびつける独特な教育を行って、幅広い人材を育成した。

著書に、資源論を初めて体系化し、毎日出版文化賞を受賞した『日本の資源問題』（1952年）、『河は造られてゆく』（1954年）、『川の昭和史』（1985年）など多数。

橘内徳自　きつない・とくじ　河川

1903.10.27～1984.3.30。宮城県に生まれる。1929(昭和4)年、北海道帝国大学工学部土木工学科卒。内務省名古屋土木出張所などに勤務後、1936年、満州国官吏として派遣され、交通部科長などを務めた。

1942年、内務技師に復帰し、仙台土木出張所に勤務。その後、内務省東北土木出張所、建設院、建設省東北地方建設局、中部地方建設局の各工務部長を務めた。49年、山形県土木部長、52年、尼崎市建設局長兼水道局長。

その後、海外建設技術協力会ビルマ駐在員などを務め、69年から82年まで東北学院大学工学部土木工学科教授。

『「北斗の星」橘内徳自さんの遺徳を偲んで』(1985年)がある。

小川譲二　おがわ・じょうじ　河川・建設行政

1904.4.10～1974.1.21。北海道に生まれる。1928(昭和3)年、北海道帝国大学工学部土木工学科卒。北海道庁に入り、札幌治水事務所、札幌土木事務所、土木部河川課を経て、38年、釧路土木事務所長、39年、帯広土木現業所長、41年、石狩川治水事務所長。46年に土木部河川課長、49年、土木部次長。

1951年、北海道開発局発足と同時に建設部長、57年に北海道開発局長となって59年に退任するまで、30余年にわたり北海道開発事業に尽くした。65年には、北海道開発審議会特別委員に任命され、第二期、第三期の北海道総合開発計画の策定と推進にあたった。

また、人材養成のために北海短期大学土木科を創設し、それを北海学園大学工学部へと発展させ、自らも教授として開発技術論の講義を担当し、1970年には北海学園理事長に就任した。この間、63年にシンクタンクである北海道開発協会を設立し、会長をつとめた。

米田正文　よねだ・まさふみ　河川

1904.8.14～1984.6.20。福岡県に生まれる。1928(昭和3)年、九州帝国大学工学部土木工学科卒。内務省に入った後、33年から44年まで満州国国道局新京国道建設事務所長、安東省土木庁長、奉天省交通庁長をつとめる。

戦後内務省に復帰、1948年、建設院設置とともに初代治水課長、50年、建設省近畿地方建設局長、52年、建設省河川局長、56年、建設技監、58年、建設事務次官となり同年に退官した。

1958年に土木学会会長。59年から74年まで参議院議員をつとめ、大蔵政務次官などを歴任した。

著書に『土と杭の工学』(共著、1931年)、『洪水特性論』(1953年)、『道路の話』(1958年)、『我家の五十年』(1980年)など。

佐分利三雄　さぶり・みつお　河川・土木行政

1904.11.7～1969.10.23。熊本県に生まれる。1928(昭和3)年、東京帝国大学工学部土木工学科卒。内務省に入り、利根川第二期、富士川の各改修事務所などに勤務する。その後、秋田県、宮崎県、広島県の土木部道路課長、大阪府土木部河港課長。戦後は香川、三重、熊本各県の土木部長をつとめた。

とくに1948年から56年の熊本県土木部長在任中は戦災復興事業の推進につとめ、都市計画造りにあたった。その後、日本道路公団福岡支社工事部長、59年から68年まで熊本県土地収用委員会委員として松原下筌ダムに関する土地収用裁決にあたった。

武田良一　たけだ・りょういち　⇒ 橋梁分野参照

伊藤 剛　いとう・たけし　河川

1907.3.14～1987.11.16。神奈川県に生まれる。1929(昭和4)年、東京帝国大学工学部土木工学科卒。内務省に入り、39年、神奈川県相模川建設事務所に転じ、わが国で初めて行われることになった河水統制事業である相模ダム建設に情熱を注ぐ。

1945年、内務省国土局砂防課長、47年、経済安定本部建設局計画課長、50年、建設省河川局治水課長、52年、建設省九州地方建設局長、56年、建設省土木研究所長。58年、(財)電力中央研究所に顧問として入る。68年に新潟大学教授、72年、近畿大学教授。

著書に『水理学』(1940年)など。

境 隆雄　さかい・たかお　河川

1907.9.18～1973.6.21。富山県に生まれる。1930(昭和5)年、北海道帝国大学工学部土木工学科卒。内務省に入り、狩野川、安倍川の各改修事務所勤務を経て、41年、富士川改修事務所長、45年、久慈川改修事務所長。戦後、建設省関東地方建設局常陸工事部長、中国地方建設局工務部長などをつとめた。

1951年、室蘭工業大学教授となり、水工学講座、河海工学講座などを担当し、73年に退官した。

随筆に『水元の石みち』(1971年)がある。

山本三郎　やまもと・さぶろう　河川行政

1909.11.17～1997.10.15。山梨県に生まれる。1933(昭和8)年、東京帝国大学工学部土木工学科卒。内務省にて本省および関東地方建設局内の各所長を経て、建設省河川局長、建設技監、事務次官を歴任、1963年退官。水資源開発公団総裁を1982年に退任。

公職以外には、河川審議会会長、水資源開発審議会会長、日本河川協会会長(1976年から1996年)など、わが国の治水・利水の権威として大きく貢献した。文化功労者。

博士論文である「河川法全面改正に至る近代河川事業に関する歴史的研究」(1998年)は、河川事業を理解するための必須の文献となっている。その他著書には、『河川工学』(編著、1958年、朝倉書店)、『上善如水―山本三郎今昔咄』(1992年、新公論社)などがある。

川村満雄　かわむら・みつお　河川

1911.9.23～1968.4.26。宮城県に生まれる。1935(昭和10)年、東京帝国大学工学部土木工学科卒。兵庫県に勤務後、37年に内務省に転じ、東京新京浜国道、利根川放水路、多摩川上流改修、多摩川改修維持などの各事務所に勤務する。

戦後は1947年のカスリン台風により決壊した利根川堤防工事に利根川下流工事事務所長としてその復旧にあたる。経済安定本部建設局公共事業課、建設省河川局治水課長などを経て、60年から62年まで建設省関東地方建設局長をつとめた。

著書に『河川施工法(Ⅰ・Ⅱ)』(共著、1963～64年)など。

小林 泰　こばやし・やすし　河川

1912.11.16～1970.3.3。三重県に生まれる。1936(昭和11)年、東京帝国大学工学部土木工学科卒。京都府に入り、42年、桂川河水統制工事事務所長、46年、茨城県河港課長。49年、建設省に転じ、56年、河川局開発課長、60年、大臣官房技術参事官となり、62年に退官した。

その間、特定多目的ダム法の制定、水資源開発促進法、水資源開発公団法の制定に尽くした。1962年、水資源開発公団設立とともに理事となり、8年間にわたって矢木沢ダム建設など大規模な水資源開発事業の促進にあたった。また、資源調査会水資源部会長、国外においては、エカフェ(ECAFE＝国際連合アジア極東経済委員会)水資源開発地域技術会議の日本代表などをつとめた。

上田 稔　うえだ・みのる　河川行政

1914.5.8～2011.9.17。京都府に生まれる。1938(昭和13)年、京都帝国大学工学部土木工学科卒。1939(昭和14)年、兵役で北支方面に転戦、44年復員。大阪府土木部、道路河川関係の業務に従事。

1953年建設省河川局治水課長補佐、関東地方建設局利根川上流事務所などを経て、60年近畿地方建設局河川部長、62年水資源開発公団関西支社長。1963年からの九州地方建設局長、近畿地方建設局長時代には、琵琶湖の湖面低下、淀川に関する滋賀県と大阪府の水利権争い解決に尽力。64年には河野一郎建設大臣のもと、建設省河川局長として、

東京オリンピック直前の水道用水確保、隅田川浄化、多摩川河川敷の使用、そして河川法改正に取り組む。

　68年退官後、69年に参議院議員に当選、86年まで17年3カ月議員を勤める。83年には環境庁長官に就任、大気汚染対策を前進させ、86年以降は日本技術士会などの顧問として活躍。

港湾

千田貞暁　せんだ・さだあき　港湾

1836.7.29 〜 1908.4.23。鹿児島県に生まれる。宇品港（のちの広島港）築港の功をもって罰せられ、賞せられた人。維新当時に国事に奔走した後、1872（明治5）年から東京府に出仕、参事、大書記官等の要職に就く。80年、広島県令、86年、官制改正により初代の広島県知事となり、89年まで在任した。

当時、広島市内を流れる太田川は、上流より流出する土砂のため河口が埋没し、市中に出入りする船の不便が少なくなかった。

着任早々にこの不便に直面した千田は、築港が急務であることを決意する。築港工事は主として服部長七が請け負い、材料の供給は県の直営として、1884年着工した。

この間、物価の高騰による財源の増加や銀行からの借入れ交渉等の齟齬が生じ、ついには国庫補助を稟請することになり許可は得たが、千田はこのため「築港計画粗漏」の懲戒に処せられ、1889年の竣工とともに新潟県知事に降格となる。その後、和歌山、愛知、京都、宮崎の各知事を歴任し、1898年、地方事務官僚を辞した。

一方、完成した宇品港は代表的な近代港湾として機能したために、1894年の日清戦争、1904年の日露戦争では、大陸への兵站輸送の貴重な軍港となる。

千田は、初志を貫徹し築いた宇品港がこの両戦争に重要な役割を果たしたことで、1898年に男爵となる。

『千田知事と宇品港』（1940年）がある。

稲葉三右衛門　いなば・さんうえもん　港湾

1837.9.21 〜 1914.6.22。岐阜県に生まれる。四日市の富豪である回船問屋・稲葉家の養子で、19歳で6代目三右衛門を継ぐ。

1862（文久2）年、江戸城本丸を普請し、1866（慶応2）年には徳川将軍進発の費用を献金して苗字を許され、1868（明治元）年、太政官会計局御用掛となる。

四日市湊は、江戸と浪速を結ぶ海陸交通の要地として繁栄し、1870（明治3）年には四日市－東京間に汽船航路も開通するなど旅客と物資の往来が盛んだったが、安政年間の大地震により港に接続する防波堤が決壊したことで流砂によって港口が浅くなり、干潮時には小船の出入りにも困難をきたし、海運業者にとっては営業上の障害を抱えていた。改修の急務を論じても計画、実行を志す者はなく、船舶は次第に他港へ寄泊するようになり、四日市の商業は衰微の徴候が現われ始めていた。

こうした状況下、稲葉は四日市の発展はまず港湾の修築にあるとし、同志であり同業者でもあった田中武右衛門とともに、1872年「波止場建築並燈明台再興之御願」としてその方法と指揮を、翌73年には改めて「当港波止場並燈明台建築港口瀬違堀割御願」として、自費施工を三重県参事に提出した。

岩村県参事から井上大蔵大輔へ「四日市波止場建築伺」が進達され、1873年7月、工事許可の指令が下り、稲葉は自らの私有地から埋立工事に着手し、順次官有地内へと工事を進捗させた。同志の田中が資金難から手を引き、現場が台風で被災するなどの困難に直面

しながら独力で事業を継続したが、波止場、燈明台の建設を残して資金が尽き、同73年12月に工事を中断せざるをえなかった。75年、波止場の修築工事は三重県が継承して再開されたが、自力での工事再開を請願する稲葉との対立と裁判、伊勢農民暴動の影響などもあって、翌76年、県の工事も中止となる。

自ら企てた事業の完成をみないことを嘆いた稲葉は、内務省に懇請し許可を得て、三菱会社、親戚などから資金の融通を受け、1881年、万難を排して工事を再開し、84年にその大事業を完成させた。

12年の歳月と当時の20万円という莫大な資金を注ぎ込み、私財をことごとく使い果たしたが、14,000坪を埋立て、1,200尺の埠頭を建設し、今日の四日市港の発展の基礎を築いた先覚者として名を残した。

西村捨三　　にしむら・すてぞう　　港湾

1843.7.29～1908.1.14。滋賀県に生まれる。1877(明治10)年、内務卿大久保利通の推挙により内務省に出仕、82年、内務大書記官、83年、沖縄県令(知事)、86年、内務省土木局長、89年、大阪府知事、91年、農商務省次官に就任し、93年、退官した。

この間、内務省土木局長時代に大阪築港の必要を力説して尽力し、大阪府知事になってからは、大阪市民の多年の願望であった大阪築港建設運動の先頭に立って活躍した。

1897年、築港工事が決定されると、市の要請に応じて北海道炭礦鉄道会社社長を辞し、初代の大阪市築港事務所長に就任した。一切の権限を委任され、当時未曾有の築港工事に着手したが、苦労の連続で、石材運搬船沈没事件、防波堤竣工遅延に対する非難、セメント事件などの事態も発生し、工事は困難を極めた。在職5年余、1903年に病に倒れ、築港完成を待たずして辞職したが、工事は当初計画の八分通りを完成していた。

著書に『治水汎論』(1889年)がある。

藤井能三　　ふじい・のうそう　　港湾

1846.9.22～1913.4.20。富山県に生まれる。伏木村(現高岡市)の船問屋の筆頭、能登屋三右衛門の長男に生まれる。父は家業を取り仕切るかたわら、地元の要職にあって、加賀藩の財政を支えることに力を尽くし、また海岸の波除工事を実施するなど、公益事業に対しても貢献することが多く、地元の名望を担っていた。

1864(元治元)年、能三は三右衛門を襲名、翌65(慶応元)年、家業を継ぎ、同年に加賀藩の波除御普請方主附および仕法銀裁許に任ぜられる。67年、軍艦御用達、68年、御調達御扶持人となり、69(明治2)年、苗字帯刀を許され、三右衛門を藤井能三と改称した。

1869年、藩の旧制改革のため神戸に出張、帰藩後、藩立の商法(物品取引)、為替(金融)、廻漕(船舶運送)三社の頭取に任命される。

1875年、当時のわが国最大の回漕会社である東京三菱会社の洋式商船の伏木港誘致に成功、同社の代理店となる。また78年、太政官に「越中伏木港修繕の願」を提出した。以後、約40年間、経済界の人間として海運による殖産興業によって地域と国家の発展をはかる考え方から、伏木の開港と築港を必要とする地域環境の形成と整備を実行する。

新道開削、車道築造、1893年、中越鉄道

会社を設立し、伏木－高岡間の鉄道敷設、灯台と測候所の設置、米穀取引所、銀行、商社の設立、越中風帆船会社、北陸通船会社を設立し、物資の輸送と航路の開設など諸策を併行した。築港工事は1913（大正2）年10月に竣工したが、能三はその直前に死去した。その生涯は航海、貿易、港湾、交通、運輸、道路、鉄道、金融、産業、教育、県郡・町の自治にまでおよんだ。

藤倉見達　ふじくら・けんたつ　灯台・鋼索

1851.2.2～1934.5.18。東京都に生まれる。わが国の近代的灯台の建設指導者ブラントン（R.H.Brunton）が来日した1868（明治元）年、横浜に到着したその日に通訳として採用された。以後、ブラントンと日本政府との間でもたれたすべての会談で通訳を勤め、ブラントンが育てた日本人一番弟子となる。

1872年、工部省灯台寮八等出仕の時に、ブラントンの推挙により灯台技術研究のため、官費生としてイギリス留学を命じられ、エジンバラ大学で建築学を修め、また当時の灯台建設者であったスティヴンソン兄弟（David and Thomas Stevenson）の下で修業を積む。

帰国後、工部省技師に任ぜられ、1882年、少技長、85年、権大技長、続いて灯台局長に就任した。この間、佐多岬灯台の建設に際し、同灯台より海を隔てて約180mの間に鋼索を張り渡した。

1897年、東京製鋼会社がわが国ではじめて鋼索の製造を開始するや、渋沢栄一に懇請されて同社に入り、深川鋼索工場の初代工場長として鋼索製造に従事し、のち技術部長、取締役をつとめた。わが国の鋼索製造の創始者であり、その半生を製造技術の開発に尽くした。

石橋絢彦　いしばし・あやひこ　港湾・灯台

1852.12.27～1932.11.25。東京都に生まれる。1879（明治12）年工部大学校土木科卒。80年から3年間、欧米へ留学し、イギリスの灯台局で工事に従事し、オランダ、フランス、アメリカの灯台工事などを視察して83年に帰国する。

同1883年、工部省灯台局へ勤務し、北海道灯台の増設に従事する。89年には神奈川県に転任し、横浜港北水堤工事の監督をしていたが、91年灯台局へ復職し航路標識管理所長兼技師長となる。

1894年、日清戦争が勃発すると、海軍省へ軍事灯台建設を進言し、大本営付となって対馬、五島の灯台建設に従事する。次いで、台湾総督府の委嘱を受け基隆築港調査、同時に台湾灯台建設部技師となり灯台建設の調査を行った。

1904年、日露戦争の際には、陸軍省の委嘱を受け、韓国で浮標設置、灯台建設に従事した。08年には神奈川県の委嘱を受け、横浜市の吉田橋の改築工事にあたった。

1910年から22年までは工手学校長（現・工学院大学）を勤めた。

石橋は灯台学の権威として名を残すとともに、数多くの出版、著述を行った。『土木学講義録』（1887年）、『鉄橋図譜』（1897年）、『セメント類使ヒ方』（1919年）などがある。なかでも『築港要論』（1898年）は欧米の港湾建設の実状を実地経験を踏まえながら詳述

した、わが国最初の近代港湾工学書として知られている。

石橋はまた、江戸時代の歴史に造詣が深く、専門分野以外の執筆活動を行い、雑誌『工学会誌』や、自ら監修していた『工学』、『土木建築雑誌』に数多くの論説や歴史物を書いている。近年、「土木改名論」が話題となったが、石橋は、すでに大正初期に「改名すべし」との論述を、独自の見解から述べている。

「石橋絢彦関係資料文書」が沼津市明治史料館に保存されている。

沖野忠雄　おきの・ただお　⇒ 河川分野参照

石黒五十二　いしぐろ・いそじ　⇒ 河川分野参照

逵邑容吉　つじむら・ようきち　港湾

1858.1.22 〜 1930.3.10。東京都に生まれる。1880(明治13)年、工部大学校土木科卒。工部大学校教授補になったが、宮城県に就職し、女川港の設計に携わった。伊達政宗を偲んで明治になって名付けられた「貞山堀」改修工事に従事し、1883年、貞山堀出張所長となって貞山運河の計画、設計、浚渫工事にあたり、同運河中の蒲生閘門は自ら設計した。

1886年、海軍技師に転じ、佐世保、呉、横須賀の各鎮守府で軍港の工事に従事。その後、官を辞して工事設計、監督の業務をはじめ、湊川改修、函館船渠各社の委嘱業務に携わった。逵邑は自ら、「工区」という名称を最初に付与したのは自分である、と記している。

著書に『防砂工及粗朶工:包架工』(1889年)がある。

岡 胤信　おか・たねのぶ　⇒ 河川分野参照

植木平之允　うえき・へいのじょう　港湾・水道

1861.1.22 〜 1932.3.16。山口県に生まれる。1882(明治15)年、工部大学校土木科卒。山口県に勤務後、86年、鉄道局技手として宇都宮－日光間の建設工事に従事する。87年に退官し、同時に日本土木会社技師となり、92年に退職する。

1892年、大阪府技師となったが、93年、南和鉄道会社技師長に就任。94年、大阪市水道敷設副工事長、95年、大阪市下水道改良工事長となり、大阪市の水道敷設、下水道改良工事に尽力した。

1897年、大阪市築港事務所技師となり、1903年まで築港突堤工事に従事した。1909年、三井合名会社に入り、大牟田築港工事を担当し、1913(大正2)年、同社九州炭鉱事務所長。

黒田豊太郎　くろだ・とよたろう　港湾

1861.1.25 〜 1918.2.20。岐阜県に生まれる。1886(明治19)年、帝国大学工科大学土木工学科卒。鉄道局に勤務後、内務省土木局に転じて利根運河工事に関わる。90年、内務省第六区(久留米)土木監督署に転じ、筑後川改修工事を担当。92年、第三区(新潟)土木監督署に転任、次いで新潟県技師となり、内務部第二課長をつとめる。

1896年、愛知県に転じ、築港工事担当技師、第6課(港湾担当)初代課長、築港課長として熱田築港(1907年10月熱田港を名古屋港と改称)事業に従事し、1907年から11年まで名古屋築港工事長(築港課長兼務)をつとめた。

黒田の設計は、人造石を突堤や埋立護岸に

吉本亀三郎　よしもと・かめさぶろう　港湾

1861.7.5～不詳。香川県に生まれる。1884（明治17）年、工部大学校土木科卒。

陸軍省に入り、砲台建築工事に従事。1889年、兵庫県技師に転じ、92年に起きた県下の大水害では被災地の復旧に尽くした。95年、内務省第二区（仙台）土木監督署技師となったが、神戸港築港の計画とともに97年、ふたたび兵庫県技師（神戸市の嘱託）となり、沖野忠雄の下で築港の調査や計画策定に参画して大いに腕をふるった。99年、技師を辞して神戸税関の嘱託を受けた。また、同時に湊川改修会社の工事の嘱託を受けて、湊川の洪水防止のための水路トンネルの貫通にも尽くした。この間、97年に神戸市に築港調査事務所を開設して、港湾改良の企画にあたった。

1906年、大蔵省臨時建築部技師となり、神戸港の第一期築港工事の工事主任として、税関、桟橋会社、兵庫運河会社など、築港、埋立の事業に従事し、1913（大正2）年退官。

山崎鉉次郎　やまざき・げんじろう　港湾

1862.8.3～1917.7.8。大阪府に生まれる。1884（明治17）年、東京大学理学部（土木）工学科卒。神奈川県に勤務後、87年、海軍技師となり、呉、横須賀両鎮守府の船渠築造業務を兼務し、90年に呉鎮守府建築部長となった。

大蔵省臨時横浜築港局が開設されると、1892年、技師として横浜築港工事に従事する。その竣工とともに辞職し、浦賀船渠会社に入り、その船渠築造の設計、監督に従事。96年、川崎造船所の船渠築造に際し招請されて同社に入り、その築造工事を担当し、工事は1902年に完成した。

同造船所に勤務すること20余年、建築部長に就任し、海陸土木工事の全般、工場の建築など同社の設計業務のほとんどに携わった。

山崎は海軍技師として鎮守府の船渠築造に従事して以来、セメントと海水、基礎の工法とセメントに関する研究を続け、海中工事で火山灰を応用して、船渠排水喞筒に電気を採用した嚆矢でもある。

著書に『土木工学－道路編』（編訳、1887年）、『水力学講義録－水理公式』（1898年）がある。

廣井 勇　ひろい・いさみ
港湾・コンクリート・鉄道・橋梁

1862.9.12～1928.10.1。高知県に生まれる。1877（明治10）年、16歳で札幌農学校に第二

期生として入学。同期生に内村鑑三、新渡戸稲造、宮部金吾などがいた。78年、同級生とともに米国宣教師ハリス（M.C. Harris）よりキリスト教の洗礼を受ける。

1881年、札幌農学校農学科を卒業。開拓使御用掛に任ぜられ、民事局勧業課を経て煤田開採事務係となり、鉄路科で北海道最初の鉄道である幌内鉄道建設工事に従事する。これが廣井の工学者としての門出となる。82年2月、開拓使が廃止され、同年11月に工部省鉄道局に転じ、東京-高崎間の鉄道建設工事に従事し、83年10月に辞した。

1883年12月、松本荘一郎の賛助と斡旋によりアメリカへ自費留学した。合衆国政府のミシシッピー河改良工事係雇、シー・シェラー・スミス工事事務所で橋梁の設計、さらにノーフォーク・エンド・ウエスタン鉄道会社での鉄道工事、また当時の著名な橋梁会社エッジモアでは鉄橋設計と製作に従事する。1887年4月、在米中のまま、北海道庁より札幌農学校助教授に任ぜられ、同時にドイツ留学を命じられる。ドイツではカールスルーエ工科大学およびシュタットガルト工科大学で土木工学や水利工学などの諸学科を研究し、土木工師の学位を授与される。卒業後、ドイツ、フランス、イギリスの土木工事を視察して、89年7月に帰国した。

1889年9月、札幌農学校教授となる。90年10月に北海道庁技師を兼任し、同年11月に第二部土木課長。93年4月、北海道庁技師が専任、札幌農学校教授は兼任となる。この時期から廣井は北海道拓植計画の一大事業である港湾改良と築港工事を指導することとなる。96年に起工した函館港改良工事を監督し、97年4月に小樽築港事務所長となり、同年8月に兼任の札幌農学校教授を辞した。

廣井の畢生の事業である小樽築港第一期工事（1897〜1908年）では、初代所長として最も緊急を要しかつ困難であった北防波堤建設を指揮した。海中コンクリート工事の創成期にあって、コンクリートの製造方法の研究を重ね、100年間にわたってコンクリートの耐久性を検証する計画を立て、コンクリートの強度試験を将来にわたって行うための供試体（テストピース）を製作し、その「百年試験」は現在も継続されている。また、波浪の最大の力を求めるために、波力の現地観測を行い、波力算定法である「広井公式」を考案した。

1899年4月、古市公威の推挙で東京帝国大学工科大学教授に任命され、1919（大正8）年6月、東京帝国大学工学部教授会が教授の定年制を設けたことを機会に辞任するまでの20年間、橋梁工学を担当した。学生を道しるべとなって補佐し、授業方法を改善し、博学をもって研究を盛んにした。20年に東京帝国大学名誉教授となる。

1921年5月、上海港拡張計画原案の可否を決めるため、7か国からなる支那上海港改良技術会議に日本代表委員として出席した。廣井は各国代表の意見に対して、独自の研究による改良工事計画を主張して一歩も譲らなかった。この会議での廣井の工学者としての信念と責任感は、1940（昭和15）年に文部省『師範修身書 巻三』で紹介された。廣井は教科書に載ったはじめての土木工学者である。

1919年に第六代土木学会会長に就いたが、廣井は土木学会創立の主唱者であり、学者で会長になった最初の人である。

また、震災予防調査会、港湾調査会、帝都復興院評議会などの委員をつとめ、1923年から1927（昭和2）年まで土木学会震害調査委員会委員長とアメリカ土木学会関東大震火災調査委員会委員長もつとめた。

1929（昭和4）年、東京で万国工業会議が開催され、前年に死去した廣井の発表論文「Prevention of Damages to Engineering Structures caused by Great Earthquakes」は、女婿の久保田敬一により代読された。

学友であった内村鑑三は、10月4日に執り行われた葬儀で、「旧友廣井勇君を葬るの辞」を献じ、「廣井君に在りて明治大正の日本は清き正しきエンジニヤーを持ちました」と称えた。廣井の生涯は、善き事業による福

音を信じた工学者の道程であった。
　著書に、橋梁工学上の実地設計の指針となった『Plate Girder Construction』(1888年)、橋梁設計に画期的進歩を与え、独創的著作と評価された『The Statically – Indeterminate Stresses in Frames Commonly Used for Bridges』(1905年)。どちらもアメリカで出版された。また、築港工事の監督者の手引書で、内外の工事実例を数多く紹介した『築港(巻之一～五)』(1898～1902年、本書は1907年に『築港 前・後篇』として再刊された)。『日本築港史』(1927年、わが国の築港工事を後世に伝えるための貴重な文献で、往代ノ築港－6港、近代ノ築港－48港を対象)。伝記に『工学博士廣井勇傳』(1930年)。いずれも〈戦前土木名著100書〉に選ばれている。

原田貞介　はらだ・ていすけ　⇒ 河川分野参照

南部常次郎　なんぶ・つねじろう　港湾

　1865.6.10～1933.2.6。福井県に生まれる。1887(明治20)年、帝国大学工科大学土木工学科卒。卒業後、米国コーネル大学で土木工学を専修して88年に卒業、欧米各国の土木工事を視察して翌89年に帰国した。
　宮城県技師となり、松島港浚渫設計主任となった後、兵庫、鳥取両県、内務省第七区土木監督署、長崎市営長崎港湾改良の各技師、東京電力会社臨時土木工事部長、東京市土木課築港係長をつとめた。1911年、内務省東京土木出張所勤務となり、笛吹川上流の日川砂防堰堤工事などを担当。1918(大正7)年、青森県技師に転じ、青森築港事務所長、25年、千葉県銚子漁港修築事務所長をつとめた。
　著書に『衛生工事新論』(1891年)がある。

西尾虎太郎　にしお・とらたろう　港湾

　1866.7.27～1923.6.28。広島県に生まれる。1889(明治22)年、帝国大学工科大学土木工学科卒。内務省技師試補となり、第四区(大阪)土木監督署桑名派出所に勤務し、木曽川改修工事に従事する。
　1891年、同区土木監督署技師となったが、翌92年、東京市技師に転じ、水道工事の調査、設計にあたる。この間、東京水力電気会社の創立事務に従事する。98年、大阪築港工事が着手されると、大阪築港事務所技師になり、1903年まで犬島採石工場主任をつとめる。
　1908年、海軍技師となり、呉海軍建築課をへて、11年、横須賀海軍建築課に転じ、主として同軍港防波堤工事を担当、1921(大正10)年、横須賀海軍建築部長となる。

市瀬恭次郎　いちのせ・きょうじろう
　　　　　　　⇒ 河川分野参照

丹羽鋤彦　にわ・すきひこ　港湾

1868.6.19～1955.1.18。愛知県に生まれる。1889(明治22)年、帝国大学工科大学土木工学科卒。内務省第二区(仙台)土木監督署に入り、その後、第四区(大阪)、同(94年、第四区は名古屋に移る)、第五区(大阪)の各土木監督署に勤務し、最上川、淀川の改修、木曽川の三川分流工事に従事した。

1899年、横浜港の築造工事が始まり、横浜税関の埋立工事のために大蔵省に設置された臨時税関工事部技師に転じ、土木課長に就任。1906年、大蔵省臨時建築部横浜支部長、同部第二課長を兼務し、1913(大正2)年、大蔵省大臣官房臨時建築課長となり、19年に退官した。

横浜港新港埠頭の岸壁工事では、わが国初のニューマチック・ケーソン工法を採用して、建設の責任者として尽力した。また、1905年、神戸港の築港計画を定め、設計、施工を監督し、大型鉄筋コンクリートブロックを使用した繫船壁を築造し、築港工事に転機をもたらした。

退官後は1921年、後藤新平市長の招きに応じて東京市道路局長兼河港課長となり、アスファルト舗装の研究を行いこれを完成させ、また東京築港を指導し、関東大地震では復興事業に力を注ぎ、24年に退職した。

この間、1921年には攻玉社高等工学校の初代校長に就任し、45年まで子弟の教育にあたった。53年、第1回交通文化賞受賞。

著書に『帝都復興に関する水運問題に就て』(1924年)がある。

十川嘉太郎　そがわ・かたろう　港湾

1868.7.15～1938.1.5。山口県に生まれる。

1892(明治25)年、札幌農学校工学(土木)科卒。93年、北海道庁土木課に勤務し、94年、函館区役所に転じ、函館区水道敷設工事に竣工の96年まで従事した後、大社両山鉄道会社創立事務所技師となる。

1897年、台湾総督府技師となり、その後19年間にわたり、基隆港の建設をはじめとして、同島の水道、水力、河川、干拓などの工事に従事し、台湾で初めてのコンクリート電柱の築造なども行った。

1916(大正5)年、49歳で退官して郷里の下関市長府町に居住。晴耕雨読の生活をなし、教師ならざる教育者、伝道者ならざる伝道者として長府豊浦教会の柱石として奉仕した。札幌農学校の恩師・廣井勇の直弟子として、博士の命日には長府から単身上京し、東京の多摩墓地に御参りするのが常であった。また世界的な粘菌学者である南方熊楠とは旧知の仲であった。信仰者として、「事業ノ前ニ生涯ガ備ヘラレ、生涯ノ前ニ品性ガ備ヘラレナケレバナラヌ」が信条であった。

訳書に『実用水理』(1899年)がある。

高橋辰次郎　たかはし・たつじろう　港湾

1868.8.1～1937.12.19。岐阜県に生まれる。1891(明治24)年、帝国大学工科大学土木工学科卒。91年から99年まで内務省第一区(東京)土木監督署に勤務(94年から内務技師)。99年、台湾総督府土木技師。1905年から1908年まで欧米へ土木工学調査のため出張。07年、台湾総督府土木局土木課長兼臨時水道課長。12年から1915(大正4)年まで土木局長心得。この間、基隆築港では地域開発を視野に入れたインフラ整備事業にあた

り、この経験が大湊築港に活かされることになる。18年、アメリカ・カナダ・パナマへ土木工学調査のため出張。19年、退官後は台湾電力最高顧問、東京湾土地専務取締役などをつとめる。18年、青森県むつ市に国策会社大湊興業が設立され、初代社長の野村龍太郎（満鉄第三・第六代総裁、本書の採録者）が1927（昭和2）年退任し、その後任として27年5月から第二代社長となったが、在任中に急逝した。この大湊築港は日本海軍を支えた土木部門を担当する事業で、北日本の海上防衛と殖産興業を目的とするもので、都市インフラ整備では基隆築港の都市計画手法が生かされていた。なお、高橋の義兄は石黒五十二、高橋の妹の夫の実兄は南部常次郎で、この三人（本書の採録者）は榎本武揚（海軍卿など歴任）とは親戚で、榎本の墓所は吉祥寺（東京都文京区）にある。

関屋忠正　せきや・ただまさ　⇒ 河川分野参照

小林泰蔵　こばやし・たいぞう　港湾・水道

1871.12.1 〜 1913.10.17。兵庫県に生まれる。1896（明治29）年、帝国大学工科大学土木工学科卒。海軍技師となったが、98年大阪市技師に転じ、沖野忠雄工事長の下に大阪築港の浚渫工事の主任となる。

1910年、大阪市水道拡張課長兼水道課長となったが、在職のまま43歳で死去した。大阪の築港、大阪市の水道工事に功績を遺した。

島 重治　しま・しげはる　⇒ 都市計画分野参照

安藝杏一　あき・きょういち　港湾

1873.2.4 〜 1961.8.22。徳島県に生まれる。1896（明治29）年、帝国大学工科大学土木工学科卒。内務省第三区（新潟）土木監督署に勤務し、信濃川の改修工事に従事した。また新潟港築港の可能性について調査研究し、新潟港発展の基礎を築いた。

1907年、港湾工事視察のため欧米各国へ出張。1913（大正2）年、内務省土木局調査課に戻り、港湾の調査・修築計画に従事するとともに、各府県の港湾工事を監督した。21年、初代の横浜土木出張所長となり、横浜港と清水港の修築工事を担当した。在勤中の23年9月1日に発生した関東大地震は、横浜港に壊滅的な被害を与え、港湾としての再起が危ぶまれる報道がされた。

これに対し、ただちに内外の新聞に、復旧は可能であって1、2年のうちに完成する見込みがあることを声明した。復旧工事の陣頭指揮をとり、1925年9月には完成させ、わが国の代表的な港湾である横浜港史上に、大きな功績を残した。

1929（昭和4）年に退官したが、32年には日本港湾協会の要職にあって、委嘱を受けて直江津港をはじめとする港湾調査と修築計画に携わった。37年には中国の港湾調査にも尽力した。また同37年にはタイ国のバンコック港修築設計の募集に参加し、一等入賞をしている。

1957年には横浜市より横浜文化賞を授与された。

回顧録『春風秋雨50年』（1951年）がある。

山形要助　やまがた・ようすけ　港湾

1873.2.9～1934.12.13。栃木県に生まれる。1898（明治31）年、東京帝国大学工科大学土木工学科卒。台湾総督府土木部（大正時代は土木局）に入り、のち技師となる。

土木部は台湾総督府の土木行政を司る一部局で、一方、工事部は新たに従来の土木部とは別に設けられ、全島の水利水力を開発するかたわら、基隆と打狗（後の高雄）の2つの港には工事部の出張所を設置して港を管理し、長期にわたって改修工事を行っていた。

山形は、打狗港の出張所長として改修工事を完成させ、のちに土木局土木課長と工事部工務課長を兼務し、土木局の道路、河川、市区改正の計画案づくりに従事した。1919（大正8）年、築港の研究、とくに打狗港の修築に関する論文で工学博士。21年に退官し、24年、合資会社福沢土木事務所を開設し、後に所長となる。

この間、天竜川電力会社創立に参与し、1925年、同社の設立時に取締役に就任した。

奥田助七郎　おくだ・すけしちろう　港湾

1873.5.17～1954.9.8。京都府に生まれる。1900（明治33）年、京都帝国大学理工科大学土木工学科卒。愛知県土木技師となり、96年、着工した熱田港（07年に名古屋港と改称）築港工事に従事する。04年、内閣から愛知県技師に併任される。1922（大正11）年、名古屋港務所長となり、1940（昭和15）年に同所長を退官した。

この40年間、終始一貫して人造港である名古屋築港を、反対の声が強い中にあって工事を軌道に乗せ、1907年、第一期工事中に同港は開港場に指定された。以後、10年度から38年度にわたる第二期から第四期までの築港工事と港湾施設工事とを完成させ、今日の名古屋港の基幹を築いた。

その後、同所の顧問として港湾修築事業の技術指導にあたるとともに、名古屋港の1896年から1945年まで50余年間にわたる記録の執筆に情熱を注ぎ、『名古屋築港誌』（1953年）を編纂した。名古屋港の生みの親・育ての親といわれる奥田の葬儀は、港湾葬として執り行われた。

川上浩二郎　かわかみ・こうじろう　港湾

1873.6.8～1933.3.29。新潟県に生まれる。1898（明治31）年、東京帝国大学工科大学土木工学科卒。農商務省技手、台湾総督府技師、臨時台湾基隆築港技師を経て、1908年、臨時台湾総督府工事部技師。1909年に同部基隆出張所長専任となり、1916（大正5）年まで、台湾に初めての近代的港湾築造に尽くした。

退任後、現地基隆に川上記念館が建てられ、その功績が伝えられている。1912年「基隆港岸壁ヲ論ズ」の論文で工学博士。臨時台湾総督府を辞した後、基隆築港の実績が認められ、博多湾築港の設計に関わり、今日の博多港開発の基盤を築く。

金森鍬太郎　かなもり・くわたろう　⇒ 河川分野参照

森垣亀一郎　もりがき・きいちろう　港湾

1874.3.22 〜 1934.1.23。兵庫県に生まれる。1898（明治31）年、東京帝国大学工科大学土木工学科卒。当時、わが国の土木事業は代表河川の改修工事や築港計画が本格的に開始された時期であった。大阪市では築港事務所の所長に西村捨三（元内務省土木局長、大阪府知事）を迎え、工事長として内務省大阪土木監督署長沖野忠雄が嘱託として兼任し、大規模な築港工事が始まったばかりであった。

森垣は恩人・沖野忠雄の命を受け、卒業と同時に大阪市築港事務所に勤務してこの工事に参画し、桟橋工場、犬島採石工場の各主任を務めた。

1906年、計画が具体化した神戸港の建設責任者となるべく沖野に呼び戻された。大阪市を退職して大蔵省臨時建築部技師となり、同部の神戸支部土木係長兼建築係長として赴任した。以後18年間にわたって神戸港築港工事に従事した。

1907年、欧州に出張し、世界で初めて施工されたオランダのロッテルダム港の鉄筋コンクリート函による岸壁工法を調査し、コンクリート・ケーソンの製作据付の現場を見学し、その工法に関する新しい資料を入手して帰国。

帰国後、この工法の採否について検討、議論を重ねた末、岸壁工法としてケーソン工法の採用で修築工事は軌道に乗った。10年に第1号函が据付けられ、その後は森垣の指導の下に工事は順調に進捗し、神戸港の第一期修築工事は1921（大正10）年に完成した。

1923年、神戸市に転じ、技師長、港湾、都市計画、土木の各部長をつとめ、道路、河川改修、下水道、市電、埋立などの整備に尽くし、「大阪の直木、神戸の森垣」と並び称されたが、在任中に死去した。

伊藤長右衛門　いとう・ちょうえもん　港湾

1875.9.13 〜 1939.8.30。福井県に生まれる。1902（明治35）年、東京帝国大学工科大学土木工学科卒。廣井勇の講義を受け、その信頼を得て北海道庁に入り、小樽築港事務所に勤務、伊藤が先輩として師として仰いだ廣井は初代の小樽築港事務所長を務めており、ここに終生の師弟関係ができる。

その後、日露戦争では陸軍士官とし出征し、帰国して函館区技師となる。1908年、廣井が手掛けた小樽港第1期工事が竣工すると、第5代の小樽築港事務所長となる。以後、留萌港、室蘭港、函館港の築港事務所長も務める。1918（大正7）年、北海道庁土木部港湾課長、1936（昭和11）年に退官する。

北海道の港湾の生みの親は廣井で、育ての親は伊藤だといわれ、北海道の港湾建設に尽力した。

ことに、自ら工事を実施した小樽築港第2期工事（1908 〜 1922年）では、防波堤の主体である大型コンクリートケーソンを船架式斜路上に制作し進水させ、ケーソンを小樽港から留萌港まで遠く海上曳航して、工費の節減、工期の短縮をはかり、さらに、ケーソン製作用に電気式タワークレーンを設置するなど、港湾工事に画期的な進歩をもたらした。

田川正二郎　たがわ・しょうじろう　港湾

1876.3.16～1946.1.16。大阪府に生まれる。1898(明治31)年、東京帝国大学工科大学土木工学科卒。大阪築港事務所に入り、突堤工場主任となる。築港が概成した1911年には初代の大阪市港湾部長となり、1914(大正3)年に退職した。

その後、三井鉱山、神岡水力等の役員に就く。1937(昭和12)年から39年まで北海道炭鉱会社の洞爺湖水力電気所長をつとめた。

坂出鳴海　さかいで・なるみ　港湾・都市計画

1876.4.23～1928.10.15。高知県に生まれる。1899(明治32)年、東京帝国大学工科大学土木工学科卒。大蔵省に入り、同99年からはじまった横浜税関海面埋立工事に臨時税関工事部技師として、同部廃止の1906年まで従事した。

その後、朝鮮総督府土木局工務課長、朝鮮鉄道会社取締役を務める。1924(大正13)年、大阪市の招請を受けて都市計画部長兼港湾部長となり、26年から都市計画部専任となったが、在職中に死去した。

奥山亀蔵　おくやま・かめぞう　⇒ 河川分野参照

直木倫太郎　なおき・りんたろう　港湾・都市計画

1876.12.1～1943.2.11。兵庫県に生まれる。1899(明治32)年、東京帝国大学工科大学土木工学科卒。ただちに東京市に入り、東京築港調査事務所工務課長などをつとめる。1901年、時の市会議長星亨の命により東京湾築港計画調査のため欧米に留学し、03年に帰国。翌年7月、欧米諸港の調査結果をもとに「東京築港ニ関スル意見書」を尾崎行雄東京市参事会市長へ提出する。05年、土木課長、06年、東京市を依願退職。

1906年、大蔵省臨時建築部技師に転じ、横浜税関新設備工事に従事。工事完成とともに、11年、ふたたび東京市に復帰し、河港課長兼下水改良事務所工務課長、土木課長として港湾、都市計画、河川改修、下水改良事業に尽くした。また1914(大正3)年から17年まで、東京帝国大学工科大学講師として上下水道学の講義も担当した。

1916年、東京市を辞し、内務技師となる。同年、大阪市から招請されて港湾部長に就任、この間、市区改正と都市計画の両部長を兼任し、大阪の港湾、都市計画など大阪市発展の基礎を築いた。23年に関東大地震が起こり、その復旧のため後藤新平復興院総裁に招かれて同年に帝都復興院技監に就任し、翌24年の官制改正により内務省の外局である復興局長官(局長)、技監兼任となり、震災復興事業に尽力した。

1926年、先輩の岡胤信の懇請で大林組に入社し、取締役兼技師長として社業にあたった。1933(昭和8)年、満州国建国に際して国務院国道局長就任を受諾し、渡満3年にして「雲凍るこの国人となり終へむ」を決意した。満州国では水力電気建設局長、交通部技監、大陸科学院長の初代と三代目に就任した。

満州全土を踏査し、治水、道路の政策立案をし、また満州土木研究会会長をつとめ、満州土木学会名誉会員となるなど、満州国の科学・土木界の第一人者として活躍したが、終生の大事業であった大東港建設工事視察中に病をえて、安東満鉄病院で死去した。

直木は、新聞に投稿して入選した俳句から燕洋と号した。正岡子規、夏目漱石、高浜虚子などとも交遊して各地に俳人として句を残し、約3000句を採録した『燕洋遺稿集』(1980年、再版)が遺族によって編集、発行されている。著書に工学書として『土木工学～水理学』(1907年)があるが、文才に富む直木の著書としては〈戦前土木名著100書〉に選ばれた『技術生活より』(1918年)が知られている。

直木はその主義主張を社会に向かって語り始めたのは、40歳時の1914(大正3)年からであるが、本書は同14年創刊の雑誌『工学』に連載してきた技術論と技術家論に加筆したものである。「人」あっての「技術」、「人格」あっての「事業」であり、その「人格」の向上を計らないで独り「技術」の力のみを欲するのは困難である、との技術哲学を随筆風に述べたもので、当時、技術者、とくに官庁技術者に技術者の有様を問う書として大きな影響を与えた。また直木は技術者の地位向上分野の先駆をなした「日本工人倶楽部」で活躍した異色の技術官僚でもあった。

井上 範　　いのうえ・はん　　港湾

1877.8.18～1932.6.25。東京都に生まれる。1902(明治35)年、東京帝国大学工科大学土木工学科卒。若松築港会社に入った後、1907年、大蔵省臨時建築部に転じ、神戸出張所に勤務する。1915(大正4)年、大臣官房臨時建築課に戻り、同時に横浜出張所兼務。

1916年に東京帝国大学工科大学講師、19年、内務省土木局勤務、24年東京帝国大学教授となり、大蔵技師と内務技師とを兼務した。23年の関東大地震では被災した横浜港の修築工事にもかかわった。

著書に『港政論』(1930年)がある。

田村與吉　　たむら・よきち　　港湾・橋梁

1880.11.15～不詳。秋田県に生まれる。独学で土木の術を学び、1900(明治33)年、秋田県工手補に採用され、翌年、農商務省技手に転じ、地質調査所勤務。06年、札幌農学校土木工学科卒。東京市橋梁掛に就職し、技師に進み、新大橋、土洲橋、霊岸橋、今川橋など橋梁工事に従事する。

1917(大正6)年、河港掛長、さらに河港課工務掛長となり、河川、港湾の修築計画を担当、とくに東京港修築工事に尽くす。1929(昭和4)年、東京市技師を辞した。

この間、港湾に関する執筆活動を行い、雑誌『港湾』に140余編を発表した。

中村廉次　　なかむら・れんじ　　港湾

1882.2.22～1967.12.7。富山県に生まれる。1910(明治43)年、東京帝国大学工科大学土木工学科卒。恩師・廣井勇の推薦で北海道庁に入り、小樽築港事務所に勤務。中村が北海道庁における港湾事業に終生を捧げる発端となる。

1915(大正4)年、秋田県に転じ、船川築港事務所副長。19年、北海道庁に戻り室蘭築港事務所長、1927(昭和2)年、浦河築港事務所長を兼務する。29年、土木部港湾課長になり、函館、室蘭、浦河の各築港事務所長を兼ねる。32年土木部河港課長となり、37年に退職。

著書に『北海道港湾変遷史』(1960年)、『北海道のみなと』(1961年)など。北海道の港湾の歴史を語るには欠くことのできない人で、また人物への造詣も深く、『名井九介翁記念録』(1953年)、『伊藤長右衛門先生伝』(1964年)がある。録音資料では『北海道開発功労者の声』の一部として、音声が北海道立図書館に永久保存されている。

木津正治　きづ・せいじ　港湾

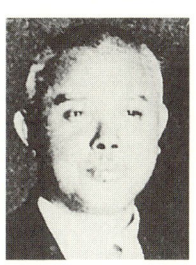

1882.2.不詳～1938.8.14。富山県に生まれる。1907(明治40)年、東京帝国大学工科大学土木工学科卒。内務省に入り、大阪土木出張所勤務となって門司港改良工事に従事。11年、下関土木出張所設置とともに同所勤務となり、門司港修築、関門海峡浚渫、下関港修築の各工事を担当した。

1929(昭和4)年、横浜土木出張所長となり、横浜港、清水港の改良工事に尽力した。1936年に官を辞した後、神奈川県京浜運河顧問を務めた。

荒木文四郎　あらき・ぶんしろう　港湾

1882.6.7～1945.7.不詳。岡山県に生まれる。1909(明治42)年、東京帝国大学工科大学土木工学科卒。北海道庁に入り、小樽、函館の各築港事務所に勤務する。10年北海道庁技師、11年函館築港事務所長となり、10年に着工していた函館築港工事に9年間従事し、1918(大正7)年には『函館築港工事報文全』をまとめる。

1918年、内務省技師、19年、神戸土木出張所に勤務し、20年、今治町築港工事監督、大臣官房臨時建築課神戸出張所事務をそれぞれ嘱託される。

1926年「砂浜ニ於ケル港湾修築ト漂砂ノ関係ニ就テ」の論文で工学博士。

石川源二　いしかわ・げんじ　灯台

1882.10.13～不詳。山口県に生まれる。1907(明治40)年、東京帝国大学工科大学土木工学科卒。逓信省航路標識管理所に勤務し、かたわら航路標識看守業務伝習生の教職につく。09年、逓信省技師、航路標識管理所技師となり、逓信省電信灯台用品製造所横浜製作場長を経て、1915(大正4)年に航路標識管理所工務課長。20年に工学博士。

1928(昭和3)年、退官。その後は横浜と東京に石川源二事務所を経営して、土木と建築に関する設計、監督を業務とした。灯台技術者の少ない中で石川は、航路標識事業の改良と進歩に努めた。

著書『灯台』(1926年)は、わが国で初め

高西敬義　たかにし・たかよし　港湾

1883.9.7 〜 1976.3.25。茨城県に生まれる。1907（明治40）年、京都帝国大学理工科大学土木工学科卒。大蔵省臨時建築部に入り、着工していた神戸港第一期工事に従事する。

神戸港の陸海連絡設備建設を担当し、森垣亀一郎主任技師とともにオランダから持ち帰った森垣の文献を翻訳し、技術を習得して、わが国で初めての鉄筋コンクリートケーソンの設計とヤード（ケーソン製造桟橋）の築造にあたり、このケーソン工法はその後の港湾工事の主流となった。

1919（大正8）年、官制改正により内務省技師となり、引き続き神戸港の第二期工事の主任として建設に専念した。1928（昭和3）年、神戸土木出張所長。

1934年、大阪土木出張所長に転じ、39年までの5年間、和歌山、舞鶴、尾道などの港湾修築、淀川増補工事、琵琶湖開発計画に力を注いだ。とくに室戸台風による河川の大災害では、その復旧対策に尽くした。また24年から31年まで京都帝国大学土木工学科で河海講座を担当した。

1937年、蘆溝橋事件が勃発すると、高西は北支資源の開発利用の必要上、塘沽築港計画の私案を携えて説明、陳情に努めていたが、北支軍および華北交通の依頼によって内務省は技師の派遣と機械、船舶を貸与することになり、自らその任にあたる意を決し、39年、内務省を退官のうえ河北省塘沽新港の建設のため、その建設局長として赴任し、完成させて43年に帰国した。

横井増治　よこい・ますじ　港湾

1888.10.8 〜 1978.5.29。大阪府に生まれる。1913（大正2）年、東京帝国大学工科大学土木工学科卒。朝鮮総督府土木局に勤務。21年、横浜港の建設行政が大蔵省から内務省に移管されたため、22年、内務省横浜土木出張所に転じ、翌23年の関東大地震で被災した横浜港の復旧に従事した。

1926年、ふたたび朝鮮総督府に戻り、仁川港の建設責任者、釜山土木出張所長等をつとめた。1939（昭和14）年、京城帝国大学理工学部教授。帰国後、中央大学教授、同工学部長となった。

著書に『築港工学』（1950年）がある。

鈴木雅次　すずき・まさつぐ　港湾

1889.3.6 〜 1987.5.29。長野県に生まれる。1914（大正3）年、九州帝国大学工科大学土木工学科卒。内務省東京土木出張所に入り、利根川下流改修工事に従事。20年、各国の港湾工事視察のため出張。

1921年に帰国、その後は土木局第二技術課に転じ、22年には同局第一技術課を兼務し、港湾主任技師。また、22年には鉄道省鉄道技師を兼任した。23年の関東大地震後は横浜土木出張所兼務となり、難工事といわ

れた横浜港の震災復旧を短期間に完了させることに尽くした。

1930(昭和5)年日本大学工学部教授を兼任。34年、土木局第二技術課長、36年、同第一技術課長。39年、内務省東京土木出張所長、42年、内務技監に任ぜられ、45年に退官した。44年、土木学会会長。

戦後は日本大学専任教授となり、1952年同大学に国土総合開発研究所を新設し、戦前から提唱してきた土木効果論の研究と臨海工業地帯計画とを、大分、鶴崎、水島などの造成で具体的に計算し、産業連関分析など計量経済学の手法を日本に適応できるよう修正して導入し、土木事業の投資効果を計量化する研究を進めた。

また臨海工業地帯の地域選定と規模決定に対する方法論を明確にして、わが国の臨海工業地帯の計画と推進を指導し、戦後の国土開発と復興に貢献した。また、国土総合計画の樹立の必要を認識し、新しい土木工学の体系化につとめ、土木計画学という学問分野を創設した。

1968年、土木界初の文化勲章を受賞。著書に〈戦前土木名著100書〉の『港湾工学』(1931年)と『港工学』(1936年)など。

原口忠次郎　はらぐち・ちゅうじろう
　　　　⇒ 河川分野参照

坂田昌亮　さかた・まさあき　⇒ 河川分野参照

山田三郎　やまだ・さぶろう　港湾

1891.4.27 〜 1984.2.25。岐阜県に生まれる。1916(大正5)年、京都帝国大学工科大学土木工学科卒。大蔵省臨時建築部に入り、門司港建設に従事。官制改正により内務技師として内務省土木局勤務。

その後、門司、長崎、鹿児島、高松、酒田、新潟の諸港および川内川、最上川、信濃川など諸河川の改修工事に関わり、20有余年にわたって一貫して現場工事の指導、施工にあたった。

1942(昭和17)年、新潟土木出張所長、43年、運輸通信省が設置され初代の第一港湾建設部長。45年4月、推されて中国大陸の塘沽新港の第3代局長に就く。同港建設は内務省の港湾技術陣を動員、派遣して工事が進められていたが、山田は敗戦を感じながらも港湾建設を進めた。

終戦後も、工事を放棄することなく、中華民国政府に接収されるまで工事を継続し、1946年12月に帰国した。

林　千秋　はやし・ちあき　港湾

1891.11.10 〜 1983.4.15。石川県に生まれる。1915(大正4)年、東京帝国大学工科大学土木工学科卒。北海道庁に入り、退職する1930(昭和5)年まで15年間にわたって、留萌港の建設工事に従事した。そのうち1918年から約11年間は、留萌築港事務所長をつとめ、その建設に心血を注ぎ、留萌築港の功労者としてその名は今日でも語り継がれている。

また、1924年の同港所長当時に「勇払築港論」を発表、大炭田を有する北海道の石炭を積み出すため、苫小牧に内陸を掘り込んで工業港とする石炭専用の積出港を建設し、その後背地を工業地帯とすることを最初に提唱した。これが今日の苫小牧工業港を実現させ

た構想であった。

著書に『港湾時論』(1927年)がある。

岡部三郎　おかべ・さぶろう　⇒ 河川分野参照

大島太郎　おおしま・たろう　港湾

1892.8.14～1982.5.29。大阪府に生まれる。1918(大正7)年、東京帝国大学工科大学土木工学科卒。内務省新潟土木出張所に1939(昭和14)年まで勤務する。

この間、1928年まで信濃川河口工事および新潟港修築工事に従事、日本海の荒波を克服して河口西突堤を築造し、河口に埋没する信濃川上流から流下する土砂を浚渫して航路を開き、新潟港における最初の接岸施設を築造して、今日の新潟港の基礎を築いた。

1928年からは伏木港修築工事を兼務、船渠を築造するとともに、岸壁工事に画期的な鋼矢板工法を採用した。29年より七尾港修築工事をも兼ね、その間、小矢部川改修工事、国道工事にも携わった。39年、内務省大阪土木出張所工務部長、40年、同神戸土木出張所復興部長兼初代工務部長として、39年の神戸大水害の復興に尽くす。

その後、仙台土木出張所工務部長、下関土木出張所次長兼関門海峡改良事務所長を経て、43年、港湾行政の運輸通信省への移管に伴い、第三港湾建設部初代部長となり、45年に退官。戦後、高岡市建設部長などをつとめた。

是枝 実　これえだ・みのる　港湾

1892.9.9～1973.9.20。鹿児島県に生まれる。1927(昭和2)年、九州帝国大学工学部土木工学科卒。内務省に入り、敦賀港修築工区事務所などに勤務後、長崎県、福岡県勤務を経て、38年、神奈川県京浜工業地帯建設事務所長となる。

1943年、兵庫県土木部港湾課長、47年、鹿児島県土木部長、56年から62年まで神奈川県企業庁川崎工業地帯建設事務所長をつとめる。

松尾守治　まつお・もりはる　港湾

1892.10.9～1973.8.19。山口県に生まれる。1917(大正6)年、九州帝国大学工科大学土木工学科卒。志願兵を終えた後、19年、内務省に入り下関、神戸の各土木出張所に勤務、24年、欧米の主要港湾を視察後、ふたたび下関土木出張所に勤め、下関、門司両港の修築工事に従事した。

1929(昭和4)年、博多港修築工事起工と同時に初代の博多港工事事務所長となり、13年間にわたって同港の整備に尽くした。42年、最後の下関土木出張所長、43年、運輸通信省第四港湾建設部の初代部長となる。45年に退官後、46年から51年まで下関市長をつとめ、戦災で焦土と化した同市の復興の陣頭指揮をとった。

1955年から64年まで洞海港務局の初代委

員長に就き、港湾の管理運営問題の処理にあたった。また、福岡建設専門学校の創設、下関図書館への蔵書寄贈と寄付金贈呈による「松尾文庫」を設けた。

坂上丈三郎　さかがみ・じょうざぶろう
⇒ 河川分野参照

鮫島 茂　さめしま・しげる　港湾

1894.1.3～1980.12.28。大阪府に生まれる。1917（大正6）年、東京帝国大学工科大学土木工学科卒。大蔵省に入り、臨時建築部神戸支部で神戸港修築工事に従事、19年、職制改正により内務省神戸土木出張所勤務となる。

1927（昭和2）年、横浜土木出張所に転じ、関東大地震後の横浜港拡張工事の責任者として、新工法を駆使した港湾構造物の建設にあたる。37年、下関土木出張所工務部長、42年同所長。また、本務のかたわら、海南島、上海、青島、塘沽などの外地諸港の調査に携わった。42年7月、抜擢されて海軍司政長官に起用され、海軍民政総督府交通土木局長としてセレベス、ボルネオ、ニューギニアなどの地域の土木、建築、空港、港湾などの建設を指導し、帰国後の45年、終戦により自ら退官する。

その後59年に日本港湾コンサルタント協会を設立し理事長、61年に日本港湾コンサルタントを創立し、社長、会長を務めた。

「鮫島茂文書」が横浜市史編集室に残されている。

内林達一　うちばやし・たついち　港湾

1895.2.6～1978.5.2。大分県に生まれる。1921（大正10）年、九州帝国大学工学部土木工学科卒。内務省下関土木出張所に勤務後、1932（昭和7）年、山口県下関魚港修築事務所長となり、関門海峡の分流である小門海峡において、世界に例を見ない締切工事に挑み完成させる。

1939年に東京府京浜運河建設事務所長、41年、興亜院嘱託として中国で舟運運河の閘門設計を指導する。43年、運輸通信省港湾局工事課長、44年から退官の46年まで運輸通信省宇部工事事務所長、第四港湾建設部長をつとめる。

この間、わが国の経済復興に伴う大規模な臨海工業地帯の造成、急速な港湾整備のために、画期的な近代的設備を持つ大型ポンプ式浚渫船「安芸号」を建造し、また「スエズ号」、「出島」の建造など、浚渫船建造に画期的進歩をもたらし、大型埋立工事に威力を発揮する礎を築いた。

著書に『河海構造物 船渠』（1938年）、『臨海工業地帯造成』（1944年、共著）など。

嶋野貞三　しまの・ていぞう　港湾

1897.4.10～1979.10.11。東京都に生まれる。1921（大正10）年、東京帝国大学工学部土木工学科卒。内務省に入り、東京第一、横

浜の各土木出張所、清水港修築事務所に勤務後、1934(昭和9)年、内務省土木局に転じて全国の港湾整備を担当、42年、内務省最後の港湾課長となる。

1943年、戦時下の行政機構の改革により、港湾行政は運輸通信省に移管され、初代港湾局長となり、戦後の45年に退官した。

その後、『日本港湾修築史』(1951年)の編纂に力を注いだ。また53年から58年まで東京大学教授として港湾工学講座を担当した。著書に『港の話』(1943年)がある。

蔵重長男　くらしげ・ながお　港湾

1897.7.5～1938.12.24。山口県に生まれる。1923(大正12)年、京都帝国大学工学部土木工学科卒。内務省土木局に入り、26年、内務技師、同年横浜土木出張所に勤務し、関東大地震後の横浜港の第三期拡張工事に従事した。

1932(昭和7)年、土木局に復帰、35年参謀本部嘱託、37年、大本営付、38年、企画院技師をそれぞれ兼任する。

1938年12月、日中戦争の渦中、軍の用務を帯びて広東に出張し、8日、帰途の飛行機富士号が機関の故障のため沖縄の海上に不時着。着水後数時間、当時唯一の生存者とともに漂流を続けたが、力尽きて、行方不明となった。

私家本『臨海工業地帯に就て』(1937年)がある。

後藤憲一　ごとう・けんいち　⇒　河川分野参照

湯山熊雄　ゆやま・くまお　港湾

1899.4.18～1967.9.27。東京都に生まれる。1924(大正13)年、東京帝国大学工学部土木工学科卒。内務省に入り、横浜土木出張所、清水港、尾道港、和歌山港の各修築事務所などに勤務。1943(昭和18)年、国の機構改正により運輸通信省に転じ、新潟港工事事務所長、第一港湾建設部長をつとめ、47年に退官する。

その後、1947年から53年まで富山市復興部長となり、戦災復興事業と都市行政の推進にあたり、とくに同市初めての下水道計画の立案と実施に力を注いだ。次いで、53年から59年まで浜松市土木部長として、ふたたび戦災復興事業を担当し、市民の反対で頓挫していた区画整理事業を6年余にわたって遂行し、同市の復興に尽くした。

松尾春雄　まつお・はるお　港湾

1900.3.22～1979.8.31。愛知県に生まれる。1924(大正13)年、九州帝国大学工学部土木工学科卒。内務省土木局に入り、横浜土木出張所で横浜港の震災復旧工事などに従事。1937(昭和12)年からは、内務省土木試験所で物部長穂所長の下で港湾、土質、水理の実験、研究に従事、1944年、九州大学教授。

63年の退官後は、大分工業高等専門学校で74年まで初代校長を勤めた。

土木試験所時代に物部所長の学問に対する真摯な態度に深く感化され、また1927(昭和2)年、初めて内村鑑三に会って決定的な影響を受けてその弟子となり、30年、内村が逝去後はその弟子である塚本虎二に師事した熱心なクリスチャンであった。

著書に『波と防波堤』(共著、1943年)、また、技術と信仰との調和についてみずからの歩みを綴った『土木と人生』(1952年)、『学生に語る』(1964 - 65年)がある。

落合林吉　おちあい・りんきち　港湾

1900.3.29 ～ 1983.4.18。栃木県に生まれる。1922(大正11)年、日本大学高等工学校土木科卒。帝都復興院技手となった後、東京府、東京都に勤務する。1948(昭和23)年、東京都港務所長から建設院課長に転じ、続いて建設省道路建設課長、同総合計画課長、56年、群馬県土木部長兼電気局長、62年、同企業管理者などをつとめ70年に退官する。

この間、京浜運河事業を臨海工業地帯造成事業の一環として施工にあたる。また群馬県吾妻川水質改善方式の確立に努めた。

著書に『埋立工学』(1942年)、『臨海工業地帯造成』(1944年、共著)、『港湾』(1953年)、『水を生かす:ある技術者の手記』(1970年)など。

黒田静夫　くろだ・しずお　港湾

1903.5.25 ～ 1986.11.16。静岡県に生まれる。1926(大正15)年、東京帝国大学工学部土木工学科卒。内務省に入り、清水港、横浜港の各修築事務所などに勤務後、1943(昭和18)年、運輸通信省港湾局計画課長、その後運輸省第四港湾建設部長、東海海運局長、名古屋海上保安本部長を経て50年に運輸省港湾局長。退官する55年まで戦後の荒廃した港湾施設の復興整備に尽くす。

この間、東京帝国大学第二工学部講師、1955年から78年まで港湾審議会の委員、計画部会長。また港湾荷役機械化協会、日本潜水協会、日本港湾協会、日本港湾コンサルタント協会の各会長、さらに国際港湾協会の創設に尽くし、国際航路会議協会の日本国内委員会初代会長にも就任した。

著書に『河海構造物』(1938年)、『防災工学』(共著、1960年)など。

天埜良吉　あまの・りょうきち　港湾

1904.7.8 ～ 1972.1.11。愛知県に生まれる。1929(昭和4)年、東京帝国大学工学部土木工学科卒。内務省に入り、横浜、仙台各土木出張所に勤務する。

その後、1949年、運輸省設置とともに港湾局計画課長、第三港湾建設局長を経て、55年から58年まで港湾局長として全国の港湾整備にあたる。

1959年、参議院議員、63年、日本港湾協

会理事長。また、国際港湾協会の創立に関わり、港湾を通して日ソ間の交流親善にも努めた。71年、交通文化賞受賞。

著書に『最新岸壁の設計法』(1959年)がある。

太田尾廣治　おおたお・ひろじ　港湾

1904.7.12～1985.11.23。佐賀県に生まれる。1931(昭和6)年、東京帝国大学工学部土木工学科卒。東京市に入り、土木局、港湾局に勤務する。39年、アフリカ・南米・北米の諸港を1年にわたり視察、戦時下にあって海外の港湾情報を調査、雑誌に掲載して、わが国にその実情を知らせる貴重な体験をする。

1942年、内務省土木局に転じ、翌43年ジャワ軍政監部交通部港湾課長、土木課長を務めるとともに海軍総局港務課長を兼務し、破壊されたジャワ島の港湾施設などの復旧を担当、また、インドネシア人の土木教育にも情熱を注いだ。

1946年の復員後、同年、運輸省横浜港兼横須賀港工事事務所長、翌47年、博多港兼北松港工事事務所長となり、終戦直後の混乱期に画期的な博多港の総合開発計画を立案する。49年、海上保安庁灯台工務部長、52年、運輸技術研究所港湾物象部長、55年から61年まで運輸技術研究所次長をつとめた。

この間、久里浜の旧軍施設の廃墟を、わが国港湾技術研究の中心機関として転用し、港湾技術研究所の基礎造りに尽力した。1961年から退官する65年まで外務省アラブ連合共和国日本大使館参事官としてカイロに駐在、スエズ運河の拡張整備に尽くし、その工事を完成に導いた。

著書に『基礎工』(共訳、1943年)など。

前田一三　まえだ・いちぞう　港湾

1904.9.13～1977.5.12。愛知県に生まれる。1928(昭和3)年、京都帝国大学工学部土木工学科卒。内務省土木局に入り、軍歴を経て、29年、内務省下関土木出張所に勤務後、洞海湾改修、若松港修築、三角港修築の各事務所に勤務。40年、洞海湾改修事務所長、41年、苅田港修築事務所長兼務。45年、運輸通信省第四港湾建設部工務課長、48年、運輸省第四港湾建設部長となる。

1952年退官後、名古屋港管理組合初代専任副管理者となり、68年までの16年間にわたって、商港として埠頭の建設、整備を、工業港では臨海工業地帯の建設を推進した。また59年の伊勢湾台風災害に鑑み、港湾施設の防災を恒久的に実施するため高潮防波堤、防潮堤、防潮水門などを築造して港湾機能の向上にあたる。

同時に、木材輸送の合理化と防災的見地から、全国にさきがけて大規模な木材港の建設、鋼材荷役の合理化のための大型埠頭の建設など、港湾建設と港湾管理運営に尽くし、名古屋港を国際的港湾に躍進させる礎を築いた。

倉島一夫　くらしま・かずお　港湾

1904.12.19～1972.12.21。北海道に生まれる。1929(昭和4)年、北海道帝国大学工学部土木工学科卒。北海道庁に入り、小樽築港事務所、土木部河港課などに勤務し、8年余を第二期拓殖計画の小樽築港事業に従事した。

余市築港事務所長、小樽土木現業所長を経

て、1944年、土木部港湾課長、51年、北海道開発局に転じ、翌52年に運輸省第二港湾建設局次長に転任したが、53年ふたたび北海道開発局に復帰し、港湾部長を56年までつとめた。

河村 繁　かわむら・しげる　港湾

1907.6.18～1969.1.29。広島県に生まれる。1932(昭和7)年、京都帝国大学工学部土木工学科卒。香川県の土木兼道路技師をつとめた後、海軍技師に転じ、海軍技術少佐となる。戦後の45年、運輸建設本部広島地方建設部に勤務、48年、建設省設置に伴い中国四国地方建設局に転勤した。

建設省を辞した1951年、広島県土木部港湾課長、54年に同道路課長。57年、大分県土木部長に転身し、大分鶴崎地区の臨海工業地帯造成の責任者として自らその建設事務所長を兼ね、工業用地の造成計画、後背地の整備計画などをすすめ、その建設の基礎を築いた。

東 寿　あずま・ひさし　港湾

1911.8.14～1978.7.11。北海道に生まれる。1933(昭和8)年、北海道帝国大学工学部土木工学科卒。大分県、内務省に勤務後、47年、運輸省海運総局資材部港湾資材課長、第三港湾建設部神戸港工事事務所長などを経て、55年運輸省港湾局建設課長、57年同計画課長、59年から61年まで第三港湾建設局長。

この間、戦後の港湾再生期に大阪港復興計画の中心となるとともに、わが国の港湾建設に初めて近代的な港湾計画学的手法を導入した『港湾計画論』(1956年)を著し、その後、その計画論を実践、発展させて、港湾財政の確立と開発理論を体系化し、港湾経済学を樹立することに情熱を傾けた。

退官後、東海大学工学部教授、日本港湾経済学会会長などをつとめた。

石井靖丸　いしい・やすまる　港湾

1916.12.1～1979.8.3。福島県に生まれる。1941(昭和16)年、東京帝国大学工学部土木工学科卒。内務省に入り土木試験所に勤務した後、機構改革により港湾部門は49年設置された運輸省に移管されたため、同省に転じ、50年、運輸技術研究所設置とともに港湾物象部研究員となる。同50年、フルブライト留学生として、プリンストン大学を主に土質工学を研究する。

1962年、港湾技術研究所(運輸技術研究所を改称)設置には指導的な役割を果たし、これ

を契機に港湾土質部長を辞す。日本大学教授もつとめた。

　著書に『鋼杭工法』(共著、1959年)、『軟弱地盤工法』(1962年)など。訳書に〈戦前土木名著100書〉の『土質力学1 土性論に就て』(1943年)がある。

鉄　道

谷　暘卿　　たに・ようけい　　鉄道

1815.10.5〜1885.7.15。京都府に生まれる。鉄道の先覚者。京都に出て蘭方医学を学び、産科医として名を成し、九条家のおかかえ医師となる。蘭学や西洋医学を通してヨーロッパの新しい文明の導入に理解と情熱を持つようになる。1869(明治2)年、同志と無人島開拓のための開墾社を設立して社長となり、翌年東京に出て小笠原諸島の開拓を再三政府に建言したが、受け入れられなかった。

1869年、政府は富国強兵と殖産興業の原動力として、鉄道建設の第一歩を新橋－横浜間の建設に決定したが、世論の反対は激しく、また政府部内からも反対意見が出るなどして議論は沸騰した。建設を推進する大隈重信、伊藤博文は売国奴と罵られるなど鉄道事業遂行の困難も懸念される中、谷はただ一人敢然として鉄道の必要を呼号し、70年1月に「駆悪金以火輪車之議」を、ついで2月には「火輪車建議之余論」を建白書として政府に提出した。

2つの建白書は、数多い反対論の中で、鉄道の経済的効用を論じてその導入に賛成した内容で、民心の啓発をもたらし、文明開化政策の推進に大きな役割を果たすとともに、反対論に悩んでいた大隈、伊藤を感激させ、また力づける結果となった。

晩年の谷は、小笠原諸島開拓事業に敗れて京都に帰り、淋しく69歳の生涯を終えた。

小野友五郎　　おの・ともごろう　　鉄道

1817.10.23〜1898.10.29。茨城県に生まれる。わが国の鉄道創始期に路線の実地調査を指導した人。数学に非凡な才能を発揮し、10代で和算家となる。のち江戸に上がり、江川坦庵(太郎左衛門)に砲台の設計法と造砲術を学び、幕府天文方ではオランダ語の航海術書の翻訳にあたる。

1855(安政2)年に江戸幕府が長崎に海軍伝習所を開設すると、勝海舟などとオランダ人から航海術や数学を修得する。1860(万延元)年、幕府が咸臨丸をアメリカに派遣する際、航海測量を担当して渡米する。帰国後、蒸気砲艦の国産化、江戸湾砲台建設、横須賀造船所設置の建議を行うとともに、勘定奉行となり財政改革にあたった。

維新後は工部省に出仕し、明治政府の鉄道建設で路線の調査と測量とに深く関わった。1869(明治2)年11月、鉄道建設の廟議決定にあたり、政府の基本方針は、東西両京を結ぶ鉄道を幹線とし、東京－横浜間その他を支線として建設することを決め、70年3月、東京－横浜間の測量開始とともにお雇い外国人技師の下に従事した。

また、その幹線が東海道か中山道にするか未決定の際、1870年6月に佐藤政養と二人で東海道を踏査し、その結果を翌71年、『東海道筋鉄道巡覧書』として提出し、中山道に建設することが望ましいという意見を述べた。その後、中山道、73年には東京－青森間の路線調査、75年には越後、美濃地方の鉄道建設の実地調査にあたるなど、工部省に在任した77年までの間、路線の測量と調査にあたり、鉄道建設を陰で支えた。

伝記に『小野友五郎の生涯』(1985年)、『怒涛逆巻くも：幕末の数学者小野友五郎』(2003年)など。

佐藤政養　　さとう・まさやす　　鉄道

1821.12.不詳〜1877.8.2。山形県に生まれる。通称与之助、晩年に政養と改名。1853(嘉永6)年、33歳で江戸に出て、勝海舟の門

で西洋砲術および測量などを学び、翌54年、庄内藩の命を受けて、敵艦の入港を阻むため江戸湾に台場を築造することになったが、この築造を担当し、その後に海舟の許しを得て台場詰に任命される。

1857（安政4）年、長崎海軍伝習生となり、長崎でオランダ人に軍艦操縦の伝習を受ける。59年、軍艦操練所蘭書翻訳掛、その後は大阪表台場、摂海台場築造を担当、また大阪鉄砲奉行となるなど海舟の信任が厚く、海舟の塾頭もつとめた。

一方、当時幕府とアメリカとの間に通商条約が議定され、はじめは神奈川を開港することになっていたが、佐藤は横浜が港湾として適地であることを調査し、これを勝海舟に進言、勝から大老井伊直弼に提議して1860（万延元）年横浜に変更させるという、横浜開港の先覚者でもあった。

1869（明治2）年に民部省、次いで工部省に入る。この年に鉄道敷設が廟議で決定したが、東海道と中山道のいずれを幹線とするかについて、小野友五郎と東海道踏査を命じられ、71年踏査の報告をまとめた『東海道筋鉄道巡覧書』を提出、交通が頻繁である東海道よりは、未開の山岳地帯の中山道筋を先に敷設することの急務を報告した。

東海道の踏査を終えるとすぐに京都－大津間の測量とその事務の管理にあたり、1871年に工部省鉄道寮初代鉄道助に任命される。同年鉄道に関する五ケ条の意見書を井上勝鉄道頭に提出、また「政養塾」を開いて若い鉄道技術者に測量学などを教えるとともに、鉄道の人材育成に関して伊藤工部大輔などに建言した。さらに73年、『敦賀西京間鉄道建築緩急見込大略』を山尾工部少輔に、75年には『自西京至敦賀鉄道布設建言』を伊藤工部卿に提出するなど、鉄道創業期に際して基礎的な貢献をなした。勝海舟邸で死去した。

1963（昭和38）年、佐藤政養文書中の8巻が鉄道記念物に指定され、交通博物館に保存されている。

井上 勝　いのうえ・まさる　鉄道

1843.8.1〜1910.8.2。山口県に生まれる。6歳のとき野村家の養子となり、幼名は弥吉。1858（安政5）年、藩命により長崎でオランダ士官について兵学を学び、翌年、江戸に出て砲術を習い、また江戸の蕃書調所、箱館の武田斐三郎塾で英語を学ぶ。

1863（文久3）年、西洋文明をとり入れて藩の再建を志す藩主の内命により、伊藤博文、井上馨、山尾庸三、遠藤謹助と脱藩し、国禁を侵してイギリスに密航する。ロンドン大学に入り、鉱山、鉄道、造幣の実学を研究し、1868（明治元）年、帰国し、藩の鉱山業の管理を担当する。すでに実家に復籍して井上勝と改名。71年、工部省に鉄道寮が置かれ鉱山頭兼鉄道頭となる。ついで、鉄道頭専任となり、72年10月14日、新橋－横浜間鉄道開業式に初代鉄道頭として参列、勅語を賜った。

その後、鉄道局長、鉄道庁長官を経て、1893年に退官するまで、常に鉄道建設の陣頭指揮をとり、なかでも東京－大阪間の中山道線案を変更した東海道線の建設は、井上がもっとも心血を注いだ。さらに、80年に完成した京都－大津間建設では、日本人のみの手によって工事を完成させ、鉄道技術の自立への先鞭をつけた。

また、私設鉄道の乱立に警鐘を鳴らし、鉄道国有論を主張。他方、人材、業者の育成にも力を注ぎ、鉄道技術者養成のため大阪に工部省鉄道局工技生養成所を1877年に開設、鉄道工事に建設業者を導入することを再三提言した。退官後、汽車製造合資会社を創立し社長、帝国鉄道協会会長。1910年、鉄道院顧問として鉄道視察の途上、ロンドンで病のため客死した。

わが国鉄道の創設とその発展に大きな功績を残した井上は、後年「鉄道の父」とうたわれ、その生涯は井上自身述べているように、「吾生涯は鉄道を以て始まり、已に鉄道を以て老ひたり、当さに鉄道を以て死すへきのみ」(『子爵井上勝君小伝』、1915年)であった。なお、井上勝の墓は「鉄道記念物」に指定されている。日本交通協会に「井上文庫」がある。

飯田俊徳　いいだ・としのり　鉄道

1847.6.25～1923.8.27。山口県に生まれる。吉田松陰の松下村塾に入り、伊藤博文、山縣有朋らとともに学び、のち大村益次郎について蘭学を習得する。

大村の世話で長州藩の留学生として、1867(慶応3)年からオランダ工科大学で土木工学を修め、1873(明治6)年に帰国する。工部省に入り、74年、鉄道権助に任ぜられ、京都－大阪間の鉄道建設に従事した。77年、工部省書記官となり、同年わが国最初の鉄道技術者養成機関である工部省鉄道局工技生養成所が大阪に開設されると、唯一の日本人教師としてお雇い技師とともに教鞭をとり、わが国鉄道事業自立のための人材養成の基礎を築く。

1878年に着工した京都－大津間の鉄道建設では、お雇い技師に代わって工事の全体を指揮し、逢坂山トンネル工事では、初めて日本人のみで工事を完成させ、80年に全線が開通した。ひきつづき敦賀－大垣間、大垣－名古屋間、85年着工の名古屋－武豊間の工事を監督した。さらに86年には、横浜－熱田間の天竜川以西に延長する鉄道建設を監督した。

1886年に工部省工部権大技長、90年に鉄道庁部長となり、93年、逓信省鉄道局部長を依願退職したが、わが国の鉄道創業期における最初の最高技術者の一人であった。

武者満歌　むしゃ・みつうた　鉄道

1848.1.4～1941. 不詳。東京都に生まれる。初め徳川幕府の海軍に奉職、のち明治政府の海軍操練所で数学と測量を学ぶ。1870(明治3)年、民部大蔵省鉄道掛(同年10月に工部省に移管)の開設と同時に見習いとして就職する。

わが国の鉄道はお雇い外国人カーギル(W.W.Cargill)を支配役に、モレル(E.Morel)を技師長に雇聘して開始したが、モレルは来日早々、試験を行って日本人助手を採用した。23歳の武者は海軍での知識をもとに試験に応募、算術、代数、三角術などの試験に合格し、民部省鉄道掛技師の辞令を受ける。

わが国最初の鉄道、新橋－横浜間のうち新橋－六郷川間の測量に、イギリス人ダイアック(J.Diack)の測量助手として従事。ついで同年に大阪－神戸間の測量に従事し、1878年、工部省鉄道局工技生養成所第1期生修了。

同1878年に京都－大津間の工事が開始さ

れると、大津線の京都－深草間の工事を主任として担当し、88年には湖東線の大津－長浜間の建設工事を担当した。

1892年の退職後は、本間英一郎の工務所に勤め、96年、七尾鉄道（敦賀－富山）創立とともに入社して建築課長、のち鹿島組顧問に転じて関西鉄道木曽川架橋工事などを担当した。1921（大正10）年の鉄道創業50年式典に際しては、功労者として表彰された。

武者は、わが国鉄道創設の初年からその業務に関係し、とくに明治初期の鉄道の測量工事で体験したことを貴重な回顧談として残した。新橋からの測量ではダイアックとともに測量の第一杭を打ち、両刀をさして測量をしたこと、また給料は米高で決められたことなど、93歳の長寿を保った武者は、昭和期になってからは鉄道創設期を語れる唯一の人であった。

松本荘一郎　まつもと・そういちろう　鉄道

1848.5.23～1903.3.19。兵庫県に生まれる。11歳の頃、大阪に出て幕末の儒者・池内陶所（号は大学）の塾に入り、明治初年に洋学者・箕作麟祥が神戸で主宰する塾に転じ、塾中の三俊才をもって称された。

大学南校に入って修学を続け、同校でさらにその才を認められ、1870（明治3）年、米国留学を命じられてニューヨーク州のレンセラー工科大学で土木工学を専攻した。

1876年に帰国、ただちに東京府に入って土木掛兼水道改正掛長となる。78年、転じて開拓使御用掛となり、炭鉱の開削、鉄道敷設、道路の改良、市街の整備、石狩川河口の改良工事などを担当し、後に北海道における最初の鉄道建設の母体となった煤田開採事務所副長を務めた。

松本はお雇い外国人の技師長クロフォード（J.U. Crawford）とともに建設に従事して、1880年に手宮（小樽）－札幌間を完成させ、北海道では初めての、わが国では3番目の鉄道が開通、82年には札幌－幌内間も完成させ、北海道開拓鉄道史にその名を刻んだ。

1881年、日本鉄道会社創設にあたり、岩倉具視の内命を受けて、クロフォードとともに東京－青森間の路線踏査を行い、計画を樹立して東北線の成立に貢献した功績は大である。82年、開拓使庁が廃止されて工部省に入り、工部権大技長となり、翌年、農商権大技長に転じ、北海道に滞在して炭鉱鉄道など事業の経営にあたった。

1884年、工部権大技長に復し、鉄道局勤務となったが、農商務省御用掛を兼務して北海道事業管理局の事務を取り扱った。また同年には、全国の鉄道計画を立て、中山道幹線および関係路線調査のため群馬、長野、新潟、愛知、三重などの各県を跋渉し、その結果、東海道線の敷設を先行して東京－神戸間を連絡し、その後に中山道などの支線におよぶべきである旨を力説して閣議の決定を導いた。

1893年、井上勝の後任として鉄道庁長官に就任。北陸、中央、奥羽、九州、山陰、山陽、近畿など各線の敷設、延長に力を尽くし、東海道線の複線を完成させるなど、わが国の鉄道の発展に貢献した。

資性廉潔にしてその生活質素を極め、その最期には家族に労働の神聖なるを説き、その遺産なきを怨むなかれと言い遺した。

帝国鉄道協会（現日本交通協会）には、松本の知遇を受けたお雇い鉄道技師・バルツアー（F. Baltzer）などの努力で内外の鉄道関係文献を収集して設置された『松本文庫』、またレンセラー工科大学には、卒業生の松本が鉄道で名を成したことを記念して名付けられた「松本ホール」がある。

村井正利　むらい・まさとし　鉄道

1849.7.24～1917.11.5。東京都に生まれる。「鉄道の父」といわれた井上勝の秘書。昌平黌に学んだ後、1870（明治3）年、東京府権少属心得。72年、工部省鉄道寮に入り、86年、鉄道局長官専属勤務となり、87年、鉄道事務官となる。

1890年、鉄道庁長官官房勤務となり、庶務、文書などの事務を担当し、93年、鉄道庁の廃止とともに辞した。

その後、鉄道史、鉄道人の編纂、執筆に力を注ぎ、〈戦前土木名著100書〉の『日本鉄道史』（1921年）の編纂に尽力した。また、『子爵井上勝君小伝』（1915年）、『岡村初之助君小伝』（1917年）を著した。

鶉尾謹親　うずらお・きんしん　鉄道

1850.12.16～不詳。京都府に生まれる。幼少にして神戸の海軍操練所に入り、その後、山陽道より江戸までの海岸を測量していたイギリスの測量船の給仕となる。1871（明治4）年、鉄道助佐藤政養の勧めで工部省鉄道寮に入り、お雇い技師の下に京阪間の鉄道路線の測量に従事し、75年に技術一等見習として中山道線の調査に随行する。

1877年、大阪に鉄道技術者養成の工部省鉄道局工技生養成所が設置されると同時に入所し、78年、第一期修了生となる。86年、神戸－大津間の路線修繕工事を監督し、翌87年、鉄道五等技師に進む。91年、豊橋建築事務所に転じ、94年に工部省鉄道局工務課横川保線事務所長、同94年7月、品川西南軍用鉄道建築主任となる。

1897年の中央線建設にともなって鉄道作業局名古屋出張所長となったが、99年に鹿児島線八代－鹿児島間の建設が決定するや、鹿児島出張所長に任ぜられ、以来9年にわたり難工事を指揮し、工事の途中で鹿児島を去った。

1907年朝鮮総督府鉄道管理局へ転任して龍山営業事務所長、その後、総督府鉄道工務課長などをつとめ、11年に辞任する。わが国最初の鉄道技術者の一人で、初期の鉄道功労者としても知られている。

藤倉見達　ふじくら・けんたつ　⇒港湾分野参照

原口 要　はらぐち・かなめ　鉄道・橋梁・都市計画

1851.5.25～1927.1.23。長崎県に生まれる。1875（明治8）年、第1回文部省官費留学生として米国に留学し、ニューヨーク州のレンセラー工科大学で土木工学を修め、78年に卒業。その後、ニューヨーク橋梁会社につとめ、さらに同社の推薦でペンシルバニア鉄道会社の技師となり、フィラデルフィア付近からウエストチェスターに至る鉄道敷設工事を担当し賞賛を博した。日本人が、米国において技師の待遇をもって登用されたのは原口が初めてであった。

1880年に帰国後、東京府御用掛となり、

市区改正、水道および下水改良、品川湾改修などの計画をたて、また高橋、吾妻橋の鉄橋を架設し、わが国における鉄橋建設に先鞭をつけた。とくに東京市区改正事業では、計画原案作成の責任者であった。

1882年、工部省鉄道局工部技長となり、これまでの鉄道建設はお雇い外国人に頼っていたが、原口がその任に就いてから初めて外国人技師を指導して鉄道建設が行われた。83年、少技長となり、品川－新宿間、横浜－沼津間の工事を担当した。

また甲武鉄道会社線の新宿－八王子間の建設を統括し、北陸線の敦賀－富山間の路線測量を完成させた。1894年、逓信省初代鉄道技監となる。

1888年から97年まで東京市区改正委員会の鉄道担当者として、新宿－上野間高架鉄道（市街線）の建設、中央停車場（現東京駅）の設置などの計画に参与した。

原口は、東海道線、東北線、信越線、北陸線、奥羽線、中央線などの鉄道拡張計画を立て、山陽線、九州線、近畿線、関西線などの建設も間接的に指導し、その後に敷設された線路も原口の立案、設計に係わるものが多く、わが国の鉄道技術界の先駆者として功績は大きい。1897年に退官し、清国政府鉄道顧問官などをつとめた。詩文に長じ、諸外国の外交官からは「詩人政治家」と呼ばれた人でもあった。

小山保政　こやま・やすまさ　鉄道

1852.10.10～1899.8.24。滋賀県に生まれる。1871(明治4)年、工部省に出仕し、鉄道寮技術見習となり、新橋－横浜間の鉄道建設に従事するとともに、お雇い鉄道技師に数学、測量、製図などを学ぶ。

1876年、六郷川橋梁の改築工事に従事し、以来82年まで新橋－横浜間の保線業務を担当する。83年、日本鉄道会社で東京－高崎間の工事を工部省鉄道局に委嘱するにおよんで、直江津－軽井沢間の工区を、本間英一郎少技長を補佐して担当した。その後、逓信省鉄道局名古屋保線事務所長心得となる。

日清戦争の結果、1895年、日本は台湾を領有し、台湾の鉄道を正式に接収し、逓信省鉄道技師として派遣された小山は、技手や兵士を指揮して破壊された路線の修復を担当した。96年、台湾総督府が設置されたが、これに先立ち、95年に台湾統治の必要から南北縦貫鉄道建設が急務とされ、小山は臨時台湾鉄道隊付技師として台湾南部の鉄道路線予測に従事した。

1897年に帰国して逓信省鉄道作業局静岡保線事務所長。同97年、台湾総督府民政局鉄道課長、99年、臨時台湾鉄道施設部が設置されて技師となり、ついで打狗出張所長となったが、路線の視察中、軽便鉄道が転覆事故を起こし、死去した。台湾鉄道の功労者の一人である。

木寺則好　きでら・のりよし　鉄道

1852.11.6～1898.12.15。京都府に生まれる。わが国の鉄道技術者の最古参の一人。1878(明治11)年、工部省鉄道局工技生養成所修了。初代鉄道助佐藤政養について測量、土木を、お雇い鉄道技師のブランデル(A.W.Blundell)、シャービントン(T.R.Shervinton)などの指導で建築術を修める。

1872年、はじめて鉄道工事に従事し、大阪-神戸間の敷設工事を担当、80年から85年にかけて柳ケ瀬、関ケ原、大津各線の建設にあたり、86年、東海道線の名古屋-中泉間の測量・工事に従事、のち湖東線の建設にあたって彦根保線事務所長心得となり、95年に辞職した。その後、紀和および南和の各鉄道会社の技術課長をつとめた。

増田禮作　ますだ・れいさく　鉄道

1853.12.3～1917.11.27。大分県に生まれる。1876(明治9)年、開成学校工学科卒。同年、文部省から工学修業のため英国留学を命じられ、グラスゴー大学に入り、78年、エジンバラ大学に転じ、5年間の修学を終えて81年に帰国した。

1882年、日本鉄道会社に入り、同82年工部省工部権少技長となり、工部省鉄道局に勤務。以後、日本鉄道会社出向となって上野-高崎間、塩釜-福島間、一関-仙台間などの測量、建設工事、建築事務に力を尽くした。90年、鉄道庁第一部新橋建築課長、91年、日本鉄道会社技師長、93年、鉄道庁敦賀出張所長。

1896年、逓信省鉄道技監に就任し、鉄道局工務部長兼建設部長を命ぜられ、広島-宇品間の軍用鉄道改築工事を監督した。98年、逓信省鉄道作業局建設部長。1907年、帝国鉄道庁の設置とともに技監となり、翌08年、同庁の廃止と同時に官職を辞した。

本間英一郎　ほんま・えいいちろう　鉄道

1853.12.17～1927.9.29。福岡県に生まれる。1865(慶応元)年、長崎へ出て英語を修学、67年、藩命によりアメリカへの留学生に選ばれる。

この留学生の中に、後に明治憲法の起草者の一人となった金子堅太郎、三井財閥の指導者の団琢磨、津田塾創始者の津田梅子らがいた。アメリカではハイスクール卒業後、マサチューセッツ工科大学(MIT)で土木工学を学び、1874(明治7)年、日本人最初の同校卒業生となる。

1874年、帰国して海軍省に勤務、翌75年、京都府に技師として入り、京都-大津間の道路改修工事に従事した。この工事は外国の土木技術を用いたわが国最初の本格的な道路改修工事であった。京都府時代、三条小橋を架設したが、この橋は明治維新後の西洋式の石造眼鏡橋の嚆矢ともなった。

道路改修工事で手腕を発揮した本間は、1877年、工部省鉄道局から招かれて技師となる。80年、大阪鉄道局に転じ、83年工部権少技長として高崎-横川間、86年、直江津-軽井沢間の各一部の工事を担当し、88年、工事の進捗に伴って長野出張所長として全線を管理した。

信越線は、上野-横川間、軽井沢-直江津間は開通していたが、横川-軽井沢間の碓氷線は3線の案があり、路線決定に至らず、一時は建築師長ポーナル(C.A.W. Pownall)の選定したアプト式の和見線に決定したが、本間はアプト式を採用するなら中尾線ルートが最適という意見書を鉄道局長官井上勝に提出したため、90年、本間はふたたび中尾線の精密測量を命じられた。

翌1891年には、松本荘一郎がポーナル、本間とともに現場を巡視し、松本は中尾線が

適当であることを長官に報告し、アプト式鉄道の敷設は中尾線を採用することに決定した。

1890年、鉄道庁長野工務課長となり、翌91年、横川出張所長を兼務して建設工事を統轄、93年に開通した碓氷線完成ののち、奥羽線工事のため、同93年、通信省鉄道局青森出張所長、福島出張所長を勤めたが、94年に退官した。

その後は、東京に本間鉄道工事事務所を設立。

1889年、鉄道局盛岡出張所長。92年、鉄道局を辞めて日本鉄道会社に入り、97年、岩越鉄道会社技師長。

1899年、時の民政長官・後藤新平の招請により、台湾総督府の臨時鉄道敷設部技師長に就任し、台湾縦貫鉄道は1908年に全通した。

1908年、鉄道院設置により東部鉄道管理局長、その後、西部、中部の各局長もつとめ、1916(大正5)年に技監、18年に副総裁に就任した。

長谷川謹介　はせがわ・きんすけ　鉄道

1855.8.10～1921.8.27。山口県に生まれる。1874(明治7)年、時の鉄道頭である井上勝に認められて工部省鉄道寮に入り、お雇い技師に従って通訳、測量の手伝いに従事し、この間に鉄道技術を習得した。

1877年、工部省技手となり、翌78年、工部省鉄道局工技生養成所を修了。78年、京都－大津間の大津線工事に従事し、深草－逢坂山間の工区を担当して翌年に完成させた。80年の長浜－敦賀間の敦賀線工事では柳ヶ瀬隧道工事を担当し、当時わが国で空前の長い隧道を完成させて、非凡の技量を認められた。

この工事では、測量より竣工までの詳細な報告を英文でまとめ、英国土木学会へ『柳ヶ瀬隧道論』として投稿し、85年、同学会の準会員となる。1884年、鉄道視察のため欧米へ派遣される。85年に揖斐川および長良川の両鉄橋の工事、87年には天竜川橋梁工事を担当して、89年に当時、わが国で最長の鉄橋を完成させた。

南 清　みなみ・きよし　鉄道

1856.5.1～1904.1.19。福島県に生まれる。1879(明治12)年、工部大学校土木科卒業。80年に土木学修業のため英国へ留学、グラスゴー大学で理工科を専修する。かたわら当時わが国と関係が深かったマクレラン鉄工所で鋼橋などの鉄道用材の組立、クライドの築港工事に従事。さらにカレドニアン鉄道会社の鉄道工事に従事して実地研修に努めた。その後、グラスゴー大学を中退し、スペインの鉱山で鉄道、給水などの工事に従事した。82年、英国土木学会二等会員に選ばれ、翌83年帰国した。

同1883年、工部省御用掛となり、東京－前橋間の線路建設、高崎－上田間の線路予測主任として碓氷峠の開拓、東海道線の沼津－天竜川間の工事などにあたった。

1890年、山陽鉄道会社技師長に官設鉄道界から選ばれて就任。中上川彦次郎社長と相談し、鉄道用品を外国代理人の手を経ず直輸入する方法に改め、それまでの慣習を打破して経営手腕を発揮した。日清戦争に際しては

尾道－広島間の軍事輸送を担当して功を認められた。

1896年、山陽鉄道技師長を辞し、同年には村上享一とともに鉄道工務所を大阪に開設し、測量、設計、工事監督、運輸上の諸業務を行った。

民間の鉄道人、在野の鉄道人として技術者としてはもとより、経営者としても群を抜いた存在であった。

著書に村上享一と共著の『鉄道経綸の刷新』（1902年）、『鉄道経営策』（1903年）がある。

平井晴二郎　ひらい・せいじろう　鉄道・水道

1856.10.16～1926.6.29。石川県に生まれる。1875（明治8）年、文部省第1回留学生として米国に留学し、ニューヨーク州のレンセラー工科大学で土木工学を専攻し、78年に卒業。その後、同国の陸軍省雇いとなってミシシッピー河の測量と治水工事などに従事し、80年に帰国した。

1881年、開拓使御用掛となってクロフォード（J.U. Crawford）、松本荘一郎らとともに札幌－幌内間の路線測量を担当。その後、工部省工部権少技長、北海道庁少技長などをつとめて道央を中心とした鉄道建設にあたった。87年、北海道鉄道事務所長を兼任したが翌88年に辞め、大阪鉄道会社技師長となる。89年、北海道庁技師長兼鉄道課長。

1890年、北海道炭礦鉄道会社の創立とともに招請されて技師長となり、室蘭－空知間、夕張－空知間の路線工事を監督し、93年、同社を辞任する。94年以降は逓信省鉄道局において監理課長、鉄道技監を経て1904年、松本荘一郎の死去により鉄道作業局長官に就任した。

1907年、帝国鉄道庁が設置されて初代総裁。翌08年、鉄道院が設置され副総裁となったが、同年に退官した。

平井は、クロフォード、松本荘一郎とともに北海道の鉄道の生みの親であり、鉄道国有に際しては立法ならびに実施に尽力し、鉄道業務組織を確立して今日の鉄道事業の基礎を造った。

平井は一貫して鉄道工事、事業に携わってきたが、北海道時代には、平井の計画、設計、監督による函館水道が1889年に竣工し、日本人の手による最初の近代水道を完成させ、水道史にも功績を残した。

平井はまた、レンガ造りの北海道庁旧庁舎の設計者でもある。

仙石貢　せんごく・みつぐ　鉄道

1857.6.2～1931.10.30。高知県に生まれる。1878（明治11）年、東京大学理学部（土木）工学科卒。仙石は郷土の大先輩で伯爵の後藤象二郎の書生をしていたが、後藤に「書生等が皆政治家を志望するのは間違っている。文明の時代に処するには理工学を修めないでどうする」と諭されて、エンジニアとして身を起こした。

卒業後、東京府土木課測量掛雇いとなったが、1881年に辞して、東北鉄道会社の創立事務に従事。84年、工部省鉄道局勤務となり、日本鉄道会社の中田－宇都宮間、白河－福島間の鉄道工事を担当。88年、甲武鉄道会社の新宿－立川間鉄道工事を鉄道局で施行するため、その工事を担当した。

1889年、東京市区改正事業において、東京中央停車場、新橋－上野間の高架線連絡の調査に従事した。93年、鉄道会議議員、逓信技師兼鉄道技師となる。

1894年、日清戦役に際し陸軍省御用掛となって釜山、京城、仁川などの各地に派遣される。96年9月、逓信省鉄道技監となったが、翌10月に退官した。

退官後は筑豊鉄道会社社長、九州鉄道会社社長となり、1906年、南満州鉄道株式会社設立委員をつとめる。08年、衆議院議員。11年、猪苗代水力電気会社を起こし、その重役として1914(大正3)年に第一期工事を完成させ、わが国における水力電気と長距離電力輸送界に一転機を画した。

1914年、鉄道院総裁に就任。24年、鉄道大臣。1920(大正9)年、土木学会会長、1929(昭和4)年、南満州鉄道株式会社総裁に就任する。

また、わが国の治水事業に活躍したお雇い技師ドールン(C.J.van Doorn)の安積疏水(猪苗代湖疏水)に対する功績を伝えるために、猪苗代湖畔に氏の銅像建設に尽くし、1931年10月14日に竣工してその除幕式を挙行した。

笠井愛次郎　かさい・あいじろう　鉄道

1857.6.16～1935.9.25。岐阜県に生まれる。1882(明治15)年、工部大学校土木科卒。岡山県の嘱託となり、児島湾開墾工事の測量、設計に従事。翌83年、徳島県に勤務し、国道工事を担当する。

1886年、海軍省技師として佐世保および呉海軍鎮守府創設工事に従事。87年には民間に移り、九州鉄道会社で建設工事その他の任にあたる。

その後、日本土木会社に入り、九州出張所長、大阪支店長を勤めた。1900年、京釜鉄道会社の技師長となり、京城－釜山間の鉄道敷設に尽力、その後も養老鉄道、常総鉄道、多摩鉄道会社の役員を勤め、広く鉄道事業に貢献した。

この間、1897年には鉄道従事者と中国の留学生の養成を目的とした鉄道学校設立の主唱者の一人となり、私立鉄道学校を同年に開校させ、岩倉鉄道学校と改称した1901年に理事となり、多くの人材を鉄道界に輩出した。

屋代 傳　やしろ・つたえ　鉄道

1857.7.15～1889.5.21。山形県に生まれる。1875(明治8)年、工部省工学寮工学校に官費生として入学し、測量、鉄道、河川、港湾などの実地研修を積み、81年、工部大学校土木科卒。

開拓使出仕となり、炭田輸送の鉄道建設に従事。1882年、石川県御用掛となり神通川の架橋工事に携わる。83年、工部省技手となり、日本鉄道会社の東京－高崎間、大宮－宇都宮間、仙台－福島間の東北線の建設工事に従事し、86年、鉄道局技師となる。

1887年、鉄道視察のためイギリス、フランス、ドイツ、アメリカへ、休職して自費で洋行し、翌88年に帰国。次いで、郷土山形で山脈を横断する鉄道の難工事の監督を請われたため官を辞し、その建設の実測と計画に没頭していたが、工事の本許可が下りないうちに、郷里の米沢において33歳で死去した。

白石直治　しらいし・なおじ　鉄道

1857.10.29 ～ 1919.2.17。高知県に生まれる。1881(明治14)年、東京大学理学部(土木)工学科卒。農商務省に入り、のち東京府に転じた。83年、文部省留学生として土木工学研究のため米国のレンセラー工科大学に派遣され、当時、橋梁工学の第一人者といわれたバー(W.H.Burr)教授に師事した。

その後、ペンシルバニア鉄道会社、フェニックス橋梁会社などで学び、さらに研究を続けるため英、仏、独の各国の工場を巡歴し、86年ベルリン大学に入学し、翌年に帰国。87年、帝国大学工科大学教授。

1890年、帝国大学工科大学教授を辞任し、関西鉄道会社三代目社長となる。

1898年、鉄道会議臨時議員となり、同年に関西鉄道会社社長を辞任した。12年、高知県から代議士に選ばれ政友会に所属したが、在任中は四国横断鉄道敷設を力説した。

1919(大正8)年、土木学会会長となる。白石はまた、英国土木学会会員として「神戸鉄筋コンクリート倉庫建築」、さらに米国土木学会会員として「長崎港三菱造船所船渠」の論文を寄稿している。著書に『鉄道国有論』(1891年)がある。

河野天瑞　こうの・たかのぶ　鉄道

1857.12.1 ～ 1925.3.11。兵庫県に生まれる。1883(明治16)年、工部大学校土木科卒。工部省鉄道局に勤務し、東京－高崎間の路線建設、荒川、烏川、利根川、箒川などの鉄橋工事に従事した。

1886年、官を辞して大倉組に入社、呉鎮守府建設の主任技師、翌年、日本土木会社に転じて呉港出張所長、89年同社を辞し、奈良鉄道会社技術部長、91年、北陸鉄道技術長嘱託となる。92年、時の外務大臣林董の委嘱により朝鮮に渡り、日本人技師として初めて釜山－京城南大門間の路線の実測に従事。93年、ふたたび奈良鉄道会社に入り技師長、建築課長として、96年、京都－奈良間を全通させる。

その後、伊賀鉄道、四国鉄道会社の技師長嘱託、1901年、愛媛県新居浜の住友別子鉱業所の建設課長、竜野電気鉄道会社技術顧問を務め、10年、大阪に河野工業事務所を創立した。

古川阪次郎　ふるかわ・さかじろう　鉄道

1858.11.4 ～ 1941.3.2。香川県に生まれる。1884(明治17)年、工部大学校土木科卒。工部省鉄道寮に入り、日本鉄道会社の山手線建設工事を担当し、翌85年には碓氷線の建設に従事した。

1887年、鉄道局を辞め、長野県技師となり、道路開削委員を命じられる。古川が長野県在任の時、道路工事を施工するに際して新聞に広告して技術者に工学士を有する請負人を求めたが、請負人を指名するにあたって、とくに技術者として工学士を置くことの条件

を付したのは、古川が嚆矢といわれている。

1889年、九州鉄道会社技師に転じ、久留米－熊本間の測量と設計を担当。94年、逓信省鉄道局に復職、96年、八王子出張所長となって八王子－甲府間の建設を担当し、とくに中央東線建設の最難関で、当時わが国で最長の笹子トンネル（延長4657m）の工事にあたり、新しい技術を導入して1902年に導坑を貫通させた。

1904年、日露戦争に野戦鉄道提理部技長として従軍。08年、鉄道院中部鉄道管理局長となり、その後、技術部長、技監を歴任し、1913（大正2）年、副総裁に就任した。在任中は広軌鉄道改築取調委員会の委員長を務め、広軌改築の研究と推進に力を尽くし、17年に退官した。

その後は帝国鉄道協会会長、1922年には土木学会会長をつとめた。

野村龍太郎　のむら・りゅうたろう　鉄道

1859.1.25～1943.9.18。岐阜県に生まれる。1881（明治14）年、東京大学理学部（土木）工学科卒。東京府に勤務後、86年、当時の鉄道局少技長である原口要に懇請されて鉄道局に転じる。

1888年、甲武鉄道会社の工事を鉄道局で担当することとなり、新宿－八王子間の建設に従事し、この区間は翌年に開通した。

1894年、逓信省鉄道局福島出張所の初代所長となって奥羽線の福島－米沢間の建設工事を担当し、板谷隧道などの難工事を完成させる。96年、欧米へ鉄道事業視察のため派遣され、98年、帰国して逓信技監、同時に鉄道会議議員となる。

1906年、鉄道国有の議が起こると、臨時鉄道国有準備局の課長を兼ね、その後は帝国鉄道庁、鉄道院の建設部長などを勤め、09年に鉄道院技監、1913（大正2）年、鉄道院副総裁、南満州鉄道株式会社第三代総裁となり、その後、社長もつとめた。また東京地下鉄道、湘南電気鉄道、南武鉄道の各会社の社長を歴任した。

1903年、岩倉鉄道学校初代校長、1917年に土木学会会長、帝国鉄道協会会長。1918年、大湊興業初代社長。

著書に『鉄道測量用諸表』（共著、1893年）、編著書に〈戦前土木名著100書〉の『工学字彙』（1886年）がある。

吉川三次郎　よしかわ・さんじろう　鉄道

1860.5.6～1916.7.13。岐阜県に生まれる。1882（明治15）年、工部大学校土木科卒。工部省鉄道局に勤務。88年、鉄道工事視察のため欧米に派遣される。96年、日本鉄道会社に入社して技師長となる。

1897年、招請されて朝鮮京仁鉄道会社に転じ、鉄道建設を監督し、99年、退職。

吉川が従事した工事の中で特筆すべきは、碓氷線（横川－軽井沢間）のアプト式鉄道工事である。1888年、鉄道工事実地調査の目的で欧米諸国を鉄道技師の仙石貢と同行し、急勾配および山間鉄道の調査中に、ドイツのハルツ山でアプト式鉄道を実見した。当時問題となっていた碓氷峠もこの方式を応用することが最適と判断して仙石とともに鉄道局長官に報告。また、鉄道局顧問技師シャービントン（T.R. Shervinton）も同意見で長官に勧説し、軽井沢－横川間はアプト式採用に決した。

この鉄道建設で吉川は横川方面を担当し、工事は1891年に着工し、93年に開業した。吉川は仙石貢とともにアプト式鉄道の紹介者であり、建設者の一人である。

碓氷線開業後は、93年、逓信省鉄道局横川保線事務所長、94年、青森出張所長となる。99年の退官後は、とくに水力電気界で活躍した。その中でも王子製紙の苫小牧水力電気工事はその顕著な事業である。また、鉄道院の小樽港内埋立工事では「水力土工（Hydraulic Sluicing）」と名付けた工法で土工工事が行なわれたが、吉川はわが国にはじめてこの工法を紹介した人である。

大屋権平　おおや・ごんぺい　鉄道

1861.2.22～1923.3.31。山口県に生まれる。1883（明治16）年、東京大学理学部（土木）工学科卒。ただちに陸軍省に入ったが、86年鉄道局に転じて技師となり、横須賀線の建設工事に従事して、89年に竣工させた。

1995年、臨時鉄道隊技術部長、97年、逓信省鉄道技監に進み、鉄道作業局工務部長を兼ねる。

1901年、鉄道業務視察のため欧米へ派遣され、翌02年に帰国する。03年、京釜鉄道会社の技師長、総督府鉄道管理局技師、鉄道管理局長官などを経て、09年、鉄道院技監兼韓国鉄道管理局長官。後に朝鮮総督府鉄道局長官となり、朝鮮半島鉄道網の完成に尽力した。

山口準之助　やまぐち・じゅんのすけ　鉄道

1861.4.21～1945.不詳。東京都に生まれる。1883（明治16）年、工部大学校土木科卒。内務省に入り、86年に退官して帝国大学工科大学助教授となる。

1888年、山陽鉄道会社に招請されて入社し、神戸－岡山間保存掛長、建設掛長などを経て、94年、建築課長となる。1906年、鉄道国有により逓信省鉄道作業局雇となり、工務部長心得を命じられ、07年、帝国鉄道庁開庁とともに工務部長となる。

1908年、鉄道院鉄道調査所長。1910年、鉄道院臨時路線調査課長兼鉄道試験所長となり、11年、東部鉄道管理局長に就任したが、13（大正2）年、病のため退官した。

野辺地久記　のへじ・ひさき　鉄道

1861.6.6～1899.1.27。京都府に生まれる。1882（明治15）年、工部大学校土木科卒。同校助教授となり、84年、米国に留学、ペンシルバニア大学土木工学科を卒業した。在米中は勉学のかたわら、元お雇い鉄道技師のクロフォード（J.U. Crawford）の下で実業に従事し、フィラデルフィア鉄道局に勤務して鉄道技術の修得につとめた。

1888年、帰国して創立期の九州鉄道会社技師長に招かれ、九州鉄道が私設鉄道会社として独自の力で路線の建設を実現できたのは、野辺地の力によるところ大であった。

1890年、豊州鉄道に移り、技師長となり、94年に退職した。

この間、九州鉄道会社顧問技師ルムシュッテル（H. Rumschttel）とともに東京の市区改正計画による新橋－上野間高架鉄道計画に関与した。1895年、帝国大学工科大学教授。

1897年、工部大学校で同期生であった笠井愛次郎が主唱した鉄道学校（1903年岩倉鉄道学校、43年岩倉高等学校と改称）が創立されると、初代校長に就任した。

田辺朔郎　たなべ・さくろう　⇒電力分野参照

西 大助　にし・だいすけ　鉄道

1862.1.3～1936.10.30。東京都に生まれる。1881（明治14）年、工部省鉄道局工技生養成所修了。長浜－敦賀間の柳ケ瀬隧道工事など官設鉄道建設に従事する。92年、日本鉄道会社の技術部監として磐城線原ノ町－岩沼間の建設を担当。96年、同社を退職し、逓信技師兼逓信省鉄道技師となり、各地の官設鉄道および私設鉄道の工事監査にあたる。

1905年、米国ワシントンでの第7回万国鉄道会議に委員として出席し、翌06年に臨時鉄道国有準備局技師を兼任、11年、広軌鉄道改築準備委員会幹事をつとめる。1913（大正2）年、鉄道院監督局技術主任となったが、翌年休職となり、16年に辞した。国有鉄道創業時代に関係したひとりで、また、〈戦前土木名著100書〉の『日本鉄道史』（1921年）の編纂に携わり、わが国鉄道の創業史に精通していた。

武笠清太郎　むかさ・せいたろう　鉄道

1862.4.14～1937.10.23。滋賀県に生まれる。1886（明治19）年、帝国大学工科大学土木工学科卒。鉄道局技手となり上田－江津間の測量に従事。翌年退職して渡米、ペンシルバニア鉄道工事などに従事する。

1888年、九州鉄道会社に入り技師長、建築課長、工務課長をつとめる。99年、同社を辞して逓信省鉄道作業局建設部監査掛長、京釜鉄道監理官、臨時鉄道国有準備局技師、帝国鉄道庁技師。1908年鉄道院が設置されてからは、総務部設計課長、監理部技術課長。

1911年、東京帝国大学工科大学教授を兼任。1917（大正6）年、川崎造船所に入り臨時建築部長、20年、都市計画神戸地方委員会委員。また豊州鉄道技術長などもつとめた。

廣井 勇　ひろい・いさみ　⇒港湾分野参照

岡村初之助　おかむら・はつのすけ　鉄道

1863.12.18～1915.12.3。大阪府に生まれる。1876（明治9）年、工部省鉄道寮に給仕として入った後、同省鉄道局雇い、工部省技手、逓信省鉄道技手などを経て、97年、逓信省鉄道作業局神戸保線事務所長となる。

1904年に一時退官し、朝鮮の京釜鉄道の

技師、保線課長、工作課長をつとめ、翌05年、国有鉄道に復帰した。06年、逓信省鉄道作業局富山出張所長（後、富山建設事務所長）。07年、朝鮮総督府鉄道管理局技師に転じ、龍山出張所長。

1909年、鴨緑江出張所（後、鴨緑江建設事務所）設置とともに所長となり、鴨緑江架橋工事を担当し、未曾有の開閉式鉄橋を竣成させ、本橋の開通により南満州鉄道株式会社線路と連絡が可能となった。その後、11年、鉄道局工務課長をつとめ、12年に鴨緑江架橋の功績で叙勲を受けた。

石丸重美　いしまる・しげみ　鉄道

1864.1.14 〜 1923.10.17。大分県に生まれる。1890（明治23）年、帝国大学工科大学土木工学科卒。91年、内務技師試補となり秋田県につとめる。92年に退職し、鉄道庁に入る。

1893年、逓信省鉄道局技師、94年、陸軍省から釜山および京城－仁川間へ派遣される。96年に鉄道局国府津保線事務所長、篠ノ井出張所長。1900年、逓信省鉄道作業局米子出張所長、07年、帝国鉄道庁技師、1913（大正2）年、鉄道院技監、技術部長となり、15年に退官する。

1918年、原敬内閣のとき鉄道院副総裁となり鉄道網建設に尽くした。20年に鉄道次官。22年に貴族院勅選議員となる。

佐分利一嗣　さぶり・かずつぐ　鉄道

1864.3.23 〜 1924.5.28。広島県に生まれる。1880（明治13）年、工部大学校土木科に入学した後、帝国大学工科大学土木工学科に移籍し、86年卒業。民間鉄道事業に力を尽くし、東京市街鉄道会社発起人にはじまり、成田鉄道会社技師長を経て、1901年、同社長となる。

その後、横須賀電灯、京阪電気鉄道、筑波鉄道各社の取締役、また朝鮮中央鉄道会社社長などを務めた。九州視察中に熊本公会堂の歓迎会の席で死去した。

著書の『日本之鉄道』（1891年）では、政府の鉄道網形成の構想に対抗して独自の私設鉄道網案を提起した。ほかに『官設鉄道払下ノ趣意書ヲ論ス』（共著、1894年）など。

広川広四郎　ひろかわ・ひろしろう　鉄道

1864.9.13 〜 1896.10.22。新潟県に生まれる。1889（明治22）年、帝国大学工科大学土木工学科卒。さらに同年大学院に入学し、鉄道事業を研究。この間、九州鉄道会社嘱託として実務に就き、91年、大学院卒業とともに同社を辞し、東京市水道技師となる。

1892年、鉄道庁に転じ、路線取調委員として線路の監査、踏査、測量などに従事、また東京市街鉄道および中央停車場設置の設計、調査に尽くす。96年6月、鉄道事業視察のため欧米へ派遣されることが決まったが、10月、急に南和鉄道の監査を命じられ、15日に大阪に赴き、19日に帰京したが、病

のため33歳で死去した。

著書に『鉄道測量用語法』(共著、1893年)がある。友人の国沢新兵衛(本書の採録者)の私家本『故広川広四郎君　虎の巻』(582p、1901年)があるが、本書は広川が生前にノート3冊(『虎の巻』『龍の巻』『獅子の巻』)から抜粋した鉄道事業研究資料集。

国沢新兵衛　くにさわ・しんぺえ　鉄道

1864.11.23～1953.11.26。高知県に生まれる。1889(明治22)年、帝国大学工科大学土木工学科卒。在学中すでに東北線黒磯－白河間の工事実施に従事したが、卒業後ただちに九州鉄道会社に入り、技師として佐賀付近の建設に携わる。

1892年、鉄道庁に鉄道技師として転じ、翌93年敦賀出張所に勤務、同93年逓信省鉄道局に移り、96年、福井鉄道局出張所長となり、北陸線の建設にあたった。欧米から帰国後の1900年、逓信省鉄道作業局金沢鉄道作業局出張所長、04年の日露戦争勃発と同時に陸軍省御用掛を兼務し、戦時鉄道の建設運営に従事した。

1906年、南満州鉄道株式会社創設と同時に理事として入社、08年に副総裁、1913年(大正2)年、任期満了で退任したが、翌年再任され、17年に理事長となり、13年にわたって満鉄の経営に尽力した。20年、衆議院議員。25年から29年まで帝国鉄道協会会長をつとめた。

1937年には、創立された日本通運の初代社長となり、その基礎を確立した。また、青山学院校長、社会福祉法人家庭学校理事長などを勤め、子弟の薫育に力を注いだ。

渡辺信四郎　わたなべ・しんしろう　鉄道

1865.7.26～1944.3.25。福井県に生まれる。1887(明治20)年、帝国大学工科大学土木工学科卒。鉄道局に入り、碓氷線横川－軽井沢間の路線選定の予測に従事。91年、同線のルートが決まり、熊ノ平から軽井沢間の工事を担当、93年に開業した。渡辺はこのアプト式鉄道建設者の一人である。

1894年に逓信省鉄道局を辞し、北海道炭礦鉄道会社に転じ、鉄道課長、技術長。その後、日本鉄道会社技師、北海道鉄道会社営業部長、臨時鉄道国有準備局技師などを務めた。1906年の鉄道国有法公布後は、帝国鉄道庁、鉄道院技師となり、1913(大正2)年に退官した。その後は、武蔵電気鉄道会社技師長、成田鉄道会社主任技師などを務めた。

渡辺は『帝国鉄道協会会報』(1908年)に「碓氷嶺鉄道建築畧歴」を報告し、路線選定の経緯から、アプト式採用の決定、トンネル・橋梁工事の概要情況などが詳細に記されている。

著書に『鉄道線路敷設心得』(1894年)がある。

長尾半平　ながお・はんぺい　鉄道

1865.7.28～1936.6.20。新潟県に生まれる。

1891(明治24)年、帝国大学工科大学土木工学科卒。内務省に入り、土木監督署勤務の後、山形、埼玉両県の土木課長。98年、台湾総督府に転じ、民生部土木課長、台北市区計画委員、臨時台湾基隆築港局技師を勤め、1909年土木局長。

1910年、後藤新平の招請で鉄道院技師に転じ、1913(大正2)年、管理部長、九州鉄道管理局長、16年、中部鉄道管理局長となる。21年、後藤新平が東京市長となると東京市電気局長に就任する。

1930(昭和5)年、衆議院議員に当選、立憲民政党に属する。長尾は若くして洗礼を受けたクリスチャンで、社会事業や教育・文化団体にも関係し、台湾時代には台湾婦人慈善会商議員長を勤め、台湾を離れる際には長尾奨学資金制度が創立された。

また明治学院財団理事、東京女子大学副学長、和光学園園長などもつとめ、京城の朝鮮総督府において死去した。

村上享一　むらかみ・きょういち　鉄道

1866.1.1～1906.8.18。愛媛県に生まれる。1888(明治21)年、帝国大学工科大学土木工学科卒。在学中、山陽鉄道会社の創業にあたり、実習生として山陽線の予測に従事する。卒業後、山陽鉄道に入社、技師長南清の知遇を受けて線路建設、吉井川、旭川の橋梁架設の監督を担当する。1892年、同社を辞して筑豊鉄道会社に入り、技師長、建築課長などをつとめた後、豊州鉄道会社顧問技師に招請された。

1896年10月、南清とともに、大阪で鉄道土木に関するコンサルタント業務を行う「鉄道工務所」を開設、村上は豊州鉄道を辞してこの新たな事業の創設と運営にその生涯を捧げることとなった。南の計画を助成し、南が急逝した後は、その事業を継承した。

鉄道工務所を経営しながら、同時に中越鉄道、七尾鉄道、播但鉄道、西成鉄道、豊川鉄道、阪鶴鉄道、釜山桟橋各社の顧問、技師長となって、鉄道建設・改良などの工事に参画したが、恩師南が死去した2年後に40歳で死去した。

著書に南清との共著『鉄道経綸の刷新』(1902年)と『鉄道経営策』(1903年)がある。

木下立安　きのした・りつあん　鉄道・土木出版業

1866.11.1～1953.6.6。和歌山県に生まれる。1888(明治21)年、慶応義塾大学卒。北海道炭鉱鉄道会社に入社し、すぐに同社の発祥地手宮の出張所長となる。その後、福沢諭吉の創刊した時事新報社に迎えられ、経済部主任として活躍した。97年ごろ紀和鉄道(大和五条－和歌山間)会社支配人としてふたたび鉄道界に入った後、終生の事業として新聞の発行にたずさわり、鉄道記者の第一号になった。

わが国における鉄道専門雑誌のはじまりは、1889年の『大日本鉄道雑誌』(大日本鉄道用達会社)、ついで96年の『鉄道』(鉄道雑誌社)で、ともに民間発行であったが、国有鉄道と大手の私鉄会社の発達を背景に、98年4月、私鉄関係者を中心として大阪にはじめて鉄道関係団体として鉄道協会が設立され、同10月にその機関誌『鉄道協会誌』が発行され、木下は編集を担当した。

一方、関東では、関西での協会設立に刺

激されて、同じく1898年11月、官私鉄道関係者によって帝国鉄道協会が設立され、翌99年5月にその機関誌『帝国鉄道協会会報』を創刊した(その後、『汎交通』と改題され現在でも発行)。わが国最初の本格的な鉄道専門誌を誕生させた鉄道協会では、本誌以外に、通俗的でわかりやすく、多くの鉄道職員を読者対象とする出版物の発行を決定した。

その編集者として新聞発行の経験をもち、鉄道に勤務した経験もある木下が選ばれ、また木下自身も以前からその必要性を痛感していたので、ためらうことなく編集を引き受けた。わが国で初めての鉄道専門新聞『鉄道時報』は、木下を主幹として1899年1月15日タブロイド判16ページで創刊された。その後に月3回発行、会員には無料で配付し、一般講読者には1部4銭で発売された。

しかし、同1899年7月、鉄道協会は帝国鉄道協会に合併され、会報としての性格は失われたので、翌1900年東京に移り、鉄道時報局を設けて独立、01年4月からは発行を週刊とし、1942(昭和17)年12月26日まで明治、大正、昭和と40有余年にわたって、穏健中道の立場で斬新な紙面を企画し、数多くの鉄道人に愛読された。また、木下は鉄道時報局で出版事業を行ない、『帝国鉄道要鑑』(1900年)、『日本の鉄道論』(1909年)など多くの鉄道関係図書を発行し、出版界にも名を成した。

〈戦前鉄道名著100書〉の『日本鉄道史』(鉄道省発行、1921年)では、「私設事業トシテ公共ノ性質ヲ帯ヒ、鉄道ノ進歩ニ貢献シタ」ものとして、岩倉鉄道学校、帝国鉄道協会と並んで、この『鉄道時報』を国鉄以外の重要な事業として高く評価している。なお、木下は理工図書㈱の創始者でもある。

菅村弓三　すがむら・ゆみぞう　鉄道

1867.8.6～1900.2.9。山口県に生まれる。1893(明治26)年、帝国大学工科大学土木工学科卒。関西鉄道会社に入り、四日市－名古屋間の線路測量、木曽川架橋工事の監督、柏植－奈良間の鉄道工事の設計などに3年間従事する。

ついで白石直治に選ばれて近江鉄道会社建築課長に転じ、財政難の中にあって2年間で路線の設計を完成させた。98年、北越鉄道会社社長渡辺嘉一の懇請で同社建築課長に迎えられ、諸種の因習を打破して工事を督励するなど、同社の建築設計事業を担当して経営の立案に手腕を発揮した。

1900年2月、柏崎－直江津間が大雪のため不通となり、自ら除雪作業に従事して8日夜半かろうじて列車運転にこぎつけたが、その後の補修作業のため、翌9日列車のデッキに立ち、保線作業員を督励中、偶然に氷雪塊に触れて墜落、轢死した。享年33歳。

金井彦三郎　かない・ひこさぶろう　⇒橋梁分野参照

岡田竹五郎　おかだ・たけごろう　鉄道

1867.8.25～1945.1.10。東京都(当時は江戸)に生まれる。1890(明治23)年、帝国大学工科大学土木工学科卒。東京府、埼玉県の技師を経て、97年、逓信省鉄道作業局に入り、新永間建築事務所第二代所長として、芝新銭座(浜松町付近)－永楽町間(現在の東京駅付近)の路線敷設に従事する。

1906年、市街高架鉄道、停車場設備などの調査のため欧米各国へ出張。翌07年帰国し、帝国鉄道庁工務部技術課長となり、芝新銭座－永楽町間および御茶ノ水－万世橋間の建設を目的とする市街線建築事務所長を兼務。1909年には浜松町－新橋間（従来の新橋駅は汐留と改称）、12年には御茶ノ水－万世橋（のち、廃駅となる）間がそれぞれ開業し、市街線建設につくした業績は大きい。

　その後、1915（大正4）年に鉄道院東部鉄道管理局長、17年、総裁官房研究所長を経て19年に鉄道技監となる。

　著書に『橋梁論』（1893年）がある。

富田保一郎　とみた・やすいちろう　鉄道

　1868.2.24～1922.12.18。愛媛県に生まれる。1894（明治27）年、帝国大学工科大学土木工学科卒。逓信省鉄道局に入り、奥羽線福島－米沢間、北陸線福井－富山間、中央線八王子－韮崎間などの鉄道建設工事に従事した。

　1905年には舞鶴線建設を担当した後、日露戦争の臨時軍用鉄道監部建築班長となり、京釜線建設工事を監督、翌06年、朝鮮総監府鉄道管理局臨時鉄道建設部新義州出張所長をつとめる。

　1907年に帰国後、鉄道院若松建設事務所長となり、岩越線（磐越西線）、新発田線、村上線、平郡線の工事を担当した。1913（大正2）年、欧米の鉄道視察、とくに山間部鉄道敷設工事の研究にあたる。15年、新設の熱海線建設事務所長。21年、鉄道省鉄道監察官制度発足に伴い監察官となった。

石川石代　いしかわ・せきだい　鉄道

　1868.3.7～1918.6.9。三重県に生まれる。1890（明治23）年、帝国大学工科大学土木工学科卒。内務省土木監督署に入り筑後川、信濃川などの改修工事に従事する。94年、青森県技師。95年、逓信省鉄道局技師に転じ、98年、鉄道作業局青森出張所長、1902年、同秋田出張所長となり奥羽線の建設を指導する。04年の日露戦争勃発と同時に臨時軍用鉄道監部技師長として朝鮮に渡り、京義鉄道敷設工事に従事し、三百余マイルの線路をわずか1年で運転開始に至らしめ、驚嘆を博した。その後、同鉄道が総監府所属となり建設部長をつとめた。1910年鉄道院技師に復帰し、1913（大正2）年に辞した。

　その間、10年には鉄道院総裁後藤新平の命により『東京下関間準軌道狭軌道比較』と題する調査書をまとめた。

服部鹿次郎　はっとり・しかじろう　鉄道

　1868.6.19～1930.11.7。福岡県に生まれる。1892（明治25）年、帝国大学工科大学土木工学科卒。内務省土木局、東京府技師を経て、96年、帝国大学工科大学助教授。1900年、鉄道工学研究のため、英・仏・独の各国に留学、1903年、教授。11年、九州帝国大学工

科大学教授、1914(大正3)年から18年まで学長をつとめた。

1919年、学制改革により九州帝国大学教授となり、1928(昭和3)年に退官した。服部は九州大学において、学生に試験をしないことで知られていた。

那波光雄　なわ・みつお　鉄道

1869.8.10～1960.4.1。岐阜県に生まれる。1893(明治26)年、帝国大学工科大学土木工学科卒。恩師・白石直治の招請に応じて関西鉄道会社に入る。

揖斐川橋梁の設計および架設工事に従事し、この時、鉄道創業期の新橋－横浜間建設工事にたずさわった技師として知られる武者満歌から、明治初頭のお雇い外国人の功績を知る。

1899年、関西鉄道を辞して京都帝国大学助教授となり、翌1900年、ドイツへ土木工学研究のために留学。02年に帰国し、京都帝国大学理工科大学教授。

1906年、九州鉄道会社に入ったが、翌07年、同社の解散により帝国鉄道庁技師に転じ、08年、中津建設事務所長。

1911年、鉄道院大分建設事務所長。15年、工務局設計課長、17年、東京帝国大学工科大学教授兼任、19年、鉄道院総裁官房研究所所長となり、26年に退官した。1931(昭和6)年、土木学会会長をつとめる。

1942年、『明治以後本邦土木と外人』が土木学会から刊行された際には、功績調査委員会委員長として、とりまとめに尽力した。なお、本書は〈戦前土木名著100書〉に選ばれている。

著書に『鉄道の回顧』(1925年)がある。

坂岡末太郎　さかおか・すえたろう　鉄道

1869.10.10～1923.9.26。青森県に生まれる。1894(明治27)年、札幌農学校工学(土木)科卒。北海道庁土木課に勤め、97年、鉄道部建設課技師となり、北海道鉄道の旭川－和寒間などの路線の測量、設計、工事に従事した。

1901年、札幌農学校土木工学科講師を兼務。翌02年、中国の米国鉄道会社の招請に応じて中国に赴任。03年に帰国して札幌農学校土木工学科教授となる。06年、北海道水力電気会社主任技師。

1908年、東北帝国大学農科大学土木工学科教授となり2年間、英米独仏に留学し10年に帰国。1918(大正7)年、北海道帝国大学農科大学土木専門部教授兼初代主事となる。21年に現職のまま札幌区会議員となる。

1912年から15年にかけて『最新鉄道工学講義』全8巻を著したが、鉄道工学の分野ではわが国で初めての大著であった。その後、『坂岡鉄道工学』全3巻が予定されていたが、3巻目は未完に終わった。その他の著書に『理論応用・橋梁構造編』(1898年)など。

粟野定次郎　あわの・さだじろう　鉄道

1870.5.23～1941.7.29。岐阜県に生まれる。1893(明治26)年、札幌農学校工学(土木)科卒。北海道庁に入り、兼任で、95年から1年余、札幌農学校助教授として土木専門部で教鞭をとる。

1896年から北海道の鉄道建設および保線に従事し、その間、旭川保線事務所長、工

務、保線建設の各課長などをつとめる。1902年の官制改正によって北海道の鉄道が本州に統合されたことに伴い内地に移り、07年、帝国鉄道庁秋田営業兼建設事務所長となる。

1910年から11年まで、神奈川県嘱託として石橋絢彦と共に、横浜市でわが国最初の鉄筋コンクリートアーチ橋・吉田橋の設計、架設に従事した。その後、東京の武蔵野鉄道、北海道鉄道各社の技師長などをつとめた。

1937(昭和12)年、北海道の胆振縦貫鉄道会社創立とともに技師長となり、戦時下、鉄鉱を室蘭製鉄所に搬出するため、京極－伊達紋別間59kmの鉄道建設に尽くしたが、41年10月の全線開通を見ることなく病を得て、技師長在職のまま死去した。

新元鹿之助　にいもと・しかのすけ　鉄道

1870.8.25～1949.3.8。鹿児島県に生まれる。1895(明治25)年、帝国大学工科大学土木工学科卒。逓信省鉄道局技師をつとめた後、97年、台湾総督府民政局技師となり、以後27年間にわたって台湾島の創設鉄道の測量、建設、改良、経営の基礎づくりに尽した。

この間、1899年、台湾総督府鉄道部打狗(高尾)出張所の初代所長、同工務課長、監督課長をつとめ、1908年、台湾縦貫鉄道の全通をみた。引き続き延長線の建設に従事し、花蓮港出張所長として台東線、阿里山作業所長として阿里山森林鉄道の建設を担当した。その後、営業課長、運輸課長を経て、1919(大正8)年、台湾総督府鉄道部長となり、建設、改良線をほぼ完成させ、24年、退官した。

玉村勇助　たまむら・ゆうすけ　索道

1870.11.3～1946.12.26。福井県に生まれる。わが国最初の架空索道会社の設立者。1895(明治28)年、帝国大学工科大学土木工学科卒。98年、古河鉱業足尾鉱山工作課に入社後、索道課長となる。

同鉱山には日本初の架空索道であるアメリカのハリジー式索道が1890年導入、架設されて以来、ホドソン式、ベライヘルト式などが導入されていたが、問題点が多いため、玉村は自ら開発改良を進めた。1901年に「玉村式握索機」を考案して以降、「玉村式単線自動循環式握索機」、「玉村式複線自動循環式握索機」などを次々と開発した。

1905年、古河鉱業を退社。07年、架空索道会社の玉村工務所を設立し、1930(昭和5)年に社長となり、架空索道の設計、工事、請負業のパイオニアとして活躍した。

「玉村式索道」の搬器は、搬器や貨物の重力でその握索機が自動的に索条をつかんだり放したりする形式で、急勾配の線路でも滑走する危険が少ないのが特徴で、山岳地区の急峻地帯での鉱石輸送、林業などに広がった。さらにダム工事現場での骨材・セメント輸送など、貨物索道として急速に利用されるようになり、貨物輸送に大いに貢献した。

杉浦宗三郎　　すぎうら・そうざぶろう　　鉄道

1870.12.13 〜 1937.12.10。東京都に生まれる。1894（明治27）年、帝国大学工科大学土木工学科卒。日本鉄道会社に入り、1900年、保線課長、翌01年に欧米の鉄道事業を視察する。06年、同社の国有鉄道移管に伴い帝国鉄道庁技師。

その後、鉄道院東部鉄道管理局営業課長兼船舶課長、総裁官房研究所主任を経て理事、工務局長、1919（大正8）年、鉄道院技監となり、21年に退官。その後は実業界に入り、また、帝国鉄道協会会長をつとめた。

梅野 實　　うめの・みのる　　鉄道・鉱山

1871.12.19 〜 1969.1.28。福岡県に生まれる。1896（明治29）年、帝国大学工科大学土木工学科卒。在学中に実習生として九州鉄道会社の路線選定に従事したこともあって、ただちに九州鉄道会社に入り、主任技師として長崎本線の武雄－長崎間、唐津線などの建設工事に従事する。

1907年、同社が国有鉄道に買収されると、「九州鉄道の討死に殉死」したとして、工学士にしてわが国で最初に土木請負業をはじめた太田六郎工業事務所（のち太田組と改称）に入って技師長となり、岩越線（磐越西線）平瀬トンネル建設、京都の四条、七条大橋の建設、神戸川崎造船所のガントリー・クレーン基礎工事、箱根登山鉄道調査・設計をはじめ、鉱山の調査・採掘も手掛けたが、1913（大正2）年に退所する。

この間の請負業者の経験を踏まえて論文「請負の研究」を雑誌『工学』に1914年から16年にかけて発表し、請負制度の改善を精細に主張した。

1919年、三菱製糸会社兼二浦製鉄所（朝鮮）所長などを経て、20年、南満州鉄道株式会社に入り、大連埠頭事務所長として港湾施設の改革と建設を担当する。運輸部長を経て23年に撫順炭鉱長兼鞍山製鉄所長、理事となり、撫順炭鉱の採掘計画、古城子露天掘り開発計画を確立し、さらに撫順新旧市街地の買収と新設市街の建設などにあたった。鞍山製鉄所では貧鉱処理の確立につとめた。また、地下タビの満州での普及にも、一役を買う。

1927（昭和2）年、満鉄を退社し帰国する。東京に梅野事務所を設け、鉱山経営に対する助言と斡旋業務を行い、横浜に合成ゴム研究所を設立する。39年、満州国政府の招請で農地造成を目的とする満州国土地開発会社理事長としてふたたび渡満し、敗戦により内地に引揚げるまで、満州国労務興国会理事長、満州国石炭統制協議会理事長などを務めるかたわら、合成ゴム会社を設立し人造ゴムの開発などに尽くした。

戦後は、福岡県引揚者更生会連合会長、九州朝日放送会社相談役などに就任する。1961年、久留米市名誉市民に推され、69年、久留米市の自宅で97歳の高齢で死去、市葬が営まれた。

大村卓一　　おおむら・たくいち　　鉄道

1872.2.13 〜 1946.3.5。福井県に生まれる。1896（明治29）年、札幌農学校工学（土木）科卒。北海道炭礦鉄道会社に就職し、98年、追分保線事務所長。1902年に欧米諸国およびシベリア鉄道事業視察のため出張する。

1906年の鉄道国有法により同社線は国有鉄道に買収となって、北海道鉄道作業局岩見沢保線事務所長。1908年、帝国鉄道庁北海道鉄道管理局工務課長となり、鉄道と港湾との一貫した運営の持論にもとづき小樽に鉄道の臨港設備を計画、またラッセル除雪車をアメリカより輸入するために尽力した。

1913(大正2)年、鉄道院北海道鉄道管理局技術課長、15年、同局長心得を兼務する。17年、ロシア十月革命によってソビエト政権が樹立。それに伴って翌18年、列強のシベリア出兵宣言が行われ、列国管理委員会(シベリア鉄道の保安と運転の確保を目的とする日・英・米・仏・伊・支・白露の委員会)の日本側委員として参加し、20年には支那鉄道の技術統一委員会の日本側顧問として列強委員と折衝、21年に黄河橋梁設計審査委員会委員。

1922年、山東鉄道引継委員会委員長となり、翌23年、同鉄道の管理を中国に引き渡す。25年、朝鮮総督府初代鉄道局長に就任し、朝鮮鉄道建設12か年計画を立案し、恵山線、満浦線、東海線、慶全線など、拓殖鉄道として次々と起工した。

1932(昭和7)年、満州鉄道を管理するため現職のまま新設の関東軍交通監督部長(陸軍中将待遇)に推され、35年、南満州鉄道株式会社副総裁。37年、鉄路総局長兼務、39年、第10代の満鉄総裁に就任し、43年、「懸案を解決して心残り無し」として辞任した。

1945年、第3代の満州国大陸科学院院長に就任したが、八路軍に鉄道専門家として抑留され、病院にて死去した。

内村鑑三を慕うクリスチャンで、高潔なる人格とその博識は広く知られ、明治、大正、昭和の三代にわたり鉄道一途に生き、北海道および大陸での鉄道への貢献は大きい。

青木 勇　あおき・いさむ　鉄道

1874.1.23～1953.1.21。山形県に生まれる。1896(明治29)年、帝国大学工科大学土木工学科卒。逓信省鉄道局に入り、神戸保線事務所長、西部鉄道管理局工務課改良掛長をつとめる。1913(大正2)年、鉄道院新庄建設事務所長となり、新庄線(現陸羽東線)、酒田線(現陸羽西線)などの建設を担当する。20年、米子建設事務所長、21年、第2代熱海線建設事務所長となり、23年に退官した。

木下淑夫　きのした・よしお　鉄道

1874.9.23～1923.9.8。京都府に生まれる。1898(明治31)年、東京帝国大学工科大学土木工学科卒。ついで大学院で、土木を修めながら法律と経済を学んだ。このことが、大正時代初期の、鉄道が建設から営業にその中心が移りつつある時期に役立つことになった。鉄道の経営と営業の近代化に大きく貢献し、「営業の父」と呼ばれることになる。

1899年、在学のまま逓信省鉄道作業局に入り、1900年、鉄道局長松本荘一郎に随行し

て欧米を視察し、翌01年、帰国する。技師であったが運転部に入り、02年、旅客掛長。

1904年に自費で欧米に留学（翌年官費に切換え）、アメリカのウィスコンシン大学で交通工学者のマイヤー博士の聴講生となり、ペンシルバニア大学では交通経済学部長のジョンソン（E.R.Johnson）博士に鉄道経営を学び、引続き欧州諸国で観光施設や外客誘致事業などを視察して07年に帰国した。

1908年、帝国鉄道庁運輸部旅客課長、営業課長、1914（大正3）年、鉄道院運輸局長となり、欧米で得た新しい鉄道運輸の研究と創見により国有鉄道の経営と営業に次々と新機軸を生み出した。

旅客面では、鉄道を利用する旅客の立場にたち、各種車両の改良、運賃体系の統一、定期券・回数券制度の新設、廻遊列車（団体列車）の運転を導入した。殊に鉄道の大衆化には意を注ぎ、旅客に対する従業員の態度の改善、掲示の文体を命令調から「です・ます」調に改め、また旅行する人たち向けに『汽車中に於ける共同生活』（1911年）という冊子を配付してマナーの確立を提唱した。

さらに英文、和文の旅行案内を刊行するなど、官僚的慣習を打破して欧米仕込みの新風を吹き込み、1912年にはジャパン・ツーリスト・ビューロー（日本旅行協会、現・日本交通公社）の創立を提唱、これが日本での旅行斡旋業の嚆矢となった。

貨物関係では、1912年、初めて上野－青森間に冷蔵車を使用、また新橋－下関間速達貨物列車を新設する。小荷物配達制度の特定、特別割引運賃の改正など、荷主へのサービス改善を図った。

運輸の国際化では、日本と外国との鉄道の連絡に力を尽くし、イギリス、アメリカ、カナダを経て日本へ、さらにシベリアを経由してサンクトペテルブルクに至る連絡と、その反対経路による世界一周の連絡運輸を1912年に開始させた。1918年、中部鉄道管理局、翌19年、東京鉄道管理局の各局長に就任する。

また、この間、木下は、堪能な語学力を生かし、外国人旅客のために鉄道職員に英会話、訳読などを教える目的で、1908年に自ら所長となって英語練習所を開設、翌09年には後藤新平が設立した中央教習所の英語科長となり、木下が教えた列車長や専務車掌などが日本の歴史や風物を外国人に説明し、観光事業に一役を果たした。

48歳で惜しまれて死去した木下は、鉄道界での生活中に100余編の論文などを執筆したが、木下淑夫遺稿集としてまとめられた『国有鉄道の将来』（15編を採録、1924年）は、運賃引上げの不可、鉄道財政の危機、軍縮による経費を広軌改築に充てるなどの主張を展開し、今日においてもすぐれた鉄道政策、経営論として一読に値する。

また運輸局長在任時代、『本邦鉄道の社会及経済に及ぼせる影響』（全4巻、1916年）を編纂したが、本書はわが国鉄道の発達と政治、社会、経済とのかかわりを初めて系統的に解明した大著で、その学術的価値は高い。その他、ジョンソン博士の著作を訳し、自説を述べ加えた『鉄道運輸原論』（1921年）がある。

松島寛三郎　　まつしま・かんざぶろう　　鉄道

1875.4.1～1956.4.22。広島県に生まれる。1900（明治33）年、京都帝国大学理工科大学土木工学科卒。山陽鉄道会社に入り、工務課長を務めた後、06年、鉄道国有法により同社が国営となり、帝国鉄道庁湊町保線事務所長、北海道鉄道管理局工務課長、名古屋鉄道管理局工務課長を務める。

1920（大正9）年、鉄道界の重鎮・長谷川謹介の懇請を受け、その知遇に感じて、官を辞

し、東海鉄道会社に入る。22年、新京阪鉄道会社設立に参加してその取締役技師長兼支配人となり、関西最初の地下鉄であるとともに、当時国内第一といわれた豪華高速線を京都市内に新設させた。

松永 工　まつなが・たくみ　鉄道

1876.4. 不詳～1946.7.2。東京都に生まれる。1901(明治34)年、京都帝国大学理工科大学土木工学科を卒業し、大学院に入る。帝国鉄道庁技師となり、07年、青森営業事務所保線長、10年、鉄道院青森保線事務所長、1916(大正5)年、両国保線事務所長、19年、上野保線事務所長などを経て、鉄道省名古屋鉄道局工務課長となる。

1924年、朝鮮鉄道会社技師長となり、1930(昭和5)年に辞した。その後、工政会常務理事などをつとめた。

著書に『土木実用アーチ設計法』(共著、10年)がある。

岡野 昇　おかの・のぼる　鉄道

1876.6.14～1949.4.28。東京都に生まれる。1899(明治32)年、東京帝国大学工科大学土木工学科卒。日本鉄道会社技師となり、翌年に水戸保線事務所長となる。1905年、信号および連鎖装置に関する視察のため欧米諸国に出張する。

1906年、国有鉄道法による日本鉄道会社の解散により、逓信省鉄道作業局に勤め、翌07年、帝国鉄道庁技師。09年、鉄道院第1回の留学生として、ふたたび鉄道事業研究のため欧米各国、とくにドイツで研究に従事し、11年に帰国する。1915(大正4)年、鉄道院工務局保線課長、19年、工務局長、24年に鉄道次官に就任するが、内閣の瓦解で退官した。

1928(昭和3)年に土木学会会長。46年には信号保安協会会長となり、わが国初期以来の鉄道信号の指導者であった。

竹内季一　たけうち・すえかず　鉄道

1876.10.2～1936.1.25。大阪府に生まれる。1900(明治33)年、京都帝国大学理工科大学土木工学科卒。同年、逓信省鉄道作業局に入り、03年、鉄道技師に任ぜられる。名古屋保線事務所勤務などを経て、07年、鉄道事業、とくに停車場、橋梁などの調査研究のため欧米諸国へ出張。

帰国後、鉄道院中部鉄道管理局勤務、鉄道院職員中央教習所で保安および信号に関する教鞭を執り、1913(大正2)年、神戸鉄道管理局改良係長、19年、九州鉄道管理局工務課長を勤め、23年に鉄道省を退官した。

鉄道院在職中は、とくに京都駅改築工事は竹内の会心の設計であった。1923年の退官後、時の丹羽鋤彦東京市道路局長の懇請により東京市道路局技術長となり、在職中に発生した関東大地震では道路復旧工事に手腕を発揮した。

1924年に東京市を退職し、翌25年には丹羽鋤彦、加護谷裕太郎とともに三協土木建築事務所を開設した。また、攻玉社工学校で教鞭を執り、武蔵高等工学校校長をつとめるなど、工学教育にも尽くした。

著書に『結構強弱論』(1908年)、『鉄道信号』(1912年)、『鉄道停車場』(上・中)(1914、16年)は、下巻が未完となった。

大河戸宗治　おおこうど・むねはる　鉄道

1877.4.5～1960.1.15。山口県に生まれる。1902(明治35)年、東京帝国大学工科大学土木工学科卒。通信省鉄道作業局に入り、1907年、鉄道庁第一期の留学生として欧米諸国へ鉄道事業研究(とくに橋梁工学)のため派遣される。

1919(大正8)年、東京改良事務所長、22年、鉄道省東京第一改良事務所長となり、山手線の建設改良を進め、23年の関東大地震で甚大な被害を受けた東京と横浜の復興に際しては、鉄道調査に尽くした。

1929(昭和4)年に鉄道省工務局長となったが、31年、迎えられて東京帝国大学教授となり、コンクリート構造を専門とした。また、攻玉社の高等工学校校長を務め、50年からは同校の短期大学教授として土木構造工学を教えた。37年に土木学会会長。

瀧山 與　たきやま・ひとし　鉄道

1877.8.16～1945.1.21。大阪府に生まれる。1900(明治33)年、京都帝国大学理工科大学土木工学科卒。通信省鉄道作業局に入り、中央線建設工事に従事した後、日露戦争勃発により朝鮮・京義線の突貫工事に従事する。

帰還後、帝国鉄道庁福知山建設事務所、鉄道院中部鉄道管理局工務課勤務を経て、1912年から2年間ドイツに留学、トンネル工事の研究を修める。帰国後、鉄道省東京改良事務所から熱海線建設事務所に転じ、熱海線の設計、丹那トンネル工事に参画した。

1920(大正9)年、長岡建設事務所長となり、羽越、上越両線の建設に功を残し、23年に退官した。24年、京都帝国大学教授に迎えられ、1938(昭和15)年まで鉄道工学およびトンネル工学の教鞭をとった。その後、建設業界の中心団体である土木工業協会の理事をつとめる。

著書に〈戦前土木名著100書〉の『隧道工学』(1931年)がある。

生野団六　しょうの・だんろく　鉄道

1878.2.1～1973.3.1。大分県に生まれる。1902(明治35)年、東京帝国大学工科大学土木工学科卒。通信省鉄道作業局に入り、1915(大正4)年、鉄道院運輸部庶務課長、19年、東京鉄道局運輸課長。23年、名古屋市電気局長に転じ、25年には、台湾総督府交通局総長に就く。1927(昭和2)年、東京市電気局長、30年、京浜電気鉄道会社社長、また湘南電気鉄道会社常務取締役などを務めた。

その間、1912年、ジャパン・ツーリスト・ビューロー（現・日本交通公社）設立とともに、その育成に努め、日本交通公社育ての親となる。戦後は、日本ホテル会社相談役、70年、日本交通協会名誉会長になるなど、一土木技術者にとどまらず、ゼネラリストとして幅広く活躍した。

著書に『工業大意』（1913年）がある。

八田嘉明　はった・よしあき　鉄道・政治家

1879.9.14～1964.4.26。東京都に生まれる。1903（明治36）年、東京帝国大学工科大学土木工学科卒。山陽鉄道会社に入社したが、06年、同社の国有鉄道移管に伴い、逓信省鉄道作業局に勤務し山口県美祢線建設に従事した。

翌1907年、帝国鉄道庁岡山建設事務所に勤務、宇野線建設に従事。10年、鉄道院山形県新庄建設事務所に転勤、陸羽西線の新庄－酒田間の建設を担当。1916（大正5）年、秋田建設事務所長となって羽越北線の秋田－象潟間の建設工事を統轄する。

1920年、地下鉄道視察のため欧米各国へ出張、翌年帰国し、鉄道省建設局路線調査課長、23年、建設局長、26年、鉄道次官となり、1929（昭和4）年に次官を辞した。32年、南満州鉄道株式会社副総裁、37年、東北興業会社総裁。

1938年、平沼内閣の拓務大臣、翌39年、近衛内閣の商工兼拓務大臣となり、大臣辞任後は日本および東京商工会議所会頭などをつとめる。41年、東条内閣の鉄道大臣（43年官制改正により運輸通信大臣）となり、44年に辞官。翌45年、北支那開発会社総裁。

1953年以後は拓殖大学総長、日本科学振興財団会長などを歴任した。39年、土木学会会長。

著書に『最近の鉄道政策』（共著、1925年）など。早稲田大学に『八田嘉明文書』が所蔵されている。

小野諒兄　おの・りょうえ　鉄道

1879.11.20～1972.3.12。長野県に生まれる。1904（明治37）年、東京帝国大学工科大学土木工学科卒。逓信省鉄道作業局建設部に入り、山形鉄道作業局勤務。その後秋田保線事務所、秋田および若松建設事務所を経て、1908年、鉄道院中部鉄道管理局工務課に転じ、約15年間、東海道線の橋梁の調査・補修、停車場の改良計画などに従事した。

1916（大正5）年から2年間鉄道事業研究のためアメリカへ留学し、線路および停車場における経済的建設と水中における工事を研究して帰国する。その後、1923年、鉄道省盛岡建設事務所長、24年、岡山建設事務所長となる。

1925年、北海道帝国大学工学部創立のため、その教授候補として鉄道省を退官する。26年、北海道帝国大学教授となり、鉄道工学第二講座を担当、1939（昭和14）年、工学部長。

著書に〈戦前土木名著100書〉の『鉄道線路撰定及建設』（1934年）など。

丹治経三　たんじ・つねぞう　鉄道

1880.9.6～1971.2.22。福島県に生まれる。1905（明治38）年、東京帝国大学工科大学土木工学科卒。九州鉄道会社に入社。07年、

鉄道の国有化により帝国鉄道庁、鉄道院において保線改良工事を担当し、1917（大正6）年、福島保線事務所長、21年、鉄道省工務局保線課長、24年、同改良課長。25年に退官した。

1942（昭和17）年以後は教育界に身を置き、安田学園中学校、同高等学校校長、東京都私立中学高等学校顧問等の公職に就き、60年には東京都より教育功労者の表彰を受けた。

橋本敬之　はしもと・よしゆき　鉄道・地下鉄道

1881.2.21～1970.3.28。徳島県に生まれる。1906（明治39）年、東京帝国大学工科大学土木工学科卒。逓信省鉄道作業局に入り、米子出張所で山陰本線のトンネル建設工事などに従事した後、鉄道省丹那トンネル建設事務所長、東京建設工事事務所長を経て1924（大正13）年に建設局工事課長、1929（昭和4）年、東京第一改良事務所長に転じ、31年に退官した。

1931年、大阪市地下鉄建設のため招聘されて大阪市電気局臨時高速鉄道建設部次長、のち二代目建設部長となる。42年に電気局長となり、終戦前の地下鉄建設に尽くした。

戦後は1945年9月、初代交通局長となり、同年11月に退任。62年には開設された交通科学館初代館長に選ばれた。

著書に『都市鉄道工学』（1937年）がある。

太田圓三　おおた・えんぞう　⇒橋梁分野参照

久保田敬一　くぼた・けいいち　鉄道

1881.4.13～1976.1.27。東京都に生まれる。1905（明治38）年、東京帝国大学工科大学土木工学科卒。鉄道および橋梁の実習のためアメリカへ留学する。08年、鉄道院に入り建設部技術課に勤務した後、若松建設事務所に転じたが、その後は建設部、技術部、工務局で鉄道橋梁の設計に従事した。1919（大正8）年、東京建設事務所長となり、輸入されたまま使い手のなかった施工機械を上越線の建設工事に導入し、機械化施工の端緒を開いた。

その後、鉄道省建設局路線調査課長、工事課長を経て、1924年、名古屋鉄道局長、1927（昭和2）年、東京鉄道局長、29年、運輸局長、31年に鉄道次官となり、34年に退官した。当時、久保田は平山復二郎、平井喜久松とともに「鉄道三賢人」と称された。

この間、帝国鉄道協会副会長、土木学会会長、また鉄道弘済会初代会長、戦争で中止された1940年の東京オリンピックの事務局長もつとめた。

加賀山学　かがやま・まなぶ　鉄道

1881.9.22～1946.9.15。東京都に生まれる。1905（明治38）年、東京帝国大学工科大学土木工学科卒。山陽鉄道会社に入社し、06年、同鉄道が国有に移管されるや逓信省鉄道作業局勤務。その後、帝国鉄道庁技手を経て、1917（大正6）年、鉄道院九州鉄道管理局門司保線事務所長、23年、鉄道省神戸鉄道局工務課

長。23年の関東大地震の際には、国府津改良事務所長として鉄道最大の被害地である熱海線および箱根以東の東海道線の復旧工事に尽くし、「現場に加賀山あり」といわれた。

また、馬入川橋梁の架設にあたり、橋脚の築造に中空井筒の工法を創案し、工事の経済化と工事期間の短縮に成功した。1924年、欧米へ出張、帰国後の25年に工務局改良課長、1927(昭和2)年、工務局長となり、鉄道改良工事に業績を残した。

1929年、中華民国の招聘により中国に出張、大陸南部の鉄路再建に活躍した。遺稿に『ある技術屋のロマン』(1984年)がある。

中川正左　なかがわ・せいさ　鉄道

1881.10.3 ～ 1964.1.19。奈良県に生まれる。1905(明治38)年、東京帝国大学法科大学法律学科(独法)卒。通信省鉄道局に入り、翌06年、臨時鉄道国有準備局書記官兼逓信書記官となって鉄道国有に関する事務を管掌。その後、逓信大臣官房秘書課長などをつとめ、08年から2年間、鉄道事業研究のため欧米に留学する。

1913(大正2)年、鉄道院総裁官房人事主任、運輸局長などをつとめ、23年、鉄道省鉄道次官となり、24年に辞官した。

この間、「東京停車場」の命名者となり、鉄道院を独立させて鉄道省に昇格させるために力を注ぎ、関東大地震後の帝都の復興では帝都復興院参与となった。また、東京帝国大学法科大学、拓殖大学講師として教鞭をとる。その後1924年からは、東京地下鉄道会社副社長、昭和高等鉄道学校長、1952(昭和27)年、東京交通短期大学学長などをつとめた。

著書に『鉄道論』(1919年)、『帝国鉄道政策』(1928年)など。

佐藤應次郎　さとう・おうじろう　鉄道

1881.10.23 ～ 1951.4.28。山形県に生まれる。1907(明治40)年、東京帝国大学工科大学土木工学科卒。南満州鉄道株式会社に入社。日露戦争中に軍によって敷設された軽便鉄道にすぎなかった安奉線の改良工事に従事し、標準軌間に改築して輸送力増強に尽くす。

1915(大正4)年、山東鉄道守備軍司令部鉄道部の青島保線事務所長として青島に派遣され、日独戦争によって破壊された橋梁などの復旧工事に従事、翌年一連の工事を完成させて満鉄本社に帰任した。17年、鞍山製鉄所建設事務所長。

1920年、欧米の鉄道業務視察の際、アメリカのスペリオル湖西岸にあるメサビ鉄鉱の露天掘を視察、帰国後に撫順炭鉱土木課長、1927(昭和2)年、撫順炭鉱古城子採炭所長として露天掘の計画を立案、実施に移し、撫順炭鉱露天掘の基礎を作った。31年、鉄道部次長、32年、建設局長、35年、理事、39年に副総裁に就任し、満州、朝鮮での新線建設を指導し、44年に退社した。

佐藤は学窓を出てただちに満州の荒野に行き、37年間にわたって満鉄に終始し、その生涯を満州の開発と満州の鉄道建設に捧げた。

中村謙一　なかむら・けんいち　鉄道

1882.2.17～1943.2.26。東京都に生まれる。1905(明治35)年、東京帝国大学工科大学土木工学科卒。逓信省鉄道作業局に入り、のち帝国鉄道庁技師。

1919(大正8)年、鉄道院新庄建設事務所長となり、秋田建設事務所長をへて、23年、鉄道省熱海建設所長となる。

同1923年、建設局路線調査課長、24年、建設局計画課長、26年、建設局長に就任し、1929(昭和4)年に退官した。40年、土木学会会長、42年、鉄道工事統制協力会の初代会長となる。

著書に『近世橋梁学(上・中)』(1911年、13年)がある。

池田嘉六　いけだ・かろく　鉄道

1882.5.5～1963.4.1。埼玉県に生まれる。1906(明治39)年、東京帝国大学工科大学土木工学科卒。逓信省鉄道作業局に入り、富山建設事務所で北陸線の親不知－子不知間建設に従事する。10年、鹿児島建設事務所に転じ、人吉－鹿児島間の工事にあたる。

1919(大正8)年、鉄道院建設局に勤務し、24年、鉄道省東京建設事務所長、1927(昭和2)年、鉄道省建設局計画課長、29年、東京第二改良事務所長に転出、31年、局課統廃合の際の犠牲となって退職したが、同年12月鉄道省建設局長となり、34年に辞した。

黒河内四郎　くろこうち・しろう　鉄道

1882.7.13～1960.6.3。福島県に生まれる。1907(明治40)年、東京帝国大学工科大学土木工学科卒。帝国鉄道庁に入り、10年、鉄道院技師。1915(大正4)年、鉄道事業研究のためアメリカへ留学、とくに鉄道保線の補修増強について研究する。

翌1916年、工務局保線課で保線および改良計画を担当し、合理的な保線業務の基礎を築く。21年、鉄道電化に必要な電力確保のために新設された初代の鉄道省信濃川電気事務所長、24年、保線課長、建設局計画課長兼工務課長を経て、1929(昭和4)年に建設局長、31年、工務局長。

1934年に退官後、日本保線協会初代会長、土木学会会長、芝浦工業大学教授をつとめた。

大蔵公望　おおくら・きんもち　鉄道

1882.7.23～1968.12.24。東京都に生まれる。1904(明治37)年、東京帝国大学工科大学土木工学科卒。アメリカに渡り、4年間鉄道会社で測量や設計を実地したが、1908年に帰国後は技術より運輸方面に関心が深まり、鉄道運輸の道に入る。

1909年の鉄道院静岡駅助役を振り出しに、以来50余年間鉄道の運輸業務にあたる。11年、新橋運輸事務所所長、中部鉄道管理局貨物掛長を経て、1917(大正6)年、運輸局貨物課長。

西部鉄道管理局運輸課長時の1919年、南満州鉄道株式会社から懇望があり、運輸部次長として入社する。のち理事、運輸部長となり、列車運転の正常化、貨物貸率の合理化などを断行して1927(昭和2)年に辞任したが、29年、再任され、商工部長、地方部長となり31年、退任した。

その後、終戦まで東亜旅行社(現・日本交通公社)総裁、拓殖大学学長、東亜研究所副総裁などにつき、戦後は日本自転車産業協議会会長、東海道新幹線調査委員会会長などをつとめた。

杉広三郎　すぎ・ひろさぶろう　鉄道

1883.12.16～1962.8.11。愛媛県に生まれる。1907(明治40)年、東京帝国大学工科大学土木工学科卒。帝国鉄道庁に入り、10年、鉄道院技師。1923(大正12)年、鉄道省岡山建設事務所長、その後、国府津改良事務所長、東京改良事務所長、本省工務局計画課長を務めたが、政党交代の影響を受けて、1929(昭和4)年に鉄道省を去る。

1929年、東京地下鉄道会社技師長に迎えられ、万世橋－京橋間の工事を担当。34年南満州鉄道株式会社奉天鉄路総局次長、ついで天津事務局長となり、北支2300kmにわたる鉄道を管理し、「北支のパイオニア」の異名を得る。その後、華北交通会社理事、50年からは帝都高速度交通営団技術顧問を務めた。

池辺稲生　いけべ・いなお　鉄道

1883.12.27～1976.4.4。大分県に生まれる。1908(明治41)年、東京帝国大学工科大学土木工学科卒。北海道庁に入り、小樽、釧路、函館の各築港事務所に勤務する。10年、鬼怒川水力電気会社に転じ、1913(大正2)年、朝鮮総督府技師となり、釜山、元山の土木出張所勤務後、1920年、鬼怒川水力電気会社水力建設部長となる。

1923年、小田原急行電鉄会社工事課長、24年、内務省復興局技師、東京第四出張所所長、26年、東京第三出張所所長として関東大地震の復旧事業にあたる。1928(昭和3)年、東京市復興事業局長、同28年、官を辞す。

その後、小田原急行電鉄、東京急行電鉄各社の副社長、江ノ島電気鉄道、箱根登山鉄道の社長などに就いた。

十河信二　そごう・のぶじ　鉄道

1884.4.14～1981.10.3。愛媛県に生まれる。1909(明治42)年、東京帝国大学法科大学政治学科卒。鉄道院勤務の後、1916(大正5)年、鉄道事業研究のためアメリカへ留学し18年に帰国。20年、鉄道省経理局会計課長となったが、23年9月の関東大地震に際し、帝都

復興院書記官に転出、24年、復興局経理部長。同24年、鉄道省に復帰して経理局長となり、26年に退職する。

1930(昭和5)年、南満州鉄道株式会社理事、35年から38年まで北支(中国大陸)経済開発の実践機関である興中公司社長を務める。この間の消息は『十河信二と大陸』(1971年)で、自らその事業を述べている。

1945年、愛媛県西条市長、戦後の46年に鉄道弘済会会長。55年、各界からの要請で第四代日本国有鉄道総裁に就任した。

鉄道院に入って以来、その薫陶を受けた後藤新平、仙石貢、島安次郎らが意図して果たせなかった広軌化案を実現することが使命と信じ、島安次郎の長男・島秀雄を懇請して技師長に迎え、多年の懸案であった「東海道広軌新幹線開設」の構想を明らかにした。

しかし、この構想には部内、部外にわたって反対者が多く、新幹線を建設するのは「世界の三バカ」を造るようなものだともいわれたが、十河は反対論を断固として排除して、その実現に踏み切った。島に技術の責任を委ね、鉄道技術研究所を強化し、わが国の鉄道技術力を結集して、鉄道の歴史に新しい1ページを刻んだ。

1963年3月30日、新幹線試作車は時速256kmを記録したが、同年5月、任期満了で退任し、64年10月の開業でテープを切ることはなかった。

堀越清六　ほりこし・せいろく　鉄道

1885.11.6 ～ 1975.12.20。千葉県に生まれる。1911(明治44)年、東京帝国大学工科大学土木工学科卒。鉄道院に入り、技師、欧米留学を経て、1924(大正13)年、鉄道省長岡、1927(昭和2)年、岡山、29年、北海道の各建設事務所長をつとめる。

1931年、信濃川電気事務所長をつとめ、33年、建設局計画課長となる。その間、軌道応力の研究に業績を残した。37年、広島建設局長、38年から40年まで建設局長。

平井喜久松　ひらい・きくまつ　鉄道

1885.11.22 ～ 1971.1.27。北海道に生まれる。父は平井晴二郎。1910(明治43)年、東京帝国大学工科大学土木工学科卒。鉄道院に入り北海道建設事務所勤務後、米国へ留学。1927(昭和2)年、鉄道省工務局改良課長、32年、東京改良事務所長、34年、工務局長を務めた。

この間、大正末期から昭和初期にかけての鉄道交通における改良工事の最盛期にあって、東海道線をはじめ幹線の線増、新鶴見、吹田などの操車場の新設・拡張や、横浜、名古屋、大阪、神戸駅などの改良、室蘭、小樽の石炭船積設備の改良を自ら考案するなど、全国にわたる大改良工事のリーダーとして、企画、設計にその手腕を発揮した。

1939年退官後は、華北交通会社建設局長などをつとめ、44年、南満州鉄道株式会社

副総裁に転じた。戦後は1953年に、土木学会会長。

著書に〈戦前土木名著100書〉の『鉄道工学』(共著、1931年)など。

田辺利男　たなべ・としお　鉄道

1887.7.21～1956.10.6。兵庫県に生まれる。大陸鉄道建設の功労者。1911(明治44)年、東京帝国大学工科大学土木工学科卒。南満州鉄道株式会社に入り、安東、熊岳城、長春の各保線係、四鄭鉄路局工程司、長春鉄道事務所所長代理、吉敦鉄路局総工程司等を経て、1936(昭和11)年、鉄道建設局長、40年に同社を退職する。

1940年から43年まで大連都市交通、新京交通の各社長。44年、郷里・淡路島の仮屋町町長となり、46年までつとめた。

『田辺利男君を偲ぶ』(1956年)がある。

池原英治　いけはら・えいじ　鉄道

1887.8.10～1933.4.21。新潟県に生まれる。1911(明治44)年、東京帝国大学工科大学土木工学科卒。鉄道院建設部勤務の後、1916(大正5)年、秋田建設事務所に転じ、羽越北線の雄物川橋梁工事の工区主任、翌17年、鉄道技師となり羽越南線の折渡トンネル、生保内線建設工事を担当する。21年、鉄道省熱海建設事務所に転任、泉越トンネル、丹那トンネル工事を担当する。

1923年、在外研究員としてアメリカ、ドイツに留学し、26年に帰国。1927(昭和2)年、熱海建設事務所長となり、ふたたび丹那トンネル工事に携わる。29年、建設局計画課長。

著書に〈戦前土木名著100書〉の『鉄道工学特論』(1933年)など。

佐土原勲　さどはら・いさお　鉄道

1887.11.20～1957.8.25。鹿児島県に生まれる。1913(大正2)年、東京帝国大学工科大学土木工学科卒。鉄道院に入り、北海道鉄道管理局、監督局技術課に勤務。24年から2年間、市街高速鉄道および路面鉄道研究のため欧米に留学する。

1931(昭和6)年、鉄道省工務局に転じ、その後、名古屋鉄道局工務課長、監督局技術課長を経て、広島鉄道局長。41年に退職。のち軌道統制会長などをつとめた。著書に『鉄道工学大意』(1927年)がある。

山崎匡輔　やまざき・きょうすけ　鉄道

1888.2.9～1963.8.8。群馬県に生まれる。

1916(大正5)年、東京帝国大学工科大学土木工学科卒。鉄道院技師を経て、20年に東京帝国大学助教授、1939(昭和14)年、同教授となり、この間、鉄道工学、とくに軌道の研究に業績を残し、47年に退官した。

戦後は1945年、文部省に招かれて科学教育局長を兼務、46年に文部次官、48年に東京都教育委員会委員長をつとめ、教育行政の分野でも活躍した。

また日本学術振興会理事長、NHK理事などをつとめ、1952年には成城学園長に就任した。

著書に『鉄道』(1926年)などがある。

釘宮 磐　くぎみや・いわお　鉄道

1888.3.31～1961.7.9。大分県に生まれる。1912(明治45)年、東京帝国大学工科大学土木工学科卒。鉄道院建設部に入り熊本派出所勤務、その後、大分、鹿児島両建設事務所に移る。1917(大正6)年、鉄道工務局に転じて上越線建設工事に従事する。

1921年から23年まで建設工事の機械化に関する研究のため欧米に留学。関東大地震後の25年、内務省復興局に転任、隅田川出張所長として永代、清洲、言問など、隅田川の六大橋の建設工事に従事した。その橋脚工事にアメリカからの指導技術者のもと、空気ケーソン工法を導入して予期以上の成果を上げ、その後にこの工法が応用される基を築いた。

1926年、鉄道省に転じ、名古屋鉄道局の木曽川・揖斐川橋梁改良事務所長となり、関西線の木曽川、揖斐川両橋梁の架換工事にもこの工法を採用して改良工事を完成させた。1929(昭和4)年、熊本建設事務所長に転じ、九州各地の鉄道新線建設工事を指揮する。

昭和期に入り鉄道の電化が進展するにつれ電源確保の必要から、鉄道省自ら信濃川の水力発電をすることを決定したが、1934年、信濃川電気事務所長となって、鉄道として初めての発電所の建設を指導した。

1936年、下関改良事務所の初代の所長となり、明治以来の懸案であった関門海底鉄道トンネル建設工事に従事。わが国で初めての本格的な水底トンネルであるため、1938年に渡米し、ハドソン河底シールドトンネル工事現場で実地に研修を重ねた。帰国後、わが国の技術者だけでシールド工法などの新工法を導入して施工し、39年に試掘坑導が貫通し、つづいて41年には下り線の貫通を果たし、同年鉄道省を退官した。

翌1942年に、関門トンネル貫通の功績により連名で朝日賞を受賞。なお、同トンネルの上り線は44年に貫通した。

その後1942年、東京帝国大学第二工学部教授として、コンクリートと土木施工法を担当し、48年に退官した。

黒田武定　くろだ・たけさだ　鉄道

1888.4.28～1979.12.13。新潟県に生まれる。1911(明治44)年、東京帝国大学工科大学土木工学科卒。鉄道院に入り、工務局の保線課などに勤務後、鉄道省名古屋鉄道局改良課長、本省工務局改良課長、1935(昭和10)年、東京改良事務所長、40年、大臣官房研究所長となり、41年に退官する。

この間、鈑桁、構桁に関するわが国独自の設計基準の確立、曲線鈑桁の設計理論の創案、桁架設法としての手延式などの方法の確

立、橋桁の補強法などに独創的考案を行い、その実証に寄与した。

その後、帝国高速度交通営団初代技術部長、戦後は、信号保安協会会長などもつとめた。著書に『鉄道工学』（共著、1936年）がある。

平山復二郎　ひらやま・ふくじろう
鉄道・コンサルタント業

1888.11.3～1962.1.19。東京都に生まれる。1912（明治45）年、東京帝国大学工科大学土木工学科卒。鉄道院建設部に勤務、房総、大分の建設事務所で鉄道建設に従事。1920（大正9）年から22年まで欧米に留学、トンネル工事、コンクリート工法、工事の機械化、請負制度を学ぶ。

帰国後、鉄道省教習所講師をつとめ、1923年の関東大地震後は内務省復興局土木部初代道路課長、工務課長を兼務し、道路計画、区画整理など復興事業に尽力した。1927（昭和2）年、鉄道省に戻り、29年、岡山建設事務所長。31年には熱海建設事務所長として丹那トンネル工事を担当する。

その後、東京帝国大学工学部講師、仙台鉄道局長、建設局長をつとめ、1938年に退官した。38年、南満州鉄道株式会社理事、42年、満州土木学会会長などを歴任した。

戦後はプレストレストコンクリート工業の企業化を実現し、1952年、ピー・エス・コンクリート会社社長となる。また欧米の先進技術国にみられるコンサルタンツ・システムの振興と技術士制度の育成に尽くし、54年、パシフィック・コンサルタンツ会社社長。59年、第2代日本技術士会会長。56年、土木学会会長となる。

著書に〈戦前土木名著100書〉の『トンネル』（1943年）など多数。

また技術論を展開した『技術と哲学』（1950年）、『技術と生活』（1952年）、『技術：人間－技術と経済－社会』（1958年）。随筆に『土木建設に生きて』（1961年）など。

井上隆根　いのうえ・たかね　鉄道

1889.2.9～1975.9.28。東京都に生まれる。鉄道保線の先覚者といわれた人。1916（大正5）年、京都帝国大学理工科大学土木工学科卒。南満州鉄道株式会社に勤務後、20年に鉄道省に入り、23年、北海道の野付牛保線事務所長となる。

保線技術への認識がきわめて低かった時代に、現場の全従事員に保線業務の使命とその重要性を毎日、噛んでふくめるように説くと同時に自ら身をもってその範を示し、「保線に井上隆根あり」の評価を得た。

在外研究員としてアメリカに滞在した後、1927（昭和2）年に本省に戻り、工務局保線課技師、34年、保線課長、36年に東京改良事務所長となる。この間、「国鉄の保線は科学的に立て直さねばならない」との信念のもとに、軌道整備や保線服務規程などの一新に尽くした。

磯崎傳作　いそざき・でんさく　鉄道

1893.1.15～1971.3.17。神奈川県に生まれる。1910（明治43）年、岩倉鉄道学校本科建設科卒、11年、岩倉鉄道学校高等建設科卒、1912（大正15）年、鉄道省中央教習所高等部土木科卒。1910（明治43）年、鉄道院に入り、

1915(大正4)年から24年まで秋田建設事務所で雄物川、米代川、子吉川橋梁の架設工事に従事。26年から1934(昭和9)年まで鉄道省熱海建設事務所で熱海線建設工事に従事し、丹那隧道工事の計画設計と施工を研究し大臣表彰を受ける。41年、鉄道技師。46年から47年まで運輸省運輸教官。51年、芝浦工業専門学校専任教授、52年、芝浦工業大学助教授、59年、芝浦工業大学教授。著書に実務に基づいてまとめた平山復二郎との共著『土木施工法』(1937年)など多数。

沼田政矩　ぬまた・まさのり　鉄道

1894.6.24～1979.5.9。鳥取県に生まれる。1919(大正8)年、東京帝国大学工学部土木工学科卒。鉄道院総裁官房研究所に入り、同研究所および鉄道省教習所の講師をつとめた後、26年、鉄道省神戸改良事務所に転じた。1928(昭和3)年から30年まで、在外研究員として欧米へ留学する。

1933年、大臣官房研究所に戻り、科長、部長をへて45年に運輸通信省鉄道技術研究所長となり、同年退官した。

この間、1942年、東京帝国大学第二工学部教授、45年、教授専任となり、55年に退官した。56年、早稲田大学理工学部教授、65年、国士舘大学教授。一貫して鉄道工学に関する研究の指導、開発につとめ、橋梁、コンクリート構造物に関する研究基盤の確立に尽くした。1960年、土木学会会長。

著書に『鉄道工学』(1977年、共編)がある。

三浦義男　みうら・よしお　鉄道

1895.1.8～1965.2.8。宮城県に生まれる。1920(大正9)年、東京帝国大学工学部土木工学科卒。鉄道省に入り、静岡保線事務所長、大阪鉄道局保線課技術掛長などを経て、1930(昭和5)年、在外研究員としてアメリカ、ドイツに留学する。

1932年に帰国後、新潟鉄道局工務部長、工務局改良、計画の各課長をつとめる。戦時中は工務局長として関門海底トンネルの開通に力を尽くすとともに、運輸通信省施設局長として戦時輸送の任にあたった。45年の退官後、戦災復興院、特別調達庁に勤務した。

1953年、参議院議員、59年、宮城県知事(63年再選)となる。その間、交通協会会長、50年に土木学会会長などをつとめた。

門屋盛一　かどや・もりいち　鉄道・建設業

1896.4.30～1961.5.10。愛媛県に生まれる。丹那トンネル工事の生埋め事件に遭遇した人。幼少時に大分県に移り、学校、役場などの仕事、また長崎県で炭坑の仕事に従事した後、1917(大正6)年、長崎三菱造船工業補修学校1年を修了する。

菅原恒覧が経営する鉄道工業に入り、世話役、小頭、現場主任と進み、1918年に着

工した東海道線丹那トンネル掘削工事に従事する。21年4月1日に発生した土砂崩壊で作業員33名が遭難したが、17名は生埋めとなって4月8日に助け出された。

この事件は当時の『朝日新聞』が「技手・飯田清太がしたためた生埋め日記」として、大々的に報じた。この日記に関して門屋は「丹那隧道の想出を語る」(『建設時報』、6巻11号、1954年12月)で、その事実を披瀝している。

その後、建設請負業の経営者に転じ、また、1948(昭和23)年に参議院議員に当選した。

岡田信次　おかだ・しんじ　鉄道

1898.12.13～1986.3.22。東京都に生まれる。父は岡田竹五郎。1923(大正12)年、京都帝国大学工学部土木工学科卒。鉄道省工務局改良課に勤務する。同23年の関東大地震による鉄道被害の復旧のため国府津改良事務所で東海道線の復旧、改良に従事し、後に国府津保線事務所長。1932(昭和7)年から2年間、在外研究員として欧州に留学。

1939年、広島鉄道局工務部長、42年、本省工務局計画課長。44年、陸軍司政長官としてフィリピンに赴任する。終戦と同時に45年、運輸省施設局長となり、48年に退官した。50年、参議院議員に当選し、運輸政務次官を務めた。その後、攻玉社短期大学学長に就任、47年、土木学会会長。

著書に『鉄道工学』(共著、1931年)、『鉄道線路』(1950年)、『鉄道と自然との闘ひ』(1943年)など。

髙野與作　たかの・よさく　鉄道

1899.6.27～1981.6.14。富山県に生まれる。1925(大正14)年、東京帝国大学工学部土木工学科卒。南満州鉄道株式会社に就職、鉄道部大連鉄道事務所を振り出しに大石橋保線区助役、鉄道部技術員などとして鉄路の改修に従事した。

1933(昭和8)年、満州国の鉄路の管理運営をする鉄道総局が設置され、大連の鉄道部工務課保線係主任として満鉄自慢の「特急あじあ号」の線路改良工事を担当し、翌34年に大連－新京間700kmは開通した。その後、鉄道総局保線課長、哈爾浜鉄道局副局長、建設局長をつとめ、43年、施設局次長となり安奉線、奉山線の複線工事を完成させた。

敗戦後の1947年、経済安定本部建設局長、49年、同部建設交通局長に就任し、3年間にわたり建設、運輸、農林各省の戦災復興事業、国土開発事業を掌握し、混乱期の公共事業の調整、推進に尽くした。

『髙野與作さんの思い出』(1982年)がある。

藤井松太郎　ふじい・まつたろう　鉄道

1903.10.5～1988.2.14。北海道に生まれる。1929(昭和4)年、東京帝国大学工学部土木工学科卒。鉄道省に入り、以来、岐阜建設事務

所、北海道建設事務所、信濃川電気事務所に勤務。戦時中は中国やインドネシアの鉄道工事に従事した後、施設局路線課長をつとめる。

日本国有鉄道に改組後、1949年、信濃川工事事務所長、52年、技師長。58年、国鉄を退官する。63年、技師長に再任。73年、第7代日本国有鉄道総裁に就任し、76年までつとめた。

この間、1962年に土木学会会長、63年、土質工学会会長、また日本鉄道施設協会会長、日本交通協会会長もつとめた。

立花次郎　たちばな・じろう　鉄道

1904.8.29～1979.10.7。福岡県に生まれる。「民衆駅」構想の発案者。1927(昭和2)年、東京帝国大学工学部土木工学科卒。鉄道省大臣官房研究所に入った後、東京、下関の各改良事務所などに勤務。45年、運輸通信省停車場課長となり、敗戦により焦土と化した全国の都市の鉄道改良計画を都市計画技術者と連携しながら策定した。

とくに駅前広場の拡大、駅の移転(千葉、新潟、仙台、博多など)には、英断をもって臨んだ。

1948年、運輸省四国鉄道局長、49年、日本国有鉄道施設局長となり、民衆駅(駅ビル)の構想の実現に努め、52年の退官後に鉄道会館を設立して、自らの手で川崎、錦糸町の駅ビルを完成させた。

桑原弥寿雄　くわはら・やすお　鉄道

1908.7.10～1969.2.4。石川県に生まれる。1932(昭和7)年、東京帝国大学工学部土木工学科卒。鉄道省に入り、33年から37年まで長岡建設事務所に勤務後、支那事変勃発により、北支へ橋梁修理隊長として派遣される。

1938年、下関工事事務所勤務となり、関門トンネル門司方工事主任、盛岡工事事務所勤務を経て、40年、本省建設局計画課勤務。この後、50年に新橋工事事務所次長として転任するまで、企画院、軍需省、石炭庁などの技師を兼任した。51年、盛岡工事事務所長、52年退官。その後、日本大学、東洋大学で講師・教授として鉄道工学、トンネル工学などを担当した。

桑原はその生涯を通じて、鉄道建設に多くの構想をたて、それを独特の能弁と文章で人々に宣伝してその実現を説いたが、中でも最大の構想は青函トンネルで、この壮大な夢を最初に考えつき、その実現に向かって邁進した。1939年から40年の盛岡工事事務所勤務の頃に計画案をまとめ、戦後はトンネル実現のために各種の調査・計画の主役を務め、雑誌に具体的な主張を述べるなどしたが、52年退官後は桑原のプランは次代の技術者に引き継がれ、実行に移された。

桑原の死後2年たった1971年、時の運輸大臣から津軽海峡線を工事線に指定し、青函トンネルを将来新幹線が通れる断面で建設することが発表されたが、桑原が盛岡で構想を立ててから32年目であった。桑原はまた、青函トンネル構想以外に、「明石・鳴門海峡横断(淡路島縦貫鉄道の構想)」、「北海道と九州をつなぐ大運河の計画」、「東南アジア縦貫鉄道路線調査予察報告書」などを遺した。

著書に『路線測量』(1951年)、『鉄道線路選定小史(未定稿)』(1956年)、『トンネル施

工法』(共著、1964年)など。

八十島義之助　やそじま・よしのすけ
　　　　　　　　　鉄道工学・交通計画

　1919.8.27～1998.5.9。東京都に生まれる。1941(昭和16)年、東京帝国大学工学部土木工学科卒。講師、助教授を経て、1955(昭和30)東京大学教授(鉄道工学・交通計画担当)、80年退官。80年、埼玉大学教授、82年、埼玉大学工学部長。86年、帝京技術科学大学学長。この間、70年から81年まで日本大学大学院土木工学・交通工学専攻兼担教授、81年、土木学会会長。1992(平成4)年、(財)鉄道総合技術研究所会長。学外活動は広範囲にわたり、運輸政策、首都圏整備、国土総合開発、国土開発などの各審議会委員、88年には国土審議会会長などを務めた。また、廃止になった「全総＝全国総合開発計画」では第二次、第三次ではその計画作成に参加し、87年の第四次(四全総)では審議会計画部会長を務めるなど、鉄道工学、交通計画、国土計画、国土政策などの分野で活動した。2004(平成16)年、日本大学理工学部科学技術史料センターに開設した「八十島義之助文庫」は、八十島の研究、活動の「証」となろう。

上下水道

長与専斎　ながよ・せんさい　衛生行政

1838.8.28 ～ 1902.9.8。長崎県に生まれる。長崎で蘭医ポンペ(Pompe V. Meerdervoort)について医学を学び、藩医となる。

1868(明治元)年、わが国最初の病院といわれる精得館の医師頭取に任命され、これを改革して長崎医学校と改め、その学頭となり、医学教育の体系をととのえる。71年明治政府は医学とその行政を担当させるために長与を上京させ、文部省少丞兼文部中教授となり、井上馨から医学教育の整備を任せられる。

同1871年、岩倉具視の欧米視察団に自ら希望して加わり、ドイツを中心として医学教育、衛生行政を学び、これがわが国に衛生行政の導入される発端となる。73年に帰国、文部省初代医務局長となり、医学教育の制度を整備し、医疫制度の基礎を確立した。

1875年、医務局が内務省に移管されて衛生局となり、91年に退官するまで初代衛生局長として、わが国の衛生行政の全分野の指導、教育にあたった。

1890年に公布されたわが国最初の水道基本法である水道条例の制定、88年に設置された東京市区改正委員会委員となり、上水道調査委員長として近代水道の敷設を推進した。

1887年、英国人バルトン(W. K. Burton)を帝国大学工科大学衛生工学教授・内務省衛生局顧問技師として迎え、上下水道の技術指導にあたらせるなど、明治初期から中期までの衛生行政の進展は、長与の功によるところが多大であった。また後藤新平、北里柴三郎らの人材を多数育成し、大日本私立衛生会を創立(後に会頭)、わが国の衛生思想の普及、啓蒙にも尽くした。

永井久一郎　ながい・きゅういちろう　衛生行政

1852.8.2 ～ 1913.1.2。愛知県に生まれる。作家・永井荷風の父。1868(明治元)年設置の開成学校(翌69年大学南校と改称)に学ぶ。71年名古屋藩の米国留学生の一員に選ばれて渡米、プリンストン大学などで英語とラテン語を修得し、73年に帰国。

1874年、工部省に入る。翌75年、文部省に転じ、医務局勤務、さらに書籍館兼博物館勤務となる。79年、内務省衛生局に転勤し、衛生統計の調査にあたり、80年、初代統計課長、81年、内務権少書記官。84年、ロンドンで開催された万国衛生会議に日本政府代表として派遣され、のちにお雇い教師・衛生技師となったバルトン(W. K. Burton)に出会い、帰国後、衛生局の長与専斎にその招請を進言し、バルトン来日の端緒となった。

帰国後の1885年、衛生局第三部長となったが、翌86年の帝国大学令公布により、帝国大学書記官に転任。この転任は、87年に新設される衛生工学開講への対応策で、同年バルトンが来日、衛生工学講座教授となった。

この間、東京市区改正委員会委員として上下水道の調査を担当、小委員会委員長の長与、主査のバルトンのもとに上水道、下水道建設のために尽力し、88年、東京市区改正条例は公布された。さらに、中央衛生会委員として水道条例制定に尽くし、90年水道条例は公布された。

著書『巡欧記実 衛生二大工事』(1887年)はわが国における上水、下水の工法ならびに管理法を説いた最初の書といわれている。

その後、1889年に文部省に戻り、秘書官、会計局長などをつとめ、97年、局長を辞任して退官した。

翻訳書に、当時の文部省の一大出版事業として刊行された『百科全書』の中の『水運篇』(1877年)など。

千種 基　ちたね・もとい　水道

1853.12.15〜1923.12.9。三重県に生まれる。1880(明治13)年、工部大学校土木科卒。工部省に入り工作局に勤務後、鉄道局に転じ、米原－敦賀間の鉄道建設工事に従事。1881年に創刊されたわが国最初の工学系雑誌である『工学叢誌』(のち『工学会誌』と改題)の冒頭に「米原敦賀間鉄道建築景状」を発表。その後、82年に灯台局、84年に高知県に勤務し、88年に退官。

1888年、開拓使御用掛の平井晴二郎(のち帝国鉄道庁総裁)の推薦により北海道庁雇となり、函館市の創設期の水道工事を担当、監督し、89年には「函館市街大下水設置」を実施するなど、明治中期の函館市の衛生工事を核とする都市基盤整備に深く関わった。90年、北海道炭鉱鉄道会社に就職する。

その後は、函館市の水道拡張工事、1898年、青森市の水道計画、愛媛県技師、1902年から08年までは秋田市の水道嘱託、顧問、また宇治川電気会社技師長などをつとめた。

倉田吉嗣　くらた・よしつぐ　水道

1854.2.8〜1900.8.15。長崎県に生まれる。

1880(明治13)年、東京大学理学部(土木)工学科卒。同年、内務省御用掛となり、勧農局地質課で、東京、埼玉、群馬、長野、山梨、静岡、神奈川の一府六県で地形測量に従事した。翌81年、農商務省において、さらに新潟、栃木、茨城、千葉の4県の地形測量にあたった。測地事務の完了により、東北鉄道会社の嘱託を受け、仙石貢とともに加賀、能登、越前、越中地方の鉄道路線の選定および計画に従事し、83年に全ての設計が終了したのを機に社を辞め、90年、東京府に入る。

東京府では市区改正計画、水道改良事業の設計と監督、また東京湾の工事などに力を注いだ。1898年、海軍技師兼東京府技師となる。また、攻玉社の初代校長をつとめ、攻玉社、工手学校では土木学を講義し、東京帝国大学工科大学講師も務めた。

倉田は1865(慶応元)年、若くして長崎遊撃隊員、明治維新ではさらに振遠隊員となり、秋田地方へ出戦、数回の戦争を体験した人でもあった。

原 龍太　はら・りょうた　⇒ 橋梁分野参照

三田善太郎　みた・ぜんたろう　水道

1855.12.5〜1929.2.16。栃木県に生まれる。

1878(明治11)年、東京大学理学部(土木)工学科卒。(土木)工学科の第1回卒業生3名の一人で、同78年に母校の助教授を経て、79年、神奈川県土木課勤務。

1883年、道路の修路係となり道路整備に従事、かねの橋につづいて横浜で2番目の鉄橋「都橋」の設計を担当する。

1885年、水道新設委員を命じられ、お雇い外国人パーマー(H.S.Palmer)の指導のもとに87年まで、横浜水道の創設工事に日本側技術者の最高責任者として取り組み、工事の完遂に大きな役割を果たした。87年、工事完成後はパーマーの後を継いで工師長となる。

1889年、横浜港築港掛となり、以後築港と水道の改良工事を兼務し、わが国最初の本格的近代港湾を形作った横浜築港第一期工事に尽くした。93年パーマーが急死後は、日本人技術者の責任者として横浜水道の第1回拡張工事を1901年に完成させた。

1907年に横浜市を退職してからは、新潟市水道工事長、鳥取市水道敷設技師長、下関市水道工事嘱託などを勤め、各市の創設水道工事に関与した。横浜市の街づくりの先駆者として、下水道、上水道、築港に深く携わった三田の功績は大きい。

なお、次の著書で三田は監修者として序文を書いている。『袖珍実用工師之友』(豆本、亀井重麿著、建築書院刊、明治36年)。

平井晴二郎　ひらい・せいじろう　⇒ 鉄道分野参照

遠山椿吉　とおやま・ちんきち　水道

1857.10.1 ～ 1928.10.1。山形県に生まれる。水道水質の先覚者。1883(明治16)年、東京大学医学部卒。郷里で山形県立病院済生館医兼医学寮長、山形県医学校校長などに就く。88年、帝国大学医科大学に入学、衛生学および黴菌学を専攻して90年に卒業。

1891年、東京顕微鏡検査所(後に東京顕微鏡院と改称)を協同で開設、顕微鏡術を用いて一般臨床病理検査を行うとともに、ペストなどの講習業務を実施し、公共的な保健衛生活動を企業的事業として亡くなるまで経営した。

その間、1900年、東京市技師、03年、自ら創設した東京市衛生試験所の初代所長に就き、近代水道の揺籃期にあって給水開始にともなって水道の管理的見地から水質試験、水質管理に先覚者として足跡を残し、1915(大正4)年、同所長を辞した。

伝記に『山形が生んだ水質管理の先覚者－遠山椿吉先生と近代水道の序幕』(1973年)がある。

中島鋭治　なかじま・えいじ　水道

1858.10.12 ～ 1925.2.17。宮城県に生まれる。1883(明治16)年、東京大学理学部(土木)工学科卒。同学部助教授となり、橋梁工学を担当。86年、職を辞し、橋梁工学研究のために米国へ自費留学した。

1887年、改めて文部省から欧米留学を命じられ、はじめの1年間は米国でワデル(J.A.L.Waddell)博士の指導で橋梁工学を修めたが、次いで衛生工学専攻に転じ、ネブラスカ州の水道工事などに従事した後、英国に転学。88年の留学中、さらに仏、独など各国の工学研究のため留学期間の延長を命じられたが、90年、東京市水道改良事業着工のため、留学途中で帰国した。

1891年、内務省内務技師補、東京市水道技師を併任し、東京市水道改良事業に着手した。お雇い外国人バルトン（W. K. Burton）の設計した上水道計画の全面的な設計変更を行い、工事を指揮、着工してから7年目の99年にその工事を完成させ、今日の基礎ができあがった。下水道計画でも、バルトン設計の分流式（汚水と雨水を別々の管渠で排水する方式）を中島により合流式（汚水と雨水を同一の管渠で排水する方式）に変更し、11年に着工し、22年に完成した。

1896年、バルトン教授の後任として帝国大学工科大学教授となり、衛生工学を担当したが、それまではお雇い外国人による英語の講義であったが、中島が担当してからわが国の衛生工学ははじめて日本語の講義となり、25年間にわたって数多くの教育者や技術者を輩出した。

1897年、内務技師を兼任し、全国各地の上下水道の審査と監督を担当するなど行政的にも尽力した。98年、東京市技師長となり、1906年、東京市を辞したが、全国各都市の上下水道の顧問として数多くの計画、設計、工事などの指導にあたり、また朝鮮、満州の諸都市の水道事業も指導した。1921（大正10）年、官職から退いた。25年1月、土木学会会長となったが、翌月に死去した。

著書に『英和工学字典』（共著、1907年）がある。水道界は中島の没後、その功績を記念して〈戦前土木名著100書〉にも選ばれた『中島工学博士記念 日本水道史』（1927年）を編纂したが、その内容のほとんどは中島が直接、間接に関与した事業であった。

福島甲子三　ふくしま・かしぞう　水道

1858.12.27～1940.3.19。新潟県に生まれる。東京都水道の隠れた功労者。号は晩晴。

地元の長岡病院で薬剤方附属となったのち、東京外国語学校に学ぶ。1883（明治16）年、千葉県衛生課に奉職、風土病の病原調査に尽くし、その名がひろく知られるようなる。

1885年、内務省の衛生事務に携わっていた後藤新平の嘱望で東京府衛生課に転じ、蔓延していたコレラの予防に力を注ぐ。

1888年、東京府知事富田鉄之助にその手腕を認められ、土木課水道掛長となる。以後、玉川水道の敷地調査のために水路沿い部落の妨害にあいながらも巡回・説得し、山梨県における水源地を探究するとともに、上水敷地の実測を行って、敷地と地元との境界線を明らかにした。

また小金井桜樹など沿線土地の風致保存にも意を注ぐ。1889年、「玉川上水敷地取調ノ儀ニ付開申」を府知事に提出した。90年、非職となり、新たに東京市参事会から東京市水道事務員、91年、東京市水道改良工事事務所が設立され、市水道事務員専任となった。

さらに1892年、東京市水道改良工事が着手されると、水道の源流地域と経過地域を東京府内に移管することを提唱、すなわち山梨県の水源地と神奈川県の西・北・南多摩三郡を府治の下に統括し、統一した水道施設管理の緊要なことを開陳した。

同1892年、府知事は内務大臣に「多摩川水源流域管轄替之義ニ付上申」を提出、翌93年、三多摩郡の東京府移管が公布された。96年、東京市を辞職後は、東京水力電気会社創立事務所支配人、本郷区議会議員、東京ガス会社取締役、日本女子美術学校の設立者・校長などを務めた。

その間、1903年には6年間にわたる紛争になった芦ノ湖の用水問題の解決にも尽力した。

著書に『水道及道路橋梁河川等ノ改良ニ関スル談話筆記』（1891年）がある。伝記に『福島晩晴翁』（1942年）がある。

吉村長策　よしむら・ちょうさく　水道

1860.3.18～1928.11.21。大阪府に生まれる。1885（明治18）年、工部大学校土木科卒。同校助教授となったが、1886年、招請されて水道工事計画のため、長崎県技師となり、長崎市水道工師長となる。1889年、工事の実施が決定されるとただちに起工し、91年、わが国最初の上水道専用ダム「本河内高部貯水池」を完成させた。

1892年、大阪市の招請に応じ、水道副工事長として計画、実施を担当し、大阪市水道は95年に完成した。

1895年、臨時広島軍用水道工事長。96年、神戸市水道工事長に転じ、佐野藤次郎などを指導してわが国最初の石造堰堤（重力式コンクリートダム）である「五本松ダム」（布引ダム）を99年に竣工させる。吉村は長崎市と神戸市でわが国の貯水池堰堤の先駆をなした。99年、海軍技師、翌年、佐世保鎮守府建設部建築科長となり、水道拡張工事、海軍施設工事の最高責任者として指導監督した。

1911年、臨時海軍建築部工務監として海軍本省に転じ、1920（大正9）年、海軍省建築局長に就任し、23年に辞す。26年、土木学会会長。

吉村は、わが国水道の黎明期にあって長崎、大阪、神戸の他、門司、小倉、福岡、佐世保、長野などの水道新設工事の顧問としてその計画実施を指導し、水道創設工事に尽くした。

野尻武助　のじり・たけすけ　水道

1860.8.不詳～1892.5.7。東京都に生まれる。1879（明治12）年、東京大学理学部（土木）工学科卒。母校に残り、81年、助教授となる。

当時の社会の土木事業への無理解と請負工事の弊害とに心を痛め、1883年、職を辞して「土木学講習所」と「工事鑑定所」とを創設したが、病のため廃業に追いこまれる。

1884年、病が回復して千葉県に勤務後、同84年、建野大阪府知事の招請を受けて同府の地理課、土木課に勤務。85年、坂界鉄道敷設工事計画委員、大阪市水道敷設取調委員、87年、大阪市区改正法案取調委員などをつとめる。

この間、坂界鉄道の大和川橋梁の架設工事、大阪の天神橋の設計に従事。1889年、大阪府土木課長、91年、大阪市水道工事長となり、水道敷設工事に尽くした。病床には衛生学の長与専斎も見舞ったが、齢30余で死去した。

植木平之允　うえき・へいのじょう　⇒ 港湾分野参照

田辺朔郎　たなべ・さくろう　⇒ 電力分野参照

佐野藤次郎　さの・とうじろう　水道

1869.6.19～1929.11.7。愛知県に生まれる。1891（明治24）年、帝国大学工科大学土木工

学科卒。大阪市の技師となり、93年に大阪水道の鋳鉄管購入と製造のため英国グラスゴーに派遣され、95年に帰国する。

1896年、神戸市の水道創設にあたり、神戸市技師となり、その後、水道工事副長、水道工事長として1905年に水道敷設工事を完成させ、神戸市水道の基礎を築いた。とくに99年に竣工した上水道専用ダムである五本松ダム（通称布引ダム）は、わが国最初の重力式コンクリートダムで、佐野が設計した。

神戸市水道完成後は、韓国政府に招かれ、衛生工事課長として京城、平壌、仁川、釜山の水道工事を推進した。1911年、請われて神戸市技師長、1912（大正元）年、水道拡張部長となり、千刈堰堤などの拡張工事を指揮した。20年、神戸市を退職して民間に移り、木曽電気興業（後に大同電力、現中部電力）の水力発電工事に従事し、大井堰堤を完成させた。

1902年に英国土木学会準会員、1919年に米国土木学会会員に推挙されている。

浜野弥四郎　はまの・やしろう　水道

1869.9.9 〜 1932.12.30。千葉県に生まれる。1896（明治29）年、帝国大学工科大学土木工学科卒。台湾総督府に勤務し、その後、土木局衛生工事課長をつとめ、1919（大正8）年までの20有余年にわたり、台湾の水道事業のほとんどを手掛けて、お雇い土木技師バルトン（W. K. Burton）とともに台湾水道の開祖といわれた。

最後の仕事となった台南水道が完成すると、意に反して辞職に追い込まれた。帰国後、1920年から神戸市計画部長となり、水道課長も兼務した。

小林泰蔵　こばやし・たいぞう　⇒ 港湾分野参照

和田忠治　わだ・ちゅうじ　水道

1875.12.20 〜 不詳。京都府に生まれる。1898（明治31）年、第三高等学校工学部土木科卒。山形県に勤務後、1900年、秋田市の上水道調査を嘱託されてから水道界に入る。日露戦争中の1905年1月、要塞旅順口は陥落したが、工事中であった旅順の水道は日本軍人の手では続行が困難とあって、陸軍省の雇員技師となり、施設の復旧と拡張工事に約3年にわたり従事し、竣工に導いた。

1907年、横浜市技師となり、東部出張所長として第2期拡張工事を、竣工の1915（大正4）年まで担当した。その後、同15年から工務所を自営し、小樽、室蘭、会津若松、倉敷、米子、高知、宮崎の各市をはじめとする各地の水道の新設、拡張の設計調査工事にあたった。

井上秀二　いのうえ・ひでじ　水道

1876.4.16 〜 1943.4.4。宮城県に生まれる。1901（明治34）年、京都帝国大学理工科大学土木工学科卒。土木工学科の第1回卒業生で恩賜の銀時計を受ける。ただちに同大学助教授となったが、02年、京都市土木課長に転じ、07年、水道事業視察のため欧米諸国とエジプトへ出張する。

1908年、京都市臨時事業部技術長兼水道課長となり、京都市百年の計といわれた三大事業計画（水道の創設、第二琵琶湖疏水の開削、道路拡築による市電の建設）に取り組む。なかでも、水道の創設は第二琵琶湖疏水によって蹴上浄水場に導水し、ここで沈澱、ろ

過して市民に供給するもので、1908年、蹴上浄水場にわが国で初めて米国式の急速ろ過装置を導入する。その鋼管には輸入製品を排して国産製品を使用し、また当時、試作の段階であった鉄筋コンクリートを配水池に採用した。この急速ろ過はその後、とくに戦後に至って大きく普及することになる。

三大事業の本格的工事を前にして、1909年、京都市を辞し、翌10年、横浜市水道局技師長に迎えられ、横浜市水道の第二期拡張工事を指揮、監督した。水源を相模川上流に求め、延長36kmの導水管路で新設の西谷浄水場と結ぶ工事で、導水用に当時の最高製品といわれたドイツの大口径鋼管を採用して鋼管使用に先鞭をつけた。

また、わが国で初めてコンクリート・ミキサーを使用するなど新しい技術を積極的に導入し、井上はその力量を最大に発揮したこの工事を1915（大正4）年に完成させて、同時に退職した。

その後、横浜、函館、名古屋各市の水道の顧問となり、函館市では有名な笹流ダムの指導にも一役をかった。また、猪苗代水力電気会社土木課長、東京電灯（現東京電力）会社理事、日本エタニットパイプ会社技師長、水道研究会理事長などをつとめ、1936年には土木学会会長となる。

語学に堪能で、一代の雄弁家。「進化するものならおれの手でやる」との進取性の強い人だった。日本海軍最後の海軍大将で、日本の敗戦を予言した知性派の提督、井上成美は実弟にあたる。

著書に、〈戦前土木名著100書〉で、わが国最初の鉄筋コンクリート書である『鉄筋コンクリート』（1906年）がある。

小川織三　おがわ・おりぞう　水道

1876.11.21～1948.8.30。兵庫県に生まれる。1899（明治32）年、第三高等学校工学部土木科卒。東京市に入り、河港課長などをつとめた後、1915（大正4）年、水道課長。24年、水道局工務兼浄水課長、25年、初代の東京市水道局長となり、15年から1930（昭和5）年局長を退任するまでの15年間、主として東京市水道の維持管理のトップとして活躍した。

その間、1923年に発生した関東大地震では、水道施設の復旧に尽力し、また、29年に上下水道の全国統一団体を結成するための水道協会創立委員会委員長に推され、32年に水道協会が設立されたが、その設立に先駆的な役割を果たした。1942年に水道協会に名誉会員制が導入され、最初の名誉会員となった。

著書に『欧米水道概観』（1925年）がある。

島崎孝彦　しまさき・たかひこ　水道

1877.1.5～1972.2.1。高知県に生まれる。1898（明治31）年、第三高等学校工学部土木科卒。埼玉県に入り、1908年、同土木課長。11年、朝鮮総督府技師に転じ、1914（大正3）年、同土木局京城出張所長となる。

1922年、大阪市水道部下水道課長となり、1940（昭和15）年、退職するまで18年間にわたって同市の都市計画下水道事業、水道拡張事業に尽くした。その間、24年、水道部長となり、水道料金の集金制度の実施、水道使用量をメートル制に改めるとともに、35年

には当時全国一の規模を有する独立の水道庁舎を建設した。

「万年40歳」、「老書生」が信条で、数多くの随筆などを発表するとともに、59年に82歳で技術士試験に合格、91歳の時、『月世界の水を飲むまで～島崎孝彦先生随想集』(1968年)が発刊された。著書に『促進汚泥法に依る下水処理の実験的研究』(1937年)がある。

西田 精　にしだ・せい　水道

1877.6.5～1944.10.7。島根県に生まれる。1902(明治35)年、東京帝国大学工科大学土木工学科卒。同年、朝鮮の京釜鉄道会社に入社し、その後、横浜鉄道会社に移ったが、08年、母校からの招請に応じて助教授となる。

1910年から3年間、英、米、独、伊各国へ土木工学研究のため留学、主として上下水道、じん芥処理などの研究と調査に従事した。留学中の11年、九州帝国大学工科大学土木工学科助教授を発令され、1913(大正2)年の帰国後、ただちに教授に就任。

以来、1937(昭和12)年に退官するまで、24年間にわたり衛生工学の教授として幾多の人材を上下水道界に送り出し、九州一円の上下水道調査、設計、工事を指導し、「九州の西田博士」の名声を得た。

大井清一　おおい・せいいち　水道

1877.10.16～1946.3.3。愛知県に生まれる。1899(明治32)年、東京帝国大学工科大学土木工学科卒。大学で中島鋭治教授に衛生工学を学んでいた関係で、同年、23歳で京都帝国大学理工科大学助教授となる。

1908年、衛生工学研究のため欧米に出張、主としてベルリン工科大学でブリックス(Brix)教授の指導を受け、上下水道を研究して11年に帰国する。同11年、京都帝国大学理工科大学教授となり、衛生工学を担当した。1937(昭和12)年に退官するまで38年間にわたり、上下水道工学の講座を担当し、多くの水道人を教育し人材を育てた。42年には日本水道協会の初の名誉会員となった。

米元晋一　よねもと・しんいち　下水道

1878.9.7～1964.5.10。山口県に生まれる。1903(明治36)年、東京帝国大学工科大学土木工学科卒。東京市水道課に入り、ついで土木課に転じ、日本橋改築工事の設計・監督の主任技師として従事する。日本橋の完成とともに下水道課に移り、11年、下水道施設とその実情視察のため欧米諸国に出張した。

1914(大正3)年、下水道改良課長、20年、水道拡張課長を兼務、また17年から東京帝国大学工科大学講師となり、上下水道学の講義を担当した。21年に東京市を退職。その後は上水道、下水道の顧問として、釧路、横浜、和歌山、岩国など数多くの都市の上下水道事業を指導して、57年には水道界初の保健文化賞を授与された。

米元が東京市の創設下水道改良事業に関与したのは10有余年であるが、改良下水計画の実施の最初から従事した。当時、下水道はたんに雨水排除の施設と考えられ、また汚水排除、殊にし尿の始末はあまり問題とはならなかった。そのため、わが国で初めて雨水と家庭汚水と共にし尿をもあわせて処理する方式には、「し尿を下水道に放流するのは怪しからん」、「水洗便所を不許可にせよ」などの声が起きたが、欧米諸国の下水道施設の視察で新しい技術を修得し、それを生かし、雨水排除は合流式がまさり、雨水流出量は合理式による算定方法を採用して事業を推進した。

また、わが国最初の下水処理場として計画された三河島汚水処分場の処理方法を、撒水炉床法を採用して下水道計画を変更し、その設計・施工を遂行して新しい下水の処理を実施するなど、創設期の下水道事業に指導的役割を果たし、東京の下水道の基盤を築くとともに、その普及、発展に尽くした。

著書に『汚水浄化装置』（1931年）がある。

沢井準一　さわい・じゅんいち　水道

1878.12.21～1938.2.17。広島県に生まれる。1906（明治39）年、京都帝国大学理工科大学土木工学科卒。大阪市に入り、95年から始まっていた水道の施設拡充工事を担当、1919（大正8）年、水道課が水道部に昇格し、初代水道部長となる。

沢井は政治的手腕に秀で、時の大阪市長・池上四郎と力を合わせ市議会を操縦するまでの偉力を発揮して、ほとんど助役の仕事をするまでになったが、23年、池上市長の退陣に殉じてその職を去った。その後、朝鮮総督府で上下水道事業に参画、また国内では堺、大分、明石、呉、那覇市などの上水道の創設計画に携わった。

倉塚良夫　くらつか・よしお　水道

1879.10.21～1942.11.17。福岡県に生まれる。1904（明治37）年、東京帝国大学工科大学土木工学科卒。陸軍省第一師団経理部に採用され、翌05年、満州軍倉庫雇員として出征。同年、大連軍政署より大連経営の諸設計を嘱託され、関東州民政署技師となる。

1906年関東都督府（のち関東庁）技師として、民政部土木課大連出張所長となり、関東州における土木事業、主として大連および旅順の上下水道の事業に従事した。1914（大正3）年に着工し、17年に完成した王家店貯水池による大連市はじめての上水道工事を完成させ、引き続き着工の第二期拡張工事も担当して完成させた。

工事中の1915年、上水道施設研究のため英、米へ出張、さらに水利工学研究のため23年に英、独、米へ留学した。24年の帰国とともに北海道帝国大学に工学部が創立されるに際して教授として招かれ、衛生工学および港湾工学を担当し、42年に退官した。また、北大工学部在任中に、大連での経験を踏まえて札幌市水道の創設に尽力した。

著書に『浄水工学（上・下）』（1950、53年）があるが、本書は倉塚が生前に脱稿しておいた原稿を「遺稿」として刊行したもの。

西大條覚　にしおおえだ・さとる　水道

1880.2.16～1945.3.14。宮城県に生まれる。1905（明治38）年、東京帝国大学工科大学土

木工学科卒。東京市に入り、水道課、水道浄水場などに勤務した後、1913（大正2）年から1年間、水道施設の調査と実況視察のため欧米各国へ出張。

1918年、臨時水道拡張課長、その後、都市計画地方・中央委員会技師、兼任の内務、宮内技師。22年の官制改正により内務省技師となり、23年、都市計画局第一技術課長、同年、兼任の鉄道省技師、25年、本官および兼官を辞した。

1925年から1928（昭和3）年まで東京府荒玉水道町村組合技師長をつとめた。

原 全路　はら・ぜんじ　水道

1880.5.20〜1955.10.11。広島県に生まれる。1904（明治37）年、京都帝国大学理工科大学土木工学科卒。大阪市、広島市に勤務後、09年、京都市水道課長となり、同市の三大事業であった水道創設工事を担当する。

1913（大正2）年、東京市水道拡張事務所に転じ、第二出張所長として境浄水場、和田堀給水場などの工事に従事する。21年、土木局下水課長、1928（昭和3）年、土木局技師長となり、下水課長を兼務して関東大地震後の帝都復興事業の一環としての下水道築造にあたった。1930年、東京市水道局長、37年から39年まで助役をつとめる。

なお小河内ダム建設をめぐる石川達三の社会派小説『日蔭の村』（1937年）の東京市水道局長「原善郎」は、原全路その人である。

茂庭忠次郎　もにわ・ちゅうじろう　水道

1880.6.16〜1950.2.26。宮城県に生まれる。1904（明治37）年、東京帝国大学工科大学土木工学科卒。大学院に残り衛生工学を専修したが、同時に中島鋭治が技師長を兼務していた東京市の下水道調査主任として設計に参画した。

1907年、名古屋市水道技師となり、水道工務課長兼下水管制作所長、技師長心得を経て、1914（大正3）年、下水道布設事務所長となる。17年、市長が議会と衝突して辞任すると依願退職し、古市公威東亜興業会社社長の依託を受けて水道事業調査のため中国に出張する。

1918年、内務省土木局勤務となり、内務技師として初代の専任水道指導監督官を務めた。23年、内務省復興局に転じ、東京第二出張所長として、山田博愛第一出張所長とともに関東大地震の復興事業、とくに神田、日本橋、麹町など中枢部の区画整理事業に尽くした。

1927（昭和2）年、復興局を辞し、その後は顧問として仙台、新潟、津などの都市の水道、下水道に関係し、さらに大陸の青島、済南、福州などの水道にも関与した。

この間、日本大学土木科長として高等工業学校の創立に関係していたこともあって、1939年、日本大学工学部長に就任した。恩

師・中島鋭治の業績を後世に残すために設置された中島工学博士記念事業会では代表者を務め、〈戦前土木名著100書〉の『日本水道史』(1927年)の編纂に尽くした。

著書に〈戦前土木名著100書〉の『下水工学』(1931年)、『水道小話』(1930年)、『下水学大意』(1932年)、『竹の研究』(1943年)など。

草間 偉　くさま・いさむ　水道

1881.6.1～1972.5.12。長野県に生まれる。1906(明治39)年、東京帝国大学工科大学土木工学科卒。一時、九州鉄道会社に勤務して別府線建設に従事、その後、鉄道院に入り日豊線建設を担当したが、1909年、母校の助教授となった。

1918(大正7)年に米、英、仏、伊へ留学して衛生工学を研究、21年に中島鋭治の跡を継いで教授となり、上下水道の講座を担当し、1942年(昭和17)年に退官した。中島・草間教授の時代は、わが国の上下水道創設期から拡大期にあたり、専門技術者が少ない中で、大学教授は顧問として各種事業を指導することが多かったが、草間が指導した水道は名古屋、高岡、桐生、前橋、東京、高崎、小松、長岡などの各市や満州などの外地にもおよんだ。

とくに1930年に竣工した名古屋市の堀留下水処理場は、草間の研究成果を生かしたわが国最初の活性汚泥法による下水処理場であった。また、水道用鋳鉄管規格の制定にも尽力した。21年竣工し、23年の関東大地震をいち早く欧米に知らせた福島県原町の無線塔は、建設当時、世界最高を誇った鉄筋コンクリート建造物で、草間の設計によるものであった。退官後は土木学会会長、早稲田大学教授をつとめた。

著書に〈戦前土木名著100書〉の『上下水道』(1915年)など。また、中島工学博士記念事業会が編纂した〈戦前土木名著100書〉の『日本水道史』(1927年)の編纂委員も務めた。

鶴見一之　つるみ・かずゆき　水道

1881.11.12～1959.10.12。新潟県に生まれる。1906(明治39)年、東京帝国大学工科大学土木工学科卒。06年に創立された仙台高等工業学校に赴任し、08年に教授となる。

1910年、河海工学、衛生工学研究のため欧米へ留学する。12年、仙台高工は東北帝国大学工学専門部となり、1913(大正2)年に土木工学科長となる。

この間、東北帝国大学工学部の設置により、工学専門部廃止の動きがあったが、鶴見らの尽力で仙台高工はふたたび独立、1934(昭和9)年、仙台高等工業学校校長、44年、仙台高工は仙台工業専門学校と改称し、45年に退官した。

その間、上水道、下水道、河川、水理などの講座を担当し、学生の育成、指導にあたり、近代の上下水道界に数多くの人材を輩出した。

著書に〈戦前土木名著100書〉の『土木施工法』(共著、1912年)と『鶴見下水道』(1917年)など。

高橋甚也　たかはし・じんや　水道

1884.7.10～1975.2.6。宮城県に生まれる。

1912(明治45)年、京都帝国大学理工科大学土木工学科卒。台湾総督府に入り、1923(大正12)年まで河川、上下水道などの事業に従事。23年、推挙されて東京市に転じ、関東大地震後の帝都復興事業において下水道、汚水処理場などの新設工事にあたる。1933(昭和8)年、土木局下水課長、36年、土木局技師長を経て、37年から39年まで水道局長。

1942年から44年まで中国の上海水道会社(英国系)、華中水電会社の各支配人をつとめる。46年、初の公選市長となった仙台市長岡崎栄松の懇請を受け、同年7月、仙台市助役に就任、再任を重ね、戦災復旧事業を推進するとともに、市の将来の発展に備えて、仙台駅の改良計画、幹線街路計画、無電柱街路の設置、区画整理などの都市計画事業を推進した。

さらに上水・下水、ガス事業など、新生仙台市の建設と基礎造りに尽くした。なかでも政治問題にまでなった青葉通りの拡幅では、その原案を固守し、今日のけやき並木の景観を生み出した。57年、助役を辞したが、市議会各派の代表はその功を讃え、その労をねぎらう辞を送った。

著書に『下水道』(1937年)がある。

堀江勝己　ほりえ・かつみ　水道

1885.5.29 ～ 1969.2.15。東京都に生まれる。1911(明治44)年、京都帝国大学理工科大学土木工学科卒。横浜市の技手、技師をつとめた後、1915(大正4)年、鹿児島市水道工務長に転じ、同市の水道創設工事を19年に完成させる。同19年、熊本市の水道創設に工事部長として招請され、22年、土木課長を兼務。

1925年、横浜市水道局長に迎えられ、関東大地震で大きな被害を受けた水道施設の復興事業に専心し、1935(昭和10)年に退職。

その後、1938年、南京陥落後設立された国策会社である華中水電股份有限公司常務取締役に就任。

私家本『水道施設の震害軽減に関する研究』(1955年)がある。

小野基樹　おの・もとき　水道

1886.10.13 ～ 1976.12.23。北海道に生まれる。1910(明治43)年、京都帝国大学理工科大学土木工学科卒。宮内省匠寮嘱託となり、京都御所の防火水道建設にあたる。

1912年、東京市臨時水道拡張課に入り、漏水防止を提唱し、初めて漏水調査を実施する。1919(大正8)年、函館市水道拡張事務所長に招かれ、23年まで第2次水道拡張事業を推進、工費節約のため扶壁式中空鉄筋コンクリートの笹流ダムを完成させる。

1924年、東京市水道局に復帰する。1928(昭和3)年、拡張課長となって村山、山口貯水池の新設、境浄水場と和田堀給水場の増設工事を担当し、また、小河内ダム計画を立案する。36年、小河内貯水池建設事務所長、42年、水道局長、43年、市制から都制に移

行するにあたり東京市制最後の水道局長として退職するまで、水道の建設、拡張事業に取り組み、膨張を続ける東京の水道事業の計画の基礎を築いた。

とくに、小河内貯水池建設は戦争のため中止となったが、1948年、建設が再開され、小野は東京都技術顧問として建設に参画し、昭和初期にあって、いささか大胆すぎるとの批判があったダムは57年完成した。当時、小河内ダム建設は社会問題として注目を浴び、作家石川達三の『日蔭の村』(1937年)では「大野基寿」で登場した。日本ダム協会会長を務め、1965年に保健文化賞を受賞した。

河口協介　かわぐち・きょうすけ　水道

1888.1.17～1965.3.24。山口県に生まれる。1914(大正3)年、九州帝国大学工科大学土木工学科卒。福岡市の水道技手、技師として23年まで創設水道の設計、施工に中心的役割を果たす。

1923年、創設水道の竣工を機に、内務省土木局技術課に転じ、上下水道担当の技師を1942(昭和17)年までつとめる。この間、日本大学理工学部講師を兼務。42年から46年まで大阪市水道局長。56年、日本水道協会理事長。著書に〈戦前土木名著100書〉の『上水工学』(1931年)がある。

岩崎富久　いわさき・とみひさ　水道

1888.3.30～1964.3.28。埼玉県に生まれる。1913(大正2)年、東京帝国大学工科大学土木工学科卒。東京市水道局に入り、水道拡張事務所で村山貯水池や境浄水場の建設を行う拡張事業に従事する。その後、淀橋浄水場に転じ、23年の関東大地震では浄水場の機能保全にあたり、25年浄水課長。

1938(昭和13)年、「ろ過に関する考察」で東京市水道局最初の工学博士となる。この論文はろ過機能を理論的に解明した独創的なもので、ろ過の基本理論をなすものとして内外の高い評価を受ける。

1941年、同給水課長を最後に退職。42年に創設された東京大学第二工学部教授、退官後の49年、中央大学理工学部教授となり、死亡するまでその職にあった。

著書に『上水道』(1939年)、『上水道工学』(1951年)、『理論応用鉄筋混凝土設計法』(1917年)など。

森慶三郎　もり・けいざぶろう　水道

1889.1.31～1967.3.1。京都府に生まれる。1918(大正7)年、京都帝国大学工科大学土木工学科卒。大阪市、京都市、岐阜県に勤務し、水道、都市計画の実務に従事する。

1925年、山梨高等工業学校教授となり、ドイツ、イタリアに留学し、1928(昭和3)年の帰国後、31年から41年まで同校土木工学科長をつとめる。41年、金沢、43年、室蘭の各高等工業学校校長に任じられたが、48

年に退官した。

この間、多くの専門書を著した。〈戦前土木名著100書〉に『最近上水道』(1923年)、『最近下水道』(1923年)がある。その他、『最新道路工学』(1924年)、『水理学』(1926年)、『水力学』(1929年)、『森橋梁工学』(1930年)、『鉄筋コンクリート構造設計』(1941年)など。

広中一之　ひろなか・かずゆき　下水道

1889.12.9～1929.5.28。山口県に生まれる。1911(明治44)年、名古屋高等工業学校土木科卒。大阪市に入り下水道改良課に勤務後、1921(大正10)年、東京市技師に転じ、東京市の下水道計画調査に携わった。

その後、1922年に運転を開始したわが国最初の近代的下水処理施設である三河島汚水処分場の場長となった。

池田篤三郎　いけだ・とくさぶろう　水道

1890.8.25～1963.7.2。大阪府に生まれる。1914(大正3)年、東京帝国大学工科大学土木工学科卒。北海道炭礦汽船会社に入った後、22年、大阪市技師、23年、岡山市水道拡張工事課長。25年、名古屋市水道工事課長となった後、水道部長、水道局長をつとめ、1939(昭和14)年まで15年間にわたって水道の拡張、下水処理場の創設に尽くし、現在の名古屋市上下水道発展の原型を築いた。

水道では、配水管の耐力を高めるために高級鋳鉄管を開発し、また、配水管の流量(流速)が使用年数に応じて減少することを証明した「池田公式」を考案する。この公式をもとに流量表を作製し、その後の配水管設計に大きな貢献をもたらした。

下水道では、現在わが国の下水処理に一般的に使用されている活性汚泥法(当時は促進汚泥法)を実験で確認し、日本ではじめて堀留および熱田下水処理場に採用、堀留で1928年実用化した。また、この処理場の処理過程から出る多量の汚泥を1か所に圧送したうえ肥料化し、「名古屋肥料」の名で販売し、汚泥の肥料化に先鞭をつけた。

名古屋市上下水道の基盤を育成し、「名古屋軍団」とも呼ばれる多くの人材を輩出した後、中国にわたり、上海の水道復旧、北京の都市計画に参画。戦後は東京量水器工業会社を設立し、また日本鋼管会社顧問、日本水道協会、日本技術士会水道部長、水道顧問技師会初代会長などをつとめた。

著書に『流量表』(1954年)がある。

徳善義光　とくぜん・よしみつ　水道・橋梁

1897.2.3～1985.10.28。徳島県に生まれる。1923(大正12)年、京都帝国大学工学部土木工学科卒。東京市道路局橋梁課に入り、関東大地震後の復興事業の中で橋梁建設に尽くし、わが国最初の二葉跳開橋である勝鬨橋を、1940(昭和15)年に工事掛長(現在の課長)として完成させる。また、この橋の概要をラ

ジオ放送で自ら説明した。

1940年に水道局に転じ、拡張、給水、工事、建設の各課長を務め、49年、東京都水道局長となり、55年に退官した。

その間、戦時下の水道の防空対策と戦災復興に力を注ぎ、次いで戦争で滞っていた拡張、応急の両事業を再開させることに尽くした。さらに相模川系拡張事業を着工に導き、また戦前から都民の悲願であった利根川導水計画をたてて、今なお続いている大規模拡張事業の端緒を開くなど、東京の水道の再建に果たした功労は大きい。

1952年には『東京都水道史』を刊行し、1892年に着工した創設水道からの歴史をまとめた。著書に『橋梁工学』(1941年)がある。

岩崎瑩吉　いわさき・えいきち　水道

1899.10.9 ～ 1959.12.4。兵庫県に生まれる。1925(大正14)年、東京帝国大学工学部土木工学科卒。東京市水道局工務課に入り、1932(昭和7)年の市郡合併による市域拡張により隣接町村が経営する水道が市に統合されたため、新設の給水課配水掛長となり、複雑化した配水系統を一元的に整備、統合することにつとめ、その維持、管理に心血を注ぐ。

1939年、拡張課長となり、利根川を水源とする第3水道拡張事業計画にあたる。40年、計画課長、42年に利根川水道建設局が設けられ、技術課長として、先に計画された第3次水道拡張事業の事業認可申請と、都市計画事業としての認可申請にあたる。1943年、都制施行で給水課長(52年部制で給水部長)となり、55年に水道局長となるまで戦中戦後の困難な時期にあって給水能力の増強につとめた。57年、小河内ダム完成を見届け、33年間東京の水道一筋で「水道の神様」といわれた岩崎は局長を辞した。

この間、『東京都水道史』(1952年)と日本水道協会の『日本水道史』(1967年)の編纂委員長もつとめた。

著書に『土木工学便覧』(共編、1941年)がある。

佐藤志郎　さとう・しろう　水道

1901.10.30 ～ 1974.6.26。秋田県に生まれる。1924(大正13)年、仙台高等工業学校土木工学科卒。東京市水道局に入り、1957(昭和32)年、東京都水道局長で退任するまで、一貫して都の水道の発達に尽力した。

1943(昭和18)年、東京都水道建設事務所長を経て、戦争のため中断していた小河内ダム建設工事の再開に伴い、48年、小河内貯水池建設事務所長となる。世界的規模を誇る水道専用の小河内ダム建設に尽くし、小河内の「ダム男」の異名をとり、58年、『小河内ダム工事報告』で土木学会賞を受賞した。

退任後は、新宿副都心建設公社理事、水資源開発公団監事をつとめた。

井深功　いぶか・いさお　水道

1906.4.19 ～ 1981.1.19。長野県に生まれる。1931(昭和6)年、東京帝国大学工学部土木工学科卒。横浜市水道局に入り、拡張課長、建設部長を経て、58年、水道局長となり、64年に退職する。

主として水道の拡張工事に従事し、戦後再開された横浜市の第4回拡張工事では、計画

から竣工までを手掛け、これを『横浜市水道第4回拡張工事の計画施工について』という学位論文にまとめ、1957年、工学博士。引き続き第5回拡張工事や工業用水道の創設事業、相模川水系の馬入川取水事業にあたった。

また、東北大学工学部講師、関東学院大学工学部教授として水道技術者の育成にもあたった。

著書に『上水道施工法』(1965年)がある。

松見三郎 　まつみ・さぶろう　水道

1908.3.4〜1982.3.25。福井県に生まれる。1933(昭和8)年、東京帝国大学工学部土木工学科卒。名古屋市に入り、水道局給水課長、同業務課長、復興局土木部長、千種区長、建築局長、水道局長などをつとめ、都市復興事業、水道の拡張事業、下水処理場などの建設にあたった。また愛知工業大学教授もつとめた。

1966年の退職後は、日本水道工業団体連合会の初代運営委員長、都市計画審議会などの各種審議会委員などをつとめた。また、タイ国水道協会名誉会員に推された。

著書に『下水道及び汚水処理法』(共訳、1933〜34年)がある。

橋梁

本木昌造　もとき・しょうぞう　橋梁

1824.6.9～1875.9.3。長崎県に生まれる。11歳の時、名門のオランダ通詞（通訳）本木家の養子に迎えられ、通訳を行うかたわら、西洋の物理、化学などの新しい技術を積極的に習得した。

とくに活字製造の研究に情熱を傾注し、1851（嘉永4）年、日本人の手ではじめて「流し込み活字」と称される活字の製造に成功し、自著の『蘭和通辨』をこの活字で印刷した。

その後、1855（安政元）年に日露和親条約の通訳、ロシア船建造による洋式造船術の実際を学び、幕府の活字判摺立方取締掛に任ぜられ、1869（明治2）年には活版伝習所を設立して活字鋳造に成功し、翌70年には印刷の事業化のため、大阪、東京、横浜に活版所を開設して進出した。

その間、1860（万延元）年、長崎製鉄所御用掛、1868（慶応4）年同所頭取となった。水害で流出した橋の架け替えの相談を受けた本木は、鉄の橋の築造を建議し、設計は出島蘭館の技師フォーゲル、工事は長崎製鉄所が担当し、橋長21.8m、幅6.4mの桁橋は、わが国最初の鉄橋として1868年8月完成した。橋は「くろがね橋」と名付けられたが、一般には「てつの橋」と呼ばれた。

1868年5月、淀川は大洪水に見舞われ、100余橋が流出する大被害を受けたが、時の大阪府判事後藤象二郎は、長崎で「くろがね橋」を架設中の本木から鉄橋の利点を聞き、イギリスの商社に橋桁の製作を依頼して1870（明治3）年9月に完成した。この高麗橋は、大阪で最初、わが国で3番目の鉄橋となった。

『故本木先生小伝』（94年）がある。

山城祐之　やましろ・ゆうし　橋梁

1831.9.6～1906.10.4。鹿児島県に生まれる。明治初期の石橋架設の技術者。鹿児島藩出身の士族で、1871（明治4）年、壮年にして上京、東京府に出仕し、明治新政府下の初期警察制度である「羅卒」の取締組組頭となる。

石材の工事に卓越した技量を持った人で、1873年に萬世橋の架設を建議し、計画・設計を行い、石工を監督し、同年、都心にできた最初の石橋となる。なお、「よろづよ橋」の橋銘は山城が彫刻したものである。また海運橋、蓬莱橋の石橋築造にも関わっている。

1875年、神田上水の汚染防止のため、上水の開渠部分に石蓋を設置する「神田上水清潔方法」を建白し、その策は実施に移された。78年には土木課吏員として、多摩川水源を公式に踏査し、水源調査を行い、その記録『玉川泉源巡検記』を、80年、時の松田道之東京府知事に提出した。

1886年、二重橋（正式には西丸下乗橋）の石橋への架替工事が起工、山城はその技術を認められて東京府から出向し、計画、設計に関与した。山城は当時の東京府にあって、一等技手の名で、橋梁を含む土木のほとんどを管理していた。その間、一時、宮内省皇居御造営事務局、85年には内務省土木局御用掛に准判任として在籍した。

原口要　はらぐち・かなめ　⇒鉄道分野参照

原龍太　はら・りょうた　橋梁・水道

1854.10.15～1912.12.30。福島県に生まれる。1881（明治14）年、東京大学理学部（土木）工学科卒。東京府に入り、橋梁の建設に従事する。82年、東京馬車鉄道敷設工事を完成させ、86年、東京府技師となる。

1887年、吾妻橋を設計改築して鉄橋としたのをはじめとして、御茶の水橋、和泉橋、新橋、浅草橋、江戸橋、京橋などの改築に尽力した。91年、東京市水道工事担当を命じられ、水道改良工事に従事した。

　1895年、第一高等学校講師、次いで翌年に帝国大学工科大学講師を嘱託される。98年、東京市区改正委員。99年、東京帝国大学工科大学教授を兼任。1907年に官を辞して横浜市水道局技師長兼土木事務顧問に就任し、横浜市水道拡張事業に力を注ぎ、10年に退職した。

　著書(訳書)に『麻氏土木学』(4冊、1923、24年)、『測量教科書』(3冊、1896、97年)など。

二見鏡三郎　ふたみ・きょうさぶろう　橋梁

　1856.9.3～1931.2.10。東京都に生まれる。1879(明治12)年、東京大学理学部(土木)工学科卒。80年、内務省地理局に入り、84年、同局が陸軍省へ移って陸地測地部となったため同部へ移る。

　陸地測地部では、わが国において初めての三角測量法による測量に従事した。当時の二見の計画では、40年をかけて日本の完全な地図を完成させる遠大な構想をたて、その事業に生涯を傾倒するつもりであった。

　1886年から帝国大学工科大学の教授を兼ねたが、88年に陸軍省を辞職し、土木工学を実地研究するため、米国へ自費留学する。現地では親日家の工学者であるワデル(J.A.L. Waddell)、バー(W.H. Burr)両教授と知り合い、アトランティック・パシフィック鉄道会社に就職し、技師としてコロラド河レッドロック架橋工事に従事した。次いでイリノイ州のピオリア市の水道会社に移る。

　1890年、帰国して大阪鉄道会社技師長として鉄道建設に従事し、92年からは福井県の技師として九頭竜川の改修計画にあたった。95年、第三高等学校教授、97年、京都帝国大学理工科大学教授となり橋梁工学を担当し、土木工学科の基礎を築き、1923(大正12)年に退官する。

　著書に〈戦前土木名著100書〉の『土木必携』(1894年)と『鋼拱橋及鉄筋混凝土拱』(1917年)など。

高田雪太郎　たかだ・ゆきたろう　⇒河川分野参照

廣井 勇　ひろい・いさみ　⇒港湾分野参照

小川勝五郎　おがわ・かつごろう　橋梁

　生没年不詳。幕末の江戸に生まれた鳶職で、明治初期の鉄道橋梁建設で「鉄橋小川」、「橋梁小川」といわれた人。

　作事方支配下の鳶小頭であった小川は、1870(明治3)年、わが国最初の鉄道である新橋－横浜間の建設工事がはじまると、請負業の配下として従事し、さらに同70年、六郷川橋梁工事ではお雇い外国人技師の力量を学

んで習得した。特技とする水練、潜水が橋梁工事に必要とあって、次第にその技量が認められる。

その後大阪・神戸間の神崎川、十三川橋梁工事にも従事し、1876年、工部省鉄道寮に出仕する。78年から80年に建設された京都－大津間の鉄道建設では、日本人が設計した鉄道橋の第1号である鴨川鉄橋架設の現場監督にあたった。80年、工部省を辞めて敦賀線工事を鹿島岩蔵らとともに請け負った。その後ふたたび工部省鉄道局雇いとなり、東北線の荒川鉄橋、利根川鉄橋、東海道線の富士川・大井川鉄橋の架設工事を担当した。

1889年以後はふたたび土木請負業をはじめたが、その間の経緯は不明である。なお、小川は間猛馬が間組を創業する際、人的・資金的な後援者でもあった。

古川晴一　ふるかわ・せいいち　橋梁

1864.6.不詳～1939.6.18。兵庫県に生まれる。1881(明治14)年、工部省鉄道局工技生養成所修了。

同所で、最初はライト(B.F. Wright)に従い機関車のスケッチをしながら参考書を読み、月々試験を受ける独習的な修業で、古川は、はじめは機械方面の見習生であったが、志望を土木に転じ、鉄道庁建築師長ポーナル(C.A.W. Pownall)の下に松井捷悟の指導を受け、95年にポーナルが解職されるまで、その助手として主に鉄道橋の設計を担当した。

その主なものには大井川、天竜川、碓氷線、日本鉄道線荒川、烏川、盛岡－尻内間など数多くの鉄道橋がある。その後も鉄道院工務部、建設部において鉄道橋の設計に従事した。

1907年、鉄道技術調査のためアメリカへ出張、帰国後は鉄道院技術部設計主任となり、1915(大正4)年に退官した。

明治から大正にかけての鉄道橋梁の大家で、その業績は全国各地に及ぶが、とくに山陰線の余部橋梁は著名である。

金井彦三郎　かない・ひこさぶろう　橋梁・鉄道

1867.8.18～1932.1.7。岐阜県に生まれる。東京市の橋梁の恩人の一人、私学のダイヤモンドと称された人。1884(明治17)年頃に内務省衛生局の筆記生となり、かたわら苦学して攻玉社に学び、88年、土木科を卒業。

1889年から1906年まで東京府(市)で橋梁工事に従事した。とくに京橋、御茶ノ水橋、新橋、吾妻橋など、関東大地震前の鉄橋工事にはほとんど関係した。その後、鉄道省に転じてからは、東京駅の建築を監督し、また市街高架線東京－万世橋間の建設を担当した。1921(大正10)年、江戸川町村組合水道工事嘱託、23年には鉄道省教習所専門部嘱託。

教育では、私学で攻玉社工学校、昭和鉄道学校、武蔵高等工学校、関西鉄道学校、鉄道省教習所などで教鞭をとった。とくに攻玉社工学校では、教授として同校の教育の基を築き、1902(明治35)年からは初代の名誉校長となって死去するまでその任にあった。同校は1903年から08年にわたって、土木学の普及と、通学できない者のために『攻玉社土木工学講義録』を発行したが、金井は中心となってその出版事業の完結に尽くした。

金井は常に読書し、研究を絶やさない人で、工学に関する著述は多彩で数多く、晩年には土木人名録の編纂に着手していた。

著書に「攻玉社工学校土木講義録」では『応用高等数学』(1907年)、『測量篇』(1907年)、『橋梁編』(1908年)、『材料編』(1908年)など。さらに、『応用図式力学』(訳書、1899年)、『土木工学』(共著、1900年)、『木橋設計便覧』(1902年)、『ワデル氏鉄橋設計示方書』(訳書、1902年)、『土木公式図式解法』(1904年)など多数がある。私家本に『本邦土木建築年表』(147ページ、1911年)があるが、明治末期においてこの種の年表をまとめたことは、特筆される。

田島穧造　たしま・せいぞう　橋梁

1870.2.22～1917.1.30。長崎県に生まれる。1892年(明治25)年、帝国大学工科大学造家科卒。日本銀行建築事務所に勤務し、民間建築の設計、監督に従事。96年、臨時陸軍省建築委員を命じられ、同年、陸軍省建築技師、98年、同省御用掛をつとめる。

1900年、台湾総督府技師に転じ、02年、民政部土木局営繕課長に就き、06年に退官した。10年、東京市営繕課長となり、新大橋、鍛冶橋、呉服橋などの装飾に関係したが、とくに11年に着工して1913(大正2)年に竣工した四谷見附橋の装飾設計者として知られている。

吉町太郎一　よしまち・たろいち　橋梁

1873.10.27～1961.3.23。青森県に生まれる。1898(明治31)年、東京帝国大学工科大学土木工学科卒。助教授となり、1902年、橋梁学研究のためドイツ、アメリカへ留学。

1905年、帰国とともに新設の名古屋高等工業学校教授となる。11年、新設の九州帝国大学工科大学教授、1921(大正10)年、九州帝国大学工学部長。

1921年、北海道帝国大学工学部創立委員、23年、北海道帝国大学の兼任教授、24年には専任教授。同年9月に北海道帝国大学初代工学部長となり、1931(昭和6)年まで勤め、同学部の基礎の確立に尽くし、36年に退官。

1939年、室蘭高等工業学校創設に際し、招請されて初代校長となり、43年まで勤め、現在の室蘭工業大学の基礎を築いた。60年には北大工学部全学科の最優秀卒業生を対象とする「吉町先生記念賞」が設定された。

著書に『鋼橋の理論と計算』(1952年)がある。

田淵源次郎　たぶち・げんじろう　橋梁

1875.10.16～不詳。香川県小豆島の石材業の家に生まれる。上京後、独立して石材業を開業。1901(明治34)年竣工の京橋をはじめ、05年、中野喜三郎経営の中野工業部に入ってからは、11年の日本橋、1914(大正3)年の鍛冶橋、翌15年の鎧橋拡築、さらに20年の神宮橋新設工事など、主に都内の石橋の工事に郷里の花崗岩を使って行った。

その後、田淵組を興すとともに、東京土木建築業組合常務理事、東京花崗岩請負組合長、1927(昭和2)年から31年までは、渋谷区議会議員などを務めた。

関場茂樹　せきば・しげき　橋梁

1876.12.29～1942.1.7。青森県に生まれる。1903(明治36)年、東京帝国大学工科大学土木工学科卒。渡米して最大の橋梁会社アメリカン・ブリッジ・カンパニーで実地研究を積

む。1908年、帰国して横河橋梁製作所技師長となり、山家橋（京都）、八ツ山橋（東京）、勝山橋（福井）など、多数の橋梁の設計、製作にあたり、同社の橋梁事業に先鞭をつけた。

1918（大正7）年、同社を退職、日本橋梁会社に転じて技師長となり、24年に辞任。その後、大阪に関場設計事務所を設立、1930（昭和5）年には松尾橋梁会社技師長となった。著書に『橋梁標準仕様書』（1914年）がある。

樺島正義　かばしま・まさよし　橋梁

1878.1.15～1949.7.10。東京都に生まれる。1901（明治34）年、東京帝国大学工科大学土木工学科卒。東京帝国大学教授で東京市技師長であった中島鋭治の紹介で渡米、カンサス市で橋梁設計事務所を経営するワデル（J.A.L. Waddell）博士の下で約6年間、橋梁設計の実務、研究に従事（ちなみに、ワデルは中島の恩師）した。

1906年、日本橋および新大橋の設計に際し帰国、東京市に入り、橋梁課長、土木課長を務め、1921（大正10）年に退職。この間、新大橋、鍛冶橋、呉服橋、高橋、一石橋、神宮橋などを自ら設計、また、日本橋の全体設計では4人の合議決定者の一人となり、橋梁本体の設計は樺島と同僚の米元晋一が担当、また、四谷見附橋にも関係した。さらに、内務省市区改正委員会の依頼で、新常磐橋、千代田橋を自ら設計するなど、1907年から1917年にわたり東京市の諸種の代表的市街橋の建設技術に新機軸を画した。

東京市を退職後、在米時代に動機となった設計事務所設立を、中国の黄河鉄橋改築の懸賞設計募集を契機に1922年に開設、樺島事務所はわが国最初の橋梁コンサルタントとなる。静岡、愛知、三重の県の顧問として、富士川、安倍川、大井川、揖斐長良川などの橋梁工事をはじめ、内務省復興局の橋梁事務委嘱として、23年の関東大地震後の東京、横浜の復興橋梁に関わり、横浜の大江橋は自ら設計した。

また、大阪の名橋・四つ橋の設計、橋梁以外では鉄塔、タンク、建物などの設計、さらに外地では上海港の倉庫、桟橋などの工事、パラオの無線塔の設計、南満州鉄道株式会社の大連停車場改築工事など、内外で業績を残したが、1930（昭和5）年、事務所を閉鎖した。この間、29年に東京で開催された万国工業会議では評議員に選ばれ、土木部会では3人の日本人理事の一人として民間を代表した。

その後、自宅を事務所として設計業務を行ったが、なかでも水郷大橋の設計は、すべてをただ一人で行った樺島の唯一の橋であった。自伝には『在米時代、市役所時代、事務所時代、自宅時代、桜田時代、疎開時代、エピソード』と名付けられた手書きの記録が残されている（未定稿）。樺島が日頃口にしていたのは次の言葉であった。

「僕の設計した橋には、そのときに世界中のどの橋にもない独特のディテール（詳細設計）が必ず一つは折り込まれているのでそれらの橋のある限り、心ある学者、技術者なら、その橋が樺島正義の手になったものであることを知ってくれるだろう。」

田村與吉 たむら・よきち ⇒ 港湾分野参照

太田圓三 おおた・えんぞう　橋梁・鉄道

1881.3.10 〜 1926.3.21。静岡県に生まれる。1904(明治37)年、東京帝国大学工科大学土木工学科卒。逓信省鉄道作業局建設部に入り、1910年から2年間、電気鉄道研究のため欧米に留学する。

1919(大正8)年、鉄道院工務局工事課長。鉄道にあっては、とくに丹那トンネルに代表される機械力導入による施工の改善などに手腕を発揮した。

関東大地震後の1923年10月、十河信二(鉄道省経理局長、後に国鉄総裁)の推薦で帝都復興院(総裁・後藤新平)土木局長、翌24年2月の官制改正とともに、内務省復興局(長官・直木倫太郎)土木部長となり、土地区画整理、街路、橋梁、公園などの復興事業を中心となり指導した。

ことに復興事業の中枢である土地区画整理事業の実施を最も熱心に主張し、その実施には公共用地買収方法を採らず、土地の交換分合によって公共用地を獲得するとともに、宅地の位置・形状などを整理して、その利用を増進することにした。これを区画整理として市街地に実施したのは最初のことで、反対する政治家には自ら説得にあたり、区画整理の具体案は多く太田の創意から生み出された。

橋梁の復興では、橋梁の設計、形式、意匠などに都市美形成の要素を取り入れ、復興局は「復橋局」と陰口がある中で、とくに隅田川の「五大橋」(永代、清洲、駒形、吾妻、言問)の設計には心血を注いだ。画家に橋の絵を描いてもらって審査会を開き、美術家、文学者(芥川龍之介、木村荘八、実弟の木下杢太郎)、建築家、思想家などに批評してもらい、好評の5枚の絵を基礎にして、それぞれの橋を設計した。「計算できない橋を架けろ」というのが口癖であった。

永代橋、清洲橋の基礎工事では、アメリカ技術陣の指導を受けてニューマチック・ケーソン工法を導入、またスチール・シート・パイルを利用、それらはいずれもわが国における普及の先鞭となった。

さらに復興事業にあわせて高速鉄道網(地下鉄)の敷設を主張し、「太田案」なるものを発表したが、これは復興事業からはずされた。この復興事業は1930(昭和5)年に完了したが、彼はその完成をみることなく、45歳で自害した。

帝都復興事業の人柱となった太田を悼んで関係者によって建立された記念碑が、神田橋の橋詰に遺されている。

著書に『帝都復興事業に就て』(1924年)、『東京の高速鉄道に就て』(1924年)など。

増田 淳 ますだ・じゅん　橋梁

1883.9.25 〜 1947.7.26。香川県に生まれる。1907(明治40)年、東京帝国大学工科大学土木工学科卒。同年9月から翌年3月まで東京帝国大学農科大学耕地整理科講師をつとめる。

1908年4月、橋梁研究のため、現地で仕事をしていた大学の先輩堀見末子を頼って渡米し、1921(大正10)年10月に帰国するまで約14年間にわたって滞在した。その間、米国の著名な橋梁家ヘドリック(I. G. Hedrick)とワデル(J.A.L. Waddell)に師事する。渡米し

た4月にヘドリック橋梁設計事務所、12年にヴァージニア橋梁製作所、13年にボストン橋梁製作所、さらに14年にヘドリック・コクラン橋梁・高層建築設計事務所にそれぞれ勤務した。

米国在勤中に設計と施工に関係した主な橋梁は、陸橋、公道橋、鉄道橋、桟橋、可動橋など30橋余におよび、仕事で訪れた先は12州に達した。なかでも可動橋は、増田がわが国に持ち込んだ最も顕著な技術であるといわれている。

帰国後は、官庁にも民間にも属さず、自営業の道を歩む。増田橋梁事務所を設立し、各府県の嘱託としての立場で、1922（大正11）年から1932（昭和7）年までは長野、兵庫、徳島、神奈川、東京、岡山、埼玉、熊本、宮城、宮崎の各府県で橋梁設計に従事した。

その生涯に70橋余の設計に関わり、個人として成功した橋梁コンサルティングエンジニアで、わが国でいちばん数多く橋を設計した人であった。

増田が活躍した時期は昭和初頭頃までであった。時代は世界恐慌後の不況下にあり、失業対策のための時局匡救土木事業が道路改良工事を中心に実施されるようになったが、第2次世界大戦勃発とともに、架橋事業はほとんど休止状態に追い込まれた。増田の事業も次第に、地下鉄の駅舎、ドック、格納庫など橋梁以外の仕事で事務所を維持していった。

著書に、渡米直前に編んで11月に発行された耕地整理講習会講義用の『土木工学－材料施行編、構造設計編』（1908年）と『橋梁詳論 第1巻 桁の理論と其応用』（共著、1935年）がある。なお、後書は全5巻を目指したが、第2巻以降の発行は不詳である。

花房周太郎　はなぶさ・しゅうたろう　橋梁

1885.12.15～1923.9.17。和歌山県に生まれる。1911（明治44）年、京都帝国大学理工科大学土木工学科卒。京大卒業生の進路を拓くために東京市に入り、後に橋梁課課長となる。新川橋、高橋、呉服橋などの設計、工事に従事し、わが国近代橋梁の初期建設者の一人として、当時、樺島正義、増田淳とともに橋梁界の「三星」とも称された。また、1919（大正8）年、道路法が公布され、同法の構造令により近代橋梁建設は端緒についたが、花房はこれに呼応して神奈川県の華水橋など府県の橋梁設計を指導した。

また戦前の民間の代表的土木系雑誌である『土木建築雑誌』（1922年創刊）の生みの親であった。同誌や『工学』などの雑誌に橋梁の設計、計算に関する記事などを多数発表した。橋梁技術者がきわめて少なく、全国的に橋梁を改築しなければならない時にあって、花房は橋梁技術者の養成と橋梁の研究を目的に官民からなる橋梁団体の設立を計画していたが、関東大地震による混乱の中、前途を惜しまれつつ病のため死去した。

田中　豊　たなか・ゆたか　橋梁

1888.1.29～1964.8.27。長野県に生まれる。1913（大正2）年、東京帝国大学工科大学土木工学科卒。ただちに鉄道院技術部に入り、18年、技師に進み、工務局設計課に勤務。20年、鉄道事業研究のためにイギリスに留学、途中、ドイツ、アメリカに転学し、鉄道力

学、とくに高速度運転に関する事項を研究し、22年に帰国した。

1923年の関東大地震では、帝都復興院技師を兼任し、初代の内務省復興局橋梁課長として、隅田川の橋梁の復旧では独自の橋梁形式による設計を行い、また新しい基礎工法を採用して永代橋、清洲橋などの名橋を生み出し、わが国の橋梁技術に一転機を画した。

1961年から死去するまで土木学会本州四国連絡橋技術調査委員会委員長を務めるなど、近代橋梁の理論と構造に新風を吹き込み、わが国の橋梁技術を国際的水準まで高めるのに指導的役割を果たしている。

その間、1925(大正14)年、東京帝国大学教授を兼務。1932(昭和7)年、エジプトで開催された国際鉄道会議に、日本政府代表として出席。翌33年、鉄道省大臣官房第四科長となったが、この年、鉄道省と東京帝国大学教授の職を退いて東京帝国大学講師となった。

1934年、改めて同大学第一工学部教授を専任し、48年の定年退官まで24年間にわたって研究と学生の指導に尽力し、数多くの人材を育てた。

1945年、土木学会会長。没後、その橋梁分野での功績を記念して、1966年「土木学会田中賞」が創設された。

三浦七郎　　みうら・しちろう　　⇒ 道路分野参照

山本卯太郎　　やまもと・うたろう　　橋梁

1891.6.15 ～ 1934.4.20。大阪府に生まれる。1914(大正3)年、名古屋高等工業学校土木科卒。翌15年渡米し、アメリカン・ブリッジ・カンパニーに入社、可動橋の設計、製作等に従事するとともに、イリノイ、アーマー両大学で鋼構造学の研究を積む。

1919年に帰国後、高砂工業会社営業部長に就いたが、同19年東京に可動橋を専門に設計・製作する山本工務所を開設。名古屋と大阪に出張所を設け、朝鮮にもその事業を拡げ、10橋余の可動橋を架設し、可動橋の一方のエキスパートとして民間技術界で孤軍奮闘した。また、母校では講師として橋梁学を担当した。

谷井陽之助　　やつい・ようのすけ　　橋梁

1892.2.12 ～ 1970.7.18。和歌山県に生まれる。1916(大正5)年、九州帝国大学工科大学土木工学科卒。東京市に入り、橋梁建設に専念し、橋梁課長をつとめる。この間、雑誌『工学』や『土木建築雑誌』に数多くの橋梁に関する論文を発表した。1928(昭和3)年、東京鉄骨橋梁製作所技師長兼工場長。

1934年、清水組に転じ、土木技師長、土木部長、工務部長、取締役をつとめる。48年、社名を清水建設と変更後も、引き続き土木部長などをつとめた。その後、東日本建設業保証会社審査部長などに就いた。

著書に『橋梁』(1926年)がある。

曽川正之　　そがわ・まさゆき　　橋梁

1893.1.30 ～ 1981.12.6。神奈川県に生まれる。少年期に京都東本願寺の山門造営に携わり、次いで京都、横浜両市の水道事業に従事するかたわら、京都の工学校で建築を、東京の工手学校で土木を学ぶとともに、勤務先を東京市橋梁課に移し、1919(大正8)年、早稲

田工手学校建築科を卒業する。

その後、樺太庁、橋梁コンサルタントのパイオニア・樺島正義事務所に就職し、橋梁および建築構造の設計に従事した。1929(昭和4)年、樺島事務所在職のまま横河橋梁製作所に勤務、同事務所解散とともに、32年、同製作所に本務として勤務し、64年に退職した。自ら設計した代表的橋梁に長崎県の西海橋がある。

著書に『トラス橋の設計』(共著、1966年)、『曽川正之追想録』(1982年)がある。

青木楠男　あおき・くすお　橋梁

1893.7.23～1987.3.18。高知県に生まれる。1918(大正7)年、東京帝国大学工科大学土木工学科卒。内務省土木局に入る。1926年、内務省土木試験所に転じ、1942(昭和17)年、土木試験所長となる。

1946年、内務省を退官する。創設まもない早稲田大学理工学部土木工学科教授に迎えられ、54年、理工学部長、56年、大学院工学研究科委員長をつとめ、64年、退職する。

この間、東京帝国大学、東京工業大学の各講師、国士舘大学教授。橋梁工学では1923年の関東大地震で被害を受けた橋梁の復旧に、地震に強い道路橋の設計基準づくりを指導。さらに昭和初期においては鋼道路橋に溶接工法を積極的に導入し、橋梁の設計、架設の合理化、経済性の向上など、溶接鋼橋の開発に先駆的な役割を果たした。この溶接工法における研究成果は戦後に新形式の橋として実現し、後には長大橋の架設を可能ならしめる素地となり、やがて本州四国連絡橋建設に生かされることとなる。

このほか土木材料の研究、材料の試験法の規格化などにも尽くした。溶接学会会長、日本道路協会橋梁委員長、土木学会会長などをつとめ、1964年には土木学会本州四国連絡橋技術調査委員会委員長となり、「本四架橋は可能」という報告書をとりまとめた。

技術史に博学な青木は、1950年の台風で流出した山口県岩国の錦帯橋の復旧工事を技術指導し、日本三大奇橋の名橋を復元。また、土木学会会長としての講演「九州地方の古い石のアーチ橋」は、その後の石橋の研究に端緒を開く。さらにわが国の大正・昭和時代における土木史の空白を埋めるべく情熱を注ぎ、『日本土木史 大正元年～昭和15年』(1965年)、『日本土木史 昭和16年～昭和40年』(1973年)の編纂に尽くした。

著書に〈戦前土木名著100書〉の『鎔接鋼橋』(1935年)など。市販の雑誌『土木施工』の編集長もつとめた。

小池啓吉　こいけ・けいきち　橋梁

1895.8.4～1972.10.18。富山県に生まれる。1919(大正8)年、東京帝国大学工学部土木工学科卒。東京市橋梁課に入り、1933(昭和8)年まで在職。この間、専ら橋梁の設計と工事に従事、とくに1923(大正12)年の関東大地

震後の復興事業では、数多くの橋梁の設計と施工に携わり、帝都復興記念章を授与される。

その後、富山県、兵庫県の土木・道路技師を経て、1939年、栃木県土木課長。41年、内務省に転じ、阿武隈川上流、阿賀野川の各工事事務所に勤務し、44年、磐城国道改良工事事務所所長。44年から46年まで宮城県土木部長をつとめる。

退官後、1967年に東北学院大学工学部に土木工学科が新設され、教授に就任した。

著書に〈戦前土木名著100書〉の『小池橋梁工学全3巻』(1932、33、37年)など。

成瀬勝武　なるせ・かつたけ　橋梁

1896.8.30～1976.9.8。東京都に生まれる。1920(大正9)年、東京帝国大学工学部土木工学科卒。猪苗代水力電気会社に入社、その後、会社合併とともに東京電燈会社に移る。

1923年の関東大地震の発生は、その生涯に転機をもたらした。太田圓三、田中豊らの紹介で、震災復旧のために設立された帝都復興院(後に復興局)に入り、2人の下で橋梁の仕事に従事することになる。橋梁課では筆頭技師として、隅田川の諸橋のほか百数十橋におよぶ東京市、横浜市における幹線街路橋や運河に架すべき道路橋の企画、形式選定、設計、積算を担当し、自らも数寄屋橋や聖橋などを設計した。

1926年、欧米各国の橋の視察、調査を行ったが、復興事業によって架けられた橋はその形態、意匠に新しいスタイルをもつものが多く、この新しい造形傾向は全国各地の橋の新設に際して多くの影響を及ぼした。

1929(昭和4)年、橋梁課長。翌30年、復興局廃局に伴い橋梁課長を辞し、新設間もない日本大学工学部土木工学科教授に転じ、67年に退任するまでの37年間、橋梁工学の講座を担当し、技術教育、人材育成に尽くした。

著書に〈戦前土木名著100書〉の『弾性橋梁～理論とその応用』(第1、2冊、1940～41年)など。復興局橋梁課長の時に映画「帝都復興」(全6巻)のシナリオを書き、民間雑誌『土木技術』の編集長も務めた。

徳善義光　とくぜん・よしみつ
　　　　　　⇒ 上下水道分野参照

福田武雄　ふくだ・たけお　橋梁

1902.9.30～1981.1.6。大阪府に生まれる。1925(大正14)年、東京帝国大学工学部土木工学科卒。内務省復興局に入り、関東大地震で被災した橋梁の復興事業に従事したが、翌26年に母校の助教授に迎えられる。1942(昭和17)年、東京帝国大学教授に就任し、第二工学部の創設、土木工学科の基礎づくりにあたる。51年、第二工学部は廃止、生産技術研究所と組織が変更され、その教授、所長を務め、63年に退官した。

その後は千葉工業大学教授、75年には学長に選出され、64年に土木学会会長、69年、日本工学会会長となる。

著書に〈戦前土木名著100書〉の『鉄筋コンクリート理論』(1934年)など。最後の著書に私家本『Notes on Bridge Failures』(1979年)がある。

富樫凱一　とがし・がいいち　⇒ 道路分野参照

深田 清　ふかだ・きよし　橋梁

1906.6.20～1936.9.12。福岡県に生まれる。1931(昭和6)年、京都帝国大学工学部土木工学科卒。島根県土木課に勤務し、橋梁の設計に従事。

その設計に係わる橋梁は、31年の鎗ケ崎橋にはじまり、32年に横田橋、新大橋、33年に雪舟橋、浜田橋、監督・施工した4橋として三刀屋橋、古城橋、森坂橋、鳥屋川橋、35年に出羽橋、宝莱橋、福富橋、そして監督・施工した第17代目の松江大橋が最後となった。

1934年3月、第14代目の木橋の松江大橋は、老朽化していた橋脚に舟が激突し、橋柱が折損され、2スパンが大橋川へ墜落して松江市街の南北の交通が遮断された。このため懸案となっていた改架工事がただちに島根県会で可決され、その設計を命じられたのが、当時28歳の深田技手であった。

翌1935年12月、起工式が挙行され、設計者の深田は引き続き現場監督に就任した。この工事を一生の記念事業と考えていた深田の努力により、工事は順調に進んだが、36年9月12日、改築工事監督中、重量約50キロのコンクリートバケットが落下し、殉職した。

県は深田の生前の功績を賞して、二階級特進させて島根県技師に任じた。翌1937年、出身の京都帝国大学土木工学教室より送られた故深田技師の胸像を工事中の第2号橋脚中に埋鎮し、39年には地元と母校の有志により、初代の人柱「源助柱」に隣接して「深田技師殉難記念碑」が建てられた。

武田良一　たけだ・りょういち　橋梁・河川

1906.11.21～1973.10.21。福島県に生まれる。1930(昭和5)年、東京帝国大学工学部土木工学科卒。愛媛県に入り、土木兼道路技師をつとめ、その間、長浜大橋(可動橋)の設計を行う。37年、京都府に転じ、鴨川改修工事に従事。42年、内務技師となり神戸土木出張所へ転勤し、水害復興中部河川事務所長、猪名川工事事務所長となる。

1946年、近畿土木出張所工務部長、49年、建設省近畿地方建設局大和川工事事務所長、51年、同淀川工事事務所長などを経て、56年に近畿地方建設局長となり、58年に退官した。

平井 敦　ひらい・あつし　橋梁

1908.8.4～1993.6.10。京都府に生まれる。1936(昭和11)年、東京帝国大学工学部土木工学科卒。大阪市土木部勤務。東京帝国大学総合試験所嘱託を経て、41年、京城帝国大学理工学部助教授。43年、東京帝国大学助教授、48年から69年まで同教授。78年から82年まで長岡技術科学大学副学長。

この間、土木学会では橋梁構造委員会委員長、本四国連絡橋技術調査委員会耐風設計小委員会委員長。海外では吊橋の世界的権威と

して69年から75年までトルコ道路庁ボスフォラス架橋審議会委員、70年にイタリアのメシナ海峡渡海計画審議委員の各国際委員会委員を務める。71年から2期間にわたり国際橋梁構造協会(IABSE)副会長、76年に同協会名誉会員。

著書に『鋼橋、第1, 3』(1953, 1956年)。

猪瀬寧雄 いのせ・しずお 橋梁

1908.11.29～1981.12.6。奈良県に生まれる。1931(昭和6)年、東京帝国大学工学部土木工学科卒。千葉県土木課に勤務後、38年、内務省土木局に転じ、同年から44年まで中国で建設総署天津工程局公路科長、同署公路局工務科長などを務める。

戦後、建設省に復帰し、1951年、北海道開発局設置と同時に初代室蘭開発建設部長となり、現在の苫小牧臨海工業地帯の掘込工業港の調査に、アイソトープによる漂砂調査を用いて防波堤の位置を決定し、技術的に高い評価を受ける。その後、札幌開発建設部長を経て、58年、北海道開発局建設部長、59年、北海道開発局長、63年、北海道開発庁事務次官となり、64年に退官。

猪瀬は、千葉県時代から民間時代を通じ、設計・指導・架設など、関係した橋は80余および、多数の関係論文と寄稿文を残した。

著書に『ランガー橋設計法』(1955年)、訳書に『鋼橋の理論と計算』(共訳、1934年)、『吊橋の振動解析』(共訳、1971年)など。『技術者の夢』(1967年)、『猪瀬寧雄さんを偲んで』(1983年)がある。

磯野隆吉 いその・たかよし 橋梁

1912.9.16～1971.5.21。大阪府に生まれる。実業家・橋梁史研究者。1931(昭和6)年、大阪市立都島工業高校土木科卒。内務省大阪土木出張所に勤務後、34年、大阪鉄筋煙突工業所を設立し、コンクリート煙突建設業を始める。

1947年に大阪鉄筋コンクリート株式会社に改組、取締役社長として、主としてコンクリート煙突、サイロの設計・施工にあたり、とくにコンクリート製超高層煙突の分野では、わが国屈指の技術力と施工力を持ち、69年、大気汚染防止法制定後の高層煙突建造期には、京阪神・四国・中国地方でのコンクリート製高層煙突の大半を手掛け、煙突業界に活躍した。

かたわら長年にわたって全国各地の橋梁の歴史を丹念に調べ、資料を収集して地道な研究を続け、橋梁技術の究明に情熱を燃やし、とくに明治期の橋梁に力を入れた。1965年前後からそれらの研究成果を学会誌などに積極的に発表し、空白であった橋梁史・橋梁技術史の研究にユニークな業績を残した。

その一部として、「明治錦絵と初期西欧風橋梁－その橋梁史的序説」(『土木学会誌』、1964年)、「わが国のれい明期における鉄橋(座談会)」(『日本鋼構造協会誌』、1971年)などがある。死去後、その蔵書は「磯野文庫」として大阪市立中央図書館に開設された。

道路

宮之原誠蔵　みやのはら・せいぞう　道路

1847.4.不詳～1888.11.26。鹿児島県に生まれる。創設まもない内務省土木局の6名の指導者の一人。1977(明治10)年、土木局准判任御用掛。81年、同准奉任御用掛となり(宮之原一人)、82年、群馬県下の土木局出張所在勤。84年、四等技師・二級。85年、四等技師・正七位となり清水越に在勤、同年11月清水越新道開通し、開通の功により縮緬代金百五十円を下賜される。86年、三等技師・奉任官三等となり利根川出張所在勤、同年7月から87年4月まで第四区土木監督署(大阪)巡視長、同87年、三等技師・奉任官三等・従六位となり土木局勤務。88年1月より休職となり、42歳で生涯を閉じた。

なお、留学先については、「アメリカ留学」(『日本科学技術史大系16巻 土木技術』、1970年)、『幕末明治海外渡航者総覧』(1992年)では次のように記述されている。「私費留学、渡航先・清国、渡航時期1872年、帰国時期1872年、留学先・香港、専攻分野・英語学」。

国立国会図書館憲政資料室にある『三島通庸関係文書』には、「宮之原誠蔵 土木技師 明治一八年六月三日 清水越新道進捗状況報告実地巡検願」の書簡がある。

中島精一　なかじま・せいいち　道路行政

1848.10.30～1941.3.9。「郡道」の創設者。長野県小県郡塩尻村に生まれる。官選戸長などをつとめた後、1879(明治12)年、県会議員に選ばれたのを振り出しに、県会常置委員、更級兼埴科郡長、上水内郡長、小県郡長、東筑摩郡長に任ぜられ、1902年、茨城県警察部長に転じたが、翌年休職を命じられ、20年余の官吏生活から離れた。

政府は、1876年、道路を国道・県道・里道に分ける制を定めたが、90年に小県郡長となるや、国の定める道路の種類および等級以外に「郡道」なるものを創設し、92年には「郡道路規程」を制定して、郡内の主要路線10有余を選んでこれを郡道に編入して全郡下にわたる道路網を編成し、道路改修の基本的方針を立てた。

また郡道路改修計画の財源には、改修すべき道路に直接関係する町村に重い負担を、比較的関係が薄い町村には負担を軽くし、道路改修により受ける利益の厚薄によって費用の負担に軽重を設けるという「不均一賦課」の原則を創案した。

当時の県当局はこの原則に悩まされ、県の一存ではこれに認可を与えることが出来ず、内務省に伺いをたててその指揮をあおいだ。同郡にあること10年、道路の必要が閑却されていた時代にあって着々と道路改修を進め、中島が郡会を開けば道路のことを第一に議論するので、当時小県郡会を人々は「道路郡会」と評した。

中島はまた、実業教育の振興に意を用い、「繭は学問では飼えない」とされたなかで、養蚕業の郡立専門学校の創設にもあたった。

大久保諶之丞　おおくぼ・じんのじょう　道路

1849.8.16～1891.12.14。香川県に生まれる。地元の素封家に生まれ、村吏、戸長などに就き、道路開削や架橋にあたる。

1884（明治17）年、35歳で総延長約280kmの「四国新道」の構想を提唱する。この計画的に敷設しようとした道路は、香川県丸亀－多度津の両港を起点に琴平から徳島県池田、高知を経て愛媛県松山、三津浜に至る四国全域の近代化をリードする象徴であった。

1886年に着工した四国新道は、90年に約38kmの「讃岐新道」が完成し、彼の功績を称えて「大久保道路」とも呼ばれた。四国新道の全ルートが竣工するのは94年であった。

1885年には四国新道の最難関地、猪ノ鼻峠の工事を隧道とする案を提唱し、あわせてこの隧道を利用して吉野川の水を讃岐に導水する「疏水計画」も主張した。

1887年には丸亀－琴平間の「讃岐鉄道」建設に参画し、同鉄道は89年開通したが、開業式の祝辞では、さらに瀬戸内海の島に橋を架けて、香川県と岡山県とを結ぶ演説を行い、彼の夢は瀬戸大橋へと繋がった。

1888年、愛媛県議会議員、89年の香川県発足に伴い香川県議会議員となったが、県議会において倒れ、42歳の若さで死去した。

牧 彦七　まき・ひこしち　道路

1873.6.28～1950.8.28。大分県に生まれる。1898（明治31）年、東京帝国大学工科大学土木工学科卒。台湾の台北県、台南県の技師、土木課長として淡水渓の改良、道路建設、都市改良、河川改修など工事を1901年までの3年間担当し、廃県とともに退官する。

1902年、埼玉県技師となり土木課長を経て、1906年、秋田県に転じ、技師、土木課長、耕地整理課長、また船川築港事務所長をつとめた。とくに耕地整理に関しては用水路の設計に新しい方法を求めるため、東北大学に通って研究し、これを解決して県在職中に学位論文を起草した。

1914（大正3）年、内務技師、15年、明治神宮造営局技師、19年、内務省土木局技師兼鉄道技師をつとめる。21年には道路会議臨時議員に推されて欧米各国に出張し、帰国後の22年、創設された内務省土木試験所初代所長に就任した。24年、土木試験所長を辞め、東京市道路局長となり、その後土木局長に就任して、1928（昭和3）年、辞任した。

また1923（大正12）年、東京帝国大学工学部講師を嘱託され、1930（昭和5）年まで道路および街路、都市計画の2つの講義を担当した。

1914年、内務省に転ずるまでは水理、河川関係の仕事に従事し、沈床（埼玉県）、法枠（秋田県）の改良などに力を尽くし、内務省に入ってからは、当時、わが国の道路政策は根本的改革の機運にあり、転じて道路事務を担当し、道路法、道路構造令、街路構造令などの制定に専心した。

また東京市土木局長在職中は路面改良の普及に努め、自ら設計してわが国最初の簡易舗装を施工するなど、道路技術の黎明期にあって、その発展の基礎を築いた。

著書に〈戦前土木名著100書〉の『土木瑣談』（1933年）、他に『道路の今昔』（1934年）がある。

堀田 貢　ほった・みつぐ　道路行政

1876.1.28～1925.2.3。福島県に生まれる。

1904(明治37)年、東京帝国大学法科大学法律学科(独法)卒。逓信省に入った後、内務省に転じ、参事官、内務監察官などをつとめる。1922(大正11)年、内務次官となり、翌23年、病のため辞官した。

その間、1918年、内務省土木局長となる。局長に就くと同時に道路法制の改革に着手した。当時、この懸案解決に逓信省が同意しないため、その解決に奔走し、一種の妥協案を得て議会に提出、委員会での答弁はほとんど一人で引き受け、19年にわが国最初の道路法が公布され、道路行政上に一転機を画した。

また19年に創立された道路改良会常務理事となり、東京市の道路舗装を計画するとともに、全国の道路改良の急務を宣伝することに力を注いだ。

岡本 弦　おかもと・げん　⇒ 河川分野参照

高桑藤代吉　たかくわ・とよきち　舗装

1880.3.23 〜 1936.5.30。新潟県に生まれる。1906(明治36)年、東京帝国大学工科大学応用化学科卒。石油会社に入り製油所建設に携わるとともに、アメリカに留学し、製油技術を習得する。

1910年、中外アスファルト会社技師長に就任してからは、アスファルト質原油から石油アスファルトをわが国で初めて製造することに尽くし、石油アスファルトを道路舗装材料に結び付ける研究を積み、わが国の要路の舗装にアスファルト舗装の先鞭を付けた。

一貫してアスファルト舗装の研究を続け、出版による啓蒙活動を行い、約20年にわたって民間アスファルト界の実際的指導者であった。1919(大正8)年、桐生高等工業学校教授に転じて在校17年、応用化学科を創設し、アスファルトに関する講義ではメッカともいわれ、数多くの人材を輩出した。

また『東京市の舗道』(1919年)を著し、「将来東京市の道路を如何に舗装すべきや」という緊急な問題提起を行った。これはわが国首都の道路として将来採るべき方針を示したもので、政府要人などに配付して、与論の喚起にもあたった。

訳書に『アスファルト舗道構造学』(1917年)がある。

佐上信一　さがみ・しんいち　道路行政

1882.12.19 〜 1943.11.29。広島県に生まれる。1910(明治43)年、東京帝国大学法科大学法律学科(独法)卒。東京府兼内務属、東京府試補に任ぜられた後、鳥取、熊本両県の理事官などをつとめる。

1916(大正5)年、内務省土木局道路課長、22年、参事官兼内務大臣秘書官、大臣官房文書課長となり、道路課長を兼務。その後、内務省神社局長、岡山、長崎の県知事、内務省地方局長、京都府知事、北海道庁長官などをつとめ、1936(昭和11)年に退官。この間、19年に公布された道路法の立案に道路課長として尽力した。

立案に際し、王朝時代から徳川時代の古典類を研究して、わが国の交通の将来を想定し、恒久的政策を樹立し、それを基礎として立法したが、佐上はその研究の重任を担当し、その研究を基礎として各法条が決められた。当時、道路法は法学界において模範的な立法としてたたえられたが、それは佐上の努

力によるところが大であった。
　著書に『道路法之概要』（1920年）、伝記に『佐上信一』（1972年）がある。

牧野雅楽之丞　まきの・うたのじょう　道路

　1883.1.2.～1967.8.14。宮城県に生まれる。1909（明治42）年、東京帝国大学工科大学土木工学科卒。内務省に入り、はじめは東京市区改正委員会の水道拡張調査に従事したが、11年、内務技師となり、東京土木出張所に勤務し、利根川第二期改修工事に従事した。
　1918（大正7）年、道路視察のため米国へ出張、翌19年に帰国し、わが国最初の道路法制定に牧彦七とともに参画、道路行政の確立に尽くす。
　1922年、内務省土木試験所発足とともに同所勤務、24年、土木試験所長。1927（昭和2）年、帝都復興局土木部道路課長兼道路試験所長として関東大地震後の東京、横浜両市の幹線街路、広場、舗装などの計画、設計、工事の推進に尽力した。
　その後、土木局国道改良係主任として、失業救済土木事業の一環である直轄国道の改良、施工に技術の責任者として務め、1934年、下関土木出張所長となり、36年に退官した。
　1939年から41年まで京都市土木局長。67年、郷里宮城県迫町の名誉町民に推戴される。
　著書に〈戦前土木名著100書〉の『道路工学』（1931年）がある。

堀　信一　ほり・しんいち　道路

　1886.9.17～1943.2.24。島根県に生まれる。1915（大正4）年、京都帝国大学工科大学土木工学科卒。岐阜県と海軍勤務を経て、21年に東京市技師となり、土木局改良課工事掛長、その後、道路管理課長、建設課長をつとめ、1939（昭和14）年、土木局技術長となって翌40年に退職した。
　この間、草創期における東京市の路面舗装工事の陣頭指揮にあたり、路面改良の産婆役という大任を果たした。また、1938年、日本道路技術協会が創立され、その常務理事をつとめた。

田中　好　たなか・こう　道路行政

　1886.12.30～1956.5.14。京都府に生まれる。18歳で地元の船井郡役所の雇いとなった後、京都府土木課に勤務し、在職しながら1912（明治45）年に立命館大学法律学科卒。その後、兵庫県土木課に転じて内務省関係の事務と訴訟事務とを担当した。のち内務省地方局勤務となったが、1918（大正7）年、内務省土木局道路課に転勤。22年、土木事務官、その後に鉄道省事務官を兼任し、土木局在任16年間を通じて土木行政、とくに道路行政の進展に心血を注ぎ、1934（昭和9）年に退官する。
　この間、日本大学工学部教授を務める。退官後は、東京高速鉄道会社に支配人兼庶務課

長として実業界に入り、また衆議院議員を務めた。

今日の日本の道路法の基礎となったのは、1919 (大正 8) 年に公布された道路法である。田中は牧彦七とともに法案の実際の起草に当たるとともに、道路法と都市計画法制定との調整などに尽力した。

また、失業救済による国府県道改良政策などの道路政策を立案し、道路法、道路政策に関して土木局に「田中あり」と評価されるに至った。

他方、道路法公布の 1919 年、道路改良の急務とその機運を促進する目的で道路改良会が創立されると、幹事として会の発展に尽くした。20 年に創刊された同会の機関誌『道路の改良』に「路政僧」、「丹波浪人」などの名の下に土木行政、道路行政などの論文、記事を数多く執筆して、わが国最初の道路専門雑誌の確立にも力を注いだ。

著書に〈戦前土木名著 100 書〉の『土木行政』(1932 年) など。

藤井真透　ふじい・ますき　道路

1889.1.1 ～ 1963.9.19。宮崎県に生まれる。1914 (大正 3) 年、東京帝国大学工科大学土木工学科卒。大阪府に入り、のち兵庫県に転ず る。1917 年、明治神宮造営局技師に招かれ、牧彦七の下に外苑の造営工事の計画、設計、施工に従事し、とくに舗装工事では揺籃期のアスファルト舗装に綿密な計画と手腕を発揮し、工事は 26 年完成した。24 年、内務技師として土木試験所に勤務、36 年には第 4 代目土木試験所長となり、42 年までつとめた。

1942 (昭和 17) 年、招かれて海軍省海軍施設本部第二技術部長・海軍技師に転じた。45 年、敗戦と同時に帰郷し、一時都城市長をつとめる。一方、1922 年から 42 年まで、東京帝国大学工学部講師を兼務、31 年、日本大学講師、52 年、日本大学理工学部教授となる。

藤井は、わが国の近代道路技術の草分け時代に道路の改良整備、ならびに都市計画に新知識を導入し、大学、官界、民間において該博な学識のもとに幾多の師弟、若い技術者の教育、後進の指導に情熱を傾けた。

著書に〈戦前土木名著 100 書〉の『土木材料』(1932 年)、また内務省土木試験所長時代に多くの教え子達から寄せられた便りをまとめた『若き技術者の手紙』(1941 年) など。

岩崎雄治　いわさき・ゆうじ　道路

1889.11.3 ～ 1962.9.28。熊本県に生まれる。1916 (大正 5) 年、九州帝国大学工科大学土木工学科卒。熊本、高知の両県に勤務後、茨城、岐阜の各県の土木課長を経て、1933 (昭和 8) 年、長野県土木部長、35 年、京都府土木部長、40 年、兵庫県土木部長、44 年、北海道土木部長となり、45 年に退官する。

この間、とくに砂利道の補修と維持管理に手腕を発揮した。戦後は阪神上水道市町村組合の管理者を 12 年間にわたってつとめ、水道界で活躍した。

三浦七郎　みうら・しちろう　道路・橋梁

1889.12.25 ～ 1945.3.12。佐賀県に生まれる。1914 (大正 3) 年、東京帝国大学工科大学土木工学科卒。北海道土木部に勤務、室蘭土木事務所長を経て、20 年、内務省土木局に転じ。24 年、欧米に留学、主としてドイツ、

フランスに学ぶ。

1925年に帰国後、土木局第一技術課で国道、橋梁を担当。1934(昭和9)年、勅任官となり、道路行政の推進にあたるとともに、国・府県道の改良計画の基本方針の確立に尽くした。36年、下関土木出張所長。38年、所長兼任のまま、中華民国臨時政府の建設総署初代技監として北京に赴任し、華北建設の実施計画立案にあたる。42年、興亜院技術部に転じ、帰国する。

その後、大東亜省参事官を経て、43年に退官する。44年再び大陸に渡り港湾建設にあたったが、病を得て北京にて死去した。

著書に〈戦前土木名著100書〉の『鋼橋(上・中・下)』(1934〜36年)など。

金子源一郎　かねこ・げんいちろう　道路

1891.6.24〜1976.9.3。東京都に生まれる。1915(大正4)年、東京帝国大学工科大学土木工学科卒。志願兵として鉄道第一連隊に入隊、除隊後に東京市に勤務。1923年に発生した関東大地震により、その復興事業のため帝都復興院が新設されると、23年同院に転じ、1927(昭和2)年、内務省復興局土木部工務課長となる。

1929年、東京府に転じ、土木部都市計画課長、道路課長を経て、33年に土木部長。37年、内務技師に任ぜられ、39年、内務省土木局第二技術課長。41年、国土局道路課長、42年退官。

山本 亨　やまもと・とおる　道路

1892.11.7〜1964.11.29。愛媛県に生まれる。1917(大正6)年、九州帝国大学工科大学土木工学科卒。第七高等学校講師、教授をへて内務省土木局勤務。21年、東京市技師に転じ道路局に入る。

1922年、道路局内にわが国で初めて道路試験所が設置される。同所は26年に土木局道路課試験所、さらに1932(昭和7)年に土木局土木試験所と改称し、所長を勤めた。

その後、道路管理、道路建設の各課長をへて1942年土木局長、43年、都市計画局長。45年の退職後は帝都高速度交通営団理事などに就任した。

東京市の道路改良事業は1920年代に始まり、山本は、わが国の道路整備事業の黎明期において、内外の文献資料を研究し、道路の標準仕様書の制定、道路築造の指針の作成に尽くすとともに、東京市の道路ではアスファルト乳剤舗装に先鞭をつけた。

1933年には、東京市の舗装の普及で職員として第1号の名誉賞を受けている。なお、山本の父は夏目漱石の『坊ちゃん』に登場する「山嵐」のモデルとなった人である。

著書に『アスファルト乳剤表面処理工法』(1935年)、『道路と生活』(1943年)など。

松田勘次郎　まつだ・かんじろう　道路

1895.2.16〜1970.3.15。熊本県に生まれる。

1922(大正11)年、日本大学高等工学校土木科卒。鉄道省に入った後、帝都復興院、復興局に転じ、技手として勤務するかたわら、25年、日本大学高等工学校専攻部を卒業した。内務省勤務を経て1934(昭和9)年、東京府に転じ、道路出張所長などをつとめる。

1946年、山梨県に転じ、土木課長、初代土木部長となる。49年、群馬県土木部長、52年、埼玉県土木部長、56年、埼玉県副知事に就いたが、病のため60年に退職した。

その間、日本大学高等工学校専攻部を卒業すると同時に同大学の講師となり、1955年、兼任教授、60年に退職するまで道路工学を担当した。

著書に『土圧の図解法と其応用』(1943年)、『貧配合コンクリート舗装』(共著、1943年)など。

大槻源八　おおつき・げんぱち　道路

1895.7.7 ~ 1972.11.21。宮城県に生まれる。1917(大正6)年、東北帝国大学工学専門部土木工学科卒。北海道庁に勤務後、19年内務省に入る。その後、宮城県、秋田県、富山県、福島県、岩手県につとめた。

宮城県では、1932(昭和7)年に、仙塩国道でマカダム工法による道路舗装工事に一紀元を画す。1935年から39年まで秋田県に勤務し、39年から42年まで富山県土木部道路課長。その後、海軍技師に転じたが、44年、福島県土木部道路課長。46年から57年まで岩手県土木部長、電力局長を務め、三陸沿岸鉄道と道路の改良促進のため、青森、宮城の両県を説得して三県連合の期成同盟を結成してその実現の基を作り、また、北上地域の総合開発計画を指導した。

浅香小兵衛　あさか・こべい　道路

1895.12.不詳 ~ 1941.3.10。富山県に生まれる。1920(大正9)年、立命館大学専門部法律科卒。在学中より京都府土木課などに勤務。24年、内務省に転じ土木局道路課勤務。その後、茨城県道路兼土木主事を経て、1937(昭和12)年、内務省土木事務官となり、下関土木出張所に勤務し、38年、土木局道路課に戻った。

在任中は、雑誌『道路の改良』などに、道路史、道路行政史に関する多数の記事を発表した。著書に『土木行政叢書~道路編』(1940年)など。

近藤謙三郎　こんどう・けんさぶろう　道路・都市計画

1897.2.16 ~ 1975.11.1。高知県に生まれる。1921(大正10)年、東京帝国大学工学部土木工学科卒。東京市道路局に入り、銀座通りの道路改修工事に従事し、その舗装にわが国で初めて木煉瓦を使う。帝都復興院勤務後、都市計画東京地方委員会技師となる。

1933(昭和8)年、満州国民政部の初代都市計画課長(都邑科長)に転ずる。39年、満州国政府直轄の大東港建設局に副局長として転

じ、鴨緑江河口港の大東港と人口100万の工業都市安東の建設責任者となり、41年、同初代局長。

1946年に引揚後、全国道路利用者会議事務局長、日本道路協会常務理事を長くつとめ、道路の宣伝普及にあたるとともに、戦後間もなく首都圏の交通問題、とくに地下鉄と道路のいずれに重点を置いて開発すべきかの問題が起こったとき、高速道路論を主張するとともに、東海道弾丸道路の提案など、わが国の高速道路の建設構想を逸早く提唱した。

著書に『一里塚−道路・交通の論文集』(1964年)、『道路の近代化と国民生活の向上−東急ターンパイクの社会的意義』(1955年)など。

江守保平　えもり・やすへい　道路

1897.3.28 ～ 1974.10. 不詳。東京都に生まれる。1921(大正10)年、東京帝国大学工学部土木工学科卒。東京市土木局に入った後、25年、留学のため渡米、ミシガン州立大学大学院で道路工学を修め、1927(昭和2)年卒業。

帰国後も同局で道路事業に従事し、わが国初期の道路舗装技術の開発にあたるとともに、道路研究会の発起人の一人となり、舗装基準の作成に力を注いだ。1931年、政府が道路事業を直轄施工することとなったため内務省に転じ、大阪土木出張所の試験所長となり、関西地方で初めて行われる直轄国道の舗装工事を指導する。また、奈良国道工事事務所長としてわが国で初めて「一本足」鉄筋コンクリート橋脚の築造にあたった。

その後、「満州国」成立に伴い、招かれて1935年満州国交通部道路司計画課長、「北支政府」成立し、38年、北支政府建設総署公路局参事および北京工程局長、42年から45年まで上海共同租界工務局長をつとめ、敗戦とともに退職する。帰国後、横浜の米国第八軍技術部顧問として羽田その他の飛行場整備などに関与した。

その後、東パキスタン政府特別顧問、第5回国際道路会議の日本政府代表などをつとめた。

著書に〈戦前土木名著100書〉の『交通運輸』(1933年)がある。

菊池 明　きくち・あきら　道路

1899.11.8 ～ 1973.8.29。香川県に生まれる。1925(大正14)年、東京帝国大学工学部土木工学科卒。内務省土木局に入り、下関土木出張所、興亜院などに勤務後、1945(昭和20)年、国土局道路課長。戦後は近畿土木出張所長を経て、48年、建設院地政局長、同年7月の建設省設置により道路局長、52年から56年まで建設技監をつとめる。また、土木学会、日本道路協会、道路緑化保全協会の各会長などをつとめた。

菊池は、戦前からわが国の道路交通の将来を予見し、高速道路網を整備すべきことを提言し、自らその調査の任にあたった。56年に日本道路公団が設立されてわが国の有料道路制度が本格的に発足すると、進んで建設省技監を辞し、同公団理事となり、技術の最高責任者として新組織の道路技術の指導、育成にあたる。

わが国最初の高速道路である名神高速道路建設では、その計画・設計・施工などの技術面をはじめ、ワトキンス調査団の受入れ、世界銀行との借款の折衝などにあたり、今日の高速道路整備の基礎づくりに尽くした。

岸 道三　きし・みちぞう　⇒ 実業家分野参照

金子 柾　かねこ・まさき　道路

1904.11.21～1968.11.22。新潟県に生まれる。1927(昭和2)年、東京帝国大学工学部土木工学科卒。内務省土木局に入った後、東京土木出張所に転じ、荒川下流、江戸川、鬼怒川の各改修事務所、志村、府中、猿橋、千葉、茨城の各国道改良事務所で現場の第一線にたって活躍した。その後、土木試験所、企画院に勤務する。

戦後は戦災復興院技師、47年、国土局道路課長、翌48年、建設院総務局企画課長を経て同年福岡県土木部長、52年、神奈川県土木部長、53年、建設省関東地方建設局長。1956年、日本道路公団設立と同時に理事、その後に技師長をつとめた。著書に『河海構造物 函渠』(1938年)、『コンクリート舗装』(1941年)など。

富樫凱一　とがし・がいいち　道路・橋梁

1905.11.17～1993.4.21。北海道に生まれる。1929(昭和4)年、北海道帝国大学工学部土木工学科卒。内務省土木局に入り、東京土木出張所黒磯国道改良事務所時代に国道4号線の那珂川に架かる名橋・晩翠橋の架設を担当、32年に失業救済道路改良事業として完成する。

1940年、下関土木出張所関門国道建設事務所に転じ、関門国道トンネルの工事を進めたが、戦争が激しくなり工事は中断。戦後は、45年、関門国道建設事務所長、建設省九州地方建設局工務部長などを経て、関門道路トンネルの本体工事が再開された52年に建設省道路局長、58年、建設技監、60年に建設省を退官した。

1966年から4年間は日本道路公団総裁、70年から6年間は本州四国連絡橋公団総裁をつとめ、戦後の道路史に足跡を刻んだ。

1967年、土木学会会長。88年、文化功労者に選ばれた。

高野 務　たかの・つとむ　道路

1909.7.20～1981.8.9。新潟県に生まれる。1934(昭和9)年、東京帝国大学工学部土木工学科卒。富山県経済部土木課に勤務後、38年、新潟県土木技師兼道路技師、40年、内務省土木局に転勤。

戦後は建設省関東地方建設局の横須賀国道改良、相模工事、京浜工事の各事務所長を務める。1952年建設省道路局国道課長、同企画課長、大臣官房技術参事官を経て、59年、中部地方建設局長、60年、建設省道路局長。1961年、建設省建設技監に就任したが、「河野旋風」のため、翌62年、在任わずか9か月で退官した。その後、71年には土木学会会長を務めた。

著書に『道路構造令解説』(1960年)、『高野務さんの思いで』(1982年)がある。

都 市

松田道之　まつだ・みちゆき　都市計画

1839.5.12～1882.7.6。鳥取県に生まれる。若くして広瀬淡窓の門に入って4年間学び、幕末に鳥取藩士として国事に奔走する。明治維新後、京都府判事、滋賀県令などを経て、1875(明治8)年、内務省内務大丞に転じ、大久保利通内務卿の腹心として主として地租改正事業に従事した。

また伊藤博文内務卿時代に「琉球処分」のため、内務書記官として軍隊、巡査を連れて現地に乗り込み、琉球藩を廃止して沖縄県を置く任にあたった。

1879年、第7代東京府知事に就任し、歴代府知事のなかで、もっとも早い時期に東京の市区改正(都市計画)計画を具体化した。80年6月、『東京中央市区劃定之問題』を議会に提出し、同年11月には市区取調調査局を開設した。

松田は、防火路線の設定、沿線市区の改正、道路の開設、河海の開削、橋梁の増架、家屋の改築などを含む市区改正案をたて、政府の許可まで得たが、事業財源問題でこの計画は実現しなかった。

しかし、松田の市街地改造と築港の両論におよぶ構想は、東京における総合的な市区改正事業の始まりで、以後の政府・府当局関係者が起草・上呈した諸建議の出発点に位置するものであった。在職中に病を得て、天皇の侍医の診察も受けたが、44歳で現職のまま死去した。

原口 要　はらぐち・かなめ　⇒鉄道分野参照

加藤與之吉　かとう・よのきち　都市計画

1867.7.10～1933.10.12。埼玉県に生まれる。1894(明治27)年、帝国大学工科大学土木工学科卒。95年、新潟県土木課に勤務、97年、土木課長となり、道路、河川改修工事にあたるとともに、加藤自身が農村出身であることから地元民を良く理解してその任を務め、尊敬を受ける。

1907年、南満州鉄道株式会社土木課長に招請され、沙河口工場水道工事、天津水害復旧工事、鞍山製鉄所首山堡水源地工事などに尽くす。1923(大正12)年、南満州鉄道株式会社を辞して郷里の入間郡高麗川村に帰郷、梅林の経営に就くとともに、地元から推されて八高線の速成、停車場の開設、道路の改修、開墾事業、耕地整理など、篤志家として郷土の発展にその生涯を捧げた。雅号をとった『鹿嶺遺稿』(1937年)がある。

島 重治　しま・しげはる　都市計画・港湾・河川

1872.5.7～1959.4.17。長崎県に生まれる。1897(明治30)年、東京帝国大学工科大学土木工学科卒。大阪市に入り、元大阪府知事・元農商務次官の西村捨三大阪築港事務所長の

下に大阪築港に従事し、1905年に退職。

韓国政府に招請され、韓国灯台局長などを務める。1911年、内務省に入り、新潟土木出張所で信濃川の大河津分水工事、千曲川改修工事に従事。1922（大正11）年、大阪市土木課長に転じた後、24年に内務省に復帰、土木局第一技術課長となり、1928（昭和3）年に退官する。

ふたたび大阪市に入り、関一市長の懇望によって、理事・土木部長に就き、街路、治水、公園などの事業の推進に努め、大阪市の都市計画事業に尽くし、34年に退職した。

関 一　せき・はじめ　都市行政

1873.9.26～1935.1.26。静岡県に生まれる。1893（明治26）年、東京高等商業学校（現・一橋大学）卒。大蔵省に入った後、神戸、新潟の商業学校勤務を経て、97年、母校の教授となる。98年から3年余ベルギーへ留学して交通、経済、社会の各政策を学ぶ。帰国後、工業政策も研究テーマに教育、研究、著述に専念し、交通政策、社会政策の権威者として名をなした。

1914（大正3）年、時の大阪市長・池上四郎に懇請されて助役に転任。ついで23年に第七代大阪市長に就任し、以来、選ばれること3度、1935（昭和10）年に現職のまま急逝するまで、助役・市長を20余年間にわたって務め、該博な学識の学者市長として新しい大阪市の建設に貢献した。

61歳の生涯を終えた関の市葬は、「大大阪の恩人」、「天下の名市長」と謳われたその功績を讃え、ラジオは実況放送をし、市民8万人が参列した。

『故大阪市長関一市葬誌』（1936年）がある。

阪田貞明　さかた・さだあき　都市計画

1875.6.20～1923.9.5。東京都に生まれる。1900（明治33）年、京都帝国大学理工科大学土木工学科卒。内務省に入り、第一区（東京）土木監督署で利根川改修工事に従事し、06年、土木局に転じる。その間、2度軍籍につく。

1911年、逓信省東京逓信管理局電信電話地下線工事の設計および監督を嘱託され、本務のかたわらその工事に尽くす。1918（大正7）年、内務省大臣官房に都市計画課が創設され、同課兼務。19年、推されて横浜市に転じ、市区改正局長、20年の職制改正により初代都市計画局長となり、水道課長と水道ガス局長とを臨時兼務するなど、2回の海外留学で得た新知識をもって同市の都市計画事業の企画、計画に尽くした。

坂出鳴海　さかいで・なるみ　⇒ 港湾分野参照

直木倫太郎　なおき・りんたろう　⇒ 港湾分野参照

福留並喜　ふくとめ・なみき　都市計画

1880.4.4～1968.1.25。高知県に生まれる。

1904(明治37)年、京都帝国大学理工科大学土木工学科卒。北海道鉄道会社、京都電気鉄道会社勤務を経て、1921(大正10)年、大阪市に入る。土木部技術課長、都市計画部技術課長、土木部工務課長、港湾部長、土木部長をつとめ、1940(昭和15)年、技監となり、43年に退職した。

この間、大阪市の都市計画に深く関与し、御堂筋道路の建設をはじめとして、土木事業全般に対して20余年にわたってその推進に尽くした。その後も大阪府および兵庫県都市計画地方審議会委員などをつとめた。

山田博愛　やまだ・ひろよし　都市計画

1880.5.23～1958.1.10。新潟県に生まれる。1905(明治38)年、東京帝国大学工科大学土木工学科卒。東京市に入り、08年、土木局道路課長、同年埼玉県土木課長、1915(大正4)年、滋賀県土木課長。

1918年、内務大臣官房に都市計画課が創設されるや、近藤虎五郎内務省土木局第一技術課長に全国から抜擢されて、土木主任技師として勤務。池田宏都市計画課長、笠原敏郎建築主任技師とともに土木技術者としてはじめて都市計画に参画し、都市計画法と市街地建築物法の二大法案の調査・研究、立案・制定に関して、中核的役割を果たした。

1922年、内務省に都市計画局が設置されて第一技術課長となったが、翌23年、関東大地震を契機に帝都復興院が新設されると、計画局第一技術課長に転じ、帝都復興計画の原案策定を主管した。

1924年、内務省復興局が設置されると、復興局東京第一出張所長に転じ、麹町・芝・京橋方面の業務を担当。とくに復興事業の中枢ともいうべき土地区画整理事業の推進に、数多くの制約の中、尽力した。復興事業途中の25年に退官した。

山田は、前々から私立大学に技術者養成のための工学部門の設置を提唱していたが、茂庭忠次郎とともに、日本大学における高等工業学校の設立に尽くした。

1920年、その実現とともに講師として教鞭をとり、1931(昭和6)年、日本大学に工学部ができると定年まで教授として都市計画を教えた。日本都市計画学会に『山田博愛文庫』が設置されている。

金古久次　かねこ・ひさつぐ　⇒河川分野参照

池田 宏　いけだ・ひろし　都市行政

1881.7.30～1939.1.7。静岡県に生まれる。1905(明治38)年、京都帝国大学法科大学法律科卒。内務省に入り地方局に勤務した後、奈良、神奈川、三重の各県事務官を経て、11年に土木局道路課長として本省に戻り、道路法制定にあたる。

1918(大正7)年、内務大臣後藤新平により創設された内務省大臣官房都市計画課の初代課長に就任、当時まだ唱えられることが少なかった「都市計画」なる新しい概念を導入した都市計画法および市街地建築物法を起草し、その立法化にあたった。

1920年、内務省社会局(厚生省の前身)創設とともに初代局長に就任したが、同年12月、後藤新平が東京市長に選出されると、招かれて同市助役に転出し、後藤の「東京市政要綱(8億円計画)」を立案した。

1923年の関東大地震後は帝都復興院(総裁・後藤新平)計画局長として復興計画にあたった。24年、京都府知事、26年、神奈川県知事をつとめ、1929(昭和4)年に20年余の内務官僚を辞した。

退官後、大阪商業大学(現・大阪市立大学)市政科を中心に専修大学、京都帝国大学でも教鞭をとった。また、1917年(大正6)設立の都市研究会、22年設立の東京市政調査会の創設、運営にあたり、その機関誌『都市公論』、『都市問題』などを通してわが国の都市問題、都市計画全般の研究、評論に尽くした。

笠原敏郎　かさはら・としろう　都市計画

1882.6.16～1969.6.9。新潟県に生まれる。1907(明治40)年、東京帝国大学工科大学建築学科卒。横河工務所、陸軍、警視庁の各技師をつとめる。

1918(大正7)年、都市計画法制の準備のために内務省に都市計画課が設置された際に内務省に転じ、都市計画法、市街地建築物法の立案に参画した。22年、内務省都市計画局第二技術課長となる。関東大地震後の帝都復興事業には、24年から1930(昭和5)年まで内務省復興局建築部長をつとめた。

1929年、日本大学工学部教授(43年にふたたび同教授)、36年から43年まで満州国営繕需品局長(のち建築局長)、55年、日本都市計画学会会長などをつとめた。

阿南常一　あなみ・つねいち　都市計画

1885.5.21～1958.2.17。大分県に生まれる。1909(明治42)年、明治大学卒。12年、東京市水道課に就職し、村山貯水池の土地買収では地元民との折衝に尽くす。その後、東京通信社、報知新聞社の記者となる。

わが国の近代都市計画が制度化されたのは、1917(大正6)年、内務大臣後藤新平のもとに都市計画調査会が設置され、18年に内務省に都市計画課が誕生し、翌19年に都市計画法と市街地建築物法が公布されてからであるが、阿南は、後藤の秘書役的立場で法令の制定、都市計画機構の創設などに努力を傾注した。

その後、その一生を野に在って、名誉を望まず、栄達を考えず、陰の力となって都市計画の啓蒙普及に40年にわたって献身した。

1917(大正2)年、官民からなる都市研究会(会長・後藤新平)が創設され、機関誌『都市公論』(都市問題を総合的に扱った代表的な一誌)が発行されると、常任幹事(実質の編集長)として編集・経営にあたるとともに、地方都市で都市計画の講習会を開き、その宣伝に努めた。

同会は1946(昭和21)年9月、防空協会と共に発展解消して都市計画協会(会長・潮恵之助)となり、『都市公論』は『復興情報』と合併して『新都市』となったが、阿南は同協会の専務理事、56年には副会長に就いた。

その間、麹町区会議員、全国市長会専務理事をつとめ、また、東京地方裁判所の調停委員には、23年から死去するまで継続して選任された。

来島良亮　くるしま・りょうすけ　⇒ 河川分野参照

花井又太郎　はない・またたろう　都市計画

1886.7.6〜1974.12.7。愛知県に生まれる。1913(大正2)年、東京帝国大学工科大学土木工学科卒。朝鮮総督府に勤務後、20年、大阪市に転じ、都市計画部技術課長、大阪市地下鉄の初代建設事務所長をつとめる。

1931(昭和6)年、懇願されて名古屋市土木部長に迎えられ、39年、土木局長、42年から終戦の45年まで名古屋市助役をつとめた。その間、名古屋駅前土地区画整理、東山公園の開設、中川運河の開削など都市計画事案を推進した。

その後、都市計画愛知地方委員会等の各種委員をつとめた。1953年には名古屋地下街会社の専務として、わが国地下街の第一号を名古屋駅前に建設した。

長崎敏音　ながさき・としお　都市計画

1888.12.15〜不詳。福井県に生まれる。1898(明治31)年、工手学校土木科卒。福井県、千葉県に勤務後、1906年、東京市に転じ、工手学校の教授もつとめる。

1918(大正7)年に内務省に都市計画課が創設され、招請されて六大都市の都市計画に参画したが、翌19年、その都市計画を実行に移すために名古屋市土木課長となり、第一期街路築造事業として六大幹線の計画を樹立、実施したが、これは同市の新都市としての計画の嚆矢となった。

その後、呉市土木課長を経て、1923年、豊橋市土木課長に招かれ、その後技師長、工務課長、水道部長を兼任して、同市の土木、都市計画、営繕事業の推進に尽くした。

これにより「豊橋市の長崎」の異名をとったが、街路工事執行に当たって議会との間に軋轢が生じたため、豊橋市に「去り状」を投げつけ、市民へ辞任の挨拶を述べて1936(昭和11)年に退職した。

著書に『実用和洋河工学』(1912年)、『土木工学便覧(上・下)』(1930、31年)などがある。長崎は多彩な執筆をした人で、雑誌『工学』には200件ほどの著述をし、『工学会誌』(416巻〜420巻、1918年)で論じた長文の「東京市の水利と改善に対する私見(其一〜其五)」に対し、工学会は公益上裨益大なるものであるとし、会長古市公威の名を以て銀牌を贈呈し表彰している。

佐藤利恭　さとう・としちか　都市交通

1888.2.15〜1948.4.21。大分県に生まれる。1914(大正3)年、東京帝国大学工科大学土木工学科卒。滋賀県に勤務後、18年、内務省土木局に転じ、1936(昭和11)年、同局第二技術課長、39年、大阪土木出張所長。

その間、東京および大阪の地下鉄の設計、監督にあたるとともに、軌道、バスなど都市交通の技術と行政に手腕を発揮した。42年の退官後、同42年、大阪市理事となり、土木、防衛、復興の各局長を務め、47年に退職した。

また、1919年から死去するまで、日本大学土木科講師を務めた。

著書に〈戦前土木名著100書〉の『軌道工学』(1930年)など。

田淵寿郎　　たぶち・じゅろう　都市計画

1890.3.3～1974.7.10。広島県に生まれる。1915(大正4)年、東京帝国大学工科大学土木工学科卒。山形県、京都府に勤務の後、19年、内務省に入り、秋田土木出張所、大阪土木出張所を経て、1936(昭和11)年、仙台土木出張所長となる。

この間、最上川、雄物川、紀ノ川、淀川などの改修工事に従事し、わが国の河川事業に功績を残す。1938年の日中戦争下、軍の要請により中国大陸で上海・南京・漢口の復興計画を立案、指揮した。39年、名古屋土木出張所長となり、42年、内務省を退官した。この名古屋在任中が戦後の関わり合いの端緒となる。

1943年、華北政務委員会建設総署の技監となり、北京の都市計画、黄河決壊復旧工事に携わった。敗戦直前に職を辞して帰国し、隠退を決意したが、45年に旧知の佐藤正俊名古屋市長に請われて名古屋市技監兼施設局長となり、戦災興計画の立案にあたる。48年から58年までは助役として、焼け野原に立って名古屋の未来図を描き、中国大陸での地域開発の体験をもとに、都市づくりに専念した。

100m道路を中心とした道路網の築造、地下鉄の建設、名古屋港の開発整備、平和公園への市街地墓地の移転、名古屋城の再建、永久平和を祈念するための平和堂の建設など「田淵構想」は開花し、当時例のない雄大な復興プロジェクトを推進して、名古屋市の都市発展の基盤形成に大きく貢献した。このため「近代都市名古屋建設の生みの親」とまでいわれている。

1962年、名古屋市都市計画実施の功績により朝日賞、66年初の名古屋市名誉市民となる。

赤司貫一　　あかし・かんいち　都市計画

1890.9.3～1954.8.22。福岡県に生まれる。1919(大正8)年、京都帝国大学工学部土木工学科卒。在学中の17年9月から19年7月まで京都市私立京都商工学校土木科講師を務める。三井鉱山に入社後、22年から26年まで埋築技師として熊本県海面埋築事務所勤務。1926(大正15)年から1936(昭和11)年まで内務省都市計画富山地方委員会技師、31年から富山県都市計画課技師を兼任し、28年に決定された富山都市計画立案の責任者となり、富岸運河、街路、土地区画整理の都市計画事業の竣工までその主導的な役割を果たした。1936年から1943(昭和18)年まで内務省都市計画愛知地方委員会技師兼愛知県都市計画課技師となり、石川栄耀らが策定した名古屋都市計画の第二期の実行を中心的に担った。その後、愛知県都市計画課技師に転任し45年退官。編集に『愛知県都市計画概要』(1951年)がある。

榧木寛之　　かやのき・ひろゆき　都市計画

1890.9.9～1956.2.17。東京都に生まれる。1916(大正5)年、東京帝国大学工科大学土木工学科卒。官営八幡製鉄所に勤務。19年、

都市計画法制定に伴って内務省に都市計画課が創設され、翌20年、招かれて同省に入り、都市計画地方委員会技師として東京地方委員会に勤務する。

1923年に発生した関東大地震により、その復興事業を管轄する帝都復興院が設置され、復興事業に全力を傾注したために内務省の機構も縮小されたが、榧木は本省に留まって揺籃期の全国の都市計画の指導、啓蒙にあたった。

とくに都市計画事業に国庫補助を、災害地復興事業には国の助成の途をそれぞれ開き、その実現を容易ならしめた。また、地方計画の必要を唱導し、橿原神都計画などの実施にも尽くし、1938(昭和13)年に辞した。この間、30年、東京帝国大学工学部講師となり、都市計画学を52年まで講じ、都市計画界に数多くの人材を育成した。

戦後は1950年から52年まで、極東空軍司令部計画設計課の特別顧問として空軍基地計画の作成を担当した。これが機縁となり、ホプキンス(F.A.Hopkins)と組んでコンサルタント事務所を設立、55年までの間に軽井沢の都市計画、東京駅八重洲口広場の交通計画などの事業を行なった。

1955年末、榧木とホプキンスは新たな事務所を設立し、新宿地区の敷地計画を終了させ、新たに全国8か所の市町などの基本計画に着手したが、その計画途上で急逝した。

春藤真三　しゅんどう・しんぞう　都市計画

1892.9.13～1964.10.29。大分県に生まれる。1918(大正7)年、東京帝国大学工科大学土木工学科卒。25年、東京帝国大学法学部政治学科卒。

民間会社勤務、工務所自営の後、1923年の関東大地震を機に帝都復興院技師となり、土木部道路課勤務。1928(昭和3)年、内務省復興局長官官房計画課勤務する。

1929年から38年まで神奈川県道路課長を振出しに、富山、栃木、岐阜各県の土木課長を務める。38年、内務省計画局に転じ、39年に同計画局第一技術課長。41年、帝都高速度交通営団が設立され、参与となり、45年に退職した。

戦後は、1946年に熊本市復興局長となり、同市の戦災復興に尽力、50年に辞した。この頃より都市計画行政に深く関わり、宇都宮、青森、鎌倉、高松、藤沢などの諸都市の都市計画事業に従事。59年、日本都市計画学会会長。

武居高四郎　たけい・たかしろう　都市計画

1893.8.2～1972.8.9。岡山県に生まれる。1917(大正6)年、京都帝国大学工科大学土木工学科卒。大阪市ならびに内務省に勤務し、都市計画の実務に従事する。この間、米国ハーバード大学、英国リバプール大学に留学して都市計画学を学ぶ。

1926年、京都帝国大学にわが国最初の都

市計画の講座が開設されて間もなく、助教授として迎えられて、28年教授となり、56年に退官するまで30年間にわたって都市計画学の確立に専念した。

その間、中国・長春の都市建設事業、日本都市計画学会の創設にも関わった。また、1950年から55年まで金沢大学教授を併任した。

著書に、早くから地方計画および国土計画の研究に従事し、それをまとめた〈戦前土木名著100書〉の『地方計画の理論と実際』(1938年)など。

石川栄耀　いしかわ・ひであき　都市計画

1893.9.7～1955.9.26。山形県に生まれる。1918(大正7)年、東京帝国大学工科大学土木工学科卒。米国貿易会社建築部入社後、横河橋梁製作所を経て、20年に内務省都市計画地方委員会技師となり、名古屋地方委員会に勤務する。

名古屋市の都市計画草創期にあって、都市計画原案の作成に携わり、都市計画実現の手法として区画整理事業の導入・発達のため尽くし、名古屋都市計画の基礎を築いた。

1933(昭和8)年、都市計画東京地方委員会に転じ、東京都技師を経て、東京都道路課長、44年、都市計画課長、48年、建設局長となり、51年に退職、初代の東京都参与となる。

1951年、早稲田大学教授。東京都では戦災復興計画を担当し、とくに駅前広場の建設とこれを中心とする盛り場計画を推進した。新宿歌舞伎町は自ら命名して、組合施行の都市計画事業として完成させた。また、早くから地方計画の重要性を認識し「生活圏」の考え方を提唱し、これを国土計画へ拡大する地方計画の考え方の基礎とした。

著書に〈戦前土木名著100書〉の『都市計画及国土計画－その構想と技術』(日本工学全書、1941年)と『日本国土計画論』(1941年)など多数。生前に書きとどめた『余談亭らくがき』(1956年)は、石川の人間像と都市計画技術の学問領域を越えて、都市の社会学全般にわたる考察を記した好著。1951年に日本都市計画学会が設立される際の首唱者の一人で、没後、その業績を偲び、同学会に「石川賞」が設けられた。

田沼 実　たぬま・みのる　都市計画

1895.8.25～1974.8.5。東京都に生まれる。1921(大正10)年、東京帝国大学工学部土木工学科卒。内務省阿賀川改修事務所に勤務した後、24年、内務省復興局技師に転じ、1929(昭和4)年、土木部工務課長、その間、九段坂に共同溝の試作を造る。

1930年、東京府土木兼道路技師、37年、滋賀県土木課長、39年、茨城県土木課長、42年、山口県土木部長を経て、45年に神奈川県土木部長となり、敗戦後の都市計画の作成に取り組み、道路、河川、公園、住宅、港湾などの総合整備を図った。51年から60年まで、神奈川県土地収用委員会委員をつとめた。

新居善太郎　あらい・ぜんたろう　都市計画

1896.1.16～1984.1.2。栃木県に生まれる。1921(大正10)年、東京帝国大学法学部法律科卒。22年、内務省に入り、翌23年、広島

県佐伯郡長となる。

同1923年の関東大地震後に、内務省復興局事務官として市街地建築物法の立案、区画整理の実施に関与し、1934(昭和9)年、内務省土木局道路課長、36年、同河川課長などを経て、38年、厚生省社会局長、40年、鹿児島県知事、41年、内務省国土局長、43年、同地方局長、44年、京都府事、45年、大阪府知事となり46年に退官した。

その後、日本公園緑地協会会長として全国の公園緑地の拡大を、公園緑地管理財団初代理事長として公園管理を、道路緑化保全協会会長として道路の緑化を、それぞれ指導した。また、日本万国博覧会政府展の「日本庭園」、国営武蔵丘陵森林公園、沖縄海洋博覧会の記念公園などの基本計画構想策定委員長、国営昭和記念公園建設の基本問題懇談会座長などもつとめた。

また、次代を担う青少年の育成に関心を寄せ、社会福祉法人の恩賜財団母子愛育会の会長を最後までつとめた。1982年、郷里である足利市の名誉市民に選ばれている。

近藤謙三郎　こんどう・けんさぶろう
　　　　　　⇒ 道路分野参照

野坂相如　のさか・すけゆき　都市計画

1899.1.19～1978.8.10。東京都に生まれる。1923(大正12)年、東京帝国大学工学部土木工学科卒。東京市電気局に入り、地下鉄の建設計画に従事。1934(昭和9)年、内務省に転じ、都市計画地方委員会委員として群馬県に勤務。36年、神奈川県に転勤、39年、わが国で初めて土木技術者で都市計画課長となった。横浜市をはじめ県下の主要都市での街路事業、大規模な土地区画整理事業など、都市計画事業の推進に尽くした。1942年、富山県土木課長。

戦後は、1946年、新潟県土木部長、47年、最初の民選知事岡田正平の下に技術官として全国で初めて副知事に抜擢され、51年に再任されたが、55年、岡田知事と進退を共にして副知事を辞した。

その間、只見川の電源開発問題で福島県と政府折衝の陣頭に立って、その解決にあたった。多芸の持ち主で、NHKのラジオ番組「トンチ教室」のセミレギュラーとして活躍、直木賞作家野坂昭如は次男。

著書に『都市の交通と地下鉄道』(1930年)、『土木建築構造力学(上・中・下巻)(共著、1927～1931年)、また『笑わせ屋入門』(1970年)など。

兼岩伝一　かねいわ・でんいち　都市計画

1899.2.5～1970.9.15。愛知県に生まれる。1925(大正14)年、東京帝国大学工学部土木工学科卒。内務省に入り復興局技師、愛知県都市計画技師を経て、1936(昭和11)年、三重県都市計画課長、42年、東京府道路課長、43年、埼玉県土木課長。

その間、区画整理事業に携わる中で経済学が必要であることを痛感し、マルクス経済学に深く浸透していく。また雑誌『区画整理』の発刊を推進し、その創刊と終刊に自ら「辞」を書いた。

敗戦後の1946年、内務省国土局に転じたが、かねてから官庁技術者の地位が低いことを嘆いていた兼岩は、内務省系土木技術者の地位向上を目的とした全日本建設技術協会（全建）の創立を推進し、同年12月、全建を結成して初代委員長に就任した。

全建は、国会に対し建設省設置を要望したが、その実現には政治力の必要を痛感し、1947年、全建委員長として無所属で参議院議員に当選。48年1月、まず建設院が発足し、同年7月、建設省の設置へと導いた。

1949年、50歳で日本共産党に入党し、全建委員長を辞任した。入党後は、国土の開発と保全、水害、自治体闘争などに不屈の情熱を持って立ち向かった。著書に『国土にかんする十二章』（1956年）がある。

町田 保　まちだ・たもつ　都市計画

1903.8.8～1967.10.12。山口県に生まれる。1926（大正15）年、東京帝国大学工学部土木工学科卒。東京市を経て、1928（昭和3）年、内務省に入り、大臣官房都市計画課、都市計画福岡地方委員会技師、都市計画局（新設）、防空総本部技師を務める。

1945年、戦災復興院が設置され、土地局工務課長。48年1月の建設院発足により都市局区画整理課長。48年7月、建設省の設置により区画整理課長、50年、復興課長となり、第2次世界大戦で罹災した全国100有余の戦災都市復興の計画策定に尽力し、都市復興事業の推進に努め、わが国の今日の国土再建の礎を築いた。

1951年、首都建設委員会設置とともに初代事務局長に就き、首都建設計画の策定とその推進化にあたった。54年の退任後、帝都高速度交通営団理事に就いた。67年、日本都市計画学会会長。

著書に『土木防空』（1943年）、『都市計画』（1967年）がある。

五十嵐醇三　いがらし・じゅんぞう　都市計画

1909.4.1～1973.8.5。和歌山県に生まれる。1932（昭和7）年、東京帝国大学工学部土木工学科卒。東京府に入った後、34年に内務省都市計画課、41年に同国土局計画課に勤務する。この間、荒川上流改修事務所戸田工場主任として戸田ボートコース新設に従事する。また、北支建設総署で都市局技術、計画の各課長をつとめる。

1946年、戦災復興院土地局工務課、51年、首都建設委員会計画課長、53年、建設省計画局都市復興課長、55年、同区画整理課長となり、戦禍で荒廃した全国115都市の戦災復興土地区画整理事業の指導に59年まで尽くした。とくに区画整理の根幹である土地評価の定型化を図るため、路線評価方式を考案し、この方式は現在においても土地評価の基準となっている。

また、戦災復興事業の概成に伴い、新たに制定された土地区画整理法の運用を図るため、都市改造土地区画整理事業への国庫補助金制度と市街地開発土地区画整理事業への融資制度を確立し、その後の事業の推進を導い

た。

1959年、首都高速道路公団が設立され、技術部長。『区画整理』、『都市計画』など雑誌の編集にも関わった。

訳書に『都市計画に於ける最近の進歩』(1933～34年)がある。

小川博三　おがわ・ひろぞう　都市・交通計画

1913.10.3～1976.1.17。岩手県に生まれる。1937(昭和12)年、北海道帝国大学工学部土木工学科卒。在学中、満州事変勃発を契機に大陸に生涯を埋める志を抱き、満州、朝鮮へ実習をかねて訪れ、同37年、南満州鉄道株式会社へ入る。

1943年、現職のまま大東亜省嘱託として東南アジア諸国の交通実態調査を命じられ、翌44年から46年までベトナム、カンボジア、タイ、マレーシア、ビルマなどで調査にあたる。この間、在仏印日本大使府(現ベトナム、ホー・チ・ミン市)嘱託、仏領印度支那土木局事務管掌補佐(建設省事務次官に相当)を務める。

1946年5月、帰国し運輸調査局嘱託。47年、郷里の盛岡市に交通調査業務を目的とする東北建設事務所を設立する。49年、事業を辞し、総合開発の研究を開始し、盛岡工業専門学校講師として教育界に入る。51年、東北開発研究会(後に東北経済開発センターと改称)を創設し、機関誌『東北研究』を発刊した。56年に「地域計画における交通の機能論的研究」で理学博士(地理学)。60年、岩手大学教授。

1961年、東北経済開発センターが設立され、機関誌『東北開発研究』の編集委員、また岩手大学に東北開発研究所を設立する。63年、北海道大学教授(工学部土木工学科)に転任、新設された交通計画学講座を担当し、交通計画、都市計画、地域計画、土木史、土木地理の研究に斬新で独自の学問体系を開拓した。74年、北海道の開発を理論面から指導した功績により北海道科学技術賞を受賞。75年、北海道大学大学院に新設された地域計画学講座担当教授。

著書に『交通計画』(1966年)、『都市計画』(1966年)、『記念碑都市』(1970年)、『地域と交通』(1973年)、『日本土木史概説』(1975年)など。学生時代から短歌をよくする小川は、『月下の山』(1957年)など4冊の歌集を残し、1975年には歌壇の芥川賞といわれる第11回「短歌研究賞」を受賞した。

トンネル

南一郎平　みなみ・いちろべい　トンネル・建設業

1836.5.22 ～ 1919.5.15。大分県に生まれる。地元にある広瀬水路(井手)の工事は1751(宝暦1)年以来、約100年にわたって前後5回も試みられ、一郎平の父・市郎兵衛宗保も畢生の事業としてその完遂に努めたが、未完のまま病死した。父はその最期に、必ずこの事業を成し遂げよと一郎平に命じ、これを誓わせた。一郎平は時に21歳であった。

当時、宇佐地方は毎年旱魃の被害にあったが、とくに1862(文久2)年と1864(元治元)年に襲った旱魃の惨状を一郎平は黙視することができず、父の遺言もあり、すでに水利事業に携わっていて学識経験とも豊富な広瀬久兵衛の助力を得て、1865(慶応元)年、工事に着工した。

工事は日田県知事松方正義の努力により県管轄工事となり、その総監督を命ぜられ、広瀬水路は1873(明治6)年に無事竣工した。120年来の難事業が完成したが、広瀬水路は心魂を注いだ点において一郎平の一生の傑作であった。

また、松方正義の知遇を得たことは、彼が後年その功績を全国に残す第一歩であった。広瀬水路の業績と人物才幹を松方に認められ、1876年、内務省に迎えられた。その後、勧農局、農商務省に転じたが、最初に従事した疏水工事は福島県の安積(猪苗代湖)疏水工事で、高いトンネル技術力をいかんなく発揮した。

以後、那須野が原疏水工事では総監督を務め、琵琶湖疏水工事、天竜川疏水工事、富士沼の水門工事、宮城県野蒜築港の突堤工事、山口県、茨城県、兵庫県、静岡県、鹿児島県などの水利、道路、塩田などの工事にも従事し、日本全国にその足跡を残した。

その後、内務省土木局が大学出身者達に占められる時代となったため、鉄道局に転じ、トンネル工事に従事した。

時の鉄道局長井上勝に疏水工事でのトンネル技術を高く評価され、資金援助まで申し出られた事を機会に、官を辞して、東京に現業社を創設し、土木請負業者として出発した。

現業社では、それまで育成した技術者を引き連れて、みずから監督にあたって、東海道線、横須賀線、信越線、東北線、上越線などで鉄道敷設に従事した。

1890年、55歳のときキリスト教に帰依し、99年には名を「尚(ひさし)」と改め、以後、南尚翁と呼ばれるのが常であった。

国沢能長　くにさわ・よしなが　トンネル

1848.7.17 ～ 1908.8.27。高知県に生まれる。少年時代、わが国で初めて汽車に乗った日本人といわれている中浜万次郎に語学などの教育を受ける。藩の留学生に選ばれて江戸に出たが、次いで大阪の開成校で星亨に教えを受ける。工部大学校に入学するつもりで勉学に励んでいたが、大学の開設が延びたので、1871(明治4)年、工部省鉄道寮の技術見習となり、70年、着工していた大阪－神戸間の石屋川トンネル工事にお雇い外国技師の指導の下に従事し、トンネル掘削をいちはやく習

得した一人であった。

1877年、工部大学校が開校し、国沢は入学を希望したが、工部省鉄道局は国沢を放さなかった。そのため同77年、工部省鉄道局工技生養成所に入所し、78年修了した。78年、わが国の鉄道工事が初めて日本人の手で着工した京都－大津間の建設に従事、とくに逢坂山トンネル(664.8 m)建設では、主任技術者として担当し、掘削には生野銀山からベテランの坑夫を募集し、ほとんど手掘りで作業を進めた。

夜は英語の参考書を調べ、翌日はトンネルを掘るという苦心の連続であったが、1880年、日本人の手による初めてのトンネルは完成した。この工事によって、その後の鉄道トンネル建設は、日本人の手で行われるようになった。この記念すべきトンネルは、1921年、路線変更に伴い廃止されたが、鉄道記念物に指定され、現在も残されている。

その後、国沢は、日本鉄道会社の高崎線、山手線の測量、直江津線の建設、1886年に東海道線の金谷トンネル工事を担当した。また日本鉄道会社技術主監、総武鉄道会社技師長、93年、日本鉄道会社に復帰して保線課長を務めた。1900年、北海道庁鉄道技師となり、鉄道部長として北門の開発にあたり、05年、鉄道部の廃止とともに退いた。

橋爪誠義　はしづめ・あきよし　トンネル

1869.9.19 ～ 1912.2.4。福島県に生まれる。1896(明治29)年、帝国大学工科大学土木工学科卒。播但鉄道会社技師、東京府技師を経て、99年に静岡県技師となり、天城山隧道を設計し、1904(明治37)年完成させる。この隧道は全長445m、すべて石で造られた道路トンネルで、わが国で最長の規模を有し、1998(平成10)年、国の登録文化財となる。日露戦争(1904～1905)後、新領土樺太の交通機関の整備にあたる。1907(明治40)、関東を中心に大暴雨風雨が襲い、山梨県下の富士川水系は全面浸水に見舞われた。橋爪は10年、11年の2年間、山梨県土木課長として大水害復旧の任にあたったが、復旧工事が完成に近づく頃、病を得て回復せず、惜しまれて44歳の生涯を閉じた。

村田　鶴　むらた・つる　トンネル

1884.7.1 ～ 1979.1.21。茨城県に生まれる。1909(明治42)年、工手学校土木学科卒。埼玉県土木雇となり、1918(大正7)年まで河川改修工事に従事。短期間、大阪府に転じた後、18年10月、滋賀県に入り、隧道工営所主任として横山隧道(23年竣工)、佐和山隧道(24年竣工)の設計・監督をする。1931(昭和6)年、道路技師となり隧道設計者として名を残すことになる観音坂隧道(33年竣工)、谷坂隧道(35年竣工)を手掛け、とくに、谷坂隧道は東の笹子隧道(山梨県)と並びその意匠の美観と機能は高く評価されている。11年、土木技師兼道路技師で依願退職。その後、請われて、千葉市土木課長となり、市街道路の建設、湾岸部の埋立地の設計を行い、その最初の工事が同市蘇我の埋立地造成で、これは後の京葉工業地帯の現出に先鞭をつけることとなる。敗戦後、ただちに千葉市を辞職。その後、倉庫業をはじめ、1960(昭和35)年からは日本通運千葉支庫二代目社長を30年にわたり務めた。

星野茂樹　ほしの・しげき　トンネル

1894.2.5～1974.1.10。神奈川県に生まれる。1919(大正8)年、東京帝国大学工学部土木工学科卒。鉄道省に入り、上越線の清水、東海道線の丹那トンネル工事などに従事した後、1935(昭和10)年、熱海建設事務所長、39年、岐阜工事事務所長となる。

1941年、下関工事事務所長となり、36年に着工した関門鉄道トンネル建設にシールド工法のエキスパートとして尽力、戦時下の物資、労力不足の中、42年、予定通りに下り線トンネルを完成に導いた。なお、星野他2名の共著による『鉄道関門隧道工事に就て』に対して土木学会賞が49年に授与された。

1945年に退官、その後は帝都高速度交通営団シールドトンネル調査委員会委員長などをつとめた。

著書に『トンネル』(共著、1959年)がある。

斉藤真平　さいとう・しんぺい　トンネル

1894.8.21～1939.6.26。埼玉県に生まれる。1912(明治45)年、岩倉鉄道学校建築科卒。鉄道院に入り、房総線建設事務所でトンネル掘削などに従事する。1920(大正9)年、鉄道省鉄道技手となり、上越線・清水トンネル、熱海線・丹那トンネル建設工事に従事するとともに、24年、関東大地震後の帝都復興事業では、隅田川の橋梁建設で潜函工事を担当している。

1936(昭和11)年、関門海底トンネル工事開始にあたり下関改良事務所が設置され、選ばれて工事掛長、38年、本工事の最難関と想像される門司側の花崗岩風化帯に応用するシールド工法研究のため、鉄道省技手としては初めて出張を命じられ、同所長に随行しニューヨーク市の河底トンネル工事現場で実地を学ぶ。

1939年6月、シールドは掘進を開始したが、本工法の本格的な施工はわが国で最初であった。39年6月25日の夕刻、シールド内より坑外に出ようと竪坑階段を昇る途中、上部からセグメントが落下、身を避けようとして足を滑らして墜落、重傷を負い、26日死亡した。臨終の言葉は「くたびれていたのでなー」であった。同日付で技師に昇進した。関門鉄道トンネル工事の人柱であった。

加藤伴平　かとう・ともひら　トンネル

1896.2.20～1982.10.8。千葉県に生まれる。1922(大正11)年、東京帝国大学工学部土木工学科卒。内務省に入り、神戸土木出張所勤務後、1934(昭和9)年、土木局に転じ、国道改良係で関門トンネル調査を担当、39年、下関土木出張所関門国道建設事務所の初代所長となる。

1945年、九州土木出張所長、46年、関東土木出張所長を経て、48年1月に初代の建設省関東地方建設局長となり、同年11月退官。この間、47年9月26日のカスリン台風

による利根川の決壊は関東地方に未曾有の大災害を与え、しかも占領下で物情騒然たるものがあったが、決壊箇所の応急締切工事を陣頭指揮し、短期間で完成させ、東京都の大水害を未然に防いだ。

有馬 宏　ありま・ひろし　トンネル

1899.10.23～1957.7.25。鹿児島県に生まれる。1926(大正15)年、東京帝国大学工学部土木工学科卒。鉄道省に入り、1934(昭和9)年に完成した丹那トンネル工事などに従事。36年、関門鉄道トンネルの掘削が決まると、下関工事事務所の隧道課長(工事課長)となり、トンネル掘削計画の樹立に力を注ぐとともに、4年間にわたって、わが国初の海底下の工事に専念し、功績を残した。

その後、中国大陸での鉄道事務を担当し、1941年、鉄道省に戻り、建設局計画課、さらに路線課に勤務して、関門トンネル工事施行に関する主管局技師をつとめた。

著書に〈戦前土木名著100書〉の『トンネルを掘る話』(1941年)がある。

中尾光信　なかお・みつのぶ　トンネル

1900.4.11～1966.3.16。愛知県に生まれる。1925(大正14)年、東京帝国大学工学部土木工学科卒。内務省に入り、大阪土木出張所、加古川、円山川、天神川、岡山国道の各改修事務所に勤務する。

1937(昭和12)年、関門海峡に国道トンネルを掘削するための関門国道調査事務所が設置され、その初代の主任として試掘立坑、試掘トンネルの工事に従事するとともに、本工事の設計に力を注いだ。その後、大分港修築、大分工事の各事務所長などを経て、戦後46年に再開された同トンネルの関門国道建設事務所長を56年までつとめ、ほとんど完成するまで尽くし、58年、海底道路トンネルは開通した。中尾は心血を注いだ工事を歌に詠み、『関門国道隧道貫通祝賀歌』(海底部貫通祝賀の歌)を自ら作詩した。その後、日本道路公団福岡支社長、関門トンネル管理事務所長などをつとめた。

『中尾光信君追憶集』(1969年)がある。

加納倹二　かのう・けんじ　トンネル

1904.5.20～1972.11.15。島根県に生まれる。1928(昭和3)年、京都帝国大学工学部土木工学科卒。鉄道省に入り、熊本、盛岡、秋田の各建設事務所に勤務。秋田では、34年、当時わが国第3位の長大な仙山線(仙台－山形間)の面白山トンネルの直轄工事の現場責任者として、導坑掘削の掘進速度記録を更新させる。

1937年、関門鉄道トンネル工事が開始されると、下関方の掘削本部である弟子待出張所長、下関工事事務所工事課長などをつとめ、海底の断層破砕帯の突破にあたりシールド工法および空気掘削工法の完成に努め、断層地帯の工事を成功に導いた。41年度に「国

鉄関門隧道の貫通工事」で朝日賞を3人連名で受賞。49年、札幌工事局長を最後に国鉄を退職する。

　その後は、民間会社に転じ、全断面トンネル掘削工法の開発に尽くし、わが国のトンネル技術の発達に結び付けた。著書に『トンネル施工法』（共著、1963年）がある。

地下鉄道

遠武勇熊　とおたけ・いさくま　地下鉄道

1873.7.25 ～ 1942.3.23。鹿児島県に生まれる。1893（明治26）年、札幌農学校工学（土木）科卒。逓信省鉄道局に入り、官設鉄道第一期線に属する奥羽線青森－湯沢間の建設工事に従事。その後、1917（大正6）年に鉄道院を退官するまで24年間、北陸線富山－直江津間、山陰線出雲－浜田間の工事を担当、それぞれ秋田営業事務所長、富山、敦賀、米子の各建設事務所長として鉄道建設に尽くした。

その後は青森県の大湊興業会社技師長、秋田県の横庄鉄道会社技師長をつとめる。

1924年、一転して東京地下鉄道会社の技師長に就任し、東洋で初めての地下鉄建設における技術部門の最高責任者となる。同社の創始者で、後世地下鉄の生みの親と評価される早川徳次とのコンビで、25年、浅草－上野間の工事に着工、1927（昭和2）年、東洋で最初の地下鉄は営業を開始した。

以後、遠武が東京地下鉄道会社に籍を置いた1934年までの10年間に地下鉄道は順調に延び、浅草－新橋間が営業開始に至ったのは34年6月21日であった。

札幌農学校で鉄道建設に携わった廣井勇との出会いで鉄道敷設に人生の第一歩を踏み出し、地下鉄建設に一生をかけた清いエンジニアであった。

著書に『鉄道工事野業の研究』（1919年）、『東京地下鉄道並ニ其ノ実施ニ関スル研究資料』（1932年）がある。

清水 凞　しみず・ひろし　地下鉄道

1877.3.1 ～ 1941.1.25。岐阜県に生まれる。1901（明治34）年、東京帝国大学工科大学土木工学科卒。北海道炭礦会社技師を経て、07年、大阪市電気局電気鉄道課工務係長に転じた後、京都市電気軌道部工務課長。1914（大正3）年ふたたび大阪市電気鉄道部に入り、路面軌道の建設に従事した。19年、電気鉄道部技師長、23年、高速鉄道課新設に伴い工務部長、技術部長のまま、地下鉄着工まで課長を兼務する。

この間、21年から22年にかけて外国の地下鉄を視察し、大阪市地下鉄建設の基本方針を立て、関一市長とともにその実現に尽力した。1930（昭和5）年、地下鉄着工が決まると、臨時高速鉄道建設部が設置され、初代の建設部長として、将来を見通した規模を想定し、最新の技術と設備とを採用して、当時としては画期的な大事業に専念した。

梅田、淀屋橋、心斉橋のアーチ型停留場、12両連結列車が発着できる216mのホームなど、英断をもって地下鉄建設を進めた。1933年、梅田仮停留場－心斉橋間が開通し、大阪市の地下鉄創業に功績を残して35年に退任した。

著書に〈戦前土木名著100書〉の『高速鉄道工学』（1930年）がある。

橋本敬之　はしもと・よしゆき　⇒ 鉄道分野参照

早川徳次　はやかわ・のりつぐ　地下鉄道

1881.10.15 ～ 1942.11.29。山梨県に生まれ

る。1908(明治41)年、早稲田大学法律科卒。政治家を志し、南満州鉄道株式会社総裁となった後藤新平を慕って満鉄に秘書課嘱託として入社。短期間の満鉄での経験から鉄道の重要性を認識して、政治家志望を断念し、実業界への転向を決意する。

鉄道業を習得して実業界へ転身するためには現業を体験する必要を痛感し、後藤に乞うて鉄道院中部鉄道管理局秘書課に勤務し、鉄道業に関する一般事務を習得、さらに新橋駅員となって、改札掛、手荷物掛などの現業事務を体験した。

1909年、東武鉄道会社に招かれ、買収した佐野鉄道(栃木県佐野－葛生間)の経営の主任者として約6か月間でその手腕を発揮して、民間事業経営の第一歩を踏み出した。この手腕を認められて郷里の先輩根津嘉一郎が社長になっている大阪の高野登山鉄道会社の支配人に招かれ、経営不振に陥っていた同社の再建を2年半で成し遂げた。

1914(大正3)年、欧米各国の鉄道ならびに港湾の調査研究のため外遊したが、ロンドンの交通機関の発達に目を見はり、当初の目的である鉄道と港湾の調査を放棄して、都市交通機関の研究に移り、これからの都市交通は地下鉄を建設する以外に打開の道がないと確信し、さらにフランス、ニューヨークなど世界の主要な地下鉄道を調査研究、資料を蒐集して16年に帰国した。

ただちに地下鉄建設の調査を開始、翌1917年、浅草－上野－品川間の地下鉄道建設を目的として東京軽便地下鉄道会社の設立を申請、20年、東京地下鉄道会社として創立した。工事は25年に上野－浅草間から始まり、1927(昭和2)年12月、わが国最初の地下鉄が2.2kmにわたって開通、34年には浅草－新橋間約8kmが全通した。

1940年には東京地下鉄道社長に就任した。地下鉄銀座駅には「社長早川徳次像」の胸像が雑踏の群衆を見守っているが、ロンドンで20世紀の都市交通機関としての地下鉄の重要性を深く認識してからの半生は、文字どお り地下鉄道の建設とその経営に身を捧げた。

著書に『地下鉄道』(1938年)など。

安倍邦衛　あべ・くにえ　地下鉄道

1882.3.不詳～不詳。新潟県に生まれる。1906(明治39)年、東京帝国大学工科大学土木工学科卒。鉄道省に入り多年勤務していたが、1920(大正9)年、東京地下鉄道会社創立とともに、鉄道省技師の現職をなげうって、わが国最初の地下鉄道である上野－浅草間建設の主任技師として就任、その後に建設課長となる。

前例のない大事業のため、1922年、欧米に派遣され、6か月にわたり各国の実地を十分に比較、調査、研究して帰国。安倍の実地調査の結果を基本にして工事着工への方針が決まり、わが国最初の地下鉄道設計者、その第一人者として工事を進めた。

1927(昭和2)年2月、会社創立以来8か年の歳月を費やし、ニューヨークの地下鉄道開通に遅れること23年にして、東京市に東洋における最初の地下鉄道が開通した。その後、東京市電気局工務課長、同高速鉄道調査課長をつとめた。

著書に『東京の地下鉄道と其工事方法』(1922年)がある。

水谷当起　みずたに・まさおき　地下鉄道

1896.1.21～1985.5.8。東京都に生まれる。1920(大正9)年、東京帝国大学工学部土木工学科卒。東京市技師を経て、25年、東京地下鉄道会社に転じ、上野－新橋間の建設工事に従事した後、技術部長、取締役をつとめる。

1941(昭和16)年、帝都高速度交通営団が設立され、東京の地下鉄の建設・営業が同公団に引き継がれたため転じ、戦後は技術部長、建設部長として丸の内線の池袋－都心間の早期着工に努め、51年、同区間を着工に導いた。その後、同公団理事、東京都高速電車建設委員などをつとめた。

ダ ム

石井 穎一郎　いしい・えいいちろう　ダム

　1885.12.19～1972.11.8。神奈川県に生まれる。1911(明治44)年、東京帝国大学工科大学土木工学科卒。横浜市水道局に勤務後、高松市水道工務部長を経て、1918(大正7)年、逓信省西部逓信局水力課長、20年、宇治川水力電気会社土木部課長。

　1925年、浅野総一郎の懇請を受けて庄川水力電気に土木課長として入社する。当時、わが国屈指の小牧ダム(高さ79.2m、富山県)、同水力発電所の企画、設計、施工に、宇治川水力電気でのダム工事の手腕と、24年欧米の水力発電工事視察での新技術、文献を吸収して、1929(昭和4)年完成させた。

　同工事の大半が終わった1928年、日本電力会社土木部長となり、黒部川第二発電所小屋平ダム工事などを担当し、34年同社取締役技師長。その間、28年設立の国際大ダム会議の第1回(1933年)、第2回(1936年)総会に出席、論文を発表するなど、わが国のコンクリート重力ダムの創成期に新技術をもって指導した。38年、日本電力退社後は台湾電力会社顧問などをつとめた。

　他方、1938年に立命館大学工学部を創設し初代学部長、神奈川県に三浦高等学校を創設し、51年から71年まで同校長、56年、関東学院大学教授となり同工学部に文献を寄贈するなどした。67年、私学振興の功績により横須賀市長表彰を受けた。

　著書に『ダムの話』(1949年)がある。

永田 年　ながた・すすむ　ダム

　1897.4.5～1981.12.31。福岡県に生まれる。1922(大正11)年、東京帝国大学工学部土木工学科卒。台湾総督府勤務後、1927(昭和2)年、内務省土木局に転じ、コンクリート構造物の研究を担当、36年、鴨川改修事務所初代所長となる。

　1939年、満州国交通部技正兼遼河治水調査処長に転職したが、意見の相違があり、1年で帰国した。40年、東北振興電力会社に就職、41年、電力の国家統制により日本発送電会社に移る。戦後の1951年、GHQの命令で日本発送電会社は解散され、北海道電力副社長となる。52年、電源開発会社の発足に伴い理事、53年、同社の佐久間建設所長となり、56年、竣工した佐久間ダム建設の陣頭指揮をとって、本格的な大型機械化施工を導入し、わずか3年でダムを完成させた。

　アメリカからブルドーザー、パワーショベル、ダンプトラックなどの大型建設機械をすべて輸入し、技術援助も得て施工されたわが国最初の機械化施工法によるダム建設で、この工法は、その後、建設会社などに急速に普及して国土開発事業の技術的な基礎となった。また、初めて全員が保安帽をかぶった工事現場であった。その後、電源開発顧問、国際大ダム会議副総裁、日本大ダム会議会長などを歴任し、1961年、土木学会会長。

　著書に〈戦前土木名著100書〉の『鉄筋混凝土工学 後編』(1931年)など。

照井隆三郎　てるい・りゅうさぶろう　ダム

1901.9.1 ～ 1969.3.19。秋田県に生まれる。1927(昭和2)年、東京帝国大学工学部土木工学科卒。内務省仙台土木出張所に勤務後、35年、満州国国務院に招請され、交通部利水司長などをつとめ、とくに遼河水系治水計画の確立と、当時世界三大ダムの一つといわれた水豊ダムの建設に尽くした。

終戦後の1946年、宮城県土木部長、53年、北上特定地域総合開発計画が閣議で決定されると、時を同じくして建設省東北地方建設局長に就き、この計画の根幹をなす7つのダム群の建設と東北開発の促進にあり、56年に退官。

伊藤令二　いとう・れいじ　ダム

1902.9.2 ～ 1990.8.30。静岡県に生まれる。1927(昭和2)年、東京帝国大学工学部土木工学科卒。内務省に入り土木試験所、横浜土木出張所勤務を経て、36年、富山県に出向し、有峰ダム建設工事に従事し、41年内務省に復帰する。

戦後、内務省が解体され、1948年1月に建設院が発足し、水政局利水課長兼砂防課長、同年7月建設省が設置されると、中部地方建設局長を経て、中国、四国、関東の各建設局長をつとめ、53年に退官する。その後、東京電力会社を経て電源開発会社に転じ、奥只見ダム、御母衣ダムの建設所長として大型ダムの建設にあたった。

著書に『堰堤工学』(1947年)がある。

宮崎孝介　みやざき・こうすけ　ダム

1903.10.7 ～ 1956.4.19。島根県に生まれる。1930(昭和5)年、山梨高等工業学校土木科卒。静岡県、内務省、建設院、建設省、福岡県、島根県などに勤務する。

1955年、大分県砂防課長に就任、由布山(標高1584m)の崩壊による津房川の荒廃状態を視察し、同地にアーチ式堰堤を築造する計画を立て、56年4月18日、現地を調査中、掴まった木の根が抜けて8m下の河床に転落、翌日死去した。殉職の3年後に堰堤は完成した。

時の大分県知事木下郁は、宮崎を大分県土木行政史に刻むため、県職員としては初めての殉職碑の建立を決め、堰堤の型の一部をとった碑は津房川を望む地に59年3月建てられ、その堰堤は「宮崎堰堤」と名付けられた。

コンクリート・セメント

宇都宮三郎　うつのみや・さぶろう　セメント

1834.10.15 〜 1902.7.23。愛知県に生まれる。尾州藩で西洋砲術を講じていた上田帯刀の門に入り、砲術書を読み、火薬の製造に関し「離合学」の必要なことを痛感する。

ペリー艦隊の浦賀来航による警備のため、1854(安政1)年、藩から選ばれた6人とともに江戸へ行き、砲術を他の藩士に教え、弾薬の製造に従い、杉田成卿に舎密学を学んだが、藩の西洋砲術を禁止する決定に、57年、意を決して脱藩し、浪人となる。まもなく西洋砲術の大家である江川太郎左衛門の門に入り、教官達に砲術を教え、冶金、地質の分析なども実験する。

1862(文久2)年、勝海舟の勧めで幕府の洋所調所製煉方出役となり、兵科と一般の舎密の研究に従事。翌63年、洋所調所は開成所と改称、宇都宮の主張によりその製煉方は化学所と改名し、宇都宮はその主任となった。この時わが国で初めて、製煉、舎密にかわって「化学」の名が用いられた。

その後、海陸軍兵所取調役となり、陸軍所で兵科化学を教授、また、1867(慶応3)年、わが国最初の雑誌『西洋雑誌』の発行に際して、編集、執筆を分担し、西洋の科学事情の紹介にもあたった。1869(明治2)年、開成学校(開成所の後身)に出仕し、70年、大学大助教、71年に文部省八等出仕。

わが国におけるセメント製造の直接の動機となったものは、政府が旧幕府から接収した横須賀製鉄所(造船所)のドック建造である。輸入セメントでは莫大な購入予算がかかるため、1871年、これを管掌した工部省造船寮の二代造船頭に平岡通義が着任し、翌72年、平岡が製作頭も兼務するにおよび、セメント国産の機運が盛り上がっていた。

1872年7月、大蔵省土木寮建築局によって「摂綿篤(セメント)製造所」の建設着手、同8月には工部省勧工寮内に各種の化学実験を担当する製煉所が設置されたが、宇都宮は、72年5月、文部省から工部省六等出仕に転任、同時に工部大輔伊藤博文に随行して欧米におもむき、73年6月に帰国、製煉所勤務となる。

1873年11月、製煉所は勧工寮廃止に伴って製作寮の所管となり、製作頭専任の平岡からセメント研究の指示を受ける。わが国最初のセメント工場である「摂綿篤製造所」は73年末竣工、同所はその後、大蔵省から内務省を経て、74年2月、工部省製作寮の所管となり、「深川製作寮出張所」と改称し、宇都宮はその事業を監督した。

設備を改廃し、従来の半湿式法を廃し、英・仏流の純湿式焼成法を採用して、1875年5月、わが国最初のポルトランドセメントが焼成された。

1875年11月、米国フィラデルフィア博覧会御用掛を命じられ、あわせてセメントと炭酸ソーダの製造研究に従事し、英国にも渡った後、76年に帰国し、政府に『セメント製造所報告』を提出する。77年、深川製作寮出張所は「深川工作分局」と改称、工作局長大鳥圭介の下に工部権大技長となる。82年、工部大技長となり、84年に病のため退官した。

この間、福沢諭吉を中心として官・学・民の人物を集めて、1880年に創設された交絢社をバックに、『交絢雑誌』へ「築竈論」の連載、『醸造新法』(1893年)の発刊などを行った。

廣井 勇　ひろい・いさみ　⇒ 港湾分野参照

笠井真三　かさい・しんぞう　セメント

1873.10.12～1942.5.19。山口県に生まれる。1881(明治14)年に設立された民間セメント会社の嚆矢・セメント製造会社(小野田セメントの前身)社長笠井順八の次男として生まれ、山口高等学校在学中に厳父の篤友である井上馨よりセメント工業に尽くすよう懇説される。

1890年、ワグネル(G.Wagner)に伴われてセメント製造研究のためドイツに留学、ハンブルグ工業学校、クールマン化学分析研究所に学び、次いでブラウンシュワイヒ工科大学で主として応用化学、機械学を修め、同大学分析試験所でセメントを試焼し、実験に従事、さらにミュンヘン理科大学に転学し、「含水珪酸礬土」の論文でドクター・フィロソフィーの学位を受ける。

続けてハインツェル研究所でセメントに関する専門的指導を受け、さらにセメント工場でセメント製造の実習を行い、その後、イタリア、イギリス、フランスのセメント事業を実地調査して1896年に帰国。ただちに小野田セメント製造会社技師、1904年、取締役兼技師長、1918(大正7)年、社長となり、セメントをもって一人一業主義を徹底し、1939(昭和14)年、退任した。

『笠井真三伝』(1954年)がある。

小川敬次郎　おがわ・けいじろう　コンクリート

1880.2.16～1967.10.6。山口県に生まれる。1905(明治38)年、東京帝国大学工科大学土木工学科卒。逓信省鉄道作業局に勤めて朝鮮に赴任し、1909年までの約4年間、大寧江の架橋工事をはじめとする鉄道工事に従事し、初期の朝鮮鉄道建設に尽力した。

1910年、仙台高等工業学校教授となる。1919(大正8)年、土木工学研究のため、英・米・仏に留学し、22年に帰国する。1925年、北海道帝国大学教授となり、創設された工学部でコンクリート工学講座を担当した。1941(昭和16)年、工学部長、42年退官して名誉教授となる。

著書に『鉄筋混凝土之設計及施工法』(1917年)、『鉄筋混凝土の知識』(1925年)など。

阿部美樹志　あべ・みきし　コンクリート

1883.5.4～1965.2.20。岩手県に生まれる。1905(明治38)年、札幌農学校土木工学科卒。逓信省鉄道作業局に入る。

1911年、農務省海外練習生となり、また鉄道院から3年間のコンクリート研究を嘱託され、アメリカのイリノイ州立大学でタルボット(A.N. Talbot)教授の指導の下に研究と実験に従事し、さらに建築強弱学、高層建築構造学などをマルロルム教授に学ぶ。研究期間を1年間延長して、鉄筋コンクリート結構に関する研究と実験とを重ね、多数の理論式

を設定して論文をまとめ、1914（大正3）年、博士号の学位を受ける。同大学で鉄筋コンクリートを専攻して博士号を取得した最初の人でもあった。

同1914年、ドイツに転学を命じられハノーバー工科大学に入ったが、欧州大戦のため10月に帰国。ただちに鉄道院において、東京－万世橋間（中央線）市街高架線工事の設計に当たる。1915年に着手し、19年に竣工した高架線は、延長1258m、128径間、27橋で、上部構造は、東京から常盤橋までは煉瓦拱橋で、その他は一般に鉄筋コンクリート拱橋としたが、拱橋の中でも同博士が設計した鉄筋コンクリート拱橋の外濠橋は、当時としては、わが国最大のものであった。

1920年に鉄道省技師を辞し、1929（昭和4）年には、横浜市に創立された混凝土専修学校長（現・浅野工学専門学校）となった。戦後は、戦災復興院総裁、特別調達庁長官を歴任し、首都圏不燃公社会長も勤めた。

著書に〈戦前土木名著100書〉の『鉄筋混凝土工学』（1916年）など。

吉田徳次郎　よしだ・とくじろう　コンクリート

1888.10.15～1960.9.1。兵庫県に生まれる。1912（明治45）年、東京帝国大学工科大学土木工学科卒。九州帝国大学工科大学講師となり、1914（大正3）年、助教授、24年、教授に進み、1938（昭和13）年まで構造力学および鉄筋コンクリート工学を担当した。

1938年、東京帝国大学教授に転任し、49年の定年退官までコンクリートおよび鉄筋コンクリート工学を講義する。この間、19年から20年まで1年余、米国イリノイ州立大学に留学し、タルボット（A.N. Talbot）教授に師事し、当時、緒についたコンクリートの実験研究に従事して研鑽を積み、質素にして真摯なる恩師の深き信頼を得る。

帰国後は、夜明け前のわが国コンクリート技術の双肩を担って、その理論的研究とその研究結果の発展に精進した。その後における吉田の幾多の貴重な文献・著作は、そのまま生きた教材となって、コンクリート施工技術の母体を作り上げた。

なかでも特筆すべき業績は、『土木学会コンクリート標準示方書』（1931年）の制定、改訂（1936年）では、委員として原案を起草した。1940年、49年、56年には委員長として改訂を行い、また『土木学会プレストレストコンクリート設計施工指針』（1955年）を委員長として制定し、その一言一句は吉田の心血のほとばしりであった。1949年、土木学会会長。

吉田が指導したコンクリート工事は、小河内ダム（東京都）、佐久間ダム（静岡県）、関門鉄道トンネル、上椎葉ダム（宮崎県）など全国におよんだ。工事現場では愛用の金槌でコツコツとコンクリートを叩いて品質を診断し、改善すべき点は技術と哲学とをもって生きた指導をした。深い学識と経験と強い信念とによって、わが国のコンクリート工学を今日の水準に推進させた。

身を持することに厳しく、真摯なること学生の如く、廉直なること古武士のごとき風格を有した工学者であった。岳父は廣井勇である。

著書に〈戦前土木名著100書〉の『鉄筋コンクリート設計法』（1932年）と『コンクリート及鉄筋コンクリート施工法』（1942年）など。『吉田徳次郎博士論文集』（1961年）がある。没後、コンクリート分野での功績を記念して61年、「土木学会吉田賞」が創設された。

宮本武之輔　みやもと・たけのすけ
⇒ 河川分野参照

近藤泰夫　こんどう・やすお　コンクリート

1895.2.8～1984.9.4。岡山県に生まれる。1918(大正7)年、京都帝国大学工科大学土木工学科卒。母校の講師、助教授を経て、1928(昭和3)年、京都帝国大学教授となり、土木工学第5講座を担当し、58年に退官するまで建築構造、コンクリート工学の講義と研究に専念した。

58年、神戸市立六甲工業高校校長、63年、同校の昇格により神戸市立工業高等専門学校初代校長を務めた。

著書に〈戦前土木名著100書〉の『構造強弱学』(共著、1926、30年、)と『測量学』(共著、1942年)など多数。また翻訳に力を注ぎ、『コンクリート便覧』(1950年)、『土木材料試験便覧』(1955年)などがある。

内村三郎　うちむら・さぶろう　コンクリート

1895.8.10～1990.1.18。長野県に生まれる。タルボット(A.N. Talbot)教授の教え子。1920(大正9)年、九州帝国大学工学部土木工学科卒。吉田徳次郎に次いでイリノイ州立大学でコンクリート工学の権威、タルボット教授に学び、1922(大正11)年、同大学大学院を終了する。さらに、ストーン・ウエブスター工事会社に勤務する。

1923年の関東大地震で急きょ帰国し、コンサルタントとして震災復興事業の設計に従事する。25年、内務省土木局に転じ、1945(昭和20)年に退官するまで土木局、国土局と本省に勤務する。その間、逓信技師、軍需技師を兼任する。戦後は、日本大学と関東学院大学の教授などをつとめた。

著書に『鉄筋混混土』(1929年)、『鉄筋コンクリート工学』(1952年)など。

國分正胤　こくぶ・まさたね　コンクリート

1913.7.21～2004.7.7。東京都に生まれる。1936(昭和11)年、東京帝国大学工学部土木工学科卒。東京府に勤務後、38年から45年まで兵役につく。43年、東京帝国大学助教授、50年、吉田徳次郎教授の後任として東京大学教授となり74年退官。74年から84年まで武蔵工業大学教授、84年からは足利工業大学顧問教授。この間、恩師吉田教授が逝去した翌61年、若いコンクリート研究者の人材育成を目的に土木学会「吉田賞」を創設。61年から82年まで土木学会コンクリート委員会委員長として、「コンクリート標準示方書」に新しい知見を取り入れるなど、戦後のコンクリート工学界に指導的役割を果たした。62年、日本ACI(現・日本コンクリート工学協会)創設の原動力となり、国際交流にも貢献し、71年、アメリカコンクリート学会名誉会員。79年、土木学会会長。1991(平成3)年、「混和材料の複合がコンクリートのワーカビリチー・耐久性・強度に及ぼす影響に関する研究」で日本学士院賞。コンクリート工学界の泰斗であったが、63年から6年間、東大硬式野球部部長を引き受け、東

京六大学野球連盟理事長を務めた人でもあった。『國分正胤博士論文選集』(1974年)がある。

猪股俊司　いのまた・しゅんじ　コンクリート

1918.10.7～1990.8.19。新潟県に生まれる。1941(昭和16)年、東京帝国大学工学部土木工学科卒。鉄道省に入り、大臣官房研究所コンクリート研究室勤務、52年、日本国有鉄道技術研究所コンクリート室長。

1952年、国鉄を辞し、極東鋼弦コンクリート振興㈱の創立者藤田亀太郎に嘱望され、創立まもない同社に設計部長として入社、53年フランスに派遣され、プレストレストコンクリート(PC)工法の生みの親であるフレシネー(E.Freyssinet)、その後継者であるギヨン(Y.Guyon)らに師事し研鑽を積む。

1962年、㈱日本構造橋梁研究所設立とともに取締役設計部長に転じ、常務取締役、副社長を経て85年から死亡するまで、代表取締役会長を務めた。その間、芝浦工業大、都立大、千葉工業大、名古屋大などの各大学講師、愛知工業大学教授を務めるとともに、日本工業標準調査会におけるJISの制定・改正に携わり、また土木学会、日本道路協会、日本コンクリート工学協会の専門委員を務め、とくにPC技術協会ではその設立に尽くし、1985年、会長。

わが国のPC研究・開発の先駆者であり、1955年、わが国最初の本格的なPC道路橋である上松川橋の設計・施工を指導したのをはじめ、関与した橋梁は1000橋にのぼり、直接設計したものは200橋に達するといわれる。

さらに国際的にも、国際プレストレストコンクリート連合(FIP)の耐震委員会委員長、ヨーロッパコンクリート委員会(CEB)の耐震委員を務めるなど、その業績は国際的にも高い評価を受け、74年、東洋人としては初めてFIPメダルを、86年にはPC界最高の栄誉であるFIPのフレシネーメダルを受賞した。

著書に『プレストレストコンクリートの設計および施工』(1957年)など。『猪股俊司論文集』(1992年)がある。

電力

石黒五十二 いしぐろ・いそじ ⇒ 河川分野参照

田辺朔郎 たなべ・さくろう 電力・鉄道・水道

1861.11.1～1944.9.5。東京都（当時は江戸）に生まれる。1883（明治16）年、工部大学校土木科卒。ただちに京都府御用掛を命ぜられ、琵琶湖疏水線路実測および工事計画に着手。88年、米国へ出張し、ポトマック運河、モリス運河、リン市の電気鉄道の調査を行い、翌年に帰国した。

1890年3月、琵琶湖疏水工事が竣工し、同4月の通水式の際、閘門の開閉を指揮して天覧に供した田辺は、28歳の若さでわが国最初の水力電気事業を完成させた。90年、帝国大学工科大学教授。92年には英国土木学会へ琵琶湖疏水工事の報告書を送り、同会よりテルフォード・メダル授与の名誉を受ける。

1894年、北海道鉄道敷設の実地調査のため出張、96年、北海道庁鉄道部長となり、全道を踏査して現在の鉄道網の基礎をつくる。1900年、シベリア鉄道の全盛期の工事を視察して帰国。同年、京都帝国大学理工科大学教授となり、16（大正5）年、京都帝国大学工科大学長に就任し、23年退官。29（昭和4）年、土木学会会長。

この間に米国鉄道協会会員、米国土木学会会員に推挙される。1929年に東京で開催された万国工業会議では副会長および土木分科会議委員長をつとめる。

一方、1917年、工学会・啓明会明治工業史編纂委員長となり、『明治工業史 全10巻』（1925～31年）の刊行に尽力し、さらに土木学会の編集委員長として大著『明治以前日本土木史』（1936年）を世に出した。『明治工業史』の『鉄道篇』（1926年）と『土木篇』（1929年）は〈戦前土木名著100書〉に選ばれ、わが国の土木史研究の基本文献となっている。

主な著書に『袖珍公式工師必携』（全3冊）（1888～91年）、『琵琶湖疏水工事図譜』（1891年）、『水力』（1896年）、『とんねる』（1922年）があり、『田辺朔郎博士六十年史』（1924年）とともに〈戦前土木名著100書〉に選定されている。『田辺朔郎自伝草稿』（1937年）がある。田辺自筆の座右銘が残されている。

"It is not how much we do but how well. The will to do, the soul to dare."

早田喜成 はやた・よしなり ⇒ 河川分野参照

彭城嘉津馬 さかき・かつま 電力

1874.7.16～1952.6.20。長崎県に生まれる。1892（明治25）年、攻玉社土木科卒。東京府に勤務後、96年、東京測量社に転じて水力電気事業の設計に従事。97年、東京市の橋梁掛技手となる。98年、海軍省臨時建築部に出向、日露戦争当時、徳山煉炭製造所の建設工事を指導する。

1905年、戦争終結を機に官を辞し、富士瓦斯紡績会社に入社、水力電気工事に従事して実業界への第一歩となる。1927（昭和2）年、同社電気部を分離した富士電力会社創立

により取締役、同年、第二富士電力会社創立により同社取締役を兼務、36年、第二富士電力が解散して富士電力に併合して常務取締役となる。その間、30有余年にわたって同社をわが国水力電気事業界屈指の会社に育て上げ、漆田、峰、山北、嵐、福沢など10余の発電所建設に手腕を発揮した。

奥山亀蔵　おくやま・かめぞう　⇒ 河川分野参照

堀見末子　ほりみ・まっす　電力

1876.12.2 ～ 1966.2.6。高知県に生まれる。1902(明治35)年、東京帝国大学工科大学土木工学科卒。在学中から渡米の志を抱き、カンザス・シティのワデル・ヘドリック工務所、独立したヘドリック工務所で6年間にわたって土木工事の設計、施工などに従事した。

1909年、臨時台湾総督府工事部の嘱託となり、引続き在米のまま土木関係の研究、調査にあたる。翌10年に帰国。間もなく台湾に渡航し、台湾総督府技師兼臨時台湾総督府工事部技師となる。1919(大正8)年、半官半民の台湾電力会社技師長に就任。21年、日月潭水力発電所の建設を指揮、監督したが、第一次大戦後の恐慌による資金難で工事が中止となり、残務整理を終えて25年に退職する。

台湾での15年間、后里庄橋、明治橋の工事、新店渓の堰堤、同護岸工事、角板山道路工事、蘇澳－花蓮港間道路工事、大安渓護岸工事、濁水渓護岸工事、下淡水工事、淡水河護岸工事、讃井工事、土湾発電工事などに従事した。

また台湾道路改修計画、台湾都市計画をはじめ、河川、道路、上下水道、市区計画、水利水力などの全島国土計画の設計にも参画するなど、島内の幾多の土木事業の推進に尽くした。

伝記『堀見末子土木技師～台湾土木の功労者』(1990年)がある。

新井栄吉　あらい・えいきち　電力

1881.2.2 ～ 1952.11.25。東京都に生まれる。1905(明治38)年、東京帝国大学工科大学土木工学科卒。東京市区改正委員会技師、名古屋市、函館市の水道技師をつとめた後、1918(大正7)年、早川電力会社土木部長となり、早川第一・第二発電所の建設工事を担当した。

1925年からは東京電力会社技師長として早川第三発電所、田代川第一・第二発電所建設工事に従事し、1928(昭和3)年、当時わが国第一の高い落差をもつ田代川発電所を完成させる。

1929年、大井川電力会社取締役技師長、31年、台湾電力会社日月潭発電所建設部長。37年、大井川電力会社社長となる。土木技術者にして水力電気会社社長に就任したのは新井が最初になる。

1939年、官民共同の時局会社で、水力資源を統制する電力供給会社である日本発送電会社が設立され、初代建設部長に就任する。この間、水力協会会長をつとめた。

著書に〈戦前土木名著100書〉の『サージタンク』(1932年)がある。

国友末蔵　くにとも・すえぞう　電力

1881.11.17～1960.10.17。京都府に生まれる。1906(明治39)年、京都帝国大学理工科大学電気工学科卒。同年に創立された上越電気会社技師長に26歳で就任し、関川水系に同社最初の蔵々(ぞうぞう)発電所を建設して、上越地域の水力発電開発に先鞭をつける。

1915(大正4)年に越後電気と社名変更し、22年に中央電気(越後電気と松本電気が合併)、24年に関川電力の各専務取締役を務め、1927(昭和2)年、中央電気と合併、解散により退任した。その後、34年から38年の間に魚沼水力電気など7社の専務取締役、社長に就任したが、中央電気への吸収合併により退任し、42年の中央電気解散とともに精算人に就任した。

その間、1917(大正6)年から1946(昭和21)年までに、自ら指導して新設した発電所は17におよんだ。国友はまた、雪と生活との関係を研究し、地元の工業高校PTA会長、新潟県公安委員になるなど、地域社会にも多方面にわたって貢献し、53年、高田市最初の名誉市民となった。

『上越地域電源開発の父国友末蔵』(1982年)がある。

鶴田勝三　つるた・かつぞう　電力・土木出版業

1882.2.5～1959.5.6。東京都に生まれる。電力土木技術者にして出版社を経営した人。アメリカに渡り、1904(明治37)年、マサチューセッツ工科大学(MIT)を卒業、さらに06年、エール大学のSheffield Scientific Schoolを卒業し、「哲学士」を取得、08年、同大学大学院を修了する。

帰国後、浅野総一郎の三女の娘婿となり、水力電気事業の経営に参画する。浅野が1919(大正8)年に創立した関東水力電気では、鶴田は、佐久発電所を取締役技術部長兼建設所長として22年に竣工させ、また20年には武蔵野水電の浦山発電所で、わが国最初のアーチ式ダムを建造した。

一方、アメリカでの技術雑誌の新知識を吸収した鶴田は、出版社を起こし、わが国でこれまでにはないスタイルの技術雑誌の発行を企画した。工事画報社により1925(大正14)年2月に創刊された『土木建築工事画報』である。本誌は1940(昭和15)年9月まで発行を続けた。「画報」と称するだけのことはあって、写真と設計図とでビジュアルに工事の様子を紹介し続けた、これまでには類のない土木雑誌(内容はほとんど土木記事)である。

なお、〈戦前土木名著100書〉の『工学博士廣井勇傳』(1930年)は工事画報社の発行である。

神原信一郎　かんばら・しんいちろう　電力

1882.4.5～1945.7.10。茨城県に生まれる。1909(明治42)年、東京帝国大学工科大学土

木工学科卒。東京電灯に入社し発電所やダムの建設工事に従事。その後、土木課長として水力開発の計画・設計で指導的役割を果たし、工務部技術顧問を務める。また、多摩川水力電気監査役に就く。

神原が水力技術者として誇りにしていたのが、自ら設計し、1912（明治45）年に竣工した八ツ沢発電所一号水路橋（猿橋水路橋）である。同橋は国登録有形文化財に指定され、山梨県大月市猿橋町に優美な姿で現在も使われている。

著書に『発電水力』（1939年）、富士山の地質的・水理的研究に情熱を傾けてまとめた『富士山の地質と水理』（1929年）がある。また、史書に『南朝史の研究』（1937年）、『高天原』（1940年）などもある。

森 忠蔵　もり・ちゅうぞう　電力

1883.5.20 ～ 1952. 不詳。東京都に生まれる。1907（明治40）年、東京帝国大学工科大学土木工学科卒。08年、同大学助教授となったが、10年、逓信省に転じ、水力発電事業の監督、水力調査事業に従事。1918（大正7）年から19年まで水力電気事業研究のため欧米各国に留学した。

帰国後、逓信省臨時発電水力調査局などに勤務し、この間、『赤本』と称される逓信省の第1回水力調査書を作成。また20年から東京帝国大学工学部講師として水力工学を1936（昭和11）年まで担当した。

1924年、官を辞して東京電灯会社に入社、31年から34年まで台湾総督府および台湾電力会社嘱託として日月潭水力工事を監督した。34年、大同電力会社に入り、建設部長として三浦発電所の設計、施工にあたり、39年、同社解散とともに退職した。

菊池英彦　きくち・ひでひこ　電力

1884.11.23 ～ 1972.11.4。大分県に生まれる。1910（明治43）年、東京帝国大学工科大学土木工学科卒。逓信省に入り、臨時発電水力調査局広島支局に勤務、わが国最初の全国の包蔵水力調査に従事した。その後、東京市、岐阜県に勤めた後、逓信省に戻り、1917（大正6）年、西部逓信局水力課長、仙台逓信局水力課長を経て、23年、逓信省電気局水力課長となり、同年退官した。

その後、珠磨川電気、九州配電、日本発送電、台湾電力各社の土木部長、嘱託をつとめる。

1944（昭和19）年、青山学院工業専門学校教授（土木科長）、49年、青山学院大学教授（工学部土木科長）。50年、関東学院大学に転じ、工学部土木科長、工学部長をつとめた。

著書に『発電水力学』（1937年）がある。

山田 胖　やまだ・ゆたか　電力

1886.5.6 ～ 1964.1.12。福岡県に生まれる。1910（明治43）年、東京帝国大学工科大学土

木工学科卒。逓信省臨時発電水力調査局技師となり、水力調査に従事、翌11年に早稲田大学付属工手学校土木科主任を兼務。

1917(大正6)年、逓信省を辞し、東洋アルミナム会社の創立事務を担当し、20年、同社の水力部長。21年、黒部鉄道会社、22年、黒部温泉会社の常務取締役を兼務し、23年、日本電力会社黒部川建設所長となり、26年に辞任した。

富山県宇奈月温泉の誕生は、黒部川の水力開発に負うところが大きいが、その水力開発は富山県が生んだ世界的化学者高峰譲吉によって計画された。高峰は、日本の水力を利用して日本に日米共同出資のアルミニウム製造会社を興すため、その動力として黒部川の水力開発を計画し、山田はその水力工事を担当して黒部川開発事業に尽くした。

交通路建設のため黒部鉄道会社を創立して電気鉄道を建設し、1923年に鉄道が開通した。1927(昭和2)年には、柳河原発電所が竣工し、わが国屈指の電力開発の端緒となった。また黒部川上流の温泉を開拓して宇奈月の地に引湯し、県下の大温泉郷として誕生する基礎を築いた。

石川栄次郎　いしかわ・えいじろう　電力

1886.9.15 〜 1959.9.9。愛知県に生まれる。1910(明治43)年、名古屋高等工業学校土木科卒。逓信省水力調査局に入り、木曽川、飛騨川、長良川、揖斐川など中部地方の水力地点調査に従事する。1914(大正3)年、名古屋電灯会社に入り、八百津発電所の改良工事を担当した後、1937(昭和12)年、大同電力会社取締役に就任した。

この間、大桑発電所、大井ダム建設にあたる。1939年の日本発送電会社設立に伴い東海支店長となり、三浦、上松、丸山などの発電所建設を進める。51年、電力再編成により中部電力会社副社長、53年、電源開発会社理事、佐久間ダム建設所の初代所長となる。

逓信省水力調査局が行ったわが国で初めての日本全国にわたる大規模な水力地点調査は、『水力調査書 全6巻』として1924(大正13)年から25年にかけて発行され、水力史上の名著として評価されている。1959年(昭和34)、水力事業を通し中部地方の産業振興に貢献した業績により、中日新聞社から「中日文化賞」を受賞。

山田陽清　やまだ・ようせい　⇒ 河川分野参照

大西英一　おおにし・えいいち　電力

1889.12.7 〜 1955.12.16。愛知県に生まれる。1912(明治45)年、名古屋高等工業学校土木科(現名古屋工業大学)卒。鉄道院に入ったが、当時ようやく近代産業の根幹として大容量発電所建設の兆しをみせていた水力発電事業に着目し、同院を退職する。

1914(大正3)年、神通電力会社に入社、土木課長兼神通発電所建設所長。18年、矢作水力会社に移り、矢作川水系の開発、泰岐発電所の建設など、中部の電源開発に従事し、1940(昭和15)年、同社取締役。

1942年、設立間もない日本発送電会社に転じ、土木部長、理事を経て、戦後の47年、同社総裁に就任し、産業復興の基盤としての電源開発、労働問題の処理、電気事業再編成

への対策など、戦後の多難な電力界を指導して、50 年に辞任した。

1951 年、(財)電力技術研究所(翌 52 年電力中央研究所に改組)設立とともに、初代理事長として電気事業界のシンクタンクの育成にあたった。この間、国際大ダム会議日本国内委員会委員長、発電水力協会会長、土木学会会長、日本大学教授などをつとめた。

萩原俊一　はぎわら・としかず　電力

1890.2.14 ～ 1978.12.29。東京都に生まれる。1915(大正 4)年、東京帝国大学工科大学土木工学科卒。奈良県技師を経て、19 年、内務技師に転任し、内務省土木局第一技術課において、当時勃興してきた水力発電事業の治水上、利水上の指導監督を担当、とくにダム建設により洪水を貯溜、調節して河水の高度利用を図るなど、いわゆる多目的ダムの実施を促し、利水事業の総合的計画をたて工事を施工することに力を注いだ。

1936(昭和 11)年、政府は東北地方の振興を図るため、東北振興電力会社を新設し、選ばれて理事に任命され、発電所建設の責任者となった。41 年、日本発送電会社への統合により退職した。

1955 年から 70 年までは電力中央研究所理事として、またその後は顧問として、水力電源開発の研究、指導に尽くした。

著書に〈戦前土木名著 100 書〉の『発電水力工学』(1932 年)と『発電水力』(1933 年)、『河川工法』(共著、1927 年)がある。

高橋三郎　たかはし・さぶろう　電力

1890.8.12 ～ 1973.9.5。東京都に生まれる。

1915(大正 4)年、東京帝国大学工科大学土木工学科卒。鉄道院に勤務後、水力開発がようやく注目を引き始めた電力界へ転身。19 年、逓信省電気局に入り、1937(昭和 12)年、同水力課長、39 年、電気庁水力課長兼水力調査課長となり、42 年に退官する。

この間、水力技術の独立と水力の大規模開発を提唱し、そのための詳細な調査を実施して、水力発電の技術的可能性に裁断を下し、電力国営の基礎を固め、電力国策生みの親と呼ばれた。

また、中国大陸の松花江、鴨緑江の水力調査を行い、豊満ダム、水豊ダムによる大水力発電開発の礎を築く。さらに、東北振興電力会社の設立、電力国家管理の立案などにあたった。

戦後は、電力中央研究所理事などをつとめた。

1956 年から 15 年間、発電水力協会(現・電力土木技術協会)会長をつとめたが、その発電水力に対する功績を記念して、同協会は 72 年に「高橋賞」を設けた。

著書に〈戦前土木名著 100 書〉の『発電水力』(1935 年)など。

内海清温　うつみ・きよはる　電力

1890.12.6〜1984.3.9。鳥取県に生まれる。1915（大正4）年、東京帝国大学工科大学土木工学科卒。内務省江戸川改修事務所に勤務後、19年、電気化学工業会社に転じて工務部土木課長となり、大淀川の水力開発を担当する。

1927（昭和2）年から37年まで電力コンサルタント業を自営、黒部川、越後、雄谷川の各電力会社などの技術顧問をつとめる。この間、36年に東京帝国大学工学部講師となり、発電水力工学を講義する。37年、富士川電力会社取締役・土木部長、39年、日本軽金属会社取締役・電力建設部長となる。

1939年、電力の国家管理により日本発送電会社が設立、41年、建設局土木建設部長に招請され、その後、理事、土木局長、建設局長をつとめ、戦時下の鉄、セメント、アルミニウムなど資材増産計画に呼応した電力増強計画に尽くしたが、軍需省の理不尽な干渉と横暴さにたまりかねて44年に辞任する。終戦直前の45年7月、（財）建設機械化研究所を設立し、自ら所長となる。

戦後は、1956年から58年まで電源開発総裁。この間、攻玉社高等工学校校長、攻玉社短期大学学長、53年、日本建設機械化協会会長、57年土木学会会長。

また、クリスチャンとして社会福祉に力を注ぎ、日本心身障害者協会理事長をつとめた。

著書に『さざなみ籠・コブ籠と其工法』（1933年）がある

赤松三郎　あかまつ・さぶろう　電力

1892.1.7〜1959.2.不詳。京都府に生まれる。1915（大正4）年、京都帝国大学工科大学土木工学科卒。九州水力電気会社に入社。18年、広島呉電力会社に転じて江川発電所建設に従事する。

1922年、広島電気会社土木部長。以来、中国地方の水力開発で中心的指導者として活躍し、1939（昭和14）年、日本発送電会社中国水力建設事務所長に就き、中国地方の水力開発の統率者となり、50年に退社。また、1920（大正9）年、名古屋高等工業学校土木科教授、1951（昭和26）年から56年まで広島大学工学部土木工学科教授をつとめた。

野口　誠　のぐち・まこと　電力

1901.4.25〜1939.5.17。東京都に生まれる。1925（大正14）年、東京帝国大学工学部土木工学科卒。東京電灯会社に入社後、1929（昭和4）年、嘱望されて逓信省に入り、逓信技師として電気局水力課に勤務した。

1936年、電気事業調査会幹事となり、電力国家管理計画に参画、38年、電力管理準備局技師、同年さらに興亜院技師を兼任し、大陸の水力開発計画に従事した。39年、電気庁開設とともに電気庁技師となる。

その間、1938年の水力協会の創設に尽くし、その機関誌『水力』の編集を担当した。39年、大陸の水力開発の用務のため、福岡市郊外の雁の巣飛行場を飛び立つやいなや、機体が発火、墜落し、遭難した。

砂防・治水・治山

市川義方　いちかわ・よしかた　治水・治山

1826.12.6～不詳。治水・治山に熟達し、『水理真寶』を著した人。京都府に生まれる。若い頃から治山、治水、開墾工事の経験を積み、地元の名士として尊敬を得る。

明治維新直後より京都府に勤務。1870(明治3)年、土木掛兼開拓掛少属として童仙房の開拓事業を担当。50歳を超えた73年から77年にかけて、不動川水源砂防工事でその設計と工事にお雇い土木技師デ・レイケ(J. de Rijke)と共に力を注いだ。

市川はまた、わが国の山腹砂防工法の中で最も多く施工され、現在に至るまで各種改良を施され実施されている「積苗工法」(1875年考案)の発明者でもある。

1885年9月1日改正の『内務省職員録』には「五等属 市川義方 大阪府在勤」の記載があるが、京都府から内務省へいつ、どのような事情で転じたかは不明である。

治水と砂防技術とを若くして熟達した市川は、その経験を宇治川、淀川、桂川、木津川などで20年にわたって活かしたが、その実地の経験に基づいて集大成したのが〈戦前土木名著100書〉の『水理真寶』(巻之上・下、112丁、田中水理館、1875年)である。本書はその後、1897年に博文館から『図解水理真寶』(上・下巻)として再刊された。上巻は治水工法、下巻は砂防工法を論じ、下巻の付録には水利や算法などの豊富な図面を加え解説している。

なお、国立国会図書館憲政資料室には『三島通庸文書』が保管されているが、同文書の「五一九 河川」には「六 破壊堤防堰留法上申 市川義方(内務五等属) 土木局長宛 明治十八年七月一二日」の記録がある。

金原明善　きんばら・めいぜん　治水・実業家

1832.6.7～1923.1.14。静岡県に生まれる。1855(安政2)年24歳で、父に代わって安間村の名主役を勤め、領主松平家への財政援助、天竜川水害の復旧対策と罹災者救済、横浜に出した貿易商「遠江屋」の経営などにあたる。

明治政府発足とともに、天竜川治水の志を抱いて京都に上り、治水の建白書を差し出して天竜川御普請専務の役を担うなどにより、天竜川治水工事の主任的地位を得る。明治7(1874)年、天竜川治水工事を経営するため天竜川通堤防会社を設立。翌75年、治河協力社と改称し、天竜川の測量、堤防強化工事、河道掘削工事、水利学校の開設、天竜橋の架設、三方ケ原の開墾、道路の開発などの諸事業を行う。

この頃から「遠州の義人金原明善」の名が世に知られるようになる。治河協力社は85年解散に至り、明治元年から約20年にわたった天竜川治水から身を退き、明善はその目を治水から治山に向け、1886年からは天竜川流域の水源涵養の目的で、瀬尻官有林、金原林、伊豆天城の官有林など、静岡、岐阜、愛知県下などにまたがって次々と植林事業を完成させた。

1890年には治水協会を設立し、その機関誌『治水雑誌』を発行、94年に解散するま

で12冊の刊行にとどまったが、治水すなわち治山とする明善の思想を広く啓発することに大きな役割を果たした。また、1904年には金原林を基本財産とした金原疏水財団(三方ケ原台地を切って天竜川と浜名湖とを結んで耕地を開拓する疏水計画)を設立している(後に金原治山治水財団と改称)。

さらに、金原銀行の経営、天竜木材会社、天竜運輸会社設立による天竜川の資源開発と木材運輸の経営、北海道での金原農場の開設など実業家としても多彩な活動をした。他方、自宅に学校(小学校)や女子農学塾を開き、出獄人の保護会社を設立するなど社会的・文化的事業にも携わった。晩年は77歳の高齢で村長を引き受けて郷土の人々を指導し、全国各地を講演し、「今尊徳」の誉れが高かった。

明善は終生官途につかず、遠州木綿の着物で終始し、わが国が近代国家として成立してゆく明治前期における異色の民間人、純粋な野人として生涯を終えた。「天竜」という名を愛し、雅号に「天竜」または「天竜翁」をもちい、戒名もまた「天竜院殿」であった。

郷里の浜松市には明善記念館が設置されている。

宇野圓三郎　うの・えんざぶろう　治水・砂防

1834.5.21〜1911.7.20。岡山県に生まれる。天保年間の天候不順で相次ぐ災厄に見舞われ、農民の生活が窮乏していた時期に幼少期を過ごす。18歳で福田村の名主となり、戸長を務め、28年間にわたって村のために献身する。

この間、水害を防ぐためには土砂の流出を防ぐこと、さらに植林をすすめる必要を痛感。村民と計り、私財も投入して、30歳の時、荒廃した山に土砂扞止(せきとめ)工事を行い、数年して非常な成果をおさめる。この貴重な体験がその後、宇野をして土砂扞止、水源涵養の必要を唱える原動力となる。

1880(明治13)年、岡山は大洪水に見舞われたが、82年にたまたま岡山市にいた宇野は、旭川が土砂に埋もれた危機的状況に遭遇、同年、意を決して時の岡山県令高崎五六に「治水建白書」を提出し、これが、その後の岡山県砂防の礎石となり、県会も「砂防工施行規則案」を満場一致で可決した。

1882年、村長への勧めがあったがこれを辞し、49歳で県土木掛雇となり、岡山市に居を定め、熊沢蕃山の遺著に偶然出会い深く感動する。以後、宇野は蕃山の遺訓を説き、後半生を県の治山・治水に捧げ、1907年73歳で退職した。

この間に、治水の建白書をたびたび提出するとともに、滋賀、三重、岐阜、愛知、富山の各県で砂防工事を指導し、宇野は蕃山とともに岡山県の治水・砂防の恩人と称されている。

著書に〈戦前土木名著100書〉の『治水本源砂防工大意』(1888年)、他に『治水殖林本源論』(1904年)、さらに、治水・砂防の啓蒙書として『風土治水歌』(1888年)、『水災歎歌』(1893年)、『日露戦時記念林奨励の歌』(1906年)を著した。

山田省三郎　やまだ・せいざぶろう　治水

1842.12.5〜1916.3.4。岐阜県に生まれる。木曽川改修に関して「治水狂」といわれ、『治水雑誌』発行の発起人となった人。若くして地元の名主、庄屋役に就く。19歳で加納藩主に治水の策を献じ、堤防修築の急務なることを説述するも、藩財政の逼迫のためその献策は果たせなかったが、その後、同藩の堤防普請掛となる。

明治維新後は、同掛の職は廃止されたが、治水のことに意を注ぎ、山川を跋渉し、地勢

を視察して策を練るとともに、水利土功会議員や県農会会員等に挙げられ、1879(明治12)年、県会議員、1902年、衆議院議員。

その間、1878年、有志とともに治水共同社を設け、財を傾けて、治水のために東奔西走した。90年には東京に治水協会を設置し、金原明善と西村捨三、山田の3人が発起人となり、明治期唯一の河川専門誌『治水雑誌』を創刊して、治水啓蒙運動を展開した。なお、この雑誌は12号(1894年)で廃刊となった。

井上清太郎　いのうえ・せいたろう　砂防

1852.不詳〜1936.1.不詳。京都府に生まれる。1873(明治6)年、若松県(福島県)に勤務、阿賀川開削工事などに従事した後、79年、内務省土木局雇いとして淀川、富士川の改修工事に従事した。

1887年、内務省第一区土木監督署(東京)に勤務、釜無川の砂防工事を担当する。94年第五区土木監督署(大阪)の技師に転じ、淀川筋の砂防工事の任にあたり、1924(大正13)年に退官。引退するまでの前後50余年にわたって、砂防工事の実施と改良とに尽くした。

とくに、滋賀県の田上山を中心とする禿山の砂防工事に取り組み、「ハゲ山はわたしの家だ」と叫んで、70余歳の老齢まで禿山や崩壊地の巡回を欠かさず、地元の人々は、井上が通ると「砂防さんが通る」といって頭を下げ、「カラスの鳴かぬ日はあっても、砂防さんの通らぬ日はない」とまでいわれるほどに砂防工事に情熱を注いだ。

著書に、わが国在来の砂防技術を集大成した書の一つである『砂防工大意』(1891年)

がある。

大橋房太郎　おおはし・ふさたろう　治水

1860.10.14〜1935.6.30。大阪府に生まれる。淀川の治水に尽くした地方功労者で、「治水翁」と称された人。青雲の志を抱いて上京、法学博士鳩山和夫に師事し法学を学んでいたが、1885(明治18)年、淀川の大水害の電報で帰阪、水害の惨状に心を衝かれ、初志を翻して淀川治水のため一身を捧げる決心をする。

その後、村長、戸長、府会議員、市会議員等の公職に就き、地方自治の発展と社会事業にも尽くす。1889年に主唱者となり、治水事業については「築港と淀川は大阪にとって車の両輪」が持論の時の知事西村捨三に淀川改修の急務を陳情、さらに92年、水利委員総代として内務省に請願を行う。

その後も同志等とともに関係機関等に治水の必要を訴え続け、1896年、政府は帝国議会に淀川改良工事案を提出し、ついに多年の宿願であった同法案は通過をみた。傍聴席にいた大橋は、感激のあまり思わず「淀川万歳」と叫び、守衛に外へ引きずり出されることもあった。97年から改修工事は国の直轄事業として開始され、1909年6月1日、毛馬閘門において淀川改修工事竣工式が挙行された。

すべての行事を終えてから大橋は、改修工事の責任者である内務省大阪土木出張所長沖野忠雄と、改修当初からの関係者で内務省土木局長古市公威との3人で、水入らずの祝盃を静かにあげた。

西 師意　にし・もろもと　治水

1863.11.25 ～ 1936.9.26。京都府に生まれる。ジャーナリスト・民間治水論者。1882（明治15）年、慶応義塾を卒業。その後、恩師・福沢諭吉に招かれて時事新報社の政治記者、朝野新聞など数紙の記者をつとめた。1902年、慶応義塾大学予科数学教授。

この間、1890年9月、富山にある新聞社北陸政論社の主筆に迎えられ、その「北陸政論」紙上で、91年7月に発生した常願寺川の未曾有の大水害の治水策を、漢学の素養を基底に持論を展開し、同91年12月に〈戦前土木名著100書〉に選ばれている『治水論』を著した。同書は総論、森林、河身改修、治水費、結論の5編からなる書で、西は治水論を展開する。

沖積平野の洪水は宿命的で、その平野はそもそも洪水による土砂の堆積によって作られたところに立地しているとして、自然風土のなかに洪水を結びつけ、日本の洪水の特性を国土形態と土地利用の在り方とに関連づけて捉えた。また、洪水を、毎年のように起こる洪水と、まれに起こる大規模な洪水とに分け、その治水対策も分けて考えることを示唆した。

さらに、河川の性質を充分知ることなしに治水即堤防の考え方に批判を加え、治水策を遂行するために治水的徳義を高め、治水思想を育てる必要も訴えた。

しかし、民間在野を代表する西の治水論、治水哲学は、当時の内務省の治水計画にはまったく採用されなかった。

著書に『伏木築港論』（1893年）、『実学指針』（1902年）など。

諸戸北郎　もろと・きたろう　砂防

1873.9.6 ～ 1951.11.1。三重県に生まれる。1898（明治31）年、東京帝国大学農科大学林学科卒。同大学院に入り、翌99年に同大学助教授、1910年、教授となり、農学部長をつとめ、1934（昭和9）年に退官する。

この間、1909年から12年までオーストリアをはじめアルプス周辺諸国の砂防工学研究のため留学。帰国後、それまで招聘した外国人が担当していた林学第4講座の「森林理水及砂防工学講座」を担当する砂防専任の初代教授となり、オーストリア、フランスの砂防工法を紹介し、従来のわが国の砂防技術に新風を吹き込んで、わが国の砂防工学研究を出発させる。

同時に、内務省土木局、農商務省山林局の技師を長く兼任し、昭和初期まで砂防工学の最高権威として学問、技術ならびに事業の実行をも指導し、砂防の普及と人材の養成にも大きく貢献した。

諸戸の最も重要な業績の一つである主著『理水及砂防工学（全5編）』（1915 ～ 1919年）は、オーストリア、フランスの砂防技術を集大成したものであるとともに、わが国への適用の技術、考え方の骨格を形成し、砂防工学を初めて体系づけた。

諸戸はまた、1928（昭和3）年に砂防協会を創設し、理事長となり、戦前唯一の砂防の専門誌『砂防』を創刊し、44年まで発行を続けた。

赤木正雄　あかぎ・まさお　砂防

1887.3.24 ～ 1972.9.24。兵庫県に生まれる。1914（大正3）年、東京帝国大学農科大学林学

科卒。一高時代、新渡戸稲造校長の「誰か治水の大道を進まん」との訓話に感激し、砂防事業に生涯を捧げることを決意する。

当時、わが国の砂防工事の重要性を最も深く認めていた沖野忠雄の下に内務省大阪土木出張所に入り、吉野川、淀川流域の砂防工事に8年間従事した後、自ら施工した堰堤の災害が動機となって、1923年、砂防工学研究のためオーストリアに自費留学し、アルプス山系の発達した渓流工事について研究調査を重ねる。

1925年、内務省土木局に復帰し、最新の知識をもって渓流工事の監督、指導にあたり、従来の画一的砂防計画を改め、各渓流の特性に応じた砂防計画論を確立、その政策立案の具体化を図った。砂防工学を計画と施工の両面で結び付け、今日の砂防技術の基礎を確立した。常願寺、手取川、梓川の各砂防工事事務所長を兼務し、1938(昭和13)年には、内務省土木局の初代砂防課長となった。

赤木は砂防事業推進のために一般の世論を喚起し、為政者を動かす手段を選び、その実現の手段として、1935年には全国治水砂防協会を創設。46年、貴族院議員に勅選、47年、参議院議員となり緑風会を結成、48年、昭和天皇に「砂防工事と治水」を御進講。71年、生地の兵庫県豊岡市名誉市民、文化勲章受賞。

赤木の砂防に対する情熱は一高の学生のときと終生変わらず、議員生活の合間をみては、登山靴にリュックサックという、いわゆる「赤木スタイル」で全国の砂防行脚を続けた。1971年、自ら建てた砂防会館で自室の掃除中に倒れ、翌年85歳で没した。戒名は「治水院殿堰厳正雄大居士」。

著書に〈戦前土木名著100書〉の『渓流及砂防工学』(1931年)など。

蒲 孚　かば・まこと　砂防

1888.2.17～1983.3.12。東京都に生まれる。1911(明治44)年、東京帝国大学農科大学林学科卒。1914(大正3)年、東京帝国大学工科大学土木工学科卒。農商務省山林局に入った後、17年、内務省東京土木出張所に転じ、18年、内務技師となる。日光の大谷川、稲荷川の砂防工事をはじめとして、御勅使川、日川などの砂防堰堤を担当してわが国における近代工法によるコンクリート砂防堰堤の基礎を作った。

1922年10月の『土木学会誌』に蒲の「日川砂防工事」が掲載され、砂防に関する学問・研究上の最初の論文・報告となる。23年関東大地震後の砂防計画では早川、相模川、酒匂川、花水川などの流域の砂防工事を完成させた。

1931(昭和6)年、横浜土木出張所に転じてからは安倍川、狩野川改修工事の主任を務め、その砂防計画および治水計画を担当し、36年、工務部長となる。38年、新潟土木出張所長となり、42年に退官した。なお、わが国の技術者の地位向上運動に先駆をなした団体「日本工人倶楽部」(1920年設立)の創立にも深く関わっている。著書に『河川工学』(1926年)、『砂防工学』(1937年)がある。

遠藤守一　えんどう・もりいち　砂防

1888.10.25～1956.4.5。埼玉県に生まれる。

砂防一筋の人。1917（大正6）年、東京帝国大学農科大学林学科卒業。農商務省秋田営林区署に勤務後、21年、内務省技師に転じる。

東京土木出張所管内の富士川上流工事事務所に勤務し、日川、御勅使川の直轄砂防工事に従事、1925年には道志川兼桂川工場主任として、関東大地震によって発生した大崩壊を復旧するための砂防工事にあたる。

1939（昭和14）年、土木局第三技術課（砂防）に転じ、42年に赤木正雄の後を受けて、第三技術課長（砂防課長）となり、全国の砂防工事を統率する。45年に退官した。

伊吹正紀　いぶき・まさのり　砂防

1904.1.1～1970.3.16。岡山県に生まれる。1927（昭和2）年、京都帝国大学農学部農林工学科卒。内務省新潟土木出張所に入り、立山砂防工事に従事し、34年、内務技師となり、白山砂防工事に従事する。37年、名古屋土木出張所工務部勤務となり、天竜川流域小渋川、木曽川流域中津川、揖斐川流域松尾川および土岐川流域の各直轄砂防工事を工場主任として担当する。

1944年、白山砂防工事事務所長、46年、宇治山田工事事務所長として戦災復興院出張所次長を兼務。48年から建設省中部地方建設局管内の多治見砂防、津、高岡の各工事事務所所長をつとめ、53年から57年まで石川工事事務所長をつとめ退官した。

その間、とくに白山、多治見、石川の各所長として岐阜県および石川県の荒廃河川の砂防対策に取り組み、綿密な計画と砂防工法の研究開発により、水害と土砂災害の防止に尽くした。

その後、日本道路公団の技術担当調査役として、名神高速道路の分離帯の植栽と法面緑化の試験工事の指導などにあたった。「山と土以外何も知らない」が口ぐせで、40年余を砂防業務に専心したが、出張先の金沢で急逝した。

著書に砂防現場の経験を集大成した『砂防特論』（1955年）がある。

柿　徳市　かき・とくいち　砂防

1905.2.18～1988.7.5。島根県に生まれる。1928（昭和3）年、京都帝国大学農学部農林工学科卒。赤木正雄博士の推薦で内務省に入り、新潟土木出張所立山砂防工事事務所で白岩ダムの設計に従事する。

1934年、信濃川水系砂防事務所梓川工場に勤務後、36年、内務省土木局に転じ、38年、六甲大水害の直後に新設された砂防専門の第三技術課に配属される。

この間、雑誌『水利と土木』で治水砂防技術の普及に努めるとともに、「流路工」なる名称を砂防にはじめて導入し、河川の「改修工」と計画理念が根本的に相違することを指摘した『治水砂防工学』（1941年）を著す。

1945年、九州土木出張所に転じ、50年、宮崎県土木部長、51年、建設省中部地方建

設局磐田工事事務所長、53年、近畿地方建設局六甲工事事務所長、55年、関東地方建設局利根川水系砂防工事事務所長となり、61年に退官。

1961年、「砂防計画論」で農学博士。その後、砂防コンサルタント業に転じた。

谷 勲　たに・いさお　砂防

1923.6.6～1979.8.31。兵庫県に生まれる。1946(昭和21)年、京都帝国大学農学部林学科卒。地方技官として兵庫県に勤務。54年、建設省河川局砂防課係長、その後、近畿地方建設局六甲砂防工事事務所長、兵庫県土木部砂防課長、建設省河川局砂防部砂防課長などを経て、73年、砂防の最高位である建設省河川局砂防部長となり、75年に退官した。

その間、全国の砂防行政を、「一つの渓流に砂防工事を行う場合、中途半端なやり方をすると、永久にその渓流を治めることはできない」との信念のもとに指導した。また、砂防行政組織の拡大に力を注ぎ、一部一課から、新たに傾斜地保全課を発足させ、砂防部の二課制実現に努めた。

赤木正雄に師事し、全国各地の土砂災害の実態調査を通じて、砂防計画作成のための手法に関する論文を雑誌『新砂防』などに発表し、戦後の砂防行政の生き字引といわれた。

1975年からは、在任中に設立にあたった砂防・地すべり技術センター専務理事となり、インドネシア、フィリピンで砂防の指導にもあたり、「砂防屋谷」の名は海外にも知られた。

『谷勲報論文集』(1981年)がある。

農業土木

印南丈作　いんなみ・じょうさく　農業水利

1831.7.16～1888.1.7。栃木県に生まれる。那須疏水の主唱者・指導者。1866(慶応2)年、35か村取締となって以来、宇都宮県、栃木県の区の戸長、栃木県勧業課付属(勧業委員)などをつとめる。

1876(明治9)年、県令鍋島幹と同宿となり、那須野が原への運河計画構想に共鳴するとともに、その構想の推進役として、同志の矢板武とともに国への請願を展開した。そして、伊藤博文内務卿、松方正義大蔵大輔の那須野が原視察ののち、80年、那須開墾社を創設して初代社長となる。

運河構想は、社会情勢の変化の中で飲用水路の開削、灌漑用大水路として形を変え、85年、那須疏水は内務省土木局の直轄として起工した。疏水の完成により那須野が原の開発を妨げていた水利の問題を解決させ、那須野が原の開拓とその発展に大きく貢献した。

『印南丈作・矢板武-那須野が原開拓 先駆者の生涯』(1881年)がある。

織田完之　おだ・かんし　農業政策

1842.9.18～1923.1.18。愛知県に生まれる。印旛沼開削事業の計画、勧農史実を研究してまとめた農政家。鷹洲と号す。10代で医事を学び、漢籍を修学する。23歳で江戸に出て、尊皇攘夷の時勢に遭遇する。志士の旧跡を長州に訪ねる際に、幕府の間諜と間違われて捕らわれるが、拘留の不条理を訴え、至誠を認められて品川弥二郎(後に子爵)の知遇を得る。

1869(明治2)年、東京に帰り、弾正台に職を得、監察局頭取となって学校創設の任にあたる。71年、大蔵省記録寮に入った後、内務省勧業寮に転じ、勧業権頭松方正義の知遇を受け、わが国古来の農政の考研を委嘱される。

1881年の農商務省設置とともに農務局に転じ、農事に関する資料の収集と編纂にあたる。この間、大蔵省に奉職して以来、利根川の氾濫に関する文書を精査し、金原明善等の協力を得て、印旛沼開削の事業を計画して人心を啓発し、実地測量調査を経て『印旛沼経緯記』(1893年)を著し、その事業の再興に半生を注いだ。

編纂書に『安積疏水志』(1905年)、佐藤信淵の著書を校正した『内洋経緯記』(1880年)が知られている。

矢板 武　やいた・たけし　農業水利

1849.11.14～1922.3.22。栃木県に生まれる。那須疏水の指導者・実業家。1866(慶応2)年、11歳で矢板村組頭となって以来、栃木県の区の戸長などをつとめ、1879(明治12)年、初代栃木県県会議員となる。

1880年、那須開墾社の創設に同志の印南

丈作とともに参画、88年、印南亡き後は、那須開墾社社長となる。那須野が原の不毛の地を開拓するため、印南の補佐役として那須疏水の開削に尽くした。

1894年、那須開墾社の解散後は矢板農場を発足させるとともに、実業家として下野銀行、矢板銀行、氏家銀行などを設立、また下野新聞社社長となるなど数多くの事業を起し、栃木県きっての経済人として活躍した。

『印南丈作・矢板武－那須野が原開拓先駆者の生涯』(1981年)がある。

友成 仲　ともなり・なか　農業土木

1857.5.15～1931.2.19。東京都に生まれる。1885(明治18)年、工部大学校土木科卒。農商務省御用掛で来道し、86年北海道庁技師となり鉄道建設に従事。89年から91年まで欧米を自費巡回する。短期間、山梨県技師。97年から05年まで内務省第二区(仙台)土木監督署技師。1912(明治45)年、晩年の54歳にして自ら北海道の草に埋まることを望んで、1930(昭和5)に至る18年間、北海道の稲作増産を支える灌漑事業に心血を注ぎ、友成なくして今日の北海道の'稲の大道'はありえなかったと高く評価されている。友成が関わった北海道での三大土功組合(現在の土地改良区)の事業は、12年に内務省の推薦により深川土功組合の主任技師として招請され(17年まで)、この組合の灌漑工事は大正時代に入って最初の用水で、愛知県の明治用水と並んで北海道一の大用水と自負したことから「大正用水」と命名された。18年から23年までは空知土功組合の主任技師とし招請される。23年、深川、空知両土功組合での実績を評価され、また、名井九介(当時の北海道庁勅任技師)などの懇請に応え、66歳で北海土功組合の当時国内では例のない大灌漑溝の掘削工事の主任技師となり、30年、職を辞し郷里の東京に帰り自適の生活を送っていたが、病に罹り静養中に75歳の生涯を終えた。墓所はは都立染井霊園にある。

上野英三郎　うえの・えいざぶろう　農業土木

1871.12.10～1925.5.23。三重県に生まれる。1895(明治28)年、帝国大学農科大学農学科卒。同大学講師、助教授を経て、1911年、教授となる。

わが国近代農業土木学の創始者で、「忠犬ハチ公」の主人でもある人。明治から大正期にかけての農業土木事業は、1899年に耕地整理法が成立し、翌年から実施されたことにより方向づけられたが、上野は耕地整理法の立案・制定に尽力し、その実施と技術者の養成に大きく貢献した。

1905年、農商務省の兼任技師となり、耕地整理技術員養成官として中学校、農学校卒業者を対象に初めて講習を開始、翌06年から農学士、工学士、在学中の大学生を対象とした第1種、高等農業高校または高等工業学校土木科卒業生を対象とした第2種の耕地整理講習制度を農科大学において行った。

上野から耕地整理に関する講義・講習を受けた者は3000人以上といわれ、わが国の近代的土地改良事業の推進に数多くの人材を輩出した。また学内では、1900年、上野によってはじめて農業土木学が講述され、1925(大正14)年、東京帝国大学農学部に農業土木専修を創設し、現在の農業土木工学科独立の基

礎をつくる。

一方、内務省の治水調査事業、朝鮮総督府による朝鮮産米増殖計画にも関係、とくに、1923年の関東大地震後の帝都復興では、土地区画整理事業を指導し門下の数多くの人材を送り込んで、耕地整理の技術を都市整備に準用した。

著書に『農用工学教科書』(1903年)、『農業土木教科書』(1904年)、耕地整理技術を体系化した『耕地整理講義』(1905年)、『溜池築造法』(共著、1919年)など。1971年、農業土木分野の業績を記念して「農業土木学会上野賞」が創設された。

河北一郎　かわきた・いちろう　農業土木

1879.8.7～1946.9.12。京都府に生まれる。1904(明治37)年、東京帝国大学農科大学農芸化学科卒。新潟県立農林学校教諭を経て、富山、山口、岩手、静岡各県の技師として耕地整理、水利事業の計画に従事。1918(大正7)年、農商務省技師となり、開墾および耕地整理の計画と講習業務を担当した。

関東大地震後の、1924年、帝都復興院技師に任ぜられ、耕地部技術課長、施業課長をつとめ、帝都復興事業の根幹である土地区画整理事業の設計を担当した。土地価格評価の原則に関する特別調査委員を命じられて、換地の設計・調査の方針、路線価の制定、土地価格財産の評価など、利害が絡む困難な計算を担当し、区画整理換地事業の基礎を定めた功績は顕著である。著書に『農業水理学』(1921年)など。

可知貫一　かち・かんいち　農業土木

1885.1.6～1956.4.9。岐阜県に生まれる。1910(明治43)年、東京帝国大学農科大学農学科卒。東京高等農林学校講師を経て、11年、岐阜県技師、1918(大正7)年、農商務省技師、23年、東京帝国大学農学部講師などを経て、1933(昭和8)年、巨椋池開墾国営工事事務所長。36年、京都帝国大学教授。

その間、1926(大正15)年に十和田湖の調節によって三本木原開墾・開発案を樹立したのをはじめ、18年から土地利用の調査、計画を担当し、群馬、埼玉、千葉、茨城、山梨、長野、秋田、熊本、福島、愛知など全国各地の事業計画を完成させるとともに、農業土木の教育、研究指導に功を残した。

著書に『地下水強化と農業水利』(1946年)、『農業水利学』(1948年)がある。

八田與一　はった・よいち　農業土木

1886.2.21～1942.5.8。石川県に生まれる。1910(明治43)年、東京帝国大学工科大学土木工学科卒。台湾総督府土木部に勤務。当初は上・下水工事、市区改正の業務に従事したが、その生涯を台湾における農業水利事業に献身した人である。

太平洋戦争勃発の翌1942(昭和17)年、陸軍省より水利事業計画のためにフィリピンへ派遣されたが、乗船した大洋丸がアメリカ潜水艦の魚雷攻撃を受けて撃沈され、東シナ海で死去した。

八田の台湾での功績は、台南県の烏山頭に東洋最大の灌漑施設である烏山頭ダムと給排水路「嘉南大圳」の建設を建言し、設計、監督を行なって完成させたことである。烏山頭の地に高さ53m、長さ1300mの土堰堤の

大貯水池を築造し、このダムに1億6000万トンの貯水を行い、灌漑水路だけで延長約6800km、大小無数の導水路によって干ばつに悩む地帯を灌漑する。

さらに排水不良地帯の排水と潮止めを行い、水稲、甘蔗を主に農産物の増産を予定した灌漑施設で、1920(大正9)年に着工し、1930(昭和5)年に竣工、通水を開始した。この灌漑施設の完成で嘉南平原は穀倉地帯に一変し、八田は今でも現地の人たちに「嘉南大圳の父」と慕われ、尊敬されている。

敗戦後、日本人の銅像が撤去されていく中で、八田の銅像だけは地元農民の願いで保存され、今日なお、命日には烏山頭ダムから一斉に放水して、地元民によってその功績を偲ぶ追悼が行われている。

溝口三郎　みぞぐち・さぶろう　農業土木

1893.11.26～1962.9.10。長野県に生まれる。1920(大正9)年、東京帝国大学農学部農学科卒。新潟県産業技師、青森県耕地課長を経て、1928(昭和3)年、農林省農務局勤務。38年、青森県三本木原開墾国営事務所長兼秋田県田沢疏水開墾国営事務所長。41年、農林省耕地課長となり、農地開発法の制定をはじめ、戦時下の食糧増産の事業にあたる。

戦後は、1945年、開拓局第二部長として復員者、離職者などの生活安定と窮迫した食糧確保のために開拓事業を推進し、次いで47年、同局建設部長となり農業基盤としての土地改良事業の推進に尽くし、49年に退官。1950年から56年まで参議院議員。

著書に『開拓論』(1948年)、『雨部水利史談』(1948年)など。

測　量

荒井郁之助　　あらい・いくのすけ　測量

1836.4.29 〜 1909.7.19。東京都に生まれる。初代中央気象台長。

旧幕臣で、長崎海軍伝習所、東京築地の軍艦操練所で航海術、測量術を習得する。明治維新後、戊辰戦争で榎本武揚らとともに箱館五稜廓を占拠し、蝦夷共和国政府樹立の下に海軍奉行として官軍と戦い、敗れる。東京の牢中にあること 2 年余、特赦で出獄する。

1870（明治 3）年、開拓使に出仕し、開拓使雇いの外国人技術者の下に、河川、沿岸、港湾などの測量事業に従事する。開拓使の測量事業の最初である『北海道石狩川図』をはじめとして、『北海道浦川湾図』、『北海道新室蘭港図』、『北海道根室港図』、『北海道厚岸港図』などの地図の作成に携わった。

その後、1877 年、内務省地理局設置とともに同局に出仕し、大三角測量の事業、日本の経度の測定と標準時の制定に携わった。84 年、測量事業は地理局から陸軍参謀本部に移されたため、以後、荒井は気象台の設立に奔走し、90 年、初代台長となり、翌 91 年に退官した。

訳書に『測量新書』（1878 年）など。

島田道生　　しまだ・どうせい　測量

1849.12. 不詳 〜 1925.7.26。兵庫県に生まれる。琵琶湖疏水工事の測量技師。1871（明治 4）年、開拓使雇い教師・通訳官クラーク（J.R.Clark）に語学、算術を学んだ後、翌 72 年、開拓使仮学校（後の札幌農学校）に入学する。開拓使雇い地質兼鉱山士長ライマン（B.S.Lyman）に図学、測量術を学び、開拓使雇い測量工師（後に測量長）デイ（M.S.Day）にしたがい、北海道全体の実測図作成に従事した。

1877 年から鹿児島、熊本県に勤めた後、高知県在勤の 81 年、島田の建言により京都府は琵琶湖の水位の増減観測のため量水標を設けたが、これが島田と琵琶湖疏水事業の関わりの発端となる。翌 82 年、疏水の基本構想が策定され、島田は疏水ルートを測量して精密な測量図を作成し、これにより疏水路線が正式に決定された。

測量技術を高く評価された島田は、高知県・京都府兼任を経て、83 年、京都府専任となる。85 年、琵琶湖疏水事業は着手され、翌 86 年、疏水事務所測量部長となり、工事部長の田辺朔郎とコンビを組んで、技術陣の両輪として 90 年春の完成まで総力を傾注した。93 年、北海道庁技師に転じ、97 年退職した。

その後、1917（大正 6）年、東洋美術社名誉社長に就いた。

林　猛雄　　はやし・たけお　⇒ 土木工学分野参照

地震

関谷清景　せきや・せいけい　地震

1854.12.11～1896.1.9。岐阜県に生まれる。地震学の創始者といわれる人。1870(明治3)年、大垣藩の貢進生に選ばれて大学南校(東京大学の前身)に入学、76年、東京開成学校の第二回留学生としてロンドン大学で機械工学を専攻したが、病を得て、77年、帰国。病が快方に向かい、神戸師範学校で理化学を教える。

先輩菊池大麓のすすめで、1880年、東京大学理学部準助教、助教、助教授を経て、86年、帝国大学理科大学教授に任ぜられるとともに、85年に設置された内務省地理局験震課課長を兼務。89年、熊本地方に発生した強震の観測に赴いたが、病が再発し、90年から3年間休職となり、93年4月復職。

1893年9月、同大学に地震学講座が誕生。95年、東京大学の初代地震学専任教授となったが、同年11月ふたたび休職となり、42歳で死去した。

関谷は、わが国地震学の創始期において、全国の1、2等測候所への地震計の設置と地震報告の実施、微震・弱震・強震・烈震の4階級からなるわが国独自の「震度階」の創案などを行い、学者として、役人として、地震の研究と観測業務に尽力した。『地震学事始～開拓者・関谷清景の生涯』(1983年)がある。

大森房吉　おおもり・ふさきち　地震

1868.9.15～1923.11.8。福井県に生まれる。1890(明治23)年、帝国大学理科大学物理学科卒。大学院に止まり地震学と気象学とを専攻、お雇い外国人教師のミルン(J. Milne)、ユーイング(J. A. Ewing)、グレイ(T. Gray)などに教えを受ける。

1891年、同大学助手となったが、同年発生した濃尾大地震を契機に、92年、菊池大麓の発議で文部省内に震災予防調査会が設置され、その幹事に就いて以来、近代地震学の開拓者である関谷清景の後継者として、わが国の地震学を大きく発展させた。

震災予防調査会ができて初めて国家の事業として調査研究が進められることになり、同会は地震、物理、地質、土木、建築などの各方面の専門家を網羅し、大森は死亡するまで30有余年にわたって同会とかかわり、大森の地震学研究の歩みは、震災予防調査会の歴史とまでいわれている。1897年、東京帝国大学理科大学教授。

近代地震学の建設者といわれる大森の業績はきわめて多岐にわたり、地震動を正確に捕らえるための大森式地震計の発明、時間と余震の研究、津波の研究、橋梁・堤防・建築物など構造物の震動などの研究に加え、古文書による地震史料の研究にまでおよんだ。地震学に関する研究論文は『震災予防調査会報告』に発表した論文を中心に、和文・欧文あわせて400編にもおよぶ。

1923年、関東大地震が発生した当日は、オーストラリアのシドニーに滞在中で、ただちに帰国の途についたが、船中で講演中に倒れ、危篤のまま上陸して入院した。重態の身でありながら、東京市の震災復興計画への自

らの意見を時の復興院総裁・後藤新平に伝え、最期まで学者としての姿勢を貫いた。

著書に『地震学講話』(1907年)など。

今村明恒　いまむら・あきつね　地震

1870.6.14～1948.1.1。鹿児島県に生まれる。1894(明治27)年、帝国大学理科大学物理学科卒。在学中、91年濃尾大地震の現地調査に携わったことが契機となり、地震学を志した。

また、1892年設立の震災予防調査会(文部省直轄)からの委嘱で、地磁気の測定に従事する。96年に陸軍士官学校教授、1901年、東京帝国大学理科大学助教授を兼任。1923(大正12)年、東京帝国大学教授となり、1931(昭和6)年に退職するまで地震学講座を担当した。

その間、1905年に雑誌『太陽』で関東大地震襲来説を説き、大森房吉との間で地震論争を展開し、15年には論争が再燃した。23年の関東大地震後、震災予防調査会幹事、25年、震災予防評議会に改組されてその幹事をつとめ、震災調査活動などの中心人物となる。

1929(昭和4)年には地震学会を創立して会長となり、機関誌『地震』の編集も18年間主宰し、大学退職後も含めて同誌を中心に旺盛な執筆活動を行った。41年、震災予防評議会廃止に伴い、震災予防協会を設立し理事長。

生前、「地震博士」と呼ばれた今村は、歴史地震を調査し、土地の隆起、沈降と地震の関係を研究したが、いずれも大地震の予知とその災害の軽減の手段を解明するためであった。国民の生命と財産を守る立場から地震学をたんに物理学の立場から論ずるのみでなく、災害軽減の観点から、主として土木、建築などに対する地震学の応用を説き続けた強烈な個性をもった異色の科学者であった。

著書に、震災予防調査会関係で和文(100冊)、欧文(25冊)の報告書類、図書に『地震学』(1905年)など、また、論文は約600を数え、一般雑誌、新聞への寄稿も多数におよんだ。『地震予知の先駆者　今村明恒の生涯』(1989年)など。

石本巳四雄　いしもと・みしお　地震

1893.9.17～1940.2.5。東京都に生まれる。1917(大正6)年、東京帝国大学理科大学実験物理学科卒。東京帝国大学工科大学造船工学科で造船振動の研究に従事する。18年、三菱造船所研究所に勤務し、21年から3年間フランスに留学する。

1923年の関東大地震が契機となり、25年、東京帝国大学に地震研究所が設置され、同大学助教授、同所専任所員、1928(昭和3)年、教授となり、33年から39年まで地震研究所所長。

その間、シリカ傾斜計の製作によって地震発生と地殻変動、地盤の傾斜変化と地震発生との関係の研究、また、地震動の加速度を記録する加速度地震計の製作による地震動の観測、地震時における土地の固有振動周期の存在の証明、さらに地震初動の分布の発見による震源機巧の研究、地震原因のマグマ流動説など、地震学の研究に功績をあげた。

地震学、振動学の応用でも、関門海底トンネルの海底地質調査、鉄道構造物と地震およ

び地震動の調査を行った。

　また、日本とイタリアとの交換教授としてわが国の地震学を伝え、両国の文化交流にも尽くした。

　90余編の論文を発表し、著書に『地震と其の研究』(1941年)など。

妹沢克惟　　せざわ・かつただ　　地震

　1895.8.21〜1944.4.23。山口県に生まれる。1921(大正10)年、東京帝国大学工学部造船工学科卒。翌22年、同大学助教授となり、船舶工学科において主に振動論を研究。23年、航空研究所所員となる。

　1925年、地震研究所創設にあたり、初代所長の末広恭二に招かれて同研究所専任所員となり、地震波の伝播に関する数理解析的研究などを行い、数理的地震学の分野に新しい境域を拓き、わが国地震学の水準を引上げた。

　1931(昭和6)年、「地震波の生成伝播其他に関する理論的研究」で学士院恩賜受賞。28年、教授、32年、地球物理学研究のため欧米に留学。42年、地震研究所所長となる。

　著書に〈戦前土木名著100書〉の『振動学』(1932年)がある。

土木工学

古市公威　ふるいち・こうい　⇒ 建設行政分野参照

清水 済　しみず・わたる　河海工学・河川

1856.12.15 ～ 1893.8.19。東京都に生まれる。1879(明治12)年、東京大学理学部(土木)工学科卒。内務省に入り、80年、岐阜県在勤となり、デ・レイケ(J.de Rijke)の下で木曽川改修工事に従事。86年に木曽・長良・揖斐の三川分流の計画が樹立されたが、清水はこの計画達成に尽力した。

1888年、欧州に出張し、イタリアで灌漑排水、ドイツ、フランス、オランダで治水工事と農業土木を視察する。91年、古市公威が土木局長に就任することになり、古市の後任として、古市に選ばれて帝国大学工科大学教授となり、河海工学の講義を担当した。

また同年には内務技師を兼任し、土木局製図課長もつとめた。清水は、その短い生涯を、明治初期にお雇い技術者とともに木曽川改修工事に従事した数少ない一人であった。

小川梅三郎　おがわ・うめさぶろう　河海工学

1862.9.4 ～ 1941.12.5。愛知県に生まれる。1886(明治19)年、帝国大学工科大学土木工学科卒。88年、同大学助教授。

1896年、土木工学研究のため英・米・独へ留学し、主としてロンドン大学とベルリン工科大学で2年間学び帰国する。98年、京都帝国大学理工科大学教授となり、土木工学第三講座を担任する。1906年第四講座担任に転じ、以来1923(大正12)年に定年退官するまで約25年にわたって、欧米の進歩した河海工学の成果を講義に取り入れ、学生の指導にあたった。また水力実験室の整備拡張にもつとめた。

とくに小川の計画をもとに、1924年に完成した鋼製可動実験水路は、当時のわが国最大のもので、その後の水理実験に多くの貢献をもたらした。

中山秀三郎　なかやま・ひでさぶろう　水工学

1864.12.24 ～ 1936.11.19。愛知県に生まれる。1888(明治21)年、帝国大学工科大学土木工学科卒。ただちに関西鉄道会社技師となり、新線建設工事に2年間従事。

1890年、帝国大学工科大学助教授。96年、河海工学研究のため欧州3か国へ留学。98年、帰国と同時に東京帝国大学工科大学教授となり、1926(大正15)年に退官するまで水工学の基礎づくりに貢献した。

1899年、内務技師を兼任、同年に大蔵省の横浜港海陸連絡設備工事に関与し、繋船岸壁の基礎築造にわが国で初めての潜水函工法を導入、また同年には東京市の嘱託を受けて、東京港築港計画の樹立にあたった。

1910年、逓信省臨時発電水力局作業課長、

電気局水力課長となり、初めての包蔵水力調査を指導して、国土の水力分布の状態と利用の関係の精査を行った。1924年、土木学会会長。25年、臨時横浜港調査委員を委嘱され、同港拡張計画の特別委員会委員長、1933(昭和8)年土木会議議員など、水工学に関する重要な政府関係委員を歴任して、その学問に基づく諸事業の計画、設計への応用に尽くした。

大藤高彦　おおふじ・たかひこ　構造力学

1867.11.24～1943.12.7。京都府に生まれる。1894(明治27)年、帝国大学工科大学土木工学科卒。96年、第三高等学校教授。97年、京都帝国大学理工科大学助教授。99年、土木工学研究のためドイツへ留学する。1901年にアメリカへ転学し、同年に帰国し、教授となる。1914(大正3)年、京都帝国大学工科大学学長。19年の官制改正により京都帝国大学教授、工学部で構造強弱学講座を担当した。

著書に〈戦前土木名著100書〉の『構造強弱学(上・下)』(共著、1926、30年)がある。

川口虎雄　かわぐち・とらお　工学教育

1871.8.20～1944.5.16。福岡県に生まれる。1895(明治28)年、帝国大学工科大学土木工学科卒。熊本、福岡各県技師を経て、1900年、第五高等学校教授となる。1905年から2年間コロンビア大学等に留学。1906年、官制改正により熊本高等工業学校教授、土木工学科長を経て、11年、第2代校長。1920(大正9)年、新設の広島高等工業学校長となり、1936(昭和11)年に退職。

その間、広島市立工業専修学校長を兼務、また、内務省都市計画広島地方委員、広島商工会議所顧問等をつとめた。著書に〈戦前土木名著100書〉の『土木工学(全3巻)』(共著、1915、16、19年)がある。

日比忠彦　ひび・ただひこ　構造力学

1873.1.20～1921.6.2。福井県に生まれる。1897(明治30)年、東京帝国大学工科大学土木工学科卒。同97年、京都帝国大学理工科大学助教授、1902年から2年間ドイツ、フランスへ留学する。06年に同教授、1914(大正3)年の学制改正により工科大学教授となる。

建築学講座を創設し、建築材料学、構造建築学、材料強弱学の研究分野に先鞭をなした。

著書に、わが国最初の鉄筋コンクリートに関する総合的大著で〈戦前土木名著100書〉の『鉄筋混凝土の理論及応用(上・中・下)』(1916、18、22年)など。

柴田畦作　しばた・けいさく　構造力学

1873.7.6～1925.1.5。岡山県に生まれる。1896(明治29)年、帝国大学工科大学土木工学科卒。同年、九州鉄道会社に入社したが、翌年に退社し、第三高等学校講師を経て京都

帝国大学理工科大学講師を嘱託され、土木工学第三講座を担当。98年に第三高等学校教授、翌年に第五高等学校教授、1900年に母校の東京帝国大学工科大学助教授となり、材料強弱学講座を担当した。

1902年、震災予防調査委員を嘱託され、08年から2年間、仏、独、米国に留学。帰国後、教授に昇任し、1919（大正8）年、学制変更により東京帝国大学工学部で土木工学第三講座（橋梁工学）を担当し、第一講座（鉄道工学）も分担した。

柴田は東京帝国大学で初めて鉄筋コンクリートの講座を担当し、京都の四条大橋と七条大橋では鉄筋コンクリートアーチを設計した。大学では「鬼柴田」の異名をとるほどに講義は厳格で、また博士論文を提出する人があっても、柴田を満足させるほどのものがないので、柴田への提出を避け、他の大学へ提出する傾向になったといわれ、教授らしい教授として敬服された。

著書に〈戦前土木名著100書〉の『工業力学』（1910年）など。『土木学会誌』初代編集委員長も務めた。

君島八郎　きみしま・はちろう　河海工学

1874.12.28～1955.10.14。福島県に生まれる。1901（明治34）年、東京帝国大学工科大学土木工学科卒。大学院に進み、講師、助教授となり、また、学習院などの講師も兼ねた（学習院では院長乃木希典の下、高等科で測量学も講じた）。

1908年から英独仏米国に留学して11年に帰国し、同年に創立された九州帝国大学工科大学教授となり、創立早々の同校の設備の新営、拡充、とくに土木工学教室の教育、研究施設の整備、陣容の充実に尽力した。大学では河川工学、港湾工学を担当する。1929（昭和4）年、工学部長、35年に退官。

また門司、小倉、福岡など各市の顧問として都市計画、上下水道、築港などの事業遂行に関与し、土木学会西部支部の初代支部長などを務め、東邦電力松永安左衛門社長から東邦産業研究所福岡試験所長にも任じられた。

著書に〈戦前土木名著100書〉の『君島大測量学（上・下）』（1913、14年）など多数。

林 桂一　はやし・けいいち　数学

1879.7.2～1957.7.2。新潟県に生まれる。1903（明治36）年、京都帝国大学理工科大学土木工学科卒。住友別子鉱業所に入り、12年まで勤務した。同所に在職中、「弾性地盤上の桁の理論」（1921年、ドイツで刊行）をまとめる。

1912（大正元）年、九州帝国大学工科大学助教授。ドイツ、フランスに留学して17年に帰国。同年に教授となり、1939（昭和14）年に退官した。戦後は、日本大学工学部教授もつとめた。

林が著した諸種の関数表は「林さんの表」として、多くの工学者、数学者、物理学者に

利用され、また著書がドイツで出版された関係で、とくに海外で名を知られている。相対性理論で有名なアインシュタイン博士が来日の際、「あなたの双曲線函数表は私に大変役に立ちました」と感謝の気持ちを述べていることからもその一端が窺えるように、林の業績は世界的に知られ、1921年から33年の間にドイツで6冊の関数に関する著書を著した。

著書に〈戦前土木名著100書〉の『Theorie des Trgers auf Elastischer Unterlage und ihre Anwendung auf den Tiefbau』（1921年）と『高等関数表』（1941年）がある。

小野鑑正　　おの・あきまさ　材料力学

1882.10.27～1978.3.6。東京都に生まれる。1906（明治39）年、京都帝国大学理工科大学機械工学科卒。同大学講師、助教授を経て、08年、欧米に留学し、主としてドイツのゲッチンゲン、ベルリンの両大学、シャロンテンプル工科大学で機械工学を研究する。

1911年に帰国し、九州帝国大学工科大学教授、1919（大正8）年の学制改革により九州帝国大学教授、工学部で材料強弱学講座を担当、1927（昭和2）年には製鉄所技師を兼務した。

著書に大正時代を代表する材料力学を体系立てた〈戦前土木名著100書〉の『材料力学』（1922年）がある。

三瀬幸三郎　　みせ・こうざぶろう　構造力学

1886.3.8～1955.1.19。愛媛県に生まれる。1911（明治44）年、東京帝国大学工科大学土木工学科卒。九州帝国大学工科大学講師を経て12年に助教授となり、1915（大正4）年、米国へ留学、16年、イリノイ州立大学大学院を卒業した。

1919年、九州帝国大学教授となり、新設の構造力学講座を担当した後、橋梁工学講座を担当し、1946（昭和21）年に退官。この間、工学部長、弾性工学研究所長をつとめた。

1943年に、構造解折の功績に対して西日本文化賞を授与された。42年、福岡高等工学校校長も兼任した。

物部長穂　　もののべ・ながほ　耐震学・水理学

1888.7.19～1941.9.9。秋田県に生まれる。1911（明治44）年、東京帝国大学工科大学土木工学卒。内務省に入り、1912（大正元）年、内務技師となり、また東京帝国大学理科大学で理論物理学の聴講を命じられる。

1914年以来、内務省土木局調査課で荒川、鬼怒川などの改修計画に従事、かたわら耐震講造設計に関する研究を行い、『土木学会誌』や『水利と土木』などの雑誌に数多くの論文を発表。20年「戴荷せる構造物の振動並に其の耐震性に就て」で最初の土木学会賞を受賞する。

この分野の一連の研究論文を次々と発表し、吊橋、橋桁などの耐震構造設計の指針を

示し、1925 年『構造物の振動殊に其の耐震性の研究』で第 15 回帝国学士院恩賜賞を 38 歳で受賞。26 年、東京帝国大学教授、地震研究所員、内務省土木試験所長を兼任。1936 (昭和 11)年、内務省および東大教授を退官。

著書に〈戦前土木名著 100 書〉の『応用地震学』(1932 年)、『水理学』(1933 年)、『土木耐震学』(1933 年)の 3 冊がある。

物部は秀才であるとともに努力の人で、一年中で一番静かな時は正月二日の未明で、元旦の甘酒に酔いしれている世人をよそに孜々として研究に没頭した、といわれる純学者であった。堰堤に、橋梁に、土木耐震学と水理学の分野に残した業績は大きく、54 歳の若さで死去した。出版予定で最後まで暖めていた原稿に『水理構造』がある。郷里の協和町には「工学博士物部長穂記念館」がある。

山口 昇　　やまぐち・のぼる　　応用力学・土質工学

1891.3.8 〜 1961.2.12。静岡県に生まれる。1914(大正 3)年、東京帝国大学工科大学土木工学科卒。内務省に入り、新潟土木出張所に勤務して大河津分水工事に従事。16 年、内務省東京土木出張所に転勤、18 年、荒川改修事務所に転じ、同事務所船堀工場主任となったが、同年末、招請されて東京帝国大学助教授となる。

1924 年から 26 年まで応用力学研究のため欧米に留学し、帰国した 26 年、東京帝国大学教授。48 年、病のため東京大学教授を辞任し、名誉教授となる。

教育者、研究者としての山口の著書は、簡潔な記述と斬新な内容で、教科書として使用された『応用力学ポケットブック』(1930 年)、『土性力学』(1932 年)、『土の力学』(1936 年)、とくに後の 2 冊は当時、わが国においてその分野の著作がなかったこともあり、昭和初期の土質力学、土質工学では貴重な文献で、3 冊とも〈戦前土木名著 100 書〉に選ばれている。その他、『工業数学』(1926 年)、『水理学』(1926 年)、『山口応用力学』(1950 年)など。

鷹部屋福平　　たかべや・ふくへい　　構造力学

1893.3.9 〜 1975.4.24。愛知県に生まれる。1919(大正 8)年、九州帝国大学工科大学土木工学科卒。21 年、同校助教授。同 21 年に在外研究員として独、仏、英、米に留学。25 年に帰国して 1942(昭和 17)年まで北海道帝国大学教授。42 年から 47 年まで日本大学教授(建築学科)。47 年から 54 年まで九州大学教授。同 54 年、保安大学(現・防衛大学校)教授、66 年、東海大学教授となり、72 年に退職した。64 年、岡崎市名誉市民となる。

鷹部屋の主要な研究課題は高層架構の問題で、24 年頃から準備にかかって、2、3 年の間に高層ラーメンの問題約 300 を解いて整理し、ベルリンの Springer 書店から『Rahmentafeln』(1930 年)を出版した。当時の西欧の著名な工学雑誌はその著書を高く評価し、ドイツの学生参考書には「鷹部屋の方法」として紹介された。

また、本書の発行と同時期に、ラーメン構造の解法に対し機械的作表法を提案して、高層建築の設計に対してこの方法を応用することの便利な点について述べた『架構新論』(1928 年)があるが、いずれも鷹部屋の独創性が高く評価され、明解な理論的解説に基づ

く実用計算法の書である。

橋梁工学分野の『橋の美学』(1942年)とともに、この3冊は〈戦前土木名著100書〉に選ばれている。他に『構造力学の歴史』(1957年)など多数。

鷹部屋は独創的な学問上の功績とともに、その関心はアイヌ文化にも及び、また趣味のテニスでは著書を著し、水墨画の名手でもあった。この分野では『アイヌの生活文化』(1942年)、『趣味のテニス』(1922年)、『ゲーテの画と科学』(1948年)など。

大坪喜久太郎　おおつぼ・きくたろう　水理学

1898.3.1〜1967.11.23。富山県に生まれる。1922(大正11)年、九州帝国大学工学部土木工学科卒。電力会社、ベルリン大学留学を経て、25年、北海道帝国大学助教授、1942(昭和17)年、同教授、46年、同工学部長。

この間、オーストリアに水工学研究のため留学し、帰国後、当時のわが国ではまだ珍しい存在であった本格的なドイツ式の水理実験室を同大学に建設、また、北海道拓殖計画による石狩川下流部改修事業に伴う水理学上の研究にあたるなど、黎明期にあったわが国の水理学の発達に尽くす。

1960年、室蘭工業大学学長。

『大坪喜久太郎博士論文集』(1963年)がある。

渡辺 貫　わたなべ・とおる　地質工学

1898.7.16〜1974.12.17。大分県に生まれる。1923(大正12)年、東京帝国大学理学部地質学科卒。鉄道省に入り、熱海線建設事務所で丹那トンネル工事の地質調査に従事。

その間、1936年着工の関門トンネル工事では、海底地質調査に独創的な弾性波式地下探査法を実施し、詳細な地下構造を解明、判定し、本トンネル完成への素地を成した。

一方、テルツァギ(K.Terzaghi)が1925年に著した書と同時に誕生した「土質力学」をわが国に紹介し、わが国での土質力学研究に先鞭をつけた。かたわら、日本大学、早稲田大学の講師として土木地質学、土質力学、建築基礎工学を講じた。

1942年、日本物理探鉱会社社長に就任、地質調査業務のコンサルタントとして名をなした。

著書に地質の分野でわが国で初めて体系的にまとめた〈戦前土木名著100書〉の『地質工学』(1935年)など多数。

広瀬孝六郎　ひろせ・こうろくろう　衛生工学

1899.9.23〜1964.11.3。岡山県に生まれる。1923(大正12)年、東京帝国大学工学部土木工学科卒。内務省土木局に勤務したが、26年、東京帝国大学医学部医学科入学のため内務省を退き、1930(昭和5)年に卒業。

1932年、東京帝国大学工学部専任講師(土木工学)、助教授、42年、土木工学第四講座(衛生工学)担任の教授に就任。60年、東北

大学工学部教授(土木工学科)に配置換えとなり、63年に定年退官。

この間、1932年から35年まで米国ハーバード大学大学院およびドイツのプロシヤ水・土・空気研究所に留学、40年に工学博士および医学博士。また早稲田、法政、東京医科、名古屋工業、中央大学などの教授および非常勤講師を兼任、さらに国立公衆衛生院衛生工学部長を兼務するなど、戦前戦後を通して、衛生工学の研究指導に尽くした。

著書に〈戦前土木名著100書〉の『上下水道』(1942年)など。

当山道三 とうやま・みちぞう 土質工学

1899.12.23～1974.4.29。新潟県に生まれる。1925(大正14)年、東京帝国大学工学部土木工学科卒。南満州鉄道株式会社勤務後、1929(昭和4)年、創設された日本大学専門部工科教授、工科土木科長を経て、43年、新設の台北帝国大学教授、その間、台湾総督府の鉄道部、鉱工局の嘱託、同府民政官などを務める。

終戦後、国立台湾大学工学院教授。47年、再度日本大学教授となり、69年に退職した。その間、同大学国土総合開発研究所次長、理工学部次長、理工学部学監などを務める。57年、土質工学会初代会長となる。

著書に『応用地質学』(1964年)、『土質力学』(1965年)など多数。『当山道三先生追想録』(1976年)がある。

林 猛雄 はやし・たけお 衛生工学・測量

1901.12.13～1985.3.23。兵庫県に生まれる。1925(大正14)年、東京帝国大学工学部土木工学科卒。北海道帝国大学工学部講師、助教授を経て、1942(昭和17)年に教授となり、65年に退官する。

この間の1954年、北海道大学土木工学科に衛生工学講座が設置され、初代の講座担当となる。57年、わが国の大学で初めて北海道大学に衛生工学科が創設され、その設立に尽力した。

林の目的とする衛生工学科は、1)衛生工学技術者の養成、2)寒地衛生工学の研究、3)北海道開発の一部として北海道民の環境衛生の改善、4)北海道内の衛生工学関係技術者の再教育、5)日本の衛生工学の進歩発展に対する指導的役割などを目標としたもので、わが国における衛生工学に新機軸を開き、その発展に退官するまで力を注いだ。

また、黎明期にあった航空写真測量技術の研究、発展にも寄与し、1942年、日本学術協会賞を受賞した。65年から84年まで明星大学教授をつとめた。

著書に〈戦前土木名著100書〉の『測量学(上・下巻)』(1932、33年)など。

本間 仁 ほんま・まさし 水理学

1907.2.15～2010.8.17。神奈川県に生まれる。1930(昭和5)年、東京帝国大学工学部土

木工学科卒。内務省土木試験所勤務。35年、内務技師。36年、下関土木出張所勤務。38年、東京帝国大学助教授、43年から67年まで同教授。67年から77年まで東洋大学教授（69年から工学部長）。77年から84年まで海岸環境工学研究センター理事長。この間、土木学会では、水理公式集委員会、海岸工学委員会、海洋開発委員会の各委員長を務める。海外では、64年に国際水理学会（IAHR）副会長、65年にアメリカ土木学会（ASCE）海岸工学評議会委員。

本間はわが国の水理学の黎明期に土木試験所に入り、物部長穂所長から"君は水の方だ"と言われて水理学研究の道を歩み始める。その長い期間、土木が多くの分野に関係することから、委員会構成などで閉鎖的にならないように心がけ、専門の垣をできるだけ取り除いていくことに努めた。

著書に『水理学』（1936年）、『高等水理学』（1942年）、『応用水理学、上・中・下』（共編、1957, 1958, 1971年）、『海岸防災』（1973年）、『河川工学』（1984年）など多数。また、『一粒の麦─満七十五歳記念文集』（1982年）、『私の水理学史』（1985年）がある。

水野高明　みずの・たかあき　土質工学

1907.8.21〜1996.2.12。福岡県に生まれる。1930（昭和5）年、九州帝国大学工学部土木工学科卒。内務省大阪土木出張所勤務、1938年九州帝国大学助教授、1943年同大学教授、1963年から65年6月まで九州大学工学部長、65年教養部長、1967年11月から69年1月まで学長を勤める。攻玉社短期大学長、1978年土木学会功績賞受賞。1969年通商産業省鉱害調査委員会議長、76年同省石炭鉱業審議会委員。

九大学長在任中、全国的に大学紛争が発生し、米軍ジェット機が九大内に墜落炎上するなど、その難局打開に力を尽した。69年九大退官後、1993年3月まで間組顧問および攻玉社短期大学学長を務めた。

土質工学、コンクリート工学を専攻され、砂地盤から粘性土地盤にまで拡張した基礎地盤の支持力理論の開発によって土木学会賞を授与されている。

石原藤次郎　いしはら・とうじろう　水工学

1908.8.26〜1979.10.2。京都府に生まれる。1930（昭和5）年、京都帝国大学工学部土木工学科卒。同大学講師、助教授を経て43年に教授。72年に退官する。

その間、経験的学問であり未開拓分野の多かった水理学、水文学、河川工学、海岸工学に先駆的、体系化的な業績を残す。とくに河床洗掘と土砂水理学、開水路水理学の基礎理論、河川流出の水文学的研究、水文学統計学の河川計画への導入、海岸浸食と海岸工学の研究分野を開拓し、わが国の水工学研究の基礎水準を著しく引き上げた。

大学内にあっては1959年工学部長、防災研究所設立に貢献し、2度にわたって所長をつとめ、また、大学での研究の組織化を図り、工学部に衛生工学科、交通土木工学科を誕生させ、さらに、土木工学の教育と研究に土木計画学の新しい視点を導入した。

学外では、1969年、日本学術会議第五部長、69年、わが国で初めて開催された国際水理学会会議組織委員長、71年に土木学会

会長などを歴任する。

退官後は、日本大学理工学部教授などをつとめた。

著書に『応用水理学(上・中・下)』(共編、5冊、1957〜71年)、『水工水理学』(1972年)など。

岡本舜三　おかもと・しゅんぞう　地震工学

1909.11.3〜2004.4.15。大連市(現・中国遼寧省大連市)に生まれる。1932(昭和7)年、東京帝国大学工学部土木工学科卒。大分県道路技手を経て、37年、愛媛県道路技師。42年、東京帝国大学助教授(第二工学部)、47年、東京大学教授。56年、東京大学地震研究所併任。64年から67年東京大学生産技術研究所併任。70年、埼玉大学教授、73年、埼玉大学理工学部長併任、74年から80年埼玉大学学長。87年、日本学士院会員。90年、文化功労者に顕彰される。この間、日本学術会議地震工学研究連絡委員会委員長、国際地震工学会理事、土木学会会長なども務め、50有余年にわたり、土木分野における地震の作用を動的な力として扱う耐震設計法の体系化に専念した。著書「Introduction to Earthquake Engineering」(86年土木学会著作賞受賞)など。85年から生誕地の大連理工大学(旧大連工学院)の客員名誉教授、また、大連市の名誉市民であった。

最上武雄　もがみ・たけお　土質工学

1911.3.13〜1987.12.15。東京都に生まれる。1934(昭和9)年、東京帝国大学工学部土木工学科卒。同大学工学部講師、助教授、47年、東京帝国大学工学部教授、68年に工学部長となる。71年に退官。

1971年から81年まで日本大学理工学部教授、78年から85年までは攻玉社短期大学客員教授。この間、日本建設機械化協会会長、ウェルポイント協会会長、69年、国際土質基礎工学会副会長、76年、土木学会会長などをつとめた。

戦後間もなく、同学者と日本土質基礎工学委員会を創り、国際土質基礎工学会に加入させ、1949年に土質工学会誕生へと導き、63年から65年まで土質工学会会長を務めた。89年、台湾の篤志家が日本の恩師を偲び、米国のコーネル大学に「最上武雄博士記念研究室(Takeo Mogami Geotechnical Laboratory)」が開所された。

著書に『二次元弾性理論』(1942年)、『応用力学』(1951年)、『土質力学』(1951年)など。

米谷栄二　こめたに・えいじ　交通工学

1911.9.20〜1999.7.17。兵庫県に生まれる。1934(昭和9)年、京都帝国大学工学部土木工学科卒。京大にて助教授を経て、1956(昭和31)年教授、75年定年退官。京大名誉教授、岡山大学教授、77年から82年福山大学教授。日本学術会議会員、京都府都市計画審議会会

長をはじめ多くの学会や審議会委員、システム科学研究会会長などを歴任。都市・交通計画および環境問題などで社会に貢献。

教育ならびに研究活動は、道路、鉄道、空港などの交通分野を中心に、日本初の交通工学講座を開設、京大に初めて設けられた土木計画学の基礎固めに尽力。追従理論 (car-following theory) によって高い評価を得て、さらに多重衝突理論へと発展、OR 手法による交通需要予測、交通渋滞対策、道路の通行料金制度などの研究を深めた。

小西一郎　こにし・いちろう　構造力学

1911 ～ 1988。大阪府に生まれる。1935 (昭和 10) 年、京都帝国大学工学部土木工学科卒。京大にて助教授を経て、1945 (昭和 20) 年教授。戦時中は陸軍航空技術研究所にて航空技術将校。京大においては、航空工学、応用物理学から 1948 年に土木工学科へ移り、構造強弱学、橋梁工学を担当、1975 年定年退官。京大名誉教授、中部工業大学 (後の中部大学) にて 1988 年まで勤める。

世界地震工学会議、国際耐風構造会議などで国際的に活躍。国内では建設省、運輸省、日本国有鉄道等の多くの委員会などで社会に貢献。

研究業績としては、構造物の疲労強さ、突合せ溶接継手の許容応力、および鋼床版や曲線橋などに関する実験と解析、長大吊橋の地震応答と耐震設計法、構造物の耐風性の研究などに多くの成果を挙げた。

小川博三　おがわ・ひろぞう　⇒ 都市分野参照

八十島義之助　やそじま・よしのすけ
　　　　　　　⇒ 鉄道分野参照

建設行政

大久保利通　おおくぼ・としみち　政治家

大久保利通の墓所（撮影：藤井肇男）

＊関連簡易年譜
1830（天保1）年8月10日、鹿児島県に生まれる
1867（慶応3）年：参奥
1869（明治2）年：参議、版籍奉還、大蔵省創設
1870（明治3）年：工部省創設（鉱山、鉄道、電信、灯台、工作、営繕、工部大学校を掌司）
1871（明治4）年：大蔵卿、廃藩置県、岩倉米欧使節団全権副使
1873（明治6）年：内務省創設、初代内務卿、内務省職制・6寮1司
1874（明治7）年：佐賀の乱を鎮圧
1876（明治9）年：東北視察（天皇の東北巡幸の先発隊、福島県に来県）
1876（明治9）年：天皇の東北巡幸
1877（明治10）年：西南戦争終結、刎頸の友・西郷隆盛自刃
1878（明治11）年5月14日：雨模様の午前9時頃、太政官に出勤途上、紀尾井町清水谷で凶刃に倒れる。享年49歳、墓所は都立青山霊園

　大久保利通は、西郷隆盛、木戸孝允とともに「維新の三傑」と称され、「政治」の場にその本領を発揮した人であろう。ここでは、大久保と内務省、安積疏水、東北開発に関したことに触れる。明治政府における大久保は、版籍奉還や廃藩置県を断行するなど、中央集権の基礎を固めるために手腕を揮い、発足まもない新政府の重責を担った。
　1873（明治6）年11月、内務省を創設して自ら初代内務卿に就任した。「卿」は長官で、政権の事実上の首班となり、大久保独裁政治の確立へ道を開くこととなる。
　内務省は次の職制により構成され、富国強兵、殖産興業、国内統一を目指す大久保の政策を推進する中枢機関となった。中でも勧業寮と警保寮という部局が内務省の中心的位置を占めることとなった。勧業寮＝殖産興業・勧業行政、警保寮＝警察行政、戸籍寮＝地方行政、駅逓寮＝交通通信、土木寮、地理寮測量司。
　1877（明治10）年9月、西南戦争終結をもって士族の反乱も終わりをつげ中央集権が完成する。
　大久保は宿願であった全国各地から移住した士族（明治維新の諸改革によって社会的地位と生活基盤を失った士族（武士層））の授産（自活）を目的に殖産興業によって民政の安定を図ろうとする国内開発、とくに東北地方での開発に着手する。
　1878（明治11）年3月、太政大臣三条実美に「一般殖産及華士族授産の儀に付伺」を稟請し、開発計画を提案した。
　この計画をもとに具体的に行われて成功した代表的事業が、福島県猪苗代湖から同県安積地方に通水する猪苗代湖疏水（安積疏水が一般的な名称になったのは、明治39年に

安積疏水普通水利組合ができてから)。

大久保の死後、計画は内務省勧農局長松方正義に引き継がれ、1879(明治12年)、内務卿伊藤博文、勧農局長松方正義が出席して起業式が挙行された。日本海に流れる猪苗代湖の水を奥羽山脈を貫いて太平洋側に導水して安積地方の大規模開墾地への灌漑を目的に、3年の歳月と延べ85万人の労力により、延長52kmの幹線と、78kmに及ぶ分水路は完成し、"宝ノ湖"猪苗代湖の水が地域開発に貢献した日本の最たる例となり、明治政府による三大疏水事業の嚆矢となった。

1882(明治15)年、右大臣岩倉具視、宮内卿徳大寺実則、大蔵卿松方正義、農商務卿西郷従道などが出席して通水式が挙行された。導水によって水不足が解決し、安積原野の開墾が急激に進み、安積疏水は郡山市成立の原点となった。その後、疏水路を利用した水力発電所が建設され、その電力を利用した紡績工場が生まれ、郡山を東北有数の工業都市へと変貌させた。

大久保はまた前述の「伺書」の開発計画の提案で、殖産のため主として築港、河川、湖沼の運輸に関して次の七大プロジェクトを具体的に述べているが、「東北地方優遇」が目立つ。

① 野蒜築港(宮城県):北上川より運河を開削し港を野蒜に建設
② 新潟港改修(新潟県)
③ 越後－上野間の新道(清水越)建設(新潟県、群馬県、東京)
④ 大谷川運河の開削(茨城県)
⑤ 阿武隈川の改修(福島県、宮城県)
⑥ 阿賀野川の改修(新潟県、福島県):新潟県下の阿賀野川を改修し福島県会津の運輸の便を図る
⑦ 印旛沼より東京湾への運河開削(茨城県、東京)

幕末から明治初期の転換期に生き、国事に挺身した大久保は凶刃に倒れる朝、大久保邸を訪れた福島県令山吉盛典に次の決意を語った。

「今や事ようやく平く、故にこの際勉めて維新の盛業を貫徹せんとす。これを貫徹せんには三十年を期するの素志なり。これを三分し、明治元年より十年に至るを第一期とす。兵事多くしてすなわち創業の時間なり。十一年より二十年に至るを第二期とす。第二期はもっとも肝要な時間にして、内治を整え民産を殖するは、この時にあり。利通不肖といえども、十分に内務の職を尽さんことを決心せり。二十一年より三十年に至るを第三期とす。三期の守成は、後進賢者の継承修飾するを待つものなり」。

没後、内務省創設により着手された大久保の内治優先路線は、その絶大な機構・権限と遺志を継いだ人材により継承された。

大久保は処して激動せず、事物の表裏を見透し、鋭い批評家、冷静な観察者、深慮周到な実践政治家であった。

奈良原繁　ならはら・しげる　内務官僚

1834.5.23～1918.8.14。鹿児島県に生まれる。安積疏水工事の総括者。

明治維新後、鹿児島県官、第五銀行頭取をつとめる。1878(明治11)年、内務省御用掛(勧農事務取扱)、79年、内務省権大書記官、81年、勧農局安積郡疏水掛長。84年、工部省大書記官となり、同年、非職となる。

明治期の三大疏水事業の一つである安積疏水工事は、福島県猪苗代湖の水を安積平野に導く工事で、大久保利通内務卿の時に計画された。1878年、大久保暗殺後、伊藤博文内務卿がその遺志を継ぎ、松方正義勧農局長に疏水計画を担当させ、松方はオランダのお雇い土木技師ドールン(C.J.van Doorn)に基本

設計を命じ、79年10月起工、82年10月竣工した。

奈良原は1878年から実際の工事手順を総括し、南一郎平工事長が奈良原を助け、工事を監督した。

その後、日本鉄道会社社長となり、1892年からは沖縄県知事として17年間在職した。

三島通庸　みしま・みちつね　土木行政

三島通庸の墓所（撮影：藤井肇男）

＊関連簡易年譜
1835(天保6)年6月1日、鹿児島県に生まれる
1871(明治4)年：東京府権参事(西郷隆盛の推薦)
1872(明治5)年：東京府参事、教部省教部大丞(大久保利通の推薦)
1873(明治6)年：内務省創設、初代内務卿大久保利通
1874(明治7)年：酒田県令兼任(大久保利通の口説、大久保の本格的な最初の東北諸県人事で東北の鎮台として派遣)
1875(明治8)年：酒田県を鶴岡県に改称、鶴岡県令専任
1876(明治9)年：置賜、山形、鶴岡三県が統合、山形県初代県令
1877(明治10)年：内務省土木寮は内務省土木局に改組
1878(明治11)年：内務卿大久保利通、凶刃に倒れる
1882(明治15)年：1月福島県令兼任、7月福島県令専任、10月安積疏水通水式、11月福島事件
1883(明治16)年：栃木県令兼任
1884(明治17)年：内務省土木局長
1885(明治18)年：内閣制度最初の警視総監(準閣僚級、閣議に出席)
1888(明治21)年10月23日：警視総監官舎にて病で死去、享年53歳　、墓所は都立青山霊園

明治新政府の東北開発政策の一環として山形、福島、栃木三県の県令(知事)となり、「土木県令」「道路県令」と称され、また、「鬼県令」ともいわれ、東京以北の県令の総代格となった人である。とくに山形県における約8年間は殖産興業を進めるため、上杉鷹山の藩政にならい桑畑、養蚕、製糸、織物を盛んにし、また新田開発の用水堰なども建設し、さらに県庁、郡役所、師範学校、病院、警察署などの洋風公共建築を次々と建てた。

同時に交通路を拓くため、幹線道路網の建設を強権的政治力をもって短期的に推進し、新設と改修した道路は23路線(延長約350km)、橋梁の架設65橋(3km)に達した。これは現在の山形県の基本的な道路体系の原型を形成するものであった。

三島が心血を注いで行った新道建設は米沢市と福島市を結び、東京への最短経路を拓くことであった。山形県下は1876(明治9)年12月豪雪の中を苅安新道工事に着工し、81年10月開通した。この一環が最大の難工事といわれ、戦前期最長の道路トンネル・栗子山隧道(延長約876m、幅5.5m、高さ3.6m)である。

81年10月天皇行幸をもって米沢・福島間約48kmの新道(福島県下は中野新道)は全線竣工した。82年この新道は天皇の勅定により「万世大路」と命名された。

81年10月、三島は天皇を迎えて栗子山隧道開通式を盛大に挙行したが、この開通式は、三島にとって、いわば新道建設の仕上げを意味するものであった。開通式での次の演説には三島の道路政策の基本的な考え方が率直に表れていよう。

「人は知見を開くにあり。知見開けて才智具る。国は富饒を致すにあり。富饒を致して兵力強し。知見は交際を広くし、富饒は産業を隆にするにあり。此の二の者は、他なし、人相往来し、物相流通するにあるのみ」。

その他の主な新道は関山新道（天童から仙台へ至る最短経路）で、関山隧道を含む新道が拓かれたことにより、仙台・山形間の人の往来と物資の流通の道が拓かれた。金山新道（新庄から秋田に至る道路）に通じる新道で、東北を縦貫する幹線である。

山形県内の橋梁では、鹿児島より石工を連れてきて多くの石橋を架設しているのが特色である。鶴見橋、橋名に計画者三島通庸と技術者平川勝伴の一字づつをとった三川橋、堅磐橋（通称上山眼鏡橋）、石造5連アーチの常磐橋などが知られている。

福島県では1882（明治15）年起工式を強行し、84年竣工した会津三方道路（会津を中心に山形、新潟、仙台の三方向に通じる道路－越後街道、会津街道、山形街道）、栃木県では那須野が原開墾、陸羽街道改修、塩原新道開削工事などを手掛けている。

なお、洋画家高橋由一は栃木県令三島の委嘱を受け1884（明治17）年8月から11月にかけて栃木・福島・山形三県の新道128図（栃木20、福島53、山形55）を写景し、85年暮れに手彩色石版画『三県道路完成記念帖』を完成させている。

三島は資性沈毅豪侠の人で、若くして儒学、剣術、兵学を修め、薩摩藩の会計奉行をつとめ、次いで参政西郷隆盛に理財の手腕を認められ、1869（明治2）年34歳で日向国都之城地頭に任ぜられた。任地では道路開鑿、住宅建設、貧民救済などに実績をあげたが、これらの治績が後年における県令としての各種事業の下地を築いたようである。

北垣国道　きたがき・くにみち　土木行政

1836.8.7～1916.1.16。兵庫県に生まれる。7歳で当時、但馬聖人と呼ばれた池田草庵（朱子学派）の青渓書院に学び、人望を集め、長じて地域の青年のリーダーとして活躍した。

ペリー来航後、倒幕の志に燃え、1863（文久3）年、「但馬の変」（地元では生野の変）では主謀者の一人となったが、挙兵に失敗して鳥取へ脱出、京都、江戸の鳥取藩邸を拠点に変名を用いながら倒幕運動を続ける。1866（慶応2）年、長州藩の明倫館に入学、兵学を学び、68年、山陰道鎮撫総督・西園寺公望の随行を命じられる。

明治新政府樹立とともに、1868（明治元）年、久美浜県（現京都府西北部）の判知事で官僚生活がはじまる。以後、弾正台巡察、70年、北海道巡察に任命されて開拓使7等出仕となり、74年まで一時期を除いて浦河支庁と樺太に勤務した。1875年、元老院書記官、77年、熊本県大書記官、78年、内務省書記官、79年、高知県令、80年に兼徳島県令。81年、44歳で第3代京都府知事に就任し、92年まで約11年6か月在任した。

この間、維新後の遷都で衰退した京都の復興、活性化、近代化のために三大事業を推進。とくに北垣にとって畢生の大事業となった琵琶湖疏水のビジョンを打ち出し、知事の強い指導力で大プロジェクトを推進、田辺朔郎という良き土木技術者に恵まれて90年に完成させた。また、京都－宮津間の鉄道敷設では、自ら『鉄道間答』（1889年、70ページ）なる冊子を著し、鉄道敷設の急務を説い

た。

1892年、第4代北海道庁長官に就任、翌93年、内務大臣井上馨の諮問に答えて「北海道開拓意見書」(いわゆる「北垣12ヶ年計画」)を提出し、開拓の根本に鉄道政策の確立と実行を掲げ、なかでも鉄道計画の中心に函樽線(函館－小樽間)の着工を一番のプロジェクトにあげたが、日清戦争勃発のため実現を見なかった。96年、初代の拓殖務次官(北海道と台湾を植民地として統治する機関・拓殖務省)となり、97年に退官した。

退官後、自ら描いた函館－小樽間の鉄道事業に取組むため、函樽鉄道会社(後に北海道鉄道と改称)の創立委員長、99年、北海道鉄道会社社長となり、1907年に国有鉄道となるまで在任した。1899年、貴族院議員、1912年、枢密顧問官となる。

日記に『塵海』がある。

黒田清隆　くろだ・きよたか　政治家

黒田清隆の墓所 (撮影：藤井肇男)

＊関連簡易年譜
1840(天保11)年10月16日、鹿児島県に生まれる
1863(文久3)年：薩英戦争で軍監、軍政
1968(慶応4)年：奥羽征討で総督の参謀、北越征討で総督、参謀
1869(明治2)年：箱館戦争では中将の参謀として転戦し五稜廓で榎本武揚ら降伏、7月開拓使設置(東京)、8月蝦夷地を北海道と改称
1870(明治3)年：樺太開拓使設置、開拓次官に転じ樺太専務
1871(明治4)年：渡米しアメリカ連邦政府農務長官ホーレス・C・ケプロンを開拓顧問兼農業技師として招聘、8月「開拓使十計画」策定、樺太開拓使を廃止し開拓使に合併
1872(明治5)年：開拓使仮学校創設(東京)、開拓使女学校創設(1876年閉校)
1874(明治7)年：陸軍中将兼開拓次官、北海道屯田憲兵事務総理、8月参議兼開拓長官(開拓使の長、第三代目)
1875(明治8)年：開拓使仮学校は札幌へ移転し札幌学校と改称、マサチューセッツ農科大学学長ウイリアム・S・クラーク赴任
1876(明治9)：札幌学校は札幌農学校(現・北海道大学)と改称(9月)、クラークの勤務期間は1876年7月から1877年4月までの九カ月
1877(明治10)年：官軍参謀、西南戦争終結、西郷隆盛自刃
1882(明治15)年：参議兼開拓長官を辞任し内閣顧問、2月開拓使廃止
1887(明治20年)：農商務大臣
1888(明治21)年：第二代首相(初代は伊藤博文)
1892(明治25)年：逓信大臣
1895(明治28)年：枢密院議長
1900(明治33)年8月23日：病で死去、享年60歳、墓所は都立青山霊園

徳川幕府は北海道を直轄領として道路、移住、開墾その他産業の発達につとめ、1859(安政6)年には南部、津軽、秋田、仙台、庄内、会津の六藩にその一部分を割り与えて開拓を計画し、あわせて警備にあたらせていた。

1868(明治元)年に箱舘府を設け、1869(明治2)年7月には開拓使が置かれ、開拓と北方防衛の任にあたることとなった。それまでの黒田清隆は、薩英戦争ではじめて実戦に参加し、奥羽征討、北越征討を経て、69年6月に平定する箱舘戦争までは「軍功」を挙げた人である。この戦では敵将榎本武揚の降伏後、榎本の助命嘆願に奔走し、二人の間には親交が生まれ、黒田家と榎本家は親戚である。

1870(明治3)年開拓次官に就任し、1882(明治15)年開拓使廃止まで北海道開拓の最高席責任者となった。ここでは、黒田の開拓事業とその一環として高く評価されている教育事業について触れる。

1871(明治4)年、黒田はケプロン等と「開拓使十年計画」を策定し、陸海路の開削、官営工場の開設などの大型事業を進めていった。その中でも、73年に完成した函館・室蘭・札幌間の近代的な札幌本道(延長約179km、幅7～13m)は開拓使時代を代表する国家的プロジェクトであり、78年に開通した札内鉄道(手宮・札幌間、約36km)は北海道の鉄道建設史にその名を刻した事業であった。また建築、工場建設、耕作、牧畜など近代技術を導入した開拓事業は、屯田兵制度導入による北方警備と合わせて、黒田の理念に基づいて強力に進められ81年で終了した。

黒田はまた開拓事業を進める上で、人材育成のためには学校開設が必要なことを深く認識した人である。1872年3月に北海道の開拓に従事する専門技術者の養成を目的とする開拓使仮学校を、同年6月には女学校を創設した。黒田は札幌学校が札幌農学校に昇格した時、教育の実務に当たる専門家をケプロンとも相談し、起用されたのがクラークである。

クラークは1年契約の教頭で実際に札幌に勤務した期間は76年7月から離日する翌77年4月までで、9カ月にもみたなかったが、学徒に多大の影響を与え、告別の一言とされる「少年よ、大志を抱け」の精神を語り、札幌農学校(現・北海道大学)にとって忘れられない恩人となった。留学生派遣事業では、新しい日本のためには男子だけでなく女子教育も必要であり、そのための女子留学生の派遣も行った。1871(明治4)年、女子留学生五人はアメリカに出発した。その中には、津田塾大学の創立者津田梅子や元帥大山巌夫人となった山川捨松らがいた。

黒田は西南戦争で西郷隆盛が自刃した後は、薩摩閥の首領となり、「第二の西郷」とさえ称され、総理大臣などの要職をつとめたが、晩年は政界でも影が薄くなっていった。

黒田は資性豪壮質朴であったが、半面にはきわめて稚気愛すべきところもある人で、種々失敗の話も残している。いたずらに広い土地を占有する墓地をきらい、一家は一壺に納めよという持論の持主で、当時の政府要人であったにしては珍しく火葬に付された。

石井省一郎　　いしい・しょういちろう　　土木行政

1841.12.28～1930.10.20。福岡県に生まれる。内務省の初代土木局長。小倉藩の藩学思永館で文武両道を修め、明治維新前後に藩士として国事に奔走するとともに、同志と藩政の改革に功を残す。

1869(明治2)年以来官職に就き、民部省書記、熊本県令心得、土木権正、土木権助、内務省内務権大書記官、岩手県令、同知事、茨城県知事を歴任し、97年貴族院議員。その間、77年の内務省土木局の設置とともに初代土木局長となり、明治初頭のわが国土木行政の中枢でその任を84年までつとめた。

道路では、全国の道路を国道・県道・里道(現在の市町村道)の3種に大別して管理することを内務卿に建議し、1876年公布されたが、これはわが国道路行政の根本法となっ

た。

河川では、淀川、利根川、信濃川、木曽川、北上川、庄川、阿武隈川、富士川の測量または改修に着手し、全国の諸大川の改修は石井の在職中の計画を基礎として起工されたものが多く、その計画はわが国河川改修の第一歩であった。

港湾では、横浜港に防波堤と埠頭の築造を推進した。また、内務省直轄の工事および府県土木事業監督のため全国を数区に分けた土木監督署が1886年設置されたが、その制度の基礎をつくった。また、東北地方における産業振興のため、78年着工された宮城県の野蒜築港では、土木局長として工事を指揮、監督した。北上川と北上運河の接点にある閘門は、彼の名に因んで石井閘門と呼ばれている。

早川智寛　はやかわ・ともひろ　土木行政・建設業

1844.7.24～1918.1.22。福岡県に生まれる。役人から建設業者、さらに実業人から仙台市長へ。1868（明治元）年、小倉藩の命により長崎に遊学し、アメリカ人について数学と測量学を学ぶ。69年、上京して海軍予備校攻玉塾に入る。

1871年、大蔵省土木寮に転じ、翌年に信濃川分水堀割工事を担当。73年、内務省が新設され、翌年から土木寮は同省の管轄となる。75年に両国橋架橋工事の監督をつとめ、76年、関宿出張所長となる。77年、官制改正により土木寮は土木局と改称される。

1878年、宮城県下の野蒜築港所主任を命じられたが、時の土木局長・石井省一郎と「官吏の地位と役割」の件で合わず辞任する。79年、三重県土木課長となったが、県令と衝突し去る。80年、宮城県土木課長（82年から勧農課長を兼務）に転じ、86年まで在任した。

この間、福井藩士出身の県知事・松平正直は3人の有能な官吏を登用したが、土木事業の推進のため迎え入れたのが「雄才」と称された早川であった。当時、松平県政は運河工事、河川改修、新道工事等からなる六大事業と称される構想を企画して実施していたが、早川は、その職につくや、土木事務組織を変更し、人材を配置し、松平県政の土木事業を支えた。

1886年、政府が地方官官制を改めたのに伴い、早川は愛媛県書記官に任ぜられるにおよび、官途を退いた。87年、自ら早川組を仙台に設立して土木請負を業とし、北海道と東北で鉄道、道路工事を幅広く展開したが、友人の松本荘一郎が鉄道局長官に就任したのを機会に、巨額の財産を社員に頒与して93年に解散した。

この間、1891年、仙台商工会議所会頭、さらに95）年には宮城県農会長に就いた。その後、早川牧場の経営や造林事業の育成に従事し、また1903年から07年まで第四代仙台市長をつとめるなど、「第二の故郷」宮城県の殖産興業のために尽くした。

古市公威　ふるいち・こうい　土木行政・工学教育

1854.7.12～1934.1.28。東京都（江戸の姫路藩中屋敷）に生まれる。1875（明治8）年、諸芸学修業のため、わが国最初の文部省留学生としてフランスに派遣される。79年、エコール・サントラル（中央工業大学）卒業、さらに同79年、パリ理科大学に入学、80年7月に卒業し、同年10月帰国した。

1880年12月、内務省土木局雇となる。豊平川改修工事計画に参画し、また信濃川、阿賀川、庄川などの直轄工事を監督する。86年、新設の帝国大学工科大学教授兼学長となる。河川、運河および港湾工学を講義し、初代学長として草創期における教育行政の任にあたった。同時に内務省土木局勤務で内務技師を兼務した。88年、内務大臣山縣有朋の欧州巡覧に随伴する。

1890年、工科大学教授と学長は兼任のまま、内務省土木局長となる。94年、内務省土木技監となる。98年に土木技監、土木局長、工科大学教授、工科大学学長を辞した。古市が土木の事業、行政と工学教育に関わったのはこの時期までである。

この後は内務省を離れ、逓信省次官兼鉄道局長、鉄道会議議長、逓信省総務長官兼官房長、鉄道作業局長官などに就いた。京釜鉄道会社設立とともに総裁となり、その後、朝鮮総督府鉄道管理局長官をつとめ、1907年、官界を辞した。

その後は、学界では、1914年の土木学会初代会長をはじめ、日仏協会理事長、工学会会長、理化学研究所初代所長、学術研究会議会長、日本動力協会会長、1929(昭和4)年に東京で開催された万国工業会議では会長をつとめた。同29年にアメリカ土木学会名誉会員、30年にはイギリス土木学会名誉会員となる。

実業界では金剛山電気鉄道、東京地下鉄道、九州水力電灯、大正水力などの社長や取締役に就任した。

古市は時代が要請した人として、近代土木の黎明期にあってその礎を築いた。内務省にあっては土木行政の基盤を確立し、河川と港湾事業では開拓者となり、工科大学では工学教育の基礎づくりに尽力した。またその後半には工学、工業の進歩発展を指導・督励する大黒柱として幅広い分野に関与した。土木は本来、総合的な工学で、技術そのものが大規模であり、その技術は国家的、国土的な規模で行われ、その時代の文明全般にゆきわたるものである。その風格、特質からいっても王者の技術であるが、古市はこの土木を時代の指導者、統率者として演じた。

自己を語ることはほとんどなかった古市であるが、述懐した次の言葉はいつわらざる心情であろう。

「余は学者に非ず、実業家に非ず、技術者に非ず、行政家に非ず、色彩極めて分明ならざる鵺的人間と称すべきか」「余の如く諸種の方面に関係するを余儀なからしめたるは、蓋し時代の然らしむ所なり」

伝記に〈戦前土木名著100書〉の『古市公威』(1937年)がある。東京大学に「古市文庫」があり、約390冊(洋・和書)が保管されている。

後藤新平　ごとう・しんぺい　内務官僚・政治家

1857.6.4～1929.4.13。岩手県に生まれる。
1869(明治2)年、水沢に県庁が置かれ、県庁の書生となる。71年、東京に遊学したが帰郷、福島県令安場保平に引き立てられ、73年、福島洋学校に入り、翌74年、福島県立須賀川病院医学校に移り76年に卒業。ただちに愛知県病院の医員となり、81年に25歳で愛知医学校長兼愛知病院長となる。82年、岐阜で遭難した板垣退助を、県官の反対を押し切り医者として治療を施す。

1883年、内務省初代衛生局長の長与専斎の抜擢により技師、90年、ドイツ留学。92年の帰国後に衛生局長。この間、わが国最初の衛生行政に関する体系的な著作である『国家衛生原理』(1889年)、『衛生制度論』(1890年)などを発表する。また伝染病研究所の設立に尽くす。

1893年相馬事件に連座して局長を辞任したが、無罪となった後、95年、児玉源太郎陸軍次官の推挙で臨時陸軍検疫部事務官長として日清戦争復員兵の検疫の任務を短期間に遂行し、列国を驚嘆させた。同年、これを契機にふたたび衛生局長に就任、台湾衛生顧問を兼務。

1898年、台湾総督児玉源太郎のもとで民生長官となり、台湾における民生、財政、教育、衛生、鉄道建設に手腕を発揮した。1903年に貴族院議員。1906年に男爵、また南満州鉄道株式会社初代総裁となる。1908年、第二次桂内閣で逓信大臣兼初代鉄道院総裁。1912(大正元)年、第三次桂内閣でふたたび逓信大臣兼鉄道院総裁に就任し、丹那トンネル、関門トンネル、東京－下関間の標準軌間化構想、東海道・山陽本線の電化計画など、鉄道の大事業といわれているすべてを創意に基づいて手掛けた。

また苦学して医学を学んだ後藤は、鉄道病院や鉄道教習所の開設にも力を注いでいる。1916年、寺内内閣で内務大臣兼鉄道院総裁となり、都市計画調査会および都市計画課の創設に尽くし、都市計画法制定の基礎を作った。18年に外務大臣。20年に東京市長になると、「8億円計画」という都市計画構想を打ち出す。22年に子爵。23年、山本内閣で内務大臣兼帝都復興院総裁に就任、関東大地震に伴う復興事業を主宰する総裁として、東京市の焼け跡一千万坪を買収し、区画整理を断行、それを適宜払い下げるという破天荒の計画を立てた。その壮大な構想のため、世人の批判を浴びたが、前例をみない大規模な形で土地区画整理事業を中心とする復興事業が実施され、今日の東京の基盤となった。

その後、自らつくった東京市政調査会を主宰するかたわら、ソ連との国交回復にも尽力した。晩年には普通選挙実施に対処するための政治倫理化運動を起こし、またボーイスカウトの総裁として活躍した。1928(昭和3)年に伯爵となる。

後藤は、医者、衛生行政官、植民地行政官、鉄道経営者、政治家、東京市政担当者と多彩な活動を展開し、医師出身者としては近代日本史上における最もスケールの大きい人物と評されている。鉄道計画や帝都復興計画、また東京駅建設などでは「後藤の大風呂敷」との評価も受けたが、画期的な企画・構想のもとに先駆的な独自の分野を開拓し、広い意味での「国づくり」に計画者として手腕を発揮した経世家であった。永田青嵐は後藤の急逝を悼んで、「花吹雪日本淋しくなりにけり」と詠んだ。

郷里の水沢市には、後藤新平記念館が開設されている。

近藤虎五郎　こんどう・とらごろう　土木行政

1865.6.1～1922.7.17。新潟県に生まれる。1887(明治20)年、帝国大学工科大学土木工学科卒。同年、私費で米国に渡り、コロンビア大学などに学び、89年に帰国。一時、播但鉄道会社創立に従事する。90年、内務省に入り、土木監督署技師を経て、95年1月に内務技師となり、同95年2月に製図課長。96年にはオランダ領東インドのジャワへ出張し、97年に帰国した。

その後、1902年、土木局直轄工事課長、05年、治水課長兼工務課長。07年、監理課長、11年、技術課長兼直轄工事課長を経て、1920(大正9)年、第一技術課長となる。近藤は直接、土木事業に関わることは少なかったが、土木局内で各府県の土木の元締としてその監督と指導にあたり、地方技師を指導して全国の土木事業の遂行に尽くした。近藤の府県への影響力は、直轄工事の祖・沖野忠雄に匹敵するほどであった。

この間、道路、港湾、治水、都市計画、下水、神宮造営など幅広く各種委員会などに関与した。また、内務技師のほか、1911年に鉄道院技師を兼任した。1897年からは東京帝国大学工科大学講師、1917年からは同校教授を務めた。

1899（明治32）年、論文「ヴォルトマン水速計ノ係数及流量計算新法」で工学博士の学位を授与されたが、土木工学に関して論文を提出して博士号を取得したのは、近藤が嚆矢である。1901年には米国土木学会会員に選ばれている。

著書に『計算尺』（共著、1895年）があるが、本書はわが国ではじめて計算尺を紹介した57ページからなる書である。また、内務省土木局は1896年から『内務省土木局統計年報』を刊行したが、これは、近藤が製図課長時代にその編纂を決めたもので、土木統計の隠れた恩人でもある。

清野長太郎　　せいの・ちょうたろう　土木行政

1869.4.1 ～ 1926.9.15。香川県に生まれる。1895（明治28）年、東京帝国大学法科大学法律学科卒。内務省に入り、富山、神奈川両県の参事官、内務省地方局市町村課長を経て、1906年、秋田県知事。同年、南満州鉄道株式会社設立に伴い、東京支社在勤の理事に就き、1913（大正2）年まで務めた。

1916年、兵庫県知事、24年、神奈川県知事、26年、内務省復興局長官となり、関東大地震後の帝都復興事業の円滑な執行のため、行政組織の改善、出張所長の権限拡大などを推進、とくにその復興事業の根幹である土地区画整理の進捗には意を注いだ。また明治神宮付近を風致地区として決定することに尽くした。

猛暑の中、神奈川県相模川畔の事業用砂利採取直営工事を調査のため出張中に倒れ、在任のまま復興の職務に殉じた。

小橋一太　　こばし・いちた　土木行政

1870.10.1 ～ 1939.10.2。熊本県に生まれる。1898（明治31）年、東京帝国大学法科大学英法科卒。内務省県治局に入った後、山口、長崎両県の参事官。1903年、内務省書記官、衛生局保健課長、参事官、文書課長。

1908年、パリの第一回万国道路会議に出席、同年内務事務官。10年、内務省衛生局長、1913（大正2）年、地方局長、14年、土木局長となり、鉄道院理事を兼務。18年から22年まで内務次官を務めた。

この間、1918年4月に東京市区改正条例が公布され、5月、東京市区改正委員長に就任。あわせて同条例を京都市、大阪市および横浜市、神戸市、名古屋市に準用する件が公布されて、これら各市の市区改正委員長を19年12月に同条例が廃止されるまでつとめた。

1920年からは、衆議院議員となり、24年に清浦内閣の書記官長（官房長官）、1929（昭和3）年に浜口内閣の文部大臣となる。37年に東京市長に就任したが、病を得て39年に辞任した。また大日本私立衛生会副会長、都市研究会副会長などもつとめた。

なお小橋が所蔵していた内務省の秘密文書など2300点が、遺族から国会図書館に寄贈され、1986年2月から限定公開されている。

著書に『地方改良本義』（1914年）がある。

近新三郎　こん・しんさぶろう　土木行政

1877.12.29～1953.12.28。山形県に生まれる。1902(明治35)年、京都帝国大学理工科大学土木工学科卒。山形県に勤務後、岩手、千葉、秋田各県の土木課長(秋田県時代は船川築港事務所長を務めた)を経て、京都府土木課長となる。

関東大地震後の1924(大正13)年、東京市道路局技術長に転じ、道路局長、土木局長となり、帝都復興事業に尽くした。1936(昭和11)年5月から翌37年7月まで土木人としてははじめての助役をつとめた。

八田嘉明　はった・よしあき　⇒鉄道分野参照

村山喜一郎　むらやま・きいちろう　土木行政

1884.7.20～1962.7.31。佐賀県に生まれる。1908(明治41)年、京都帝国大学理工科大学土木工学科卒。和歌山県に入り、12年、土木課長。1917(大正6)年、福井県土木課長に転じた後、一時内務省土木局に勤務したが、21年、兵庫県土木課長、24年、大阪府土木課長、1927(昭和2)年、京都府土木部長をつとめる。

その後一時退官したが、1932年、京都府土木部長に再任され、幹線通路改修計画と桂川水系の洛南工業用水計画に力を注いだ。36年、神戸市水道局長に就き、38年の大水害、翌39年の大旱魃に際し、給水対策の解決に尽くした。

その後、京都、大阪、兵庫、和歌山県などの都市計画地方審議会委員などをつとめた。

原口忠次郎　はらぐち・ちゅうじろう
⇒河川分野参照

岩沢忠恭　いわさわ・ただやす　建設行政

1891.6.7～1965.12.8。広島県に生まれる。1918(大正7)年、京都帝国大学工科大学土木工学科卒。内務省に入り、大分県技師となったのち、21年、内務省内務技師。1936(昭和11)年、東京土木出張所兼横浜土木出張所勤務となり、第二京浜国道および荒川改修工事にあたる。42年、内務省国土局道路課長。43年、防空総本部施設局土木課長、45年、関東土木出張所長。

敗戦後の10月、技術者として初めて内務省国土局長兼内務技監となり、廃墟と化した戦災の復興と、相次ぐ台風による水害の復旧にあたる。1947年に内務省が解体となり、国土局と戦災復興院が合体して建設院が設置され、48年1月、建設院技監となる。

1948年7月、建設省が設置されて初代の建設次官兼建設技監、49年、建設事務次官となり、50年に退官する。戦後の建設行政の転換期にあって、事実上の指揮をとるとともに、内務省より建設省に至るまで、歴代の事務次官はすべて事務官系で占められていたが、岩沢の次官就任により初めて技術畑からの次官が誕生し、以後、建設省技術者の地位

向上の端緒となった。

退官後は1950年、56年、62年の参議院議員選挙に当選、予算委員長、建設委員長などを歴任。また47年、日本道路協会初代会長、48年、土木学会会長、全国治水期成同盟会連合会会長、日本測量協会会長などをつとめた。

著書に『道路』（1926年）、『道路の構造と舗装』（1934年）など。日本道路協会には「岩沢文庫」が設置されている。

宮本武之輔　みやもと・たけのすけ
　　　　　　　　⇒ 河川分野参照

稲浦鹿蔵　いなうら・しかぞう　建設行政

1894.10.19～1978.3.30。三重県に生まれる。1924（大正13）年、京都帝国大学工学部土木工学科卒。内務省神戸土木出張所に入り、かたわら神戸高等工業学校講師を兼ねる。

1934（昭和9）年、室戸台風により関西地方に大風水害が発生し、その災害復旧のため招かれて大阪府土木部河港課長となり、河川の防潮工事などを推進する。

1942年、中国の青島埠頭会社常務取締役に就き青島港整備にあたり、敗戦により会社が接収となり帰国。1946年、兵庫県土木部長、49年、建設技監として建設省に入り、52年から55年まで建設事務次官、56年、参議院議員、また、土木学会会長などをつとめた。

遠藤貞一　えんどう・ていいち　建設行政

1897.3.2～1987.1.17。福島県に生まれる。1916（大正5）年、工手学校土木科、18年、攻玉社工学校研究科卒。1912（明治45）年、試験夫見習として鉄道院に採用され、24年、内務省復興局土木課道路技手となって以来、70有余年を建設行政などにかかわり、とくに1959（昭和34）年の建設省辞職まで、内務省、建設院、建設省と36年間にわたり建設行政に終始した。しかもその36年間は一貫して本省に勤務した。建設行政全般の「生き字引的存在」と評価され、また「エンテイさん」の愛称で親しまれた。

退職後は、1966年に建設省専門委員となり、『内務省史』編集委員を委嘱された。元内務省土木局所管すなわち現在の建設省全般と、内務省より分離した運輸省の港湾関係、厚生省の上水道関係、経済企画庁の工業用水関係を担当し、その編集に尽くした功績は大きい。

6か年半の歳月を要して内務省75年の足跡をはじめて浮き彫りにした全4巻の大冊は、1970年から71年にかけて完成した。80年、建設省顧問となり、死去するまでその任にあたった。85年には、郷里福島県岩代町の名誉町民第一号に推載された。

池本泰兒　いけもと・たいじ　土木行政

1899.6.7 〜 1954.10.26。高知県に生まれる。1922（大正11）年、熊本高等工業学校土木科卒。内務省の技手となって本省の土木局第一技術課に勤務し、その学識と手腕を高く評価される。

従来の内務技師の採用基準である、学士でなければ技師に任命しない、という旧弊を打破して、1931（昭和6）年、土木局に国道改良係が新設されると、内務技師となる。

その後、「高工出身の内務技師を本省におくのはけしからん」との一部の動きがあり、意に反して本省を出た。1941年から3年間アフガニスタン国の招請で、土木顧問として派遣されたが、日本代表としてこの国に入った土木技術者は、池本が最初であった。帰国後、本省に戻ることなく、豊川、鳴海、鈴鹿などの工事事務所長をつとめた。

戦後の1946年、愛媛県に土木部が設置され、初代の土木部長として4年間勤めて退職し、同県監査委員になる。

直木賞受賞作家の小山いと子（本名・池本イト）は実妹で、土木を題材にした作品に『開門橋』（1933年）、『熱風』（1939年）、『ダム・サイト』（1954年）がある。また、小山は兄とともに、雑誌『工人』に小山糸之助の変名で短編を書いている。

庄司陸太郎　しょうじ・りくたろう　土木行政

1900.2.15 〜 1967.6.6。秋田県に生まれる。1925（大正14）年、京都帝国大学工学部土木工学科卒。内務省仙台土木出張所に勤務し、阿賀川、阿武隈川改修工事に従事。その後、秋田、岩手の各国道改良事務所長、江合鳴瀬両川改修事務所長、北上川維持事務所長、仙塩計画事務所長、工務部長、名取川改修事務所長などを兼務し、広く東北地方の土木行政に携わる。

この間、秋田県八郎潟の全面干拓計画を最初に手がけた。1943（昭和18）年、名古屋土木出張所に転じ、河和工事事務所長の後、46年に工務部長となり、名古屋、木曽川上流、多治見砂防の各工事事務所長を兼務した。

1949年の退官後、広島工業専門学校教授を経て、51年、広島大学工学部教授、61年、広島大学工学部長となり、62年に退官した。

佐々木銑　ささき・せん　建設行政

1900.4.15 〜 1974.1.29。広島県に生まれる。1924（大正13）年、京都帝国大学工学部土木工学科卒。内務省復興局に入り、帝都の復興事業に従事。1935（昭和10）年、広島県道路課長、38年、山形県、40年、長崎県、42年、熊本県の各土木課長、44年、静岡県、46年、愛知県の各土木部長。50年、広島市建設局長、55年から63年まで広島市助役をつとめた。

この間、原爆で廃墟と化した広島市の復興、平和記念都市建設計画の実施に尽力した。また太田川改修事業の事務局長、担当助役として広島市開発公社初代理事長となり、開発事業を推進。広島ステーションビル会社社長として広島民衆駅の建設、都市計画広島地方審議会委員、広島大学工学部講師（土木行政法を担当）などもつとめた。

小沢久太郎　おざわ・きゅうたろう　建設行政

1900.12.19 〜 1967.9.18。千葉県に生まれる。1927（昭和2）年、東京帝国大学工学部土

木工学科卒。内務省土木局に入り、東京土木出張所勤務の後、中華民国臨時政府建設総署、華北政務委員会建設総署に転じ、41年、帰国して興亜院、技術院、大東亜省、海軍施設本部に勤務する。

戦後、戦災復興院土木工事課長、特別調達庁促進局次長を経て建設省へ復帰する。1949年、近畿地方建設局長、50年、経済安定本部に転じ、建設交通局長を務めた。その後、政界へ入り、1953年、参議院議員、63年、郵政大臣。

昭和初期には、内務系の官庁に勤務する土木技術者の組織する団体として土木倶楽部(技師以上)、土木協会(技手、雇員)があり、技術者の地位向上運動を展開していたが、小沢は1931年、国・私立各大学を通じて昭和年度の卒業生だけで組織する昭和土木工学士会を結成して、技術者運動を拡大した。

これは、戦後に全日本建設技術協会(略称全建)設立へと結実し、全建の委員長として、建設省設置運動、技術官の処遇改善運動、地方建設局機構整備運動などに尽くした。

小川譲二　おがわ・じょうじ　⇒ 河川分野参照

佐分利三雄　さぶり・みつお　⇒ 河川分野参照

近藤鍵武　こんどう・かぎたけ　土木行政

1904.12.5 ～ 1973.2.22。愛知県に生まれる。1930(昭和5)年、東京帝国大学工学部土木工学科卒。京都府、富山県、東京都と転じ、44年、神奈川県土木部道路課長。

1946年、山形県土木部長となり、絶えず氾濫を起こしていた赤川の総合開発事業を計画。その一環として、当時全国的にも大規模な荒沢ダムの建設を企画し、計画を樹立、現在の県の治山、治水および水資源の確保に尽くした。

1949年、建設省に転勤、道路局道路補修課長、同地方道路課長、53年から59年まで神奈川県土木部長をつとめ、城ヶ島大橋架設事業などにあたった。

堂垣内尚弘　どうがきない・なおひろ　建設行政

1914.6.2 ～ 2004.2.2。北海道に生まれる。1938(昭和13)年、北海道帝国大学工学部土木工学科卒。海軍省建築局、陸軍で飛行兵として7年半勤める。戦後、北海道土木部、経済安定本部建設交通局、経済審議庁を経て、1952年から北海道開発局、1965年に北海道開発局長、事務次官、1967年に退官。1967年12月から70年3月まで北海道大学教授、69年に北海道総合開発研究所長、1971年から83年まで北海道知事、84年から堂垣内研究所長。

学生時代から柔道で活躍し、スポーツに造詣深く、北海道知事時代に札幌オリンピック(1972年)誘致に貢献。

北海道知事時代、漁業交渉で旧ソ連へ5回も出かけ、その際にはスポーツ省を訪れ、ス

ポーツ交渉の道を開く。道府県としては全国初の環境アセスメント条例の成立、全国知事会石炭部門の会長として、次々閉山する炭坑対策、僻地教育振興協議会会長として活躍。1968年グルノーブルオリンピックにはボブスレー団長、1988年カルガリーオリンピックでは日本選手団団長。

　知事退任後、大著『北海道道路史』を完成。

建設産業

南一郎平　みなみ・いちろべい　⇒トンネル分野参照

早川智寛　はやかわ・ともひろ
　　　　　　　⇒土木行政分野参照

太田六郎　おおた・ろくろう　建設業

1857.11. 不詳～1899.4.19。福井県に生まれる。1874(明治7)年、工部省工学寮入学、76年、工部大学校予科を経て80年、工部大学校土木科卒。在学中、秋田県の船川港と八郎潟の実測に従事し、また逢坂山トンネル掘削の実地を見習う。

島根県土木課に入り、1884年、工部省鉄道局に転じ、架橋工事を担当。海軍鎮守府を呉、佐世保の両港に設置することになり、86年、工事を請負った大倉組に招請され、また87年には関西鉄道会社発起人の嘱託を受けたが、共に辞す。

1989年、請負業界の体質改善と講負制度の近代化を図らねばならぬと、実弟中野欽九郎とともに東京に土木請負業の太田六郎工業事務所を創立(後に太田組と改称)した。工学士にして請負業界に名乗り出たのは、太田をもって嚆矢とする。

1989年、初めて横須賀鎮守府の工事を請け負って頭角を現し、大請負業者に劣らぬ信用を得る。ついで91年には信越線横川－軽井沢間の碓氷線の建設工事に参加、93年、参宮鉄道でコルベルトを請け負い、北陸線の敦賀付近の請け負う。

1894年には呉鎮守府第二船渠工事を落札、96年、豊州鉄道会社の行橋－長洲間(現日豊本線)、九州鉄道会社の大村－長興間、97年、岩越鉄道会社の岩越線(現磐越西線)建設工事など、鉄道工事を中心に、請負業を開始して以来20余の工事を行い、なかでも呉鎮守府、九州鉄道の工事で請負業者としての名を博した。

工部省鉄道局に入って以来、請負制度の改良を痛感し、その改善のために自ら事務所を設立し、一流の請負業者として評価されるまでになったが、前途を惜しまれながら死去した。なお彼の死後、その事業は中野欽九郎によって継承された。

菅原恒覧　すがわら・つねみ　建設業

1859.7.24～1940.4.10。岩手県に生まれる。1880(明治13)年、工部大学校土木科入学、86年、帝国大学工科大学土木工学科を27歳で卒業。

鉄道局に入り、日本鉄道会社の大宮－宇都宮間などの建設工事を担当、88年、佐賀振業社(請負会社)に転じ、九州鉄道第二期線の工事請負に従事した。90年、甲武鉄道会社勤務、翌91年、建築課長となり、新宿－飯田町間市街線建設に従事。その後、川越鉄道、青梅鉄道、豆相鉄道会社の技師長として工事を監督。98年、欧米を自費視察する。

翌99年に帰国後、菅原工事所を開設、1902年、菅原工務所と改称、本格的に土木工事請負業を始め、1906年、中央線の善知鳥トンネルを完成して名をあげる。

当時、工学士で土木請負業に転進したのは、太田六郎(80年卒)、佐藤成教(81年卒)

に次いで3人目であった。1907年、請負同業者を糾合し、鉄道工業合資会社を設立し、その理事長となる。同社は、1917(大正6)年、丹那トンネル東口工事を請け負い(西口は鹿島組)、難工事を完成させて業界に重きをなす。

菅原は一人の請負業者であっただけでなく、自ら請負制度の近代化をもくろみ、1916(大正5)年に鉄道請負業協会を結成、その会長となる。この協会は、25年に土木業協会、1937(昭和12)年に社団法人土木工業協会に発展し、菅原は病没するまで25年間にわたって常にその理事長の任にあり、労働者災害扶助法及同責任保険法(32年公布)の制定、片務契約の改善、入札及契約保証金の撤廃、営業税の改正、日本鉄道請負業史の編纂などに尽力した。

とくに請負業史の編纂は、鉄道建設における請負業者の功績が企業者・監督者に負けず劣らず大きい事実を明らかにすることに力点を置いた、類をみない鉄道史であった。菅原には官人としての閲歴はなく、建設業界の封建性の打破と建設業自身の体質改善にその指導者として全生涯を打ち込んだ。1940年、「告別の辞」を録音している。

著書に『甲武鉄道市街線紀要』(1896年)、『槐門遺芳』(1928年)がある。

岡 胤信　おか・たねのぶ　⇒ 河川分野参照

本多静六　ほんだ・せいろく　造林・造園

1866.7.2～1952.1.29。埼玉県に生まれる。1890(明治23)年、帝国大学農科大学林学科卒。92年、帝国大学農科大学助教授となり、林学講座を担当。99年、「森林植物帯論」によってわが国最初の林学博士となる。

1900年、東京帝国大学教授となり、独自の識見をもって造林学を組織し、1927(昭和2)年、退官した。この間、中国、韓国、台湾、南洋諸島、樺太をはじめ、北海道から沖縄に至る広範囲の山林調査を行うとともに、大学の演習林制度を創設し、その制度を学問と林業経営の実践の場とし、学問の自立のための財政的な基盤として捉えた。

また、水源林の重要性を深く認識し、多摩川上流の東京府水源林の設定に尽くすとともに、その森林の経営をも担当した。さらに内閣鉱毒調査会委員として、足尾鉱山をはじめ全国各地の鉱毒・煤煙調査および緑化復旧事業に携わった。

東北本線上野－青森間は日本鉄道会社により1891年に全通したが、翌92年、時の同社社長渋沢栄一に、強風と積雪から列車の運行を守るため、防雪林に関する意見書を提出して採用され、翌93年から青森県の野辺地付近に最初の鉄道防雪林が植栽され、その防雪林は鉄道記念物に指定されている。

また1903年に開園した日比谷公園では造園設計の責任者となり、これが契機となって、1918(大正7)年、自ら造園学の講義を始めた。同年に日本庭園協会理事長、19年、帝国森林会を設立して副会長(のち会長)につく。

「職業の道楽化」を信条とした本多は、最後の日まで執筆をつづけ、300余の文献を著したが、代表的著書に『森林家必携』(1904年)、『造林学本論』(合本、1911年)など。また、『私の財産告白』(1950年)や『私の生活流儀』(1951年)などの著書もある。他に『本多静六体験八十五年』(1952年)、『本多静六伝』(1957年)など。

梅野 實　うめの・みのる　⇒ 鉄道分野参照

鹿島精一　かじま・せいいち　建設業

1875.7.1～1947.2.6。岩手県に生まれる。

建設業界の地位向上と近代化に寄与した経営者。1899(明治32)年、東京帝国大学工科大学土木工学科卒。逓信省鉄道作業局に勤務。同年、鹿島組組長鹿島岩蔵の長女と結婚、養嗣子となり、鹿島組副組長に就く。

1912(明治45)年、父岩蔵の死去により37歳で三代目の鹿島組組長となる。1930(昭和5)年、鹿島組を株式会社組織に変更、初代社長に就任、1938(昭和13)年、会長となる。

事業では、とくに鉄道と水力開発の工事に業績を残した。なかでも、1918(大正7)年に着工し1933(昭和8)年に貫通した「世紀の難工事」と称された東海道線丹那トンネル工事では、特命で2社が選ばれた。鹿島組は西口を、他社の鉄道工業(菅原恒覧社長)は東口をそれぞれ請け負い、鹿島組にとっては社運をかけた事業であった。奇しくもこの2社のトップは、ともに帝国大学で土木工学を学び、業界のリーダーで、しかも同郷であった。

社業の確立とともに、昭和時代に入ってからは建設業界の社会的活動に関与し、1928(昭和3)年に就任した日本土木建築請負業者連合会会長時代は、入札や契約保証金制度の撤廃、片務契約の是正、営業税の改廃、請負業者の衆議院議員被選挙権の獲得など、業界の社会的信用と地位向上に尽くした。

この間、「請負座談会」(雑誌『エンジニア』、1930年)に出席し、また、「請負業界を顧みて」(雑誌『土木建築工事画報』、1933年)を書いている。

1940(昭和15)年に土木工業協会理事長(現日本土木工業協会)、戦後は、46年に貴族院議員に勅選されるとともに、建設業界からははじめての土木学会会長に選ばれたが、次年に行われる恒例の「歴代会長講演」はかなわなかった。

盛岡市先人記念館には「社会の近代化につくした人々」として顕彰されている。また、鹿島精一、宮長平作、島田藤による座談会の記録をまとめた『日本の土木建築を語る』(1942年)は、建設業の生き証人が語る貴重な記録となっている。

榊谷仙次郎　さかきだに・せんじろう　建設業

1877.3.3 ～ 1968.9.1。広島県に生まれる。1904(明治37)年、朝鮮に渡り、京義線工事などに従事。09年、32歳で工手学校土木科卒。1919(大正8)年、満州大連市に榊谷組を創立、1934(昭和9)年、株式会社榊谷組に改組、46年、終戦のため会社を解散し、翌47年70歳で内地に帰還した。

この間、1928年に満州土木建築業協会理事長、39年、日本土木建築業組合連合会副会長を務めた。榊谷は生涯を満州の建設業に捧げ、在満40年間、一日も欠かさず書き続けた日記78巻を残した。

榊谷は満州の土建王といわれ、張作霖や蒋介石とも面識があったほどの大きな勢力を張っていた。日記は榊谷が満州にあって、「満州土建王」といわれていた時代、1910(明治43)年から1946(昭和21)年7月にかけてのもので、内容は私事を避け、満州土建業界のありのままが微に入り細にわたって正確に伝えられ、満州国、関東軍、満鉄などにも及んでいる。

榊谷は、生前この日記を刊行することが念願であったが、郷里の広島県蒲刈島の倉庫に

保管されていた。一周忌を前に飯吉精一など関係者の手により約1300頁の1巻にまとめられ、1969年『榊谷仙次郎日記』として刊行された。日記の自筆稿本は国立国会図書館に保存されている。

白石多士良　　しらいし・たしろう　ケーソン工法

1887.10.17～1954.7.6。東京都に生まれる。父は白石直治。1912（明治45）年、東京帝国大学工学部土木工学科卒。鉄道院に入った後、民間会社の社長に転じる。1922年（大正11）年、東京帝国大学講師となる準備のため欧米へ遊学、ニューヨークで圧搾空気工法を視察、研究する機会を得る。

たまたま米国から英国への洋上で関東大地震の報に接した。英国で、ハドソン河底トンネル工事の元技師長で、その当時ちょうど南米グアテマラの震災復興工事を請負った直後のモーア（Moore）に会い、復興工事の工法の教えを受け、23年11月に急遽帰国する。

帰国の翌日、震災復興事業を統括する帝都復興院の理事（のち復興局土木部長）太田圓三から嘱託を命ぜられる。隅田川の五大橋の基礎を施工することを依頼され、白石は米国の潜函工事の専門技師3名を招請し、その施工機械の輸入を行った。永代橋、清洲橋の基礎工事はこの新しい潜函工法で施工された。

1933（昭和8）年には、宿願であった潜函工事を専門とする白石基礎工業合資会社を創立して社長となり、その後半生を同工法の確立に尽くした。著書に『潜函工法』（共著、1934年）など。

正子重三　　まさご・じゅうぞう　ケーソン工法

1887.10.21～1978.1.28。岡山県に生まれる。少年時にアメリカへ遊学、西シアトル高等学校を経て、1915（大正4）年、ワシントン州立大学土木工学科卒。現地に留まり、クラウン鉄工会社、シカゴ・ロックアイランド・パシフィック鉄道会社の技師を勤め、20年に帰国した。

翌1921年、日本電力会社技師。23年に関東大地震による帝都の復興事業がはじまると、24年、内務省に勤めた後、復興局技師となり、招聘した米国人技師の協力のもと、土木部橋梁課隅田川出張所の工事主任として永代橋、清洲橋、言問橋、相生橋など橋梁の基礎工事に空気ケーソン工法を導入し、創生期の潜函工事に画期的進歩をもたらした。

つづいて1927（昭和2）年には、新潟県道路技師として万代橋架け換え工事に、工事事務所長として指揮を執り、日本の技術者を指導して、新しい工法を純国産技術に高めた最初の工事に従事した。その後、吾妻橋、十三大橋、伊勢大橋、尾張大橋、淀屋橋、大江橋などの空気ケーソン基礎工事を指導、監督した。さらに32年には、空気ケーソン工法をはじめて地下鉄工事に応用した大阪市の土佐堀川・堂島川横断工事を指導した。

その後、内務省下関土木出張所嘱託を委嘱され、別府－大分間の国道改良事務所主任、矢尾国道改良事務所主任を経て、1933年、白石基礎工事合資会社技師長。

戦後は1947年に連合軍総司令部（GHQ）民間輸送局兼米国極東軍本部輸送局顧問として交通行政、道路計画に関与、また、土木技術者の地位の向上については、時の岩沢忠恭技

監とGHQとの間にあって、通訳者としてだけではなく、みずから技術者の立場から努力した。

この間、1929年にわが国で初めて開催された万国工業会議に日本の潜函工事に関する論文を提出し、その論文が母校ワシントン州立大学教授会に認められ、35年に工学博士となる。

正子は自ら「正子巡業団」を率いて、その生涯に全国各地で200余の数のケーソンを設計、施工し、空気ケーソン工法の開発を促進させたエキスパートであり、その工法に特殊の技術と経済的価値を付与した技術者であった。

著書に『潜函工法』(共著、1934年)、『圧縮空気潜函作業』(1951年)、『空気ケーソン工法第1部』(共著、1964年)がある。

門屋盛一　かどや・もりいち　⇒ 鉄道分野参照

飯吉精一　いいよし・せいいち
　　　　　　建設業・建設評論家

1904.2.27～1990.6.12。東京都に生まれる。1929(昭和4)年、東京帝国大学工学部土木工学科卒。間組に入社し、国内では萩線建設、城東線改良の鉄道省工事、伊勢大橋、国外では松花江、鴨緑江、黄河などの大橋梁工事に従事する。

1946年、敗戦による内地引揚げとともに鉄建建設に転じ、信濃川水路トンネル、上越新幹線清水トンネル、新幹線などの長大トンネル工事を完成させる。57年には同社による南米ペルーのサンタナ鉄道建設工事を指導する。65年から71年まで専務取締役。61年に「橋梁基礎工の掘削・沈下作業の理論的考察」で工学博士。

1965年から10年間早稲田大学理工学部講師、71年から75年まで日本大学生産工学部教授として土木施工学と土木施工システム工学を担当。80年から84年まで土木学会日本土木史研究委員会委員長。84年建設業界から2人目の土木学会功績賞を受賞する。

終生官職には就かず、戦前は請負業の社会的地位の向上に、戦後は建設業の近代化のために、その生涯を土木施工技術者として貫いた。

一方、1963年頃から著述業をはじめ、初めての著書『基礎とずい道の掘削』(1963年)を出版して以来、『土木施工学』(1971年)、『地盤の掘削－施工学的考察』(1982年)と、現場の生きた体験を基に「飯吉施工学」と呼ぶにふさわしい技術書を出版した。

他方、1971年の退職後は土木界では初めて自ら土木評論家と名乗り、『土木建設徒然草』(1974年)、『土木建設方丈記』(1978年)、『土木に生きる－また楽しからずや』(1978年)、『土木業－歩みとかたち』(1978年)、さらに『土木評論入門』(1981年)、『土木施工技術私論』(1984年)などの評論、随筆集を次々と出版した。

その晩年には土木人物論をまとめることに情熱を注ぎ、『ある土木者像・いまこの人を見よ』(1983年)と『近代土木者像巡礼』(1986年)を著し、優れた土木技術者の生き方を探った。

また、建設業史の確立を念願し、『日本土木史 昭和16年～昭和40年』(1973年)の中に初めて「土木建設業」を入れてわが国の建設業史をまとめるとともに、『戦時中の外地土木工事史』(1978年)という未開拓の分野の労作も編纂した。さらに、明治期より昭和20年までの土木関係出版物の出版状況を調査し、「近代土木文化遺産としての名著100書」(＊本書における〈戦前土木名著100書〉)を選出する。

飯田房太郎　いいだ・ふさたろう　建設業

1906.8.7 〜 1975.5.8。神奈川県に生まれる。1930(昭和5)年、東京帝国大学工学部土木工学科卒。間組に入社、各出張所勤務を経て47年に土木部次長、49年に取締役、69年から75年まで社長をつとめた。

この間、大井川千頭堰堤、久野脇発電所工事、終戦直後の羽田飛行場増築工事などを手がけ、1952年、大井川水系の開発が始まると、井川ダム、奥泉ダム、畑薙ダムなど、わが国の代表的なダムを次々と完成させた。

1973年土木学会会長に就任したが、民間の建設業界出身では2人目であった。

実業家

金原明善 きんばら・めいぜん
⇒ 砂防・治水・治山分野参照

雨宮敬次郎 あめのみや・けいじろう　実業家

1846.9.5 〜 1911.1.20。山梨県に生まれる。10歳の頃から甲州第一の学者であった修斎畝春の塾に住み込み、学んでいたが、家計が苦しく働き手が必要なため、16歳の時に実家に呼び戻された。家の窮状は彼を発奮させ、家中の金で鶏卵を買い集め、甲府の町に担いで行って茶屋や旅館に売り歩いた。これが多少の利益となったことをきっかけに、商売に熱を注いだ。18歳の頃には、鶏卵売りだけでなく、特産の真綿、葡萄などの物産を江戸に運び、その利益で江戸の物産を甲府に運ぶ、という商売をはじめる。

1869(明治2)年、24歳の時、60円をもって横浜に移り両替および洋銀相場に着手、76年、外国人と共同して蚕の種紙を買入れ、イタリアに渡航したが失敗し、翌77年帰国する。その後、石油の輸入、製粉事業、軽井沢の開墾、砂金事業などを興したが、はかばかしくなかった。

ついで、殖産興業の基盤としての鉄道事業に着目し、1889年に甲武鉄道(現在の中央線)を新宿 − 八王子間に開業させた。甲武鉄道の成功により、北海道炭礦鉄道、川越鉄道、東京市街鉄道、豆州電軌鉄道の創立に力を尽くし、さらに京浜電気鉄道、静岡鉄道、伊勢軽便鉄道、広島軌道、山口軌道、浜松鉄道などの発起人、社長となり、1908年、自己の支配下にある各地の8社を合同して大日本軌道㈱を創立した。

北は福島から南は熊本までにわたる範囲に、大規模な蒸気軌道事業網を形成し、私鉄界に大きな位置を占めることとなった。また、事業は、鋳鉄事業、桂川水力電気事業、木材事業、その他炭鉱、採油、海運、貿易などに及び、「天下の雨敬」とまで呼ばれるようになった。

一方、鉄道国有論、鉄道広軌道論を主張してその実施に努め、外資導入や東京商品取引所の改革にもあたった。巨万の富を積みながら生活は質素で、事業に必要とあれば、大金を喜んで融通した、明治の実業家気質を代表する人物の一人であった。

浅野総一郎 あさの・そういちろう　実業家

1848.3.10 〜 1930.11.9。富山県に生まれる。村医の長男であったが16歳の頃より実業に志し、地元で特産物の販売会社を設立したが事業に失敗し、新たな大志を抱いて1872(明治5)年上京。御茶の水の路傍で冷水売りを始めたが、これが帝都での事業の第一歩となる。

翌1873年、横浜に出て味噌醤油商に奉公し、次いで薪炭商、さらに石炭販売業を始める。76年、横浜の瓦斯局よりコークスの払い下げを受け、これをセメントの燃料としたが、これが後に浅野がセメント事業に参入する契機となる。また同年、渋沢栄一に初めて知遇を得る。

1880年、政府は財政緊縮政策の一環として官営セメント工場を民間に払い下げること

になり、浅野は84年に工部省深川セメント工場の払い下げを受け、再建に成功し、浅野セメント工場（後の日本セメント）が誕生した。これを契機に渋沢、品川弥二郎、榎本武揚、益田孝、大倉喜八郎などと深く交わり、実業界で、石炭、製鉄、海運、造船、水力発電、鉄道、貿易などの事業を展開した。98年、浅野セメント工場を合資会社に改め、安田善次郎と財政的に提携してからは事業がさらに拡張し、1919(大正8)年頃までには、わが国の実業界に浅野王国を築いた。

セメント会社の拡張とともに浅野がその晩年に及んで手掛けた事業は、「浅野埋立」と称される京浜間の大埋立地造成事業で、1907(明治40)年、安田とともに東京湾築港を計画し、翌08年には鶴見海岸150万坪の埋立計画を立案した。

東京・横浜間に運河を開削して東京港を築き、運河の沿岸に大埋立地を造成する構想で、許可にはならなかったが、その埋立事業の一環である鶴見・川崎間の事業は1913(大正2)年工事に着手、1928(昭和3)年、埋め立てに成功して大工業地帯を創出させ、今日の京浜工業地帯の礎を築いた。

多彩な事業歴を刻んだ浅野はまた、1920(大正9)年、浅野総合中学校（現・浅野学園）を創立して育英事業にあたり、23年の関東大地震に際しては、率先して巨額の義援をするなど社会公共のために寄与した功も残した。

1929(昭和4)年、82歳の高齢で欧米漫遊に出かけ、ベルリンで病に倒れ、帰国後回復することなく83歳の生涯を閉じた。浅野翁の信条は「稼ぐに追いつく貧乏なし」という簡単極まるものであった。

山田寅吉　やまだ・とらきち　コンサルタント業

1853.12.21～1927.3.31。福岡県に生まれる。1868(明治元)年、15歳で小倉の小笠原藩の官費留学生としてイギリスに渡る。さらに70年、フランスに転じて、パリのシャルルマーニュ高等中学校を経て、76年、エコール・サントラル（中央工業大学）を卒業。大学入学の73年、文部省は海外官費留学生の帰国命令を発したので、自費留学となり、学費と生活費とを自らの努力で賄うこととなった。同校卒業後は土木や機械などを実地修得するため滞在を延長し、77年から鉄道会社メーヌ・エ・ロアール社に勤務し鉄道建設の現業に就く。

この間、1878年のパリ万国博覧会を視察中の内務省勧農局長松方正義は山田に引見し、互いに意見が合い、山田も強く願ったので、内務省勧農局御用掛雇として製糖事業などの調査を命じられる。

1879年、10年間におよぶフランス滞在から帰国し、同79年6月、福島県の猪苗代湖疏水（安積疏水）工事設計主任、同年9月、北海道紋別製糖所建設主任となる。この疏水設計で山田は、全般に渉る設計を詳細に調査し、復命した。81年4月から82年6月までは農商務省工務局（旧組織は内務省勧農局）に勤務。この間に『甜菜製糖新書』(1881年)を著す。

1882年11月から83年9月までは東京馬車鉄道会社技師長として、新橋、上野、浅草間の軌道敷設に従事する。83年11月、内務省技師に転じ、84年に第二区（仙台）土木監督署巡視長、85年に第一区（東京）土木監督署巡視長兼任。

当時、内務省土木局では古市公威と同格の技術官僚のトップであったが、86年2月に官を辞した。この時点から、山田は忘れられた土木技術者となってしまった。

その後は民間で、また個人として請負事業などに従事する道を歩み、自ら「趣味は事

業」と記した人である。

1887年3月、明治期最大の建設会社である日本土木会社が設立されると、同5月、技師長に招請され、90年5月まで在職した。同会社では九州鉄道、讃岐鉄道、門司築港、木曽川浚渫工事、琵琶湖疏水トンネル工事などに従事した。

1890年6月からは個人の建設コンサルタント（Consulting Civil Engineer）として、大阪市に事務所を構え、設計および請負などの事業で活躍し、1901年には「工学博士山田寅吉工業事務所」を設置した。1897年から1900年までは金辺鉄道会社技師長。1904年から05年までは、日露戦争下にあって、速成を要求された韓国の京釜鉄道の一部および京義軍用鉄道の一部の工事を個人として請負った。1907年から09年までは宇ノ島鉄道会社技師長。1913（大正2）年から19年までは朝鮮で灌漑工事などに個人として従事。20年、豊国炭鉱会社社長、翌年に同社を辞す。21年12月、朝鮮臨津面水利組合長に就いたが、23年にこれを辞した。

国立国会図書館憲政資料室には『三島通庸関係文書』が保管され、その中に、時の内務省土木局長三島通庸宛の山田寅吉の書翰「宮城県土木工事現況 北上川改費ノ件 明治十八年七月三一日」と、1879（明治12）年当時の職制を記した書類「仏国工部省職制（付）三島局長宛山田三等技師添書 明治十八年一月」の2通が残されている。

なお近年、岡山県倉敷市に建立されている塩田王・野崎武左衛門の顕彰碑（オベリスクを模している）は山田の設計であることが確認された。

原田虎三　はらだ・とらぞう　機械コンサルタント業

1854.1.3～1898.11.11。静岡県に生まれる。工学会初代会長。1880（明治13）年、工部大学校機械科卒。工部省技手となった後、工部大学校教授補、同校助教授を経て、83年、農商務省御用掛となり、船舶検査業務に従事する。

1884年、大阪商船会社に機関検査役として招かれ、同社の船舶改良では木船よりも鉄船の有利なることを説き、同社の方針を鉄船採用に導いた。またイギリスのグラスゴー出張中に三連成機関を購入、帰国後これを新造船の大和川丸、宇治川丸に装置し、わが国の汽船に初めて三連成機関を採用した。

1894年、病を得て同社を辞した後は、96年、大阪に「船舶緒機械相談所」を設置、原田の検査証は外国保険会社から高い信用を得て、わが国におけるコンサルティング・エンジニアーの業務に先鞭を付けた。

原田はまた、わが国に1879年初めて誕生した工学系総合学術団体である工学会の初代会長に82年選ばれたが、わずか半年で工部省の生みの親である山尾庸三にとってかわられた。

桑原 政　くわばら・せい　実業家

1856.2.24～1912.9.9。東京都に生まれる。幕末の思想家・藤田東湖は伯父にあたる。1880（明治13）年、工部大学校鉱山学科卒。82年、同校助教授、83年、住友別子銅山技師。

1885年、藤田組に招かれ、翌86年には藤田組が請負った大阪の天満、天神、木津、渡辺、肥後の5大橋改築の鉄材購入を兼ねて、

欧米の鉱山業視察のために洋行、購入材料の総てが設計の規格に合致し、外人技師の称賛を得、藤田組の信頼を高める。

1892年、藤田組を辞し、当時わが国の工業事務所を代表する桑原工業事務所を設立（後に桑原商会）。95年と1903年に内国勧業博覧会審査委員。その後、豊州鉄道、明治炭坑、九州炭坑、京阪電鉄などの取締役、社長をつとめた。なかでも、京阪電鉄の枚方に遊園地を開き、その園内に「菊人形」や文豪村上浪六を記念して「浪六茶屋」を設け、乗客の誘致にあたった。また、大阪商業会議所特別議員をつとめ、茨城県から衆議院議員に3回選出されている。

『桑原政遺影』（1931年）がある。

渡辺嘉一　わたなべ・かいち　実業家

1858.2.8 ～ 1932.12.4。長野県に生まれる。

1883（明治16）年、工部大学校土木科卒。工部省鉄道局に勤務。84年、官を辞し英国に留学、86年にグラスゴー大学を卒業。

1888年、米国に渡り鉄道、橋梁、上下水道などの工事を視察して同年に帰国した。

帰国後は日本土木会社、参宮鉄道、豊川鉄道、北越鉄道会社などの社長、技師長、顧問を勤め、また北越鉄道では越後産の石油の残滓を機関車用燃料に応用するわが国最初の発明で特許を取得した。

その後、伊那電気、京阪電気、成田電気、京都電気、奈良電気、京王電気など鉄道会社の重役、さらに東京石川島造船所、関西瓦斯、天竜川電力などの会社に社長、役員として就任した。一方、帝国鉄道協会長、機械同業組合長などもつとめ、始終一貫して鉄道事業と工業界の進展に尽くした。

小田川全之　おたがわ・まさゆき　実業家

1861.2.22 ～ 1933.6.29。東京都に生まれる。1883（明治16）年、工部大学校土木科卒。同83年より86年まで群馬県と東京府につとめ、道路、橋梁、水道、河川工事に従事する。87年から90年まで工務所を開設して民間土木事業を営む。

1890年、古河市兵衛の知遇を得て古河家に入り、足尾銅山において土木事業を管掌する。97年からは足尾銅山鉱毒予防工事を担当する。1900年、各国の土木および鉱山事業調査のため欧米を視察し、03年、本店理事となり、11年より15年まで足尾鉱業所長を兼任し、21年に至るまで古河合名会社、古河家の諸事業を掌握していた。

なお、1909年、足尾鉄道会社を創立して取締役になった後、社長に就任したが、18年、同鉄道は国有となった。アメリカの鉱業会、土木学会、またイギリスの土木学会、電気学会の会員でもあった。

久米民之助　くめ・たみのすけ　実業家

1861.8.27 ～ 1931.5.24。群馬県に生まれる。1884（明治17）年、工部大学校土木科卒。同

年、宮内省皇居御造営事務局御用掛となり、二重橋の設計・監督にあたる。86年、帝国大学工科大学助教授になったが、同年、宮内省と助教授を依願退職して大倉組に入る。87年、清国に渡り李鴻章(清国の朝鮮政策に大きな影響力を持つ北洋大臣)に会い鉄道敷設を説く。89年、土木および鉱山事業調査のため欧米諸国を視察。90年、久米工業事業所を設立(後の久米合名会社)。95年以降、台湾、朝鮮、国内で鉄道工事などを手掛ける。

98年から衆議院議員に4回当選。1904年、政界から離れ、山陽鉄道、唐津鉄道、箱根トンネル、台湾の各鉄道工事を担当する。1919(大正8)年、朝鮮に金剛山電気鉄道会社を設立し社長となる。この間、土地を購入し、16年には郷里の沼田城址を公園にする工事に着手、26年に沼田町に寄付するなど公益事業も行い、1989(平成元)年に沼田市名誉市民に顕彰される。

門野重九郎　かどの・じゅうくろう　実業家

1867.9.9～1958.4.24。三重県に生まれる。1884(明治17)年、慶応義塾の理財学および法律学を修了。91年、帝国大学工科大学土木工学科卒。米国のペンシルバニア鉄道会社に入り、4年間にわたって鉄道敷設工事に従事した後、退社して欧州の工業の実情を視察して96年帰国。山陽鉄道会社に勤務後、大倉喜八郎の知遇を得、97年大倉組に入り、ロンドン支店長を長くつとめ、1909年に大倉組副頭取、1914(大正3)年、大倉土木会長となり、1937(昭和12)年まで在任した。

社業以外に経済界でも広く活躍し、東京商工会議所会頭、日本商工会議所会頭、上毛電気鉄道、南朝鮮鉄道など数多くの会社の役員などに就き、また、国際経済会議、国際商業会議など国際会議にも参画して国際的にも活躍した。

門野は日頃、河村瑞賢を崇敬していたが、神奈川県鎌倉市の建長寺にある瑞賢の荒廃した墳墓を修理し、保存するため、財政的な援助もし、河村瑞賢墳墓保存会代表となって「河村瑞賢追憶碑」を1934年に建立した。

自伝に『平々凡々九十年』(1956年)がある。

福沢桃介　ふくざわ・ももすけ　実業家

1868.6.25～1938.2.15。埼玉県に生まれる。1883(明治16)年、慶應義塾に入り、塾長福沢諭吉にその学才を認められ、その女婿となる。卒業後の87年に渡米、ポケペシー商業学校卒業後、ペンシルバニア鉄道会社で実地研修に従事した。

1889年に帰国して北海道炭鉱鉄道会社入社後は実業界で活躍した。四国水力電気、名古屋電灯、木曽川電力、大阪送電、大同電力、天竜川電力、昭和電力、矢作水力電気、また鉄道では東海道電気鉄道、愛知電気鉄道、九州電灯鉄道、横浜電気鉄道、松山電気軌道、唐津軌道など電力、鉄道の各会社の社長、重役、顧問などに就任して財界に重きをなした。なかでも、大同電力による木曽川の電源開発事業では、1924(大正13)年にわが国最初の巨大なダム式発電所の大井ダムを完成させた。

また1912(明治45)年、千葉県より選出されて衆議院議員となったほか、帝劇会長もつ

とめ、1928(昭和3)年、実業界からの引退を声明した。その後、財界の人物を評した著作や西洋文明の没落に関する書を出して気を吐いた。

著書に『桃介は斯くの如し』(1913年)、『西洋文明の没落・東洋文明の勃興』(1932年)など。

野口 遵　のぐち・したがう　実業家
1873.7.26～1944.1.15。石川県に生まれる。

1896(明治29)年、帝国大学工科大学電気工学科卒。福島県郡山市の郡山絹糸紡績会社に電気技師長格で入社し、在学中から設計に携わっていた沼上水力発電所建設に従事する。

その後、ドイツのシーメンス・シュッケルト日本出張所に入社、また宮城県の仙台電気会社でカーバイト製造に着手。1906年、鹿児島県に曽木電気会社を設立、曽木水力発電所を建設し、付近の町村に電灯電力を供給するとともに、余剰電力を利用して熊本県水俣にカーバイト製造工場を建設して事業経営に乗り出し、野口が終生化学工業界に身を捧げる機縁となる。

1908年、日本窒素肥料会社を設立、カーバイトを原料とする石炭窒素の製造を本格的に始める。その後は各地に化学工場の新設と化学会社を設立、また数多くの水力発電所を建設して、その豊富で低廉な電気を利用して電気化学工業の分野を開拓していく。

野口の記録されるべき事業は、わが国の大陸進出時代に際して朝鮮に進出を決意し、鴨緑江の本・支流を開発したことであろう。朝鮮では赴戦江・長津江・虚川江の水力開発、興南を中心として肥料をはじめあらゆる化学工業を興し、また鴨緑江本流の水豊発電所建設による電源開発など、日本窒素肥料の経営者として、新興コンツェルンの第一人者となった。

一介の野人をもって任じ、なんらの官歴もなかったが、明治・大正・昭和の三代にわたりわが国の資本主義経済の発展時代に、電力開発と電気化学工業の先駆的事業家として、大きな足跡を残した。晩年の1941(昭和16)年、全財産を寄付して野口研究所と朝鮮奨学会が設立された。

平山復二郎　ひらやま・ふくじろう
⇒ 鉄道分野参照

久保田豊　くぼた・ゆたか　実業家・コンサルタント業

1890.4.27～1986.9.9。熊本県に生まれる。1914(大正3)年、東京帝国大学工科大学土木工学科卒。在学中に鬼怒川水力発電工事を実習、卒業論文は「水力電気の堰堤」。内務省に入り約6年間勤務する。

1920年、横浜の絹貿易商茂木本店で水力計画の企画に携わったのち、同年5月、久保田工業事務所を設立し、河川、水力、港湾などの技術顧問として国内および朝鮮において25年まで営業。この間、日本窒素肥料会社社長の野口遵との出会いが契機となり、久保田はその朝鮮における化学工業の電力開発部門を担当することとなる。

1926年、朝鮮水電会社に入り、朝鮮北部の赴戦江の大水力開発工事に従事し、その後、長津江水電、日本窒素肥料各社の取締役、41年、朝鮮鴨緑江水力発電社長、43年、

朝鮮電業社長などに就任する。長津江、虚川江、鴨緑江本流などの水力開発にあたり、なかでも37年に着工し、44年に完成した鴨緑江の水豊ダムは、当時世界最大の発電量を誇った（完成時には世界第2位）。この水豊ダム建設により、42年に朝日文化賞授賞。また、中国、ベトナム、インドネシア、マレーシアで鉱山、水力、アルミニウムなどの資源開発にも力を注いだ。

戦後は、1946年、コンサルタント業務を主とした日本工営会社を設立し、社長に就任。いち早く海外に目を向け、ベトナムのダニム水力発電計画、メコン河開発、ビルマのバルーチャン水力発電計画、ラオスのナムグム総合開発計画、インドネシアのアサハン開発プロジェクト、韓国の昭陽江の電力開発など、とくに開発途上国のプロジェクト開発に晩年まで力を注いだ。

1984（昭和59）年、東南アジアを中心とする開発途上国の経済・技術研修生育成のために「久保田基金」を設立するなど、長年にわたり海外での開発事業推進に尽力した功績により、「海外技術協力の父」との評価を受けた。

野田誠三　のだ・せいぞう　実業家

1895.2.11～1978.3.28。兵庫県に生まれる。1922（大正11）年、京都帝国大学工学部土木工学科卒。阪神電気鉄道会社に入り、ただちに土木課で甲子園球場建設の設計を担当し、24年に開設させる。

以来、土地、運輸などの部長を経て1951（昭和26）年、社長に就任。戦争で被害を受けた鉄道の復興にあたるとともに、拡大する阪神都市圏の都市交通機関の近代化にあたった。67年に会長となる。

また、阪神百貨店、阪神不動産社長など多数の系列会社の役職をつとめ、鉄道を中心に経営の多角化を進め、阪神グループを成長に導いた。この間、1952年、日本高等学校野球連盟の野球功労者、52年から74年までプロ野球阪神タイガースのオーナー、66年、プロ野球オーナー会議初代議長をつとめた。74年に野球体育博物館はその功労を称え、「野球の殿堂」に表彰額を掲げた。

岸 道三　きし・みちぞう　実業家・道路

1899.12.1～1962.3.14。大阪府に生まれる。1929（昭和4）年、東京帝国大学工学部鉱山学科卒。東京帝国大学学生課勤務後、若き経営者として民間会社経営に参画。33年、南満州鉄道株式会社経済調査会、のち興中公司広東事務所長、37年、第一次近衛内閣首相秘書官となる。

その後、全日本科学技術統同会会長、大日本技術会理事長をつとめる。戦後の1949年、同和鉱業会社副社長、55年、経済同友会代表幹事となる。56年、日本道路公団設立とともに初代総裁に就任（60年再任）。道路の建設は人道を越えた天道であると説き、6年間、わが国の高速自動車道路を中心とした有料道路と名神高速道路建設事業を進めた。

1961年、その業績により、国際道路連盟から日本人として初めて「マン・オブ・ザ・イヤー」（通称「ワールド・ハイウエイマン賞」）を授与された。もっとも心血を注いだ名神高速道路は63年、尼崎－栗東間の開通をみたが、業半ばにして現職のまま死去した。

工業人

大鳥圭介　おおとり・けいすけ　工業人

1832.2.28～1911.6.15。兵庫県に生まれる。14歳のとき備前の閑谷黌で漢学を、大阪で緒方洪庵の塾で蘭書を学んだ後、江戸の江川塾に招かれ、蘭学による兵書の講義を行うとともに、兵書、築城の書を著す。また、当時米国漂流から帰国した中浜万次郎に英語を習う。

1866（慶応2）年、徳川幕府の直臣に抜擢され、ついで68年に設置された開成所（東京大学の前身の一校）の教授となる。67年10月の大政奉還後は、明治政府（官軍）に反対する「賊軍」の一員として東北各地を転戦、函館の五稜郭で榎本武揚らとともに降伏、帰順し、1869（明治2）年6月、東京に護送されて獄に入り、72年、救免出獄する。

1872年、開拓使御用掛となってはじめて官途に入り、以後、大蔵少丞、陸軍、工部両省の四等出仕、工学権頭兼製作頭を経て、78年に工学頭となる。この間、米国、シャム国（タイ国）に出張。その後、工部大書記官、81年に工部技監、翌82年工部大学校（工部省設置の大学で後、東京大学に合体）校長、1901年には第五回内国勧業博覧会審査総長となる。その間、元老院議官、学習院長、華族女学校校長、清国特命全権公使、枢密顧問官などをつとめた。

著書（訳書）に〈戦前土木名著100書〉の『堰堤築法新按』（1881年）があるが、本書は大鳥が米国各地を巡歴中、オハイオ州で目にした書で、わが国の工業、農業にとって必要欠くべからざる実書と認め、本務の間にまとめた書で、工業人としての大鳥の一面が窺い知れる。

山尾庸三　やまお・ようぞう　工業人

1837.10.8～1917.12.21。山口県に生まれる。

1851（文久元）年、箱館奉行支配絵術調所教授・武田斐三郎から西洋科学技術、とくに航海の技術を学ぶ。63年、横浜イギリス一番商館の周旋で国禁を犯してイギリス船に乗り、井上聞多（馨）、伊藤俊輔（博文）、遠藤謹助、野村弥吉（井上勝）の4人と渡英。世にこれを「脱藩洋行の五人男」という。

イギリスで山尾は造船学を実地修業する。1870（明治3）年、帰国して新政府の民部権大丞に任ぜられ、同年、工部省が創設されると工部権大丞に転じ、その後は81年まで工部大丞、工学頭兼測量正、工部少輔、工部大輔、80年には工部卿となり、一貫して工部省の要職を歴任した。

工部省時代の山尾は工学を奨め、産業を興し、工業の振興をはかるためには、まず学校で人材の養成が急務であるとし、1871年、工学寮を創設した。

工学寮付属の工学校は、ダイアー（H. Dyer）を都検（教頭）とする9名のイギリス人教師の招聘によって、1873年に開校し、77年に工部大学校と改称され、着々と適材を輩出した。山尾の工業教育の根底としての工部大学校は85年に工部省廃止とともに文部省に移管され、86年には帝国大学工科大学となった。

工業教育の父と呼ばれる山尾はまた、鉱山、造船、電信、灯台、製鉄などの事業にも尽くし、盲唖学校設立の主唱者でもあった。1879年、工部大学校第1回卒業式で、ダイアーが卒業生に工学系団体の結成を呼び掛けたのを契機に、同年、わが国における最初の工学系学会である工学会（現・日本工学会）が同校第1回卒業生を中心として創立された。

1882年、山尾は第2代会長に就任し、1917（大正6）年に病をもって辞任するまで36年間にわたって、会長として会の維持、発展に努めた。工学会は1881（明治14）年に会誌『工学叢誌』（84年『工学会誌』と改題）を創刊し、事業として『明治工業史』（全10篇、1925～31年）を啓明会と共同で編纂した。

伝記『山尾庸三伝：明治の工業立国の父』（2003年）がある。

杉山輯吉　すぎやま・しゅうきち　工業人

1855.8.25～1933.9.26。静岡県に生まれる。1872（明治5）年、沼津の海軍兵学寮に菊間藩（明治維新後に沼津藩は千葉県に転封）の貢進生として入学したが同年に退寮。73年、工部省工学寮工学校に官費入学、77年、工学寮は工部大学校と改称され、79年、工部大学校第1回卒業生（7科で23名）として土木科を卒業する。

わが国初の工学系総合学術団体は、工部大学校の第1回卒業生により1879年11月18日に設立された工学会であるが、杉山は当初から幹事としてその運営に参画した。

この工学会は、1880年6月から翌81年10月まで8号にわたり「工学会員頒布用」の『工学叢誌』を刊行し、杉山はその編纂委員をつとめ、創刊号のみ編集兼出版人として記載されている。

その後、工学会は機関誌『工学叢誌』（1884年に『工学会誌』と改題）を1881年4月から1921（大正10）年10月まで全452巻の刊行を続けた。杉山はその間、200余件の記事等を同誌に発表したが、これだけ数多くを発表した人は杉山を除いてはいない。また、『工業雑誌』（工業雑誌社、1892年創刊）では93年に発行兼編纂者、さらに、「工談会」（88年設立、会長・古市公威）では97年（会長・大鳥圭介）に顧問（杉山のみ）、名誉員として名が記されている。

他方、大学卒業後の杉山は、工部省鉱山局勤務後、1882年から84年まで長野県に勤務し長野県道路開削委員などをつとめた。その後、農商務省御用掛を経て、藤田組に転じ大阪駅改築工事や呉軍港建築工事に従事し、一時は日本土木会社にも在籍した。88年に東京で設計事務所を開業し、92年には工業視察のため極東ロシア、朝鮮、中国に出かけている。

1896年、台湾総督府に転じ民政局技師、基隆築港調査委員などを経て、翌97年に民政局臨時土木部土木課長となり同年非職となる。その後、1901年頃から大阪市で、工部大学校の同期生・桑原政（工学会副会長、衆議院議員などを歴任）が経営する工業事務所内に「杉山土木工務所」を開設し、土木工事の設計監督に従事した。

著書に『川河改修要件・砕石道路築造法』（1888年）など。

野沢房敬　のざわ・ふさたか　工業人

1864.11.不詳～1934.10.30。静岡県に生まれる。1888(明治21)年、帝国大学工科大学土木工学科卒。滋賀県、群馬県に勤務する。

1891年、鉄道界に転じ、山陽鉄道会社、次いで九州鉄道会社に99年まで在職する。同年、当時の代表的な機械輸入商の高田商会に招請され、3年間ロンドン支店に勤務した。その後、外国企業、建設業者の早川組の顧問など。

野沢は昭和にいたるまで土木技術界のために筆を離さず、当時の代表的な雑誌である『工学会誌』、『工談雑誌』、『工学』に90余編の論考を著しているが、その中でも「請負業」に関するものが多く、土木界の隠れたる指導者といわれた。

著書に『木橋図譜』(1893年)、『岩石と其爆発』(1920年)、『コンクリート作業必携』(1927年)、『混凝土用型枠』(1929年)など。

倉橋藤治郎　くらはし・とうじろう　工業人

1887.11.22～1946.4.4。滋賀県に生まれる。1910(明治43)年、大阪高等工業学校窯業科卒。

戦前において、土木、建築、機械、造船、電気、化学など工学科出身者で結成された工学・工業系の著名な団体の一つに、1918(大正7)年に創立された「工政会」がある。当会は、行政や会社に属する技術者が、法科万能に対する水平(平等)運動を主目的とした活動を展開したが、倉橋は23年にその常務理事となり、機関誌『工政』を創刊した。

関東大地震後は、後藤新平を中心とする帝都復興院の復興事業計画を側面から支援し、復興局の直木倫太郎、太田圓三など幹部技術者や行政官と密接な連絡のもとにその運動を展開した。1930(昭和5)年に内務省復興局が廃止されるまで関係し、廃止に伴う職員の就職の斡旋までつとめた。太田圓三の追悼誌『鷹の羽風』(1926年)を編集したのは倉橋である。

またこの間、わが国で初めて工業界の動向を集大成した『日本工業大観』(1580ページ、1925年)を編纂した。1939年、短期工業技術者養成機関として興亜工学院を創設し、また明治、中央、日本、法政の各大学の講師、実業教科書、工業図書の各社長、実教出版初代社長もつとめた。

著書に『土木工学最近の進歩』(1939年)、『実業教育論』(1944年)など。

出版・情報

高津儀一　こうつ・ぎいち　土木編纂官

　生没年不詳。東京府士族。『土木工要録』の編集責任者。経歴は『内務省職員録』の記載によると、1876(明治9)年、内務省土木寮に出仕、77年、同寮は土木局と改められ、89年12月10日付の職員録まで記載され、御用掛、工事課、治水課に勤務し、宮城県の野蒜築港工事にも携わっている。

　高津は、江戸幕府の普請(土木)方が伝え、収蔵してきた文献を中心にまとめた『堤防橋梁積方大概』と『堤防橋梁組立之図』(ともに1871年刊行)の編集に関わった。

　この『大概』と『図』を基に、明治初期に導入した欧米の工法を加え、修正して1881年に〈戦前土木名著100書〉の『土木工要録』(天地人3冊、付録2冊)を内務省土木局は編纂したが、実際にとりまとめたのは高津である。同書は、現在でも明治以前の土木の施工法を知るための貴重な文献である。

熱海貞爾　あつみ・ていじ　土木翻訳官

　1836.6.1～1884.8.9。宮城県に生まれる。白石城主片倉氏の家臣で、江戸に出て大槻俊斉に蘭学を学び、仙台藩に召出され、養賢堂洋学教授となる。

　1868(明治元)年の戊辰戦争の際には、額兵隊の副長となり国事に奔走、後に箱館戦争では榎本武揚の軍に投じ、70年、東京藩邸に自訴して罪を赦される。この間、福沢諭吉の庇護を受け、また、蘭書の翻訳の仕事を紹介される。

　その後、明治政府に出仕し、1876年7月5日改正の『内務省職員録』では内務省土木寮に属し、83年に辞官している。

　熱海は、明治初期に訳されたオランダの治水書の翻訳官として知られているが、『堤防略解』(1871年)、『治水摘要』首巻・二巻・三巻(1871年)、『治水学』主河編 巻壱・巻弐・巻参(1871年)などの書を残している。

　なお、国立国会図書館憲政資料室に『三島通庸関係文書』が保管されているが、同文書の「四九二 水利・開墾」には、「11 水田灌漑ノ法ヲ振興スルノ議 熱海貞爾(宮城県士族)」がある。この議は、「明治十六年九月 宮城県士族熱海貞爾 新潟県平民諸橋民三」の連名で記されている。

木下立安　きのした・りつあん　⇒鉄道分野参照

坂田時和　さかた・ときわ　土木雑誌編集者

　1876.9.30～1940.3.20。愛媛県に生まれる。1898(明治31)年、第三高等学校工学部土木学科卒。長崎県、京都市、山陽鉄道会社に勤務。1907年、大阪市の技師となり、下水道改良課長などをつとめたが、関一助役と対立して1924(大正13)年に依願退職した。

　1922年、兵庫県西宮市に工学研究社を設立し、翌23年、月刊誌『工学研究』を創刊。24年からは東京に移住し、1936(昭和11)年12月まで13年間にわたって発行を続けた。民間の土木系雑誌が輩出したのは大正時代であるが、その中にあって本誌は、坂田の個人誌ともいえる雑誌であった。気の向くまま、日記の代わりに新聞、雑誌に現れた諸論説、技術論文に「批評は私の生命である」との信念のもとに辛辣な批評を行い、独自の論陣を工学全般にわたって展開した。

　他誌を模倣することを極力排除する方針のもとに編集を行うため、編集者として読むことと書くこととに情熱を注いだ。本誌は他誌に比べてきわめて広告が少なく、経済的には無頓着ともいえる状態で発行を続けたが、

病と、参考書や雑誌も次第に買えなくなる経済状態とに追い込まれて、異色の雑誌は157冊目で廃刊となった。『一喘一墨：坂田時和遺稿』（1982年）がある。

鶴田勝三　つるた・かつぞう　⇒ 電力分野参照

長江了一　ながえ・りょういち　土木雑誌編集者

1886.4.26～1933.7.18。岡山県に生まれる。1913（大正2）年、京都帝国大学理工科大学土木工学科卒。大林組に入社し、現場監督として従事した後、泉北築港会社を創立、技師長となる。

1921年、東京市道路局に転じ、道路改良課長をへて道路課長。23年、道路舗装工事実地視察のために米国へ出張し、同年帰国して内務省復興局技術試験所創設とともに技師となる。

この間、同試験所長の岸太一とともに、1922年に道路研究会を創立（24年に道路協会となる）、機関誌『道路』の編集に参画する。25年、復興局を辞し、専ら道路協会の事業と『道路』の発行にあたる（26年、『道路』は『都市工学』と改題）。1929（昭和4）年、終生の事業として独力で都市工学社を興し、主幹として『都市工学』と『エンジニアー』（1930年、『都市工学』を合併して創刊、36年まで発行）を発行、ことに晩年の『エンジニアー』に情熱を注いだ。

技術雑誌、その中でもとくに民間の土木系雑誌の発行は容易ではなく、始終一貫、孤立無援の中、経営に没頭した。長江は、戦前期を代表する民間の土木系雑誌の個性豊かな編集者のひとりである。かたわら武蔵高等工科学校土木科教授、昭和高等鉄道学校土木科講師もつとめた。

金森誠之　かなもり・しげゆき　⇒ 河川分野参照

飯吉精一　いいよし・せいいち
　　　　　　⇒ 建設産業分野参照

資料・索引

戦前土木名著100書
土木人物誌関係図書および主要雑誌
参考雑誌・新聞一覧
人名索引（50音順）
出身県別人名索引

戦前土木名著 100 書

【戦前土木名著 100 書について】

経緯
1. 「戦前」とは、明治初年から昭和 20 年の敗戦までの期間を示す。
2. 「名著 100 書」は次の経緯で選出された。
   任意団体「日本土木文化遺産調査会」〈代表：飯吉精一氏〉は、鹿島学術振興財団助成金によって、昭和 53 年度と 54 年度の 2 年間にかけて、土木関係出版図書に関するはじめての全面的な所蔵調査を実施した。
   ① まず約 2000 書を集録した目録『近代の土木関係出版書』（昭和 55 年 3 月）を作成した。
   ② 次にこの目録に基づいてアンケートを実施し、約 280 書が選出されたので、『アンケート調査により古典的名著として選ばれた近代土木関係出版書』（昭和 55 年 9 月）を作成した。
   ③ この 280 書について再度アンケートを行い、約 120 書を選出した。
   ④ 最終的に同調査会は「名著 100 書」を選定し、「近代土木文化遺産としての名著 100 選」を『土木学会誌』に発表した（昭和 55 年 12 月）。

意義
1. 前の土木関係図書を「土木文化遺産」の一つとして認識していることが伺える。
2. 選定された図書は、時代を映しており、時代の推移が読み取れる。
3. 「土木史」といわれる広い分野には、「土木出版物史」ともいうべき一分野もあることを示唆している。
4. 土木の工学書・技術書以外にも、一般書として土木史、伝記、工事誌、さらに用語や抄録、随筆の類まで選定したことは、出版物を通して「土木の歩み」ということを考えさせてくれる。

著者（藤井肇男）

■ 土木工学関係書（77 冊）
1. 『水理真宝』（巻之上・下）市川義方著、田中水理館刊、明治 8 年。
   ＊明治 30 年、博文館より『図解水理真宝』として再刊
2. 『堤防溝洫志』佐藤信有著、名山閣刊、明治 9 年。
3. 『蘭均氏土木学』（上・下）Rankin 著、水野行敏訳、文部省刊、明治 13 年。
   ＊1875 年の第 11 版の訳書。
4. 『土木工要録』（天・地・人、附録 2 帖）内務省土木局編（代表：高津儀一）、有隣堂刊、明治 14 年。
5. 『堰堤築法新按』大鳥圭介訳、碧雲名圃刊、明治 14 年。
   ＊アメリカのゼイ・レッフェルド社刊行。

6. 『治水本源砂防工大意』宇野円三郎著、申々堂刊、明治19年。
7. 『袖珍公式工師必携』(3冊) 田辺朔郎著、村上勘兵衛刊、明治21～24年。
    ＊明治30年、丸善より合本し発売。
8. 『Plate Girder Construction』(The Van Nostrand Science Series No95) Hiroi Isami 著、The Van Nostrand Pub. 刊、1888 (明治21) 年。
9. 『治水論』西師意著、清明堂刊、明治24年。
10. 『琵琶湖疏水工事図譜』田辺朔郎著、田辺朔郎刊、明治24年。
11. 『土木必携』二見鏡三郎著、建築書院刊、明治27年。
12. 『水力』田辺朔郎著、丸善刊、明治29年。
13. 『築港』(巻一～巻五) 廣井勇著、工学書院刊、明治31～35年。
    ＊明治40年、丸善より『築港』(前篇・後篇) として再刊。
14. 『The Statically Indeterminate Stresses in Frames Commonly Used for Bridges』Hiroi Isami 著、The Van Nostrand Pub. 刊、1905 (明治38) 年。
15. 『鉄筋コンクリート』井上秀二著、田辺朔郎校閲、丸善刊、明治39年。
16. 『工業力学』柴田畦作著、丸善刊、明治43年。
17. 『土木施工法』鶴見一之・草間偉瑳武共著、丸善刊、明治45年。
18. 『君島大測量学』(上・下巻) 君島八郎著、丸善刊、大正2、3年。
19. 『治水』岡崎文吉著、丸善刊、大正4年。
20. 『土木工学』(上・中・下巻) 川口虎雄他共著、丸善刊、大正4、5、8年。
21. 『鉄筋混凝土の理論及其応用』(上・中・下巻) 日比忠彦著、丸善刊、大正5、7、11年
22. 『鉄筋混凝土工学』阿部美樹志著、丸善刊、大正5年。
23. 『鋼拱橋及鉄筋混凝土拱』二見鏡三郎著、工学社刊、大正6年。
24. 『鶴見下水道』鶴見一之著、丸善刊、大正6年。
25. 『河海工学　第1～第6篇』君島八郎著、丸善刊、大正7～昭和2年。
26. 『Theorie des Trägers auf elastischer Unter lage und ihre Anwendung auf den Tiefbau』Hayashi Keiichi 著、Springer 刊、1921 (大正10) 年。
27. 『とんねる』田辺朔郎著、丸善刊、大正11年。
28. 『材料力学』小野鑑正著、丸善刊、大正11年。
29. 『最近上水道』森慶三郎著、丸善刊、大正12年。
30. 『最近下水道』森慶三郎著、丸善刊、大正12年。
31. 『水力調査書』(第1～第7巻) 逓信省編、電気協会刊、大正13、14年。
32. 『本邦道路橋輯覧』(1、2輯、増補、3、4輯) 内務省土木試験所編、内務省土木試験所刊、大正14年、昭和3、10、14年。
33. 『構造強弱学』(上・下巻) 大藤高彦・近藤泰夫共著、丸善刊、大正15年．昭和5年。
34. 『架構新論』鷹部屋福平著、岩波書店刊、昭和3年。
35. 『橋梁設計図集』(第一～第三輯) 復興局土木部橋梁課編、シビル社刊、昭和3、4年。
36. 『上下水道』(萬有科学大系、続篇12巻、第21編) 草間偉著、誠文堂刊、昭和4年。
37. 『応用力学ポケットブック』山口昇著、鉄道時報局刊、昭和5年。
38. 『Rahmentafeln』Takabeya Fukuhei 著、Springer 刊、1930 (昭和5) 年。
39. 『港工学』鈴木雅次著、常磐書房刊、昭和7年。
40. 『日本水制工論』真田秀吉著、岩波書店刊、昭和7年。
41. 『鉄筋コンクリート設計法』吉田徳次郎著、養賢堂刊、昭和7年。

42. 『小池橋梁工学』(第 1 〜 3 巻) 小池啓吉著、日本文化協会刊、昭和 7、8、12 年。
43. 『測量学』(上・下巻、総合工学全集　土木工学科、13 巻の 1、2) 林猛雄著、誠文堂刊、昭和 7、8 年。
44. 『サージタンク』新井栄吉著、正興館書店刊、昭和 7 年。
45. 『振動学』(工業物理学叢書) 妹沢克惟著、岩波書店刊、昭和 7 年。
46. 『発電水力』萩原俊一著、常磐書房刊、昭和 8 年。
47. 『水理学』物部長穂著、岩波書店刊、昭和 8 年。
48. 『土木耐震学』物部長穂著、常磐書房刊、昭和 8 年。
49. 『土木施工法―土木基礎工・混凝土工』谷口三郎著、常磐書房刊、昭和 8 年。
50. 『鋼橋の理論と計算』(上・下巻、最新土木工学名著翻訳) Bleich 著、奥田秋夫・綾亀一・猪瀬寧雄共訳、コロナ社刊、昭和 8、10 年。
51. 『鉄道線路撰定及建設』小野諒兄著、シビル社刊、昭和 9 年。
52. 『鋼橋』(上・中・下巻) 三浦七郎著、常磐書房刊、昭和 9、10、11 年。
53. 『鉄筋コンクリート理論』福田武雄著、山海堂刊、昭和 9 年。
54. 『隧道工学』小林紫朗著、工業雑誌社刊、昭和 9 年。
55. 『発電水力』(岩波全書、55) 高橋三郎著、岩波書店刊、昭和 10 年。
56. 『鎔接鋼橋』青木楠男著、シビル社刊、昭和 10 年。
57. 『地質工学』渡辺貫著、古今書院刊、昭和 10 年。
58. 『土木工学ポケットブック』(上・下巻) 土木工学ポケットブック編纂会編、山海堂刊、昭和 11 年。
59. 『土の力学』(岩波全書、81) 山口昇著、岩波書店刊、昭和 11 年。
60. 『治水工学』宮本武之輔著、修教社書院刊、昭和 11 年。
61. 『鉄道工学』(上・下巻、総合工学全集 2・土木工学科、13 巻の 7) 稲田隆著、誠文堂刊、昭和 12、17 年。
62. 『地方計画の理論と実際』武居高四郎著、冨山房刊、昭和 13 年。
63. 『鉄道』(上・下巻、土木工学基礎定本) 小野諒兄著、同文書院刊、昭和 15 年。
64. 『弾性橋梁―理論と其の応用』(第 1・2 冊) 成瀬勝武著、工業雑誌社刊、昭和 15、16 年。
65. 『都市計画及国土計画―その構想と技術』(日本工学全書) 石川栄耀著、工業図書刊、昭和 16 年。
66. 『日本国土計画論』石川栄耀著、八元社刊、昭和 16 年。
67. 『高等函数表』林桂一著、岩波書店刊、昭和 16 年。
68. 『コンクリート及鉄筋コンクリート施工法』吉田徳次郎著、丸善刊、昭和 17 年。
69. 『高等水理学』本間仁著、工業図書刊、昭和 17 年。
70. 『上下水道』広瀬孝六郎著、山海堂刊、昭和 17 年。
71. 『測量学―応用篇』石原藤次郎・近藤泰夫・米谷栄二共著、丸善刊、昭和 17 年。
72. 『構造力学』(応用数学、第 12 巻) 福田武雄著、河出書房刊、昭和 17 年。
73. 『トンネル』(岩波全書、106) 平山復二郎著、岩波書店刊、昭和 18 年。
74. 『道路舗装法』(上・下巻) 久野重一郎著、養賢堂刊、昭和 18、19 年。
75. 『土質力学 1―土性論に就て』Terzaghi 著、石井靖丸訳、常磐書房刊、昭和 18 年。
76. 『河川学』野満隆治著、地人書館刊、昭和 18 年。
77. 『河相論』安藝皎一著、常磐書房刊、昭和 19 年。

■ 土木一般関係書（22書）

78. 『工学字彙』野村龍太郎・下山秀久共著、工学協会刊、明治19年。
79. 『伊能忠敬』大谷亮吉編著、長岡半太郎監修、帝国学士院・岩波書店刊、大正5年。
80. 『技術生活より』直木倫太郎著、鉄道時報局刊、大正7年。
81. 『日本鉄道史』（上・中・下巻・年表）鉄道省編、鉄道省刊、大正10年。
82. 『田辺朔郎博士六十年史』西川正治郎著、安藝杏一ほか校閲、山田忠三刊、大正13年。
83. 『橋と塔』浜田青陵著、岩波書店刊、大正15年。
84. 『明治工業史　鉄道篇』工学会・啓明会編、工学会刊、大正15年。
　　　＊『明治工業史』全10巻の1篇。
85. 『大正12年関東大地震震害調査報告書』（第1～3巻）土木学会編、土木学会刊、大正15、昭和2年。
86. 『日本水道史』中島工学博士記念事業会編、同記念事業会刊、昭和2年。
　　　＊附図125ページ。
87. 『日本築港史』廣井勇著、丸善刊、昭和2年。
88. 『明治工業史　土木篇』工学会・啓明会編、工学会刊、昭和4年。
　　　＊『明治工業史』全10巻の1篇。
89. 『工学博士廣井勇伝』故廣井工学博士記念事業会編、工事画報社刊、昭和5年。
90. 『土木工学論文抄録集』（第1～2集）土木学会編、土木学会刊、昭和9、10年。
91. 『丹那トンネルの話』鉄道省熱海建設事務所編、工業雑誌社刊、昭和9年。
92. 『明治以前日本土木史』土木学会編、土木学会刊、昭和11年。
93. 『丹那隧道工事誌』鉄道省編、鉄道省熱海建設事務所刊、昭和11年。
94. 『土木工学用語集』土木学会編、土木学会刊、昭和11年。
95. 『橋梁美学』加藤誠平著、山海堂刊、昭和11年。
96. 『古市公威』故古市男爵記念事業会編、同記念事業会刊、昭和12年。
97. 『トンネルを掘る話』（「小国民のために」シリーズ）有馬宏著、岩波書店刊、昭和16年。
98. 『明治以後本邦土木と外人』土木学会編、土木学会刊、昭和17年。
99. 『橋の美学』（アルス文化叢書、17）鷹部屋福平著、アルス刊、昭和17年。

■ 土木シリーズ（1セット）

100. 『高等土木工学』（全20巻・31編）、常磐書房刊、昭和5～8年。
　　　1.『応用地質学』平林武著、昭和7年。
　　　1.『応用地震学』物部長穂著、昭和7年。
　　　1.『土性力学』山口昇著、昭和7年。
　　　2.『応用力学』高橋逸夫著、昭和7年。
　　　2.『応用水理学』（前篇）村野為次著、昭和7年。
　　　3.『測量学』関信雄、昭和6年。
　　　4.『土木材料』藤井真透著、昭和7年。
　　　5.『基礎工及土木施工法』谷口三郎著、昭和7年。
　　　6.『鉄筋混凝土工学』（前篇・後篇）吉田弥七・永田年著、昭和6年。
　　　　　　＊吉田：前篇―鉄筋混凝土汎論　　永田：後篇。
　　　7.『土木工事用器具機械』志水直彦著、昭和6年。
　　　7.『隧道工学』瀧山養著、昭和6年。

8.『道路工学』牧野雅楽之丞著、昭和6年。
 9.『橋梁工学』三浦七郎著、昭和6年。
10.『鉄道工学』平井喜久松・岡田信次著。昭和6年。
11.『軌道工学』佐藤利恭著、昭和5年。
11.『高速鉄道工学』清水熙著、昭和5年。
12.『上水工学』河口協介著、昭和6年。
12.『下水工学』茂庭忠次郎著、昭和6年。
13.『河川工学』福田次吉著、昭和6年。
14.『港湾工学』鈴木雅次著、昭和6年。
15.『発電水力工学』萩原俊一著。昭和7年。
16.『電気工学』森田重彦・林誠一著、昭和6年。
16.『渓流及砂防工学』赤木正雄著、昭和6年。
17.『都市計画』内山新之助著、昭和6年。
17.『建築工学』伊部貞吉著、昭和6年。
18.『土木行政』田中好著、昭和7年。
19.『土木瑣談』牧彦七著、昭和8年。
19.『近世道路史論』和田篤憲著、昭和8年。
19.『交通運輸』江守保平著、昭和8年。
20.『鉄道工学特論』池原英治著、昭和8年。

土木人物誌関係図書および主要雑誌

図書

『日本博士全伝』、花房吉太郎・山本源太共編、博文館刊、明治25年。
『日本鉄道史』（下巻）、鉄道省編、鉄道省刊、大正10年。
『大日本博士録 第五巻 工学博士之部』、井関九郎著、発展社出版部刊、昭和5年。
『鉄道省高等官人事要録』、鉄道時報局編、鉄道時報局刊、昭和8年。
『土木人を語る』、石黒多八・津田誠一共著、事業発展社刊、昭和11年。
『耕地水利事業功勲録』（上・下巻）、恒田嘉文編、好文堂書院刊、昭和14年。
『日本港湾修築史』、運輸省港湾局編、運輸省港湾局刊、昭和26年。
『鉄道黎明の人々』、青木槐三著、交通協力会刊、昭和26年。
『日本土木行政並に機械化施工の沿革』、真田秀吉著、建設省関東地方建設局編、建設省関東地方建設局刊、昭和32年。
『土建界十人男』、雪華社刊、昭和33年。
『内務省直轄土木工事略史・沖野博士伝』、真田秀吉著、旧交友刊、昭和34年。
『建設人物史』（上巻）、津田誠一著、建設人社刊、昭和43年。
『人物国鉄百年』、青木槐三著、中央宣興出版局刊、昭和44年。
『あの人もここで学んだ』、攻玉社同窓会・玉工同窓会監修、栄光出版社刊、昭和45年。
『近代上下水道史上の巨人たち』、門脇健著、日本水道新聞社刊、昭和46年。
『鉄道先人録』、日本交通協会編、日本停車場刊、昭和47年。
『鉄道に生きた人々―鉄道建設小史』、沢和哉著、築地書館刊、昭和52年。
『技術思想の先駆者たち』（東経選書）、飯田賢一著、東洋経済新報社刊、昭和52年。
『戦前期日本官僚制の制度・組織・人事』、秦邦彦著、戦前期官僚制度研究会編、東京大学出版会刊、昭和56年。
『近代土木技術の黎明期』、土木学会編、土木学会刊、昭和57年。
『ある土木者像―いま・この人を見よ』、飯吉精一著、技報堂出版刊、昭和58年。
『土木と200人―人物小伝誌』、土木学会編、土木学会刊、昭和59年。
『近代土木者像巡礼』、飯吉精一著、日本河川開発調査会刊、昭和61年。
『北大工学部土木の源流』、北海道大学工学部土木一期会編、北海道大学工学部土木一期会刊、昭和62年。
『近代水道百人』、近代水道百人選考委員会編、日本水道新聞社刊、昭和63年。
『建設人物史』（下巻）、津田靖志著、建設人社刊、平成4年。
『日本の「創造力」―近代・現代を開花させた四七〇人』（全15巻）、日本放送出版協会編、日本放送出版協会刊、平成4年～平成6年。
『江戸・東京を造った人々―都市のプランナーたち』、「東京人」編集室編、都市出版刊、平成5年。
『建設業を興した人びと―いま創業の時代に学ぶ』、菊岡倶也著、彰国社刊、平成5年。
『東北地方における土木事業近代化の先覚者像』、東北建設協会編、東北建設協会刊、平成8年。
『京大土木百年人物史』、京都大学大学院工学研究科土木系教室編、京都大学大学院工学研究科土木系教室刊、平成9年。
『技術官僚の政治参画―日本の科学技術行政の幕開け』（中公新書）、大淀昇一、中央公論社刊、

平成9年。
『土木の絵本シリーズ』（全5巻）、高橋裕監修、かこさとし画・構成、おがたひでき文・編修、全国建設研修センター刊、平成9年～平成14年。
『鉄道の発展につくした人びと』、沢和哉著、レールアンドテック出版刊、平成10年。
『国土を創った土木技術者たち』、国土政策機構編、鹿島出版会刊、平成11年。
『工手学校人物誌』、茅原健著、朝日書林刊、平成11年。
『水土を拓いた人びと―北海道から沖縄まで　わがふるさとの先達』、農業土木学会編、農山漁村文化協会刊、平成11年。
『人は何を築いてきたか―日本土木史探訪』、土木学会編、山海堂刊、平成17年。
『技術者たちの近代―図面と写真が語る国土の歴史』（土木学会誌叢書4）、土木学会編、土木学会刊、平成17年。
『工手学校―旧幕臣たちの技術者教育』（中公新書ラクレ246）、茅原健著、中央公論新社刊、平成19年。
『人物で知る日本の国土史』、緒方英樹著、オーム社刊、平成20年
『北海道建設人物事典』、高木正雄編、高木正雄刊（販売：北海道建設新聞社）、平成20年。
『みなとの偉人たち―時代への挑戦・海からの日本づくり』、みなとの偉人研究会著、ウエイツ刊、平成20年。
『日本のコンクリート技術を支えた100人』、セメント新聞社編、セメント新聞社刊、平成21年。
『高架鉄道と東京駅―レッドカーペットと中央停車場の源流（上・下）』（交通新聞社新書）、小野田滋著、交通新聞社刊、平成24年。
『鉄道史人物事典』、鉄道史学会編、日本経済評論社刊、平成25年。

雑誌記事
「初説人物日本土木史」（特集）、土木学会誌67巻11号、昭和57年10月、pp.13-83
「土木と100人」（特集）、土木学会誌68巻9号、昭和58年8月、pp.2-53
「続土木と100人」（特集）、土木学会誌69巻6号、昭和59年6月、pp.2-53
「港湾史を飾る人々―みなと100人」（連載）、港湾63巻4号～64巻3号、昭和61年4月～昭和62年3月
「都市計画 Who was Who」（連載）、都市計画114号～171号、昭和62年12月～平成3年9月
「電力土木人物銘々伝」（連載）、電力土木215号～236号、昭和63年7月～平成4年1月

参考雑誌・新聞一覧

【あ】朝日新聞神奈川版（朝日新聞社）／あらかわ学会年次大会報告・研究発表会概要集（あらかわ学会）

【え】えぞまつ（国鉄旭川工場）／エンジニアー（都市工学社）／エコノミスト（大阪毎日／東京日日新聞社）

【お】沖電気時報（沖電気）／オール読物（文芸春秋）／応用物理（応用物理懇話会）／大田区史研究（東京都大田区）／追手門経済論集（追手門学院大学経済学会）

【か】科学主義工業（科学主義工業社）／会報土木工業（土木工業協会）／科学技術（春陽堂）／科学技術動員（動員協会）／河川（日本河川協会）／河川レビュー（新公論社）／川の Monthly Information（河川情報センター）／科学技術運動（科学技術統制会）／革新（革新社）／外交時報（外交時報社）／科学（岩波書店）／改造（改造社）／科学人（科学社）／科学知識（科学知識普及会）／科学ペン（科学ペンクラブ）／家庭・生活（大阪毎日新聞社）／学士会月報（学士会）／学燈（丸善）／関西道路研究会会報（関西道路研究会）／環境情報科学（環境情報科学センター）／開発こうほう（北海道開発協会）／かながわ台場（神奈川台場を守る会）

【き】機械学会雑纂（機械学会）／旧交会会報（旧交会）／技術日本（日本技術協会）／技術評論（日本技術協会）／技術（春陽堂）／技術戦（日本技術協会）／技術士（日本技術士会）／技術教育（民衆社）／技術教室（民衆社）／橋梁と基礎（建設図書）／橋梁＆都市プロジェクト（橋梁編纂委員会）／教育（岩波書店）／教育研究（初等教育研究会）／北のいぶき（北海道開発協会）／企画情報（川崎市）／久路会のことども（久路会）／求道（求道社）

【く】国づくりと研修（全国建設研修センター）／釧路市立博物館館報（釧路市立博物館）／倉敷の歴史 - 倉敷市史紀要（倉敷市）

【け】建設（建設社）／建設マネジメント研究論文集（土木学会）／建設業界（日本土木工業協会）／建設コンサルタンツ協会会誌（建設コンサルタンツ協会）／月刊建設（全日本建設技術協会）／建設の機械化（日本建設機械化協会）／建設時報（帝国地方行政学会）／建設近畿（近畿建設協会）／建設月報とうほく（東北建設協会）／建設北陸・けんせつ北陸・けんせつほくりく（北陸建設弘済会）／月刊下水道（環境新聞社）／下水道文化研究（下水道文化研究会）／月刊日建連（日本建設業団体連合会）／月刊 Asahi（朝日新聞社）／現代（大日本雄弁会講談社）／経済情報（経済情報社）／経済経営論叢（京都産業大学経済経営学会）／源流（旭川大学地域研究所）

【こ】工学叢誌（工学会）／工学会誌（工学会）／工談雑誌（工談会）／工業雑誌（工業雑誌社）／工業之大日本（工業之大日本社）／工業（工業改良会）／工業界（須原屋書店）／工学（工学社）／工政会会報（工政会）／工人（日本工人倶楽部）／工学研究（工学研究社）／工政（工政会）／港湾（日本港湾協会）／工業国策（工政会）／興亜（大日本興亜同盟）／工業組合（工業組合中央会）／工学と工業（「工学と工業」発行所）／工業評論（工業評論社）／子供の科学（誠文堂新光社）／工業と経済（日本工業協会）／交通之日本（交通之日本社）／高速道路と自動車（高速道路調査会）／国際地域学研究（東洋大学国際地域学部）／公衆衛生院研究報告（国立公衆衛生院）／耕地整理研究会報（耕地整理研究会）／コンクリー

トライブラリー（土木学会）／コンクリート工学（日本コンクリート工学協会）／コンクリート製品（全国コンクリート製品協会）／攻玉社土木科同窓会誌（攻玉社土木科同窓会）

【さ】砂防（砂防協会）／砂防と治水（全国治水砂防協会）／サンデー毎日（毎日新聞社）／産業能率（日本能率連合会）／産業考古学・産業考古学会報・産業考古学会研究発表講演論文集（産業考古学会）／産業地質科学研究所研究年報（産業地質科学研究所）／札幌工学同窓会報（札幌工学同窓会）／山陽新聞（山陽新聞社）

【し】新都市（都市計画協会）／新砂防（砂防学会）／資源（資源協会）／地震（地震学会）／自然（中央公論社）／週刊朝日（朝日新聞社）／新潮45（新潮社）／週刊アキタ（週刊秋田社）／昭徳（同法保護協会）／週報（内閣情報部）／支那（東亜同文会）／書斎（三省堂）／少年保護（司法保護協会）／写真週報（内閣情報部）／実業教育（実業教育振興中央会）／人口問題（人口問題研究会）／新女苑（実業之日本社）／時事新報（時事新報社）

【す】水道（水道社）／水道協会雑誌（日本水道協会）／水道公論（日本水道新聞社）／水利と土木（常磐書房）／水利科学（水利科学研究所）／水力（シビル社）／駿台新報（明治大学）

【せ】セメント界彙報（日本ポルトランドセメント同業会）／セメントコンクリート道路（日本ポルトランドセメント同業会）／セメント工業（セメント工業社）／セメントコンクリート（セメント協会）／全建ジャーナル（全国建設業協会）／全技懇（全国官公庁技術懇談会）／政界往来（政界往来社）／セルパン（第一書房）／聖書の言（聖書の言社）／成城文芸（至文堂）／全人（イデア書院）

【そ】測量（日本測量協会）

【た】大ダム（日本大ダム会議）／ダム技術（ダム技術センター）／大大阪（大阪都市協会）／旅（日本旅行倶楽部・日本交通公社）／ダイヤモンド（ダイヤモンド社）／大陸（改造社）

【ち】治水雑誌（治水協会）／中央公論（中央公論社）

【つ】土と基礎（地盤工学会）

【て】帝国鉄道協会会報（帝国鉄道協会）／鉄道時報（鉄道時報局）／鉄道青年（鉄道青年会）／鉄道（鉄道雑誌社）／鉄道技術（鉄道技術社）／鉄道土木（日本鉄道施設協会）／鉄道工業社報（鉄道工業）／電力土木（電力土木技術協会）／電気学会雑誌（電気学会）／帝国大学新聞（帝国大学新聞社）／逓信協会雑誌（逓信協会）／電気雑誌オーム（オーム社）／電気工学（電気工学会）／電気協会雑誌（電気協会）

【と】土木学会誌（土木学会）／都市公論（都市研究会）／道路の改良（道路改良会）／土木建築雑誌（シビル社）／道路（道路研究会）／土木建築工事画報（工事画報社）／都市問題（東京市政調査会）／都市工学（都市工学社）／土木業協会会報（土木業協会）／土木（土木協会）／土木工学（工業雑誌社）／土木ニュース（シビル社）／東京港（東京港振興会）／道路技術（都市工学社）／土木日本（山海堂）／道路（日本道路技術協会）／土木技術（土木技術社）／土木雑誌（土木雑誌社）／土木科学（土木技術社）／道路建設（日本道路建設業協会）／都市計画（日本都市計画学会）／都市みらい（都市みらい推進機構）／土木史研究（土木学会）／土木ニュース（土木学会）／土木技術資料（土木研究センター）／土木施工（山海堂）／土木構造・材料論文集（九州橋梁・構造工学研究会）／土木建設（日本土木工業協会）／土木満州（満州土木学会）／トランスポート（運輸振興協会）／東建月報（東京建設業協会）／東北開発研究（東北開発研究センター）／東京朝日新聞（朝日新聞東京本社）／東京日日新聞（毎日新聞東京本社）／東京新聞川崎版（東京新聞社）

【な】内燃機関（山海堂）／内務省土木試験所報告（内務省土木試験所）／ナショナルジオグラフィックス日本版（日経ナショナルジオグラフィックス社）／南方文化（天理南方文化研究会）

【に】日本土木史シンポジウム予稿集（土木学会）／日本機械学会誌（日本機械学会）／日本鉄道施設協会誌（日本鉄道施設協会）／日本の水道鋼管（日本水道鋼管協会）／日本大学工学部紀要（日本大学工学部）／日本評論（日本評論社）／ニューエイジ（毎日新聞社）／にほんのかわ（日本河川開発調査会）

【の】農業土木研究・農業土木学会誌（農業土木学会）

【は】汎交通（帝国鉄道協会）／発電水力（発電水力協会）

【ふ】プレストレストコンクリート（プレストレストコンクリート技術協会）／プレジデント（プレジデント社）／文化映画研究（文化映画研究発行所）／文芸春秋／（文芸春秋社）／婦人公論（中央公論社）

【へ】別冊歴史読本（新人物往来社）

【ほ】北陸（北陸建設弘済会）／報知新聞（報知新聞社）／北海道帝国大学新聞（北海道帝国大学）／放送（日本放送出版協会）

【ま】まじわり（全国土木部長会）／真備（岡山県真備高等学校）／満州技術協会誌（満州技術協会）／満州帝国国務院大陸科学院彙報（満州帝国国務院大陸科学院）

【み】みすず（みすず書房）／民俗文化（滋賀民俗学会）

【め】メディア砂防（砂防広報センター）／明治村通信（博物館明治村）／明治学院論叢・国際学研究（明治学院大学国際学部）／明治史料館通信（沼津市明治史料館）

【も】文（公文教育研究会）

【ゆ】雄弁（大日本雄弁会講談社）

【ら】ランドスケープ研究（ランドスケープ研究会）

【り】リベルス（柏書房）／理想（理想社）

【れ】歴史と人物（中央公論社）

【わ】早稲田大学新聞（早稲田大学）

【他】ANEMOS（長谷工コーポレーション研究所）／C.B.＝土木と建築（プラクチカルエンジニアリング発行所）／Coastal Development（沿岸開発技術研究センター）／DAGIAN＝ダジアン（コスモ石油）／FRONT（リバーフロント整備センター）／FUJITSU 飛翔（富士通）／GRAND DESIGN（パシフィックコンサルタンツ）／JR ガゼット（交通新聞社）／JSSC（日本鋼構造協会）／K-i＝KAJIMA INFORMATION（鹿島建設）／La Movado-関西エスペラント連盟機関誌（関西エスペラント連盟）／Monthly かながわマーケットレポート（神奈川新聞社）／RRR（研友社）／UP（東京大学出版会）／Bauingenieur（ドイツ）／Transactions of the American Society of Civil Engineers（アメリカ）。

人名索引（50音順）

＊ゴシック体で標記されているページ番号は、各人物の見だし項目ページです。

【あ】

アインシュタイン（Albert Einstein） 37, 252
青木 勇　147
青木楠男　188
青木元五郎　67
青木良三郎　73
青山 士　24, 28, 31, 42, 45, 80
赤木正雄　52, 237, 239, 240
赤司貫一　206
赤松三郎　233
安藝杏一　97, 110
安藝皎一　50, 53, 54, 97
芥川龍之介　32, 43, 185
浅香小兵衛　198
浅野総一郎　220, 229, 280
東 寿　123
安達辰次郎　73
熱海貞爾　290
阿南常一　204
阿部一郎　94
安倍邦衛　218
阿部美樹志　223
天埜良吉　121
雨宮敬次郎　15, 280
荒井郁之助　245
新井栄吉　228
荒井釣吉　81
新居善太郎　208
荒木文四郎　115
有馬 宏　215
粟野定次郎　144

【い】

井伊直弼　126
飯田清太　161
飯田俊徳　127

飯田房太郎　279
飯吉精一　277, 278
五十嵐醇三　210
池内陶所　128
池上四郎　172, 202
池田嘉六　154
池田草庵　262
池田篤三郎　177
池田圓男　76
池田 宏　203
池原英治　157
池辺稲生　155
池本泰兒　270
砂治国良　88
石井顥一郎　220
石井省一郎　264, 265
石井靖丸　123
石川栄次郎　231
石川源二　115
石川石代　143
石川達三　36, 173, 176
石川栄耀　45, 50, 206, 208
石黒五十二　26, 67, 110
石橋絢彦　19, 104, 145
石原藤次郎　56, 256
石丸重美　139
石本巳四雄　247
磯崎傳作　159
磯野隆吉　191
板垣退助　266
市川義方　234
市瀬恭次郎　73
伊藤兼平　82
伊藤 剛　99
伊藤長右衛門　112, 115
伊藤百世　86

伊藤博文（伊藤俊輔）　3, 4, 19, 125, 126, 127, 201, 222, 241, 260, 263, 287
伊藤令二　221
稲浦鹿蔵　270
稲葉三右衛門　102
井上　馨（井上聞多）　3, 4, 19, 126, 164, 223, 263, 287
井上成美　170
井上清太郎　236
井上隆根　159
井上　範　114
井上秀二　169
井上　勝　3, 5, 126, 128, 129, 131, 132, 212, 287
井上聞多 → 井上　馨
猪瀬寧雄　191
猪股俊司　226
井深功　178
伊吹正紀　239
今村明恒　247
岩倉具視　26, 128, 164, 260
岩崎瑩吉　178
岩崎富久　176
岩崎雄治　196
岩沢忠恭　45, 92, 269, 277
巌谷小波　70
印南丈作　241, 242

【う】

植木平之允　105
上田帯刀　222
上田　稔　100
上野英三郎　242
潮恵之助　204
鵜尾謹親　129
内林達一　119
内村鑑三　22, 23, 24, 25, 26, 80, 81, 107, 121, 147
内村三郎　225
宇都宮三郎　222
内海清温　232
宇野圓三郎　235
梅野　實　146

【え】

頴川春平　71
江川坦庵　125
榎本武揚　110, 245, 263, 264, 281, 287, 290
江守保平　199
遠藤謹助　3, 126, 287
遠藤貞一　270
遠藤守一　238

【お】

大井清一　171
大岡大三　82
大久保諶之丞　192
大久保利通　103, 201, 259, 260, 261
大隈重信　125
大倉喜八郎　69, 281, 284
大蔵公望　154
大河戸宗治　150
大塩政治郎　87
大島太郎　118
太田圓三　28, 31, 32, 34, 39, 185, 189, 277, 289
太田六郎　69, 146, 274
太田尾廣治　122
大槻源八　198
大槻俊斉　290
大坪喜久太郎　254
大鳥圭介　66, 222, 287, 288
大西英一　231
大橋房太郎　236
大藤高彦　250
大村卓一　146
大村益次郎（村田蔵六）　4, 127
大森房吉　246, 247
大屋権平　137
岡　胤信　69, 113
岡崎栄松　175
岡崎文吉　12, 54, 76
岡崎芳樹　71
緒方洪庵　287
岡田正平　209
岡田信次　161
岡田竹五郎　142, 161

人名索引（50音順）

岡田文秀	93	加藤與之吉	201
岡野 昇	149	門野重九郎	284
岡部三郎	91	門屋盛一	160
岡村初之助	129, 138	金井彦三郎	182
岡本 弦	79	金森鍬太郎	79
岡本舜三	257	金森誠之	91
小川梅三郎	249	兼岩伝一	50, 209
小川織三	170	金子源一郎	197
小川勝五郎	181	金子堅太郎	131
小川敬次郎	223	金古久次	82
小川譲二	98	金子 柾	200
小川徳三	85	加納俊二	215
小川博三	211	蒲 孚	238
沖野忠雄	6, 7, 10, 37, 38, 65, 66, 67, 68, 70, 72, 75, 78, 79, 106, 110, 112, 236, 238, 267	樺島正義	31, 32, 184, 186, 188
		樫木寛之	206
奥田助七郎	111	川上浩二郎	111
奥山亀蔵	79	河北一郎	243
尾崎行雄	113	河口協介	176
小沢久太郎	45, 271	川口虎雄	250
織田完之	241	川崎弘子	92
小田川全之	283	河村 繁	123
落合林吉	121	河村瑞賢	284
小野鑑正	252	川村満雄	100
小野友五郎	125, 126	神原信一郎	229
小野基樹	35, 175		
小野諒兄	151	【き】	
		菊池 明	199
【か】		菊池大麓	246
カーギル（William Walter Cargill）	127	菊池英彦	230
加賀山学	152	岸 太一	291
柿 徳市	239	岸 道三	286
筧 斌治	83	北垣国道	19, 68, 262
加護谷裕太郎	150	北里柴三郎	164
笠井愛次郎	134, 138	木津正治	115
笠井順八	228	橘内徳自	98
笠井真三	223	木寺則好	130
笠原敏郎	203, 204	木戸孝允	4, 259
鹿島岩蔵	182, 276	木下 郁	221
鹿島精一	28, 275	木下杢太郎	32, 185
可知貫一	243	木下淑夫	147
勝 海舟	125, 126, 222	木下立安	141
加藤伴平	214	君島八郎	251

木村荘八　32, 185
ギヨン（Yves Guyon）　226
金原明善　66, 234, 236, 241

【く】
釘宮 磐　41, 50, 158
日下部弁二郎　70
日下部鳴鶴　70
草間 偉　27, 174
国沢新兵衛　140
国沢能長　212
国友末蔵　229
久保田敬一　107, 152
久保田豊　40, 285
熊沢蕃山　235
久米民之助　283
クラーク（James R. Clark）　21, 245, 263, 264
蔵重長男　120
倉島一夫　122
倉田吉嗣　165
倉塚良夫　27, 172
倉橋藤治郎　289
栗原良輔　85
来島良亮　84
グレイ（Thomas Gray）　246
黒河内四郎　154
黒田清隆　263
黒田静夫　121
黒田武定　158
黒田豊太郎　105
クロフォード（Joseph U. Crawford）　128, 133, 137
桑原 政　69, 282, 288
桑原弥寿雄　162

【こ】
小池啓吉　188
高津儀一　290
河野天瑞　135
國分正胤　225
小柴保人　68
児玉源太郎　267

後藤憲一　95
後藤象二郎　133, 180
後藤新平　29, 30, 39, 42, 109, 113, 132, 141, 143, 148, 156, 164, 167, 185, 203, 204, 218, 247, 266, 289
小西一郎　258
小橋一太　268
小林源次　96
小林泰蔵　110
小林八郎　66
小林 泰　100
米谷栄二　257
小山いと子　271
小山保政　130
是枝 実　118
近新三郎　269
近藤鍵武　272
近藤謙三郎　198
近藤仙太郎　16, 26, 69, 74, 75
近藤虎五郎　203, 267
近藤泰夫　44, 225

【さ】
西園寺公望　262
西郷隆盛　259, 262, 264
斉藤真平　214
斉藤静脩　83
佐伯敦崇　66
境 隆雄　99
坂出鳴海　113
坂岡末太郎　144
坂上丈三郎　94
彭城嘉津馬　227
榊谷仙次郎　276
阪田貞明　202
坂田時和　290
坂田昌亮　87
佐上信一　194
坂本助太郎　78
佐々木銑　271
佐藤應次郎　153
佐藤昌介　12, 22

人名索引（50音順）

佐藤志郎	36, 178	杉広三郎	155
佐藤利恭	205	杉浦宗三郎	146
佐藤成教	274	鋤柄小一	90
佐藤信淵	241	杉田成卿	222
佐藤正俊	206	杉山輯吉	288
佐藤政養	125, 129, 130	鈴木雅次	40, 116
佐土原勲	157	スティヴンソン兄弟 (Davidand Thomas Stevenson)	104
真田秀吉	28, 77	澄田勘作	68
佐野藤次郎	30, 168		
佐分利一嗣	139		
佐分利三雄	99	【せ】	
鮫島 茂	119	清野長太郎	268
沢井準一	172	関 一	202, 217, 290
		関場茂樹	183
【し】		関谷清景	246
塩脇六郎	91	関屋忠正	75
品川弥二郎	241, 281	妹沢克惟	248
柴田畦作	250	仙石 貢	26, 133, 136, 137, 156, 165
渋沢栄一	104, 275, 280	千田貞暁	102
島 重治	201		
島 秀雄	156	【そ】	
島安次郎	156	十川嘉太郎	109
島崎孝彦	170	曽川正之	187
島田 藤	276	十河信二	155, 185
島田道生	245		
嶋野貞三	119	【た】	
清水 凞	217	ダイアー (Henry Dyer)	18, 20, 287, 288
清水 済	249	ダイアック (John Diack)	127, 128
シャービントン (Thomas R. Shervinton)	130, 136	田賀奈良吉	76
修斎畝春	280	高桑藤代吉	194
春藤真三	207	高崎五六	235
庄司陸太郎	271	高田雪太郎	69
生野団六	150	高西敬義	38, 116
ジョンソン (Emory Richard Johnson)	148	高野 務	200
白石多士良	277	高野與作	51, 161
白石直治	135, 142, 144, 277	高橋嘉一郎	93
		高橋三郎	232
【す】		高橋甚也	174
末広恭二	248	高橋辰次郎	109
菅村弓三	142	高橋由一	262
菅原恒覧	15, 28, 29, 160, 274, 276	高浜虚子	29, 114
		鷹部屋福平	38, 253

高峰譲吉　　　231
田川正二郎　　　113
瀧山 典　　　150
武井群嗣　　　86
武居高四郎　　　207
竹内季一　　　149
武田斐三郎　　　126, 287
武田良一　　　190
田島穧造　　　183
立花次郎　　　162
辰馬鎌蔵　　　82
伊達政宗　　　105
田中 好　　　195
田中武右衛門　　　102
田中 豊　　　32, 33, 40, 186, 189
田辺義三郎　　　68, 69, 70
田辺朔郎　　　14, 19, 30, 50, 227, 245, 262
田辺利男　　　157
谷 勲　　　240
谷 暘卿　　　125
谷口三郎　　　84
田沼 実　　　208
田淵源次郎　　　183
田淵寿郎　　　45, 47, 206
玉村勇助　　　145
田村與吉　　　114
タルボット（Arthur Newell Tallbot）　　　223, 224, 225
団 琢磨　　　131
丹治経三　　　151

【ち】
千種 基　　　165

【つ】
塚本虎二　　　121
筑波雪子　　　92
逵邑容吉　　　105
津田梅子　　　131, 264
鶴田勝三　　　229
鶴見一之　　　174

【て】
デイ（Marray S. Day）　　　245
照井隆三郎　　　221
テルツァギ（Karl Terzaghi）　　　254
テルフォード（Thomas Telford）　　　19, 227
デ・レイケ（Johannisde Rijke）　　　10, 17, 20, 65, 67, 69, 234, 249

【と】
堂垣内尚弘　　　56, 272
当山道三　　　255
遠武勇熊　　　217
遠山椿吉　　　166
ドールン（Cornelis Johannes Van Doorn）　　　10, 17, 134, 260
富樫凱一　　　200
徳善義光　　　36, 177
富田鉄之助　　　167
富田保一郎　　　143
富永正義　　　93
友成 仲　　　242

【な】
直木倫太郎　　　28, 29, 31, 32, 45, 89, 113, 185, 289
中井一夫　　　87
永井荷風　　　164
永井久一郎　　　164
長江了一　　　291
長尾半平　　　140
中尾光信　　　215
中川正左　　　153
中川吉造　　　75
長崎敏音　　　205
中島鋭治　　　26, 31, 166, 171, 173, 174, 184
中島精一　　　192
永田 年　　　47, 220
永田青嵐　　　267
中野喜三郎　　　15, 183
中野欽九郎　　　274
中浜万次郎　　　212, 287
中原貞三郎　　　68, 74
中上川彦次郎　　　132

人名索引（50音順）

中村謙一　　154
中村廉次　　114
中山秀三郎　　7, 249
長与専斎　　26, 164, 168, 266
那須盛馬 → 片岡利和
夏目漱石　　29, 31, 114, 197
奈良原繁　　260
成瀬勝武　　189
那波光雄　　144
南斉孝吉　　72
南部常次郎　　108, 110

【に】
新元鹿之助　　145
西 大助　　138
西 師意　　237
西尾辰吉　　92
西尾虎太郎　　92, 108
西大條覚　　172
西田 精　　27, 171
西村捨三　　103, 112, 201, 236
新渡戸稲造　　22, 107, 238
丹羽鋤彦　　108, 149, 150

【ぬ】
沼田政矩　　50, 160

【ね】
根津嘉一郎　　218

【の】
乃木希典　　251
野口 遵　　40, 285
野口 誠　　233
野坂昭如　　209
野坂相如　　209
野崎武左衛門　　282
野沢房敬　　288
野尻武助　　168
野田誠三　　286
能登屋三右衛門　　103
野辺地久記　　137

野村 年　　77
野村弥吉 → 井上 勝
野村龍太郎　　110, 136

【は】
バー（William Hubert Burr）　24, 80, 81, 135, 181
パーマー（Henry Spencer Palmer）　27, 166
萩原俊一　　232
間猛馬　　182
橋爪誠義　　213
橋本規明　　54, 97
橋本敬之　　152
長谷川謹介　　132, 148
八田與一　　34, 243
八田嘉明　　45, 151
服部鹿次郎　　143
服部長七　　102
鳩山和夫　　236
花井又太郎　　205
花房周太郎　　186
浜野弥四郎　　34, 169
早川智寛　　265
早川徳次　　217
林 桂一　　37, 251
林 猛雄　　255
林 董　　135
林 千秋　　117
早田喜成　　71
原 全路　　173
原 龍太　　180
原口 要　　66, 129, 136
原口忠次郎　　45, 46, 87
原田貞介　　72
原田虎三　　282
ハリス（Merriman Corbert Harris）　107
バルツアー（Franz Baltzer）　128
バルトン（William Kinnimond Burton）　27, 34, 164, 167, 169

【ひ】
久永勇吉　　84

比田孝一　74
人見 寧　65
日比忠彦　250
平井 敦　190
平井喜久松　152, 156
平井晴二郎　133, 156, 165
平岡通義　222
平山復二郎　152, 159, 160
廣井 勇　12, 22, 24, 25, 26, 31, 42, 75, 80, 81, 83, 89, 106, 109, 112, 114, 217, 224
広川広四郎　139
広瀬久兵衛　212
広瀬孝六郎　254
広瀬誠一郎　65
広瀬淡窓　201
広中一之　177

【ふ】
フォーゲル　180
深田 清　190
福沢桃介　39, 284
福沢諭吉　20, 26, 141, 222, 237, 284, 290
福島甲子三　167
福田次吉　52, 85
福田武雄　49, 189
福留並喜　202
藤井能三　103
藤井真透　196
藤井松太郎　55, 161
藤倉見達　104
藤田亀太郎　226
藤田東湖　282
二見鏡三郎　181
船曳 甲　70
ブランデル（A. W. Blundell）　130
ブラントン（Richard Henry Brunton）　17, 104
ブリックス（Brix）　171
古市公威　5, 7, 10, 14, 15, 26, 39, 65, 66, 68, 70, 107, 173, 205, 236, 249, 265, 281, 288
古河市兵衛　283
古川阪次郎　19, 135
古川晴一　182

フレシネー（Eugene Freyssinet）　226

【へ】
ヘドリック（Ira G. Hedrick）　31, 185, 186, 228
ペリー（Matthew Calbraith Perry）　3, 5, 222

【ほ】
星 亨　113, 212
星野茂樹　214
堀田 貢　193
ポーナル（Charles Assheton Whately Pownall）　131, 182
保原元二　82
ホプキンス（F. A. Hopkins）　207
堀 信一　195
堀江勝己　175
堀越清六　156
堀見末子　185, 228
本多静六　275
ポンペ（Pompe van Meerdervoort）　26, 164
本間英一郎　128, 130, 131
本間 仁　255

【ま】
マイヤー（J. R. Meyer）　148
前川貫一　78
前田一三　122
牧 彦七　193, 195, 196
牧野雅楽之丞　195
正岡子規　7, 29, 114
正子重三　277
増田 淳　185, 186
益田 孝　281
増田禮作　131
町田 保　210
松井捷悟　182
松尾春雄　120
松尾守治　118
松方正義　19, 212, 241, 260, 281
松島寛三郎　148
松田勘次郎　197
松田道之　180, 201

人名索引（50音順） 315

松平正直　　265
松永 工　　149
松永安左衛門　　251
松見三郎　　179
松本荘一郎　　107, 128, 131, 133, 147, 265
マルクス（Karl Heinrich Marx）　210
マルロルム　　223

【み】
三池貞一郎　　72
三浦七郎　　196
三浦義男　　160
三島通庸　　261
水谷 鏘　　90
水谷当起　　218
水野高明　　256
三瀬幸三郎　　252
溝口三郎　　244
三田善太郎　　26, 165
南一郎平　　212, 261
南方熊楠　　109
南 清　　19, 132, 141
箕作麟祥　　128
宮川 清　　75
宮崎孝介　　221
宮長平作　　276
宮之原誠蔵　　192
宮部金吾　　22, 107
宮本武之輔　　42, 45, 51, 88
名井九介　　14, 74, 82, 242
ミルン（John Milne）　246
三輪周蔵　　88

【む】
武笠清太郎　　138
武者満歌　　127, 144
村 幸長　　81
村井正利　　129
村上享一　　133, 141
村上浪六　　283
村田蔵六 → 大村益次郎
村田 鶴　　213

村山喜一郎　　269
ムルデル（Anthonie Thomas Lubertus Rouwenhorst Mulder）　65

【め】
目黒清雄　　96

【も】
モーア（Moore）　277
最上武雄　　257
本木昌造　　180
茂庭忠次郎　　173, 203
物部長穂　　37, 39, 120, 252, 256
森慶三郎　　176
森 忠蔵　　230
森垣亀一郎　　38, 112, 116
森田源次郎　　81
モレル（Edmond Morel）　17, 127
諸戸北郎　　237
諸橋民三　　290

【や】
矢板 武　　241
屋代 傳　　134
安田善次郎　　281
安田正鷹　　95
安場保平　　266
八十島義之助　　56, 163
谷井陽之助　　187
山尾庸三　　3, 18, 126, 282, 287
山縣有朋　　9, 19, 127, 266
山形要助　　111
山口準之助　　137
山口 昇　　38, 253
山崎匡輔　　157
山崎鉉次郎　　106
山下輝夫　　95
山城祐之　　180
山田顕義　　65
山田三郎　　117
山田省三郎　　235
山田寅吉　　6, 69, 70, 281

山田博愛　　173, 203
山田胖　　230
山田陽清　　86
山内喜之助　　83
山本卯太郎　　187
山本三郎　　99
山本亨　　197

【ゆ】
ユーイング（James Alfred Ewing）　246
湯山熊雄　　120

【よ】
横井増治　　116
吉川三次郎　　136
吉田松陰　　3, 127
吉田徳次郎　　39, 224, 225
吉町太郎一　　183
吉村長策　　19, 168
吉本亀三郎　　106
米田正文　　98
米元晋一　　171, 184

【ら】
頼山陽　　28, 78
頼三樹三郎　　78
ライト（B. Frederic Wright）　182
ライマン（Benjamin Smith Layman）　245

【る】
ルムシュッテル（Hermann Rumschttel）　138

【わ】
ワグネル（Gottfried Wagner）　223
鷲尾蟄龍　　52, 53, 94
和田忠治　　169
渡辺嘉一　　14, 19, 142, 283
渡辺信四郎　　140
渡辺貫　　254
渡辺六郎　　72
ワデル（John Alexander Low Waddel）　31, 166, 181, 184, 185, 228

ワトキンス（R. J. Watkins）　199

出身県別人名索引

【北海道】

東　寿　　　　　123
小川譲二　　　　98
小野基樹　　　　175
倉島一夫　　　　122
斉藤静脩　　　　83
堂垣内尚弘　　　272
富樫凱一　　　　200
平井喜久松　　　156
藤井松太郎　　　161

【青森県】

坂岡末太郎　　　144
関場茂樹　　　　183
吉町太郎一　　　183

【岩手県】

阿部美樹志　　　223
小川博三　　　　211
鹿島精一　　　　275
後藤新平　　　　266
菅原恒覽　　　　274

【宮城県】

熱海貞爾　　　　290
阿部一郎　　　　94
井上秀二　　　　169
大槻源八　　　　198
川村満雄　　　　100
橘内徳自　　　　98
小林源次　　　　96
坂本助太郎　　　78
高橋嘉一郎　　　93
高橋甚也　　　　174
中島鋭治　　　　166

西大條覚　　　　172
保原元二　　　　82
牧野雅楽之丞　　195
三浦義男　　　　160
茂庭忠次郎　　　173

【秋田県】

佐藤志郎　　　　178
庄司陸太郎　　　271
田村與吉　　　　114
照井隆三郎　　　221
物部長穂　　　　252

【山形県】

青木 勇　　　　147
石川栄耀　　　　208
奥山亀蔵　　　　79
近新三郎　　　　269
佐藤應次郎　　　153
佐藤政養　　　　125
遠山椿吉　　　　166
南斉孝吉　　　　72
屋代 傳　　　　134

【福島県】

石井靖丸　　　　123
遠藤貞一　　　　270
岡部三郎　　　　91
金古久次　　　　82
君島八郎　　　　251
黒河内四郎　　　154
坂上丈三郎　　　94
武田良一　　　　190
丹治経三　　　　151
橋爪誠義　　　　213
原 龍太　　　　180

堀田 貢　　　　193
南 清　　　　　132
目黒清雄　　　　96

【茨城県】

小野友五郎　　　125
神原信一郎　　　229
高西敬義　　　　116
広瀬誠一郎　　　65
村田 鶴　　　　213

【栃木県】

青木良三郎　　　73
新居善太郎　　　208
印南丈作　　　　241
落合林吉　　　　121
三田善太郎　　　165
矢板 武　　　　241
山形要助　　　　111

【群馬県】

久米民之助　　　283
武井群嗣　　　　86
山崎匡輔　　　　157

【埼玉県】

荒井釣吉　　　　81
池田嘉六　　　　154
岩崎富久　　　　176
遠藤守一　　　　238
岡本 弦　　　　79
加藤與之吉　　　201
斉藤真平　　　　214
西尾辰吉　　　　92
福沢桃介　　　　284

本多静六　275

【千葉県】

小川徳三　85
小沢久太郎　271
加藤伴平　214
小柴保人　68
浜野弥四郎　169
堀越清六　156
森田源次郎　81

【東京都】

青木元五郎　67
荒井郁之助　245
新井栄吉　228
飯吉精一　278
石橋絢彦　104
石本巳四雄　247
井上隆根　159
井上 範　114
頴川春平　71
江守保平　199
大蔵公望　154
岡田信次　161
岡田竹五郎　142
岡野 昇　149
小川勝五郎　181
小田川全之　283
小野鑑正　252
加賀山学　152
金子源一郎　197
蒲 孚　238
樺島正義　184
梛木寛之　206
久保田敬一　152
栗原良輔　85
桑原 政　282
高津儀一　290
國分正胤　225
小林八郎　66
阪田貞明　202
塩脇六郎　91
嶋野貞三　119
清水 済　249

白石多士良　277
杉浦宗三郎　146
高橋三郎　232
田辺朔郎　227
田沼 実　208
遠邑容吉　105
鶴田勝三　229
友成 仲　242
中村謙一　154
成瀬勝武　189
西 大助　138
野口 誠　233
野坂相如　209
野尻武助　168
萩原俊一　232
八田嘉明　151
比田孝一　74
平山復二郎　159
藤倉見達　104
二見鏡三郎　181
古市公威　265
堀江勝己　175
松永 工　149
水谷当起　218
武者満歌　127
村井正利　129
最上武雄　257
森 忠藏　230
八十島義之助　163
山口準之助　137
湯山熊雄　120

【神奈川県】

飯田房太郎　270
石井顥一郎　220
磯崎傳作　150
伊藤 剛　99
曽川正之　187
星野茂樹　214
本間 仁　255

【新潟県】

安藝皎一　97
安倍邦衛　218

池原英治　157
猪股俊司　226
笠原敏郎　204
金子 桎　200
川上浩二郎　111
黒田武定　158
近藤虎五郎　267
高桑藤代吉　194
高野 務　200
鶴見一之　174
当山道三　255
富永正義　93
長尾半平　140
林 桂一　251
広川広四郎　139
福島甲子三　167
山田博愛　203
鷲尾蟄龍　94

【富山県】

浅香小兵衛　198
浅野総一郎　280
大坪喜久太郎　254
木津正治　115
小池啓吉　188
境 隆雄　99
髙野與作　161
中村廉次　114
藤井能三　103
山田陽清　86

【石川県】

安達辰次郎　73
石黒五十二　67
桑原弥寿雄　162
近藤仙太郎　69
野口 遵　285
八田與一　243
林 千秋　117
平井晴二郎　133
福田次吉　85
村 幸長　81

出身県別人名索引

【福井県】

伊藤長右衛門　112
大塩政治郎　87
太田六郎　274
大村卓一　146
大森房吉　246
玉村勇助　145
長崎敏音　205
南部常次郎　108
日比忠彦　250
松見三郎　179
山内喜之助　83
渡辺信四郎　140

【山梨県】

雨宮敬次郎　280
早川徳次　217
山本三郎　99

【長野県】

井深 功　178
内村三郎　225
岡 胤信　69
小野諒兄　151
草間 偉　174
鈴木雅次　116
田中 豊　186
中島精一　192
溝口三郎　244
渡辺嘉一　283

【岐阜県】

粟野定次郎　144
稲葉三右衛門　102
笠井愛次郎　134
可知貫一　243
金井彦三郎　182
黒田豊太郎　105
清水 煕　217
関谷清景　246
関屋忠正　75
高橋辰次郎　109

那波光雄　144
野村龍太郎　136
安田正鷹　95
山田三郎　117
山田省三郎　235
吉川三次郎　136

【静岡県】

青山 士　80
池田 宏　203
伊藤令二　221
太田圓三　185
金原明善　234
黒田静夫　121
後藤憲一　95
杉山輯吉　288
関 一　202
野沢房敬　288
原田虎三　282
山口 昇　253

【愛知県】

天埜良吉　121
石川栄次郎　231
宇都宮三郎　222
大井清一　171
大西英一　231
小川梅三郎　249
織田完之　241
金森鍬太郎　79
兼岩伝一　209
近藤鍵武　272
佐野藤次郎　168
鋤柄小一　90
鷹部屋福平　253
永井久一郎　164
中尾光信　215
中山秀三郎　249
丹羽鋤彦　108
野村 年　77
花井又太郎　205
前田一三　122
松尾春雄　120
水谷 鐐　90

三輪周蔵　88

【三重県】

石川石代　143
稲浦鹿蔵　270
上野英三郎　242
門野重九郎　284
小林 泰　100
千種 基　165
諸戸北郎　237

【滋賀県】

日下部弁二郎　70
倉橋藤治郎　289
小山保政　130
西村捨三　103
前川貫一　78
武笠清太郎　138

【京都府】

赤松三郎　233
石原藤次郎　256
市川義方　234
井上清太郎　236
上田 稔　100
鵜尾謹親　129
大藤高彦　250
奥田助七郎　111
河北一郎　143
木寺則好　130
木下淑夫　147
国友末蔵　229
田中 好　195
谷 暘卿　125
西 師意　237
野辺地久記　137
平井 敦　190
船曳 甲　70
森慶三郎　176
和田忠治　169

【大阪府】

池田篤三郎　　177
磯野隆吉　　　191
大島太郎　　　118
大橋房太郎　　236
岡村初之助　　138
岸　道三　　　286
小西一郎　　　258
鮫島　茂　　　119
田川正二郎　　113
瀧山　與　　　150
竹内季一　　　149
辰馬鎌蔵　　　82
福田武雄　　　189
山崎鉉次郎　　106
山本卯太郎　　187
横井増治　　　116
吉村長策　　　168
渡辺六郎　　　72

【兵庫県】

赤木正雄　　　237
砂治国良　　　88
市瀬恭次郎　　73
岩崎瑩吉　　　178
大鳥圭介　　　287
小川織三　　　170
沖野忠雄　　　65
北垣国道　　　262
河野天瑞　　　135
小林泰蔵　　　110
米谷栄二　　　257
島田道生　　　245
田辺利男　　　157
谷　勲　　　　240
直木倫太郎　　113
野田誠三　　　286
林　猛雄　　　255
古川晴一　　　182
松本荘一郎　　128
森垣亀一郎　　112
吉田徳次郎　　224

【奈良県】

猪瀬寧雄　　　191
中川正左　　　153
中川吉造　　　75

【和歌山県】

五十嵐醇三　　210
金森誠之　　　91
木下立安　　　141
花房周太郎　　186
谷井陽之助　　187

【鳥取県】

池田圓男　　　76
内海清温　　　232
田賀奈良吉　　76
沼田政矩　　　160
橋本規明　　　97
松田道之　　　201

【島根県】

伊藤百世　　　86
岡田文秀　　　93
柿　徳市　　　239
加納倹二　　　215
西田　精　　　171
堀　信一　　　195
宮崎孝介　　　221

【岡山県】

荒木文四郎　　115
伊吹正紀　　　239
宇野圓三郎　　235
岡崎文吉　　　76
筧　斌治　　　83
近藤泰夫　　　225
柴田畦作　　　250
武居高四郎　　207
長江了一　　　291
広瀬孝六郎　　254
正子重三　　　277

【広島県】

岩沢忠恭　　　269
河村　繁　　　123
榊谷仙次郎　　276
佐上信一　　　194
佐々木鋭　　　271
真田秀吉　　　77
佐分利一嗣　　139
沢井準一　　　172
谷口三郎　　　84
田淵寿郎　　　206
西尾虎太郎　　108
原　全路　　　173
松島寛三郎　　148
山下輝夫　　　95

【山口県】

飯田俊徳　　　127
石川源二　　　115
井上　勝　　　126
植木平之允　　105
大岡大三　　　82
大河戸宗治　　150
大屋権平　　　137
岡崎芳樹　　　71
小川敬次郎　　223
笠井真三　　　223
河口協次　　　176
蔵重長男　　　120
来島良亮　　　84
菅村弓三　　　142
妹沢克惟　　　248
十川嘉太郎　　109
田辺義三郎　　68
中原貞三郎　　68
長谷川謹介　　132
原田貞介　　　72
広中一之　　　177
町田　保　　　210
松尾守治　　　118
名井九介　　　74
山尾庸三　　　287
米元晋一　　　171

【徳島県】

安藝杏一　　　110
徳善義光　　　177
橋本敬之　　　152

【香川県】

大久保諶之亟　　192
菊池 明　　　199
清野長太郎　　268
田淵源次郎　　183
古川阪次郎　　135
増田 淳　　　185
吉本亀三郎　　106

【愛媛県】

門屋盛一　　　160
佐伯敦崇　　　66
坂田時和　　　290
杉広三郎　　　155
十河信二　　　155
富田保一郎　　143
三瀬幸三郎　　252
宮本武之輔　　88
村上享一　　　141
山本 亨　　　197

【高知県】

青木楠男　　　188
池本泰兒　　　270
国沢新兵衛　　140
国沢能長　　　212
近藤謙三郎　　198
坂出鳴海　　　113
島崎孝彦　　　170
白石直治　　　135
仙石 貢　　　133
廣井 勇　　　106
福留並喜　　　202
堀見末子　　　228

【福岡県】

赤司貫一　　　206
石井省一郎　　264
梅野 實　　　146
川口虎雄　　　250
倉塚良夫　　　172
立花次郎　　　162
永田 年　　　220
服部鹿次郎　　143
早川智寛　　　265
深田 清　　　190
本間英一郎　　131
三池貞一郎　　72
水野高明　　　256
山田寅吉　　　281
山田 胖　　　230
米田正文　　　98

【佐賀県】

太田尾廣治　　122
早田喜成　　　71
原口忠次郎　　87
三浦七郎　　　196
村山喜一郎　　269

【長崎県】

倉田吉嗣　　　165
彭城嘉津馬　　227
島 重治　　　201
田島穧造　　　183
長与専斎　　　164
原口 要　　　129
本木昌造　　　180

【熊本県】

岩崎雄治　　　196
久保田豊　　　285
小橋一太　　　268
坂田昌亮　　　87
佐分利三雄　　99
高田雪太郎　　69
松田勘次郎　　197

宮川 清　　　75

【大分県】

阿南常一　　　204
池辺稲生　　　155
石丸重美　　　139
内林達一　　　119
菊池英彦　　　230
釘宮 磐　　　158
佐藤利恭　　　205
春藤真三　　　207
生野団六　　　150
牧 彦七　　　193
増田禮作　　　131
南一郎平　　　212
渡辺 貫　　　254

【宮崎県】

藤井真透　　　196

【鹿児島県】

有馬 宏　　　215
今村明恒　　　247
大久保利通　　259
黒田清隆　　　263
是枝 実　　　118
佐土原勲　　　157
千田貞暁　　　102
遠武勇熊　　　217
奈良原繁　　　260
新元鹿之助　　145
久永勇吉　　　84
三島通庸　　　261
宮之原誠蔵　　192
山城祐之　　　180

【大連市（中国）】

岡本舜三　　　257

人物情報調査に協力をいただいた機関・個人（50音順、敬称略）

秋田県立図書館、荒川知水資料館、青山多恵、赤司達、浅田英祺、浅野倭子（故人）、茨城県立図書館、石黒富治雄（故人）、市川紀一（故人）、市瀬茂子、五十畑弘、上田豊（故人）、愛媛県監査事務局、愛媛県立図書館、愛媛新聞社、江口知秀、遠藤美知、大阪市立中央図書館、大阪府立公文書館、大阪府立中之島図書館、大阪市交通局、太田昭一、沖野雅夫、小澤榮、小野田滋、学士会、鹿児島県立図書館、神奈川県立図書館、金沢大学附属中央図書館、片山徹、金森誠也、神吉和夫、茅原健、河北正治、木曽川文庫、京都府立総合資料館、岐阜県図書館、旧交会、菊岡倶也（故人）、北河大次郎、君島光夫、熊本大学工業会、熊本大学五高記念館、久保田稔男、国立国会図書館、神戸市文書館、交通博物館、高知県立図書館、攻玉社学園、国土交通省福島工事事務所、護国寺、札幌農学振興会、砂防図書館、齋藤健次郎、坂出準、信濃川大河津資料館、篠山市立本郷図書館、島根県立図書館、衆議院事務局、志村紀男、白石俊多（故人）、白井芳樹、総持寺、武生郷友会、高木緑、武井篤（故人）、立神孝、田辺陽一、田村伴次、千葉県立関宿城博物館、調布学園、附田照子、土崎紀子、電力土木技術協会、東京大学砂防工学研究室、東京大学社会基盤学専攻図書室、東京大学農学生命科学図書館、東京地下鉄道、東京都公文書館、東京都港湾振興協議会、東京都渋谷区役所、東京都水道歴史館、東京都立中央図書館、燈光会、土木学会土木図書館、富山県立図書館、永冨謙、長野県立歴史館、名古屋工業界、直木力（故人）、中井祐、永井俊一（故人）、成岡昌夫（故人）、新潟県公文書館、新潟県立図書館、日本橋梁建設協会、日本交通協会、日本港湾協会、日本水道協会、日本大学理工学部科学技術史料センター、新谷洋二、丹羽俊彦、沼津市明治史料館、函館市水道局、函館市中央図書館、間組、八王子市中央図書館、長谷川博（故人）、馬場俊介、原賀欣一郎、原田英典、光市立図書館、兵庫県立図書館、広島工業会、平井幸子、福井県立図書館、福井次郎、福沢諭吉協会、藤井郁夫、北海道大学工学部同窓会、北海道立文書館、北海土地改良区、本城邦彦、増田正敏（故人）、松井三郎、宮城県図書館、三浦實、宮本信、村上康蔵、明善記念館、物部長穂記念館、盛岡市先人記念館、森川周子、守田優、山形県立図書館、山口県立図書館、山口県立山口図書館、横浜市下水道局、横浜市中央図書館、亘信夫。

あとがき

　本事典は、幕末期から明治時代、大正時代に生まれ、おおよそ昭和時代までの間に土木（Civil Engineering）の世界に身を置いた日本人の物故者520名の略歴や業績、横顔などを簡潔に記述したものです。2004年にアテネ書房から出版した『土木人物事典』の500名に、20名（高橋裕東京大学名誉教授が6名、藤井が14名）を加筆しています。

＊高橋先生の執筆は次の人物です。
・上田稔、小西一郎、米谷栄二、堂垣内尚弘、水野高明、山本三郎

＊藤井の執筆は次の人物です。
・赤司貫一、磯崎傳作、大久保利通、岡本舜三、黒田清隆、國分正胤、小林源次、関屋忠正、友成仲、橋爪誠義、平井敦、本間仁、村田鶴、八十島義之助

＊今回、藤井が追加した大久保と黒田、前著の採録者の三島通庸の3名には「関連簡易年譜」を付与し、また、"土木人の墓所巡り"をしているので、その「墓所写真」も掲載しています。

　藤井は社団法人土木学会附属土木図書館で昭和46年から30年間ほど司書として仕事をしてきました。その中で、とくに明治期から昭和戦前期までの「土木の歩み」に関心を持って調べてきましたが、なぜかその歩みに「人物」が登場してこないことに気づきました。そしてそのことに「物足りなさ」と一抹の「寂しさ」とを感じ続けてきました。

　そこで人物を調べはじめてみると、土木分野には類書はなく、いろいろと資料を調べてみても、その人物像が見えてこない人々が数多くいることがわかりました。

　このような経験から、「人物に少しでも光をあててみたい・・・」との思いで、明治期から昭和戦前期に創刊された土木系雑誌の探索からスタートし、それら雑誌記事から人物に関する情報を記録する作業を重ねてきましたので、本事典の人物情報源は主に雑誌ということになります。その間には、数多くの方々と各種図書館をはじめ関係諸機関から、貴重な人物情報の提供を受けました。

　本事典は物故者のみを対象とする「物故土木人物事典」でもあり、時代で区分すると「明治」「大正」「昭和」の一種の「過去帳」ともなっています。

　　　　　　　　　　　　　　　　　　　　　　　　　　　　藤井　肇男

著者紹介

高橋　裕 (たかはし・ゆたか)

1927 年　静岡県生まれ
1950 年　東京大学第二工学部土木工学科卒業
1955 年　東京大学大学院（旧制）研究奨学生課程修了
1968 年から 1987 年　東京大学教授
1987 年から 1998 年　芝浦工業大学教授
2000 年から 2010 年　国際連合大学上席学術顧問
現在、東京大学名誉教授
河川審議会委員、水資源開発審議会会長、中央環境審議会委員、
東京都総合開発審議会会長、ユネスコ IHP 政府間理事会政府代表、
世界水会議理事など要職を歴任。
専門は河川工学、水文学、土木史。
［主な著書］
『日本土木技術の歴史』（共著、地人書館、1960 年）
『国土の変貌と水害』（岩波書店、1971 年）
『都市と水』（岩波書店、1988 年）
『河川工学』（東京大学出版会、1990 年、新版 2008 年）
『現代日本土木史』（彰国社、1990 年、第二版 2007 年）
『日本の川』（共著、岩波書店、1995 年）
『水の百科事典』（編集代表、丸善、1997 年）
『河川にもっと自由を』（山海堂、1998 年）
『水循環と流域環境』（編著、岩波書店、1998 年）
『地球の水が危ない』（岩波書店、2003 年）
『河川を愛するということ』（山海堂、2004 年）
『川に生きる』（山海堂、2005 年）
『大災害来襲 防げ国土崩壊』（監修、国土文化研究所編集、アドスリー、2008 年）
『川の百科事典』（編集委員長、丸善、2009 年）
『社会を映す川』（山海堂、2007 年）（鹿島出版会、2009 年、再出版）など。
『川から見た国土論』（鹿島出版会、2011 年）
『川と国土の危機』（岩波書店、2012 年）など。

藤井　肇男 (ふじい・はつお)

1942 年　東京都生まれ
1967 年　早稲田大学第二政治経済学部政治学科卒業
1971 年から 2002 年まで社団法人土木学会附属土木図書館に勤務し、
戦前土木名著 100 書の選定などにも携わる。
現在、土木資料探索舎主宰
［主な著書］
『国土を創った土木技術者たち』（分担執筆、国土政策機構編、鹿島出版会、2001 年）
『土木人物事典』（アテネ書房、2004 年）など。

近代日本土木人物事典―国土を築いた人々

2013年6月20日　第1刷発行

著　者　高橋　　裕
　　　　藤井　肇男

発行者　鹿島　光一

発行所　鹿島出版会
　　　　104-0028　東京都中央区八重洲2丁目5番14号
　　　　Tel. 03(6202)5200　　振替 00160-2-180883
　　　　落丁・乱丁本はお取替えいたします。
　　　　本書の無断複製(コピー)は著作権法上での例外を除き禁じられています。
　　　　また、代行業者等に依頼してスキャンやデジタル化することは、
　　　　たとえ個人や家庭内の利用を目的とする場合でも著作権法違反です。

装幀：伊藤滋章　　DTP：エムツークリエイト
印刷・製本：壮光舎印刷
ⓒ Yutaka TAKAHASI & Hatsuo HUJII. 2013
ISBN 978-4-306-09429-1　C3552　　Printed in Japan

本書の内容に関するご意見・ご感想は下記までお寄せください。
URL：http://www.kajima-publishing.co.jp
E-mail：info@kajima-publishing.co.jp

CD-ROM には、人物別参考文献 (PDF 版)、土木人物一覧 (PDF 版、Web 版)、凡例を収録しています。肖像写真もご覧いただけます。

CD-ROM ご利用にあたっての推奨環境

■ 対応 OS
　Microsoft Windows XP 以上（32bit 版を推奨）
■ メモリ
　空きメモリ 32MB 以上（64MB 以上を推奨）
　使用する OS において以下の最低保証メモリが必要です。
　　　　Windows XP　最低 128MB 以上の RAM（256MB 以上を推奨）
■ ハードディスク
　約 100MB 以上の空き容量を推奨します。
　起動時には、最低 20MB 以上、推奨約 100MB 以上の空き容量を確保してください。
■ 解像度
　1024 × 768 ドット以上、High color(16bit) 以上の色表示が必要です。
■ ブラウザ
　Internet Explorer 8.0 以上　閲覧用に必須となります。